Walter Wagner

Regel- und Sicherheitsarmaturen

Kamprath-Reihe

Dipl.-Ing. Walter Wagner

Regel- und Sicherheitsarmaturen

2., überarbeitete Auflage dieser Ausgabe

Vogel Communications Group

Dipl.-Ing. Walter Wagner
Jahrgang 1941, absolvierte nach einer Lehre als Technischer Zeichner ein Maschinenbaustudium und war 1964 bis 1968 Anlagenplaner im Atomreaktorbau; nach einer Ausbildung zum Schweiß-Fachingenieur war er ab 1968 Technischer Leiter im Apparatebau, Kesselbau und in der Wärmetechnik. 1974 bis 1997 bekam Walter Wagner einen Lehrauftrag an der Fachhochschule Heilbronn, von 1982 bis 1984 zusätzlich an der Fachhochschule Mannheim und von 1987 bis 1989 an der Berufsakademie Mosbach. Im Zeitraum 1988 bis 1995 war er Geschäftsführer der Hoch-Temperatur-Technik Vertriebsbüro Süd GmbH. Seit 1992 ist er Leiter der Beratung und Seminare für Anlagentechnik: WTS Wagner-Technik-Service. Walter Wagner ist außerdem Obmann verschiedener DIN-Normen und öffentlich bestellter und vereidigter Sachverständiger für Wärmeträgertechnik, Thermischer Apparatebau und Rohrleitungstechnik.

Dip.-Ing. Walter Wagner ist Autor folgender Fachbücher der Kamprath-Reihe:
Festigkeitsberechnungen im Apparate- und Rohrleitungsbau
Kreiselpumpen im Anlagenbau
Lufttechnische Anlagen
Planung im Anlagenbau
Regel- und Sicherheitsarmaturen
Rohrleitungstechnik
Strömung und Druckverlust
Wärmeaustauscher
Heat Transfer Technique
Wärmeträgertechnik
Wärmeübertragung
Wasser und Wasserdampf im Anlagenbau
Dietzel/Wagner: Technische Wärmelehre
Hemming/Wagner: Verfahrenstechnik

Zur Themenreihe gehören ebenfalls bei der Vogel Communications Group erschienen:

H. J. Bullack: (Download und CD-ROM)
Berechnung von Druckbehälter-Bauteilen
Berechnung von Sicherheitseinrichtungen
Berechnung metallischer Rohrleitungsbauteile 1
Berechnung metallischer Rohrleitungsbauteile 2

Weitere Informationen:
www.vogel-fachbuch.de

ISBN 978-3-8343-3528-9
2. Auflage dieser Ausgabe. 2023
Die erste Ausgabe erschien in zwei separaten Bänden «Regelarmaturen» und «Sicherheitsarmaturen» ebenfalls in der Kamprath-Reihe

Printed in Germany

Vorwort

Regelarmaturen werden in allen Industriebereichen eingesetzt, in denen Stoffströme verändert werden müssen. Dies bedeutet, dass in der Versorgungs-, Umwelt-, Heizungs-, Lüftungs-, Kälte- und Energietechnik, im Anlagen- und Kraftwerksbau sowie in der chemischen Industrie in fast allen Rohrleitungssystemen Regelarmaturen zum Einsatz kommen. Sie sind bei tiefen und hohen Temperaturen einsetzbar, im Nieder- und Hochdruckbereich und bei allen fließfähigen Stoffen.

In Flüssigkeiten ist insbesondere die Kavitation, in Gasen und Dämpfen die Schallgeschwindigkeit zu beachten und bei der Auslegung zu berücksichtigen, um die einwandfreie Funktionsfähigkeit zu gewährleisten. Als wesentliche Berechnungsgrundlage gilt die DIN IEC 534 sowie für Geräuschberechnungen die VDMA 24422.

Eine rein theoretische Beschreibung der Technologie ist für praktizierende Fachleute wenig hilfreich. Es war daher sinnvoll, praktische Erfahrungen von Herstellerfirmen zu berücksichtigen. Deshalb wurden aus Firmenschriften entsprechende Angaben übernommen und Beispiele praxisnah entwickelt. WTS-Seminar-Vorträge für Praktiker von Fachleuten auf dem Gebiet der Regelarmaturen fanden ebenso Berücksichtigung. Insbesondere will ich hier Herrn Dipl.-Ing. H. Siemers (Fa. Foxboro-Eckhardt), Herrn U. Fock (Fa. ARI), Herrn Dipl.-Ing. U. Vogel (Fa. SAMSON), Herrn Dipl.-Ing. W. Scholzen (Fa. Regeltechnik) für ihre exzellenten Ausführungen danken.

Obwohl **Sicherheitsarmaturen** für eine Anlage von entscheidender Wichtigkeit sind, werden diese bei der Auslegung und Anlagenplanung oftmals «nebenbei behandelt».

Für die Bemessung des Öffnungsquerschnittes gelten als wesentliche Grundlage die AD-Merkblätter A1 und A2. Jedoch auch die Druckverluste in der Ausblaseleitung sowie die Geräuschentwicklung und die Reaktionskräfte beim Abblasen sind zu beachten.

Eine rein theoretische Beschreibung der Technologie ist für praktizierende Fachleute ebenfalls wenig hilfreich. Es war daher sinnvoll, praktische Erfahrungen von Herstellerfirmen zu berücksichtigen, und deshalb wurden viele Teile aus Firmenschriften übernommen und praktische Beispiele gewählt. WTS-Seminar-Vorträge für Praktiker von Fachleuten auf dem Gebiet der Sicherheitsarmaturen fanden ebenso Berücksichtigung.

Insbesondere will ich hier Herrn Dr.-Ing. B. Föllmer (Fa. Bopp & Reuther), Herrn Dipl.-Ing. I. Stremme (Fa. Leser), Herrn Dipl.-Ing. M. Rogge (Fa. ELFAB), und Herrn Dipl.-Btrw. R. Diederichs (Fa. STRIKO) danken.

Das Buch wendet sich an Studenten von Universitäten und Fachhochschulen der Fachrichtungen Maschinenbau, Verfahrenstechnik, Versorgungstechnik, Kraftwerkstechnik, Umwelttechnik und Heizungstechnik. Ebenso wertvoll ist es für Projektierungs-, Konstruktions- und Betriebsingenieure sowie allen Technikern, die in ihrer Berufspraxis mit der Auswahl von Regelarmaturen bei der Anlagenplanung bzw. Konstruktion und mit deren Betreuung im betrieblichen Einsatz zu tun haben.

Resonanz aus Leserkreisen ist mir stets willkommen (E-Mail: wa.wagner@t-online.de). Der Vogel Communications Group danke ich für die gewohnt hervorragende Zusammenarbeit.

St. Leon-Rot Walter Wagner

Inhaltsverzeichnis

B Sicherheitsarmaturen

A Regelarmaturen

1 Einleitung

Regelarmaturen sind bedeutende Bauelemente der Anlagen- und Versorgungstechnik und unterliegen den Konstruktions- und Betriebsvorschriften für Rohrleitungen und Druckbehälter.

Die richtige Auswahl der Regelarmaturen ist für die Funktion, Investition, die Betriebskosten sowie für die Sicherheit der gesamten Anlage von entscheidender Bedeutung.

Es sind wesentliche Gesichtspunkte, wie z.B. Fragen der Dichtheit, des Werkstoffeinsatzes und der erforderlichen Prüfungen, bei den Auswahlkriterien für Regelarmaturen zu beachten. Ebenso sind die Berechnungs- und Auslegungsdaten, Druckverlust, Kavitation und der Energiebedarf von Bedeutung.

Die Auswahl erfolgt nach strömungstechnischen, mechanischen, anwendungsorientierten und ökonomischen Kriterien.

1.1 Regelkreis

Eine Regelung hat die Aufgabe (Bild 1.1), die Ausgangsgröße X einer Regelstrecke auf einen vorbestimmten Wert zu bringen und sie gegen den Einfluss von Störungen Z auf diesem Wert zu halten. Bei der analogen Regelung wird die Regelgröße X ohne Unterbrechung erfasst und mit der Führungsgröße W verglichen. Bei der digitalen Regelung wird die Regelgröße X in bestimmten Zeitabständen abgetastet und mit der Führungsgröße W verglichen. Die Regelabweichung X_W wird im analogen Regler über Verstärker mit Rückführschaltungen, im digitalen Regler durch entsprechende Rechenalgorithmen zur Stellgröße Y verarbeitet, die auf die Regelstrecke wirkt. Die Regelgröße X kann eine beliebige physikalische Größe sein. Sensoren, die direkt ein elektrisches Signal bilden, wie Widerstandsthermometer, Thermoelemente oder Widerstandsgeber, können direkt an den elektrischen Regler angeschlossen werden. Zu anderen Fällen müssen Messumformer, deren Ausgangssignal eine elektrische Größe ist, zwischen Aufnehmer und Regler geschaltet werden.

Für die praktische Ausführung von Regelanlagen ist es wichtig, mit welcher Hilfsenergie die Geräte der Regeleinrichtung betrieben werden sollen, ob man zweckmäßig elektrische, pneumatische oder elektropneumatische Regelgeräte verwendet. Vom rein regeltechnischen Standpunkt aus ist dies gleichgültig. Für die Entscheidung, welche Hilfsenergie am zweckmäßigsten ist, spielen unter anderem folgende Gesichtspunkte eine Rolle: Explosionsschutz, Folgen des Ausfalls der Hilfsenergie, Ausbildung von Schutz- und Auswahlschaltungen, Überbrückung von Entfernungen, Totzeit in der Weiterleitung der Signale, Wartungs- und Reparaturfragen, Schnelligkeit der auftretenden Lastschwankungen.

Es ist zweckmäßig, über jeden Regelkreis ein MSR-Stellenblatt (*M*ess-, *S*teuer- und *R*egeltechnik) gemäß Tabelle 1.1 zu erstellen.

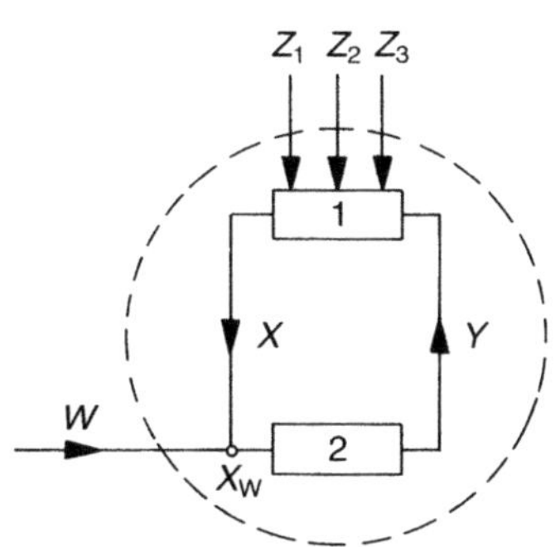

1	Regelstrecke (Anlage)
2	Regeleinrichtung (Messwertgeber+Regler+Stellglied)
W	Führungsgröße
X	Regelgröße
X_W	Regelabweichung
Y	Stellgröße
Z_1, Z_2, Z_3	Störgröße

Bild 1.1 Regelkreis, Signalflussplan

Tabelle 1.1 MSR-Stellenblatt

	MSR-Ausrüstung Spezifikationsblatt für Stellgeräte	MSR-Stelle Referenz-Nr. des Herstellers Referenz-Nr. des Bestellers

1	2	3	4	5
	1		BETRIEBSDATEN FÜR DIE AUSWAHL DES STELLGLIEDES	Stellort
	2			MSR-Aufgabe
	3			Explosionsgefährdeter Bereich (Zone)
	4			Umgebungstemperatur min. max.
	5			Max. zul. Schalldruckpegel dB (A)
	6			Rohrleitungsnr.
	7			DN PN Wandstärke
	8			Rohrleitungs-Werkstoff
	9			Rohrisolierung ☐ Thermisch ☐ Akustisch
	10			
	11			Rohrleitungsanschluss
	12			Betriebsstoff
	13			Zustand Eintritt ☐ flüssig ☐ dampff. ☐ gasförmig
	14			
	15			Min. Norm. Max. Einheit
	16			Durchfluss
	17			Eingangsdruck p_1
	18			Ausgangsdruck p_2
	19			Temperatur T_1
	20			Eingangsdichte ϱ_1 oder $\dot{M}$
	21			Dampfdruck p_v
	22			Therm. dyn. krit. Druck p_c
	23			Kinematische Viskosität ν
	24			Verhältnis der spez. Wärmen $\varkappa$
	25			Realgasfaktor
	26			
	27			Armatur dicht bei p_1 p_2
	28			Zuluftdruck der Anlage min. max.
	29			Armatur ohne Hilfsenergie ☐ AUF ☐ ZU ☐ HALT

1	2	3	4	5
	57		STELLANTRIEB	Hersteller Typ
	58			Pneumatisch ☐ Membrane ☐ Kolben ☐
	59			Wirk.weise ☐ Fed.rückst. ☐ dopp.wirk. ☐ Luftfed.
	60			Wirksame Fläche
	61			Nennhub/Winkel
	62			Zuluftdruck max. min.
	63			Nenn-Signalbereich
	64			
	65			Luftanschluss
	66			Andere Betriebsart ☐ elektr. ☐ hydraulisch ☐ Hand
	67			
	68			☐ Handbetätigung
	69			
	70		STELLUNGSREGLER	Hersteller Typ
	71			Eingangssignal ☐ pneumatisch ☐ elektrisch
	72			Armatur AUF bei Stellsignal
	73			Armatur ZU bei Stellsignal
	74			Wirkungsweise ☐ einfachwirk. ☐ doppelt wirkend
	75			Charakteristik ☐ linear ☐
	76			Luftanschluss
	77			Stellungsregler mit ☐ Bypass ☐ Manometer
	78			Ex-Schutz ☐ eigensicher ☐ druckfeste Kapselung
	79			
	80		ENDSCHALTER	Hersteller Typ
	81			Wirkungsweise ☐ mech. ☐ induktiv ☐ pneum.
	82			Schaltposition ☐ zu ☐ % Hub ☐ auf
	83			Schaltfunktion ☐ schließt ☐ öffnet
	84			Ex-Schutz ☐ eigensicher ☐ druckfeste Kapselung
	85			

31	C / LA	Berechn. max. Durchfl.-Koeff. C	☐ K_V	☐ CV	
32		Berechn. min. Durchfl.-Koeff. C	☐ K_V	☐ CV	
33		Gewählter Durchfl.-Koeff. C	☐ K_V	☐ CV	
34		Berechneter Schalldruckpegel		dB (A)	
35	ARMATUR	Hersteller	Typ		
36		Bauform			
37		Durchflussrichtung			
38		Nenndruck *PN*			
39		Nennweite *DN*			
40		Verbindungsart ☐ gefl.	☐ o.Fl.	☐ m.Gew.	☐ geschw.
41					
42		Anschweiß-Ende / Passstück			
43		Obert.form ☐ Normal	☐ Verlängerung	☐ Faltenbalg	
44					
45		Gehäuse / Oberteil Werkstoff			
46		Garnitur ☐ Normal	☐ geräuscharm		
47		Kennlinie ☐ linear	☐ gleichprozentig		
48		Kegel-/Spindelwerkstoff	/		
49		Führung / Ventilsitzwerkst.	/		
50					
51		Ventilsitzart			
52		Panzer-Werkstoff			
53					
54		Leckmengenklasse			
55		Packungsmaterial			
56					

86	MAGNETVENTIL	Hersteller	Typ		
87		Bauform	☐ 2-Wege	☐ 3-Wege	☐ 4-Wege
88		Bei Stromausfall Armatur	☐ AUF	☐ ZU	☐ HALT
89					
90		Luftanschluss	freier Querschnitt		
91		Elektrische Daten	V	Hz	W
92		Ex-Schutz	☐ eigensicher	☐ druckfeste Kapselung	
93					
94	ANDERES ZUBEHÖR	☐ Druckminderer Herst.	Typ		
95		☐ mit Filter	mit Manometer		
96		☐ Signalumformer Herst.	Typ		
97					
98		☐ pneum. Verst. Herst.	Typ		
99					
100		☐ pneum. Verbl. Herst.	Typ		
101					
102		Verrohrung	Material		
103					
104	SPEZ. FORDERUNGEN	Materialzeugnis	☐ chem. Analyse / mech. Test		
105		andere Tests			
106		Zeugnis für	☐ Geh./Obert.	☐ Schrauben/Muttern	
107			☐ Garnitur		
108					
109					
110					
111					
112					

Bemerkungen:

Für die Qualität von Regelkreisen ist die Anzahl der geeigneten Bauteile und deren Anordnung von entscheidender Bedeutung. Die Regelung kann nur annähernd so gut sein wie das schlechteste Bauteil im geschlossenen Regelkreis.

Für einen Regelkreis und dessen Güte ist wichtig:

- Messort der Regelgröße,
- Messwertaufnehmer für die Regelgröße,
- ggf. Messumformer für die Regelgröße,
- äußere Störeinflüsse auf die Regelgrößenerfassung,
- Art und Qualität des Reglers,
- Stellgrößenart am Reglerausgang,
- Störeinflüsse auf die Stellgröße,
- Antriebsart des Stellantriebs am Stellglied,
- Umsetzungsart des Reglerausgangssignals in eine entsprechende Stellung des Stellgliedes,
- Art des Stellgliedes,
- möglichst lineare Beeinflussung der Regelstrecke durch das Stellglied,
- Regelfähigkeit der Regelstrecke.

Die Idealvorstellung ist ein Regelkreis, der die Regelgröße *möglichst schnell* auf den Sollwert ausregelt. Hierfür ist die Schwingneigung des Regelkreises ausschlaggebend. Sie entsteht durch Verzugszeiten in den einzelnen Komponenten des Regelkreises, z.B. Stellzeit des Stellgliedes, Ansprechgeschwindigkeit des Messwertaufnehmers usw.

Die in einem Regelkreis auftretenden Verzugszeiten kann man leicht anhand von hintereinander geschalteten Speichergliedern deutlich machen, z.B. pneumatische Speicherglieder oder elektrische Speicherglieder. Am ersten Speicherglied verändert man die Eingangsgröße. Am letzten Speicherglied steht dann die gleiche Ausgangsgröße erst mit entsprechendem Zeitverzug an. Die Eingangsgröße in die Speicherkette ist vergleichbar mit der Stellgröße *Y* am Regelventil. Die Ausgangsgröße ist vergleichbar mit der Regelgröße *X*, z.B. Druck, Spannung, Temperatur (Bild 1.2).

Bei starker Androsselung vor dem Speichern oder bei einer Vielzahl von kleinen oder mittleren hintereinander geschalteten Speichern entsteht ein erheblicher Zeitverzug zwischen der Eingangsgröße am ersten Speicher und der Ausgangsgröße am letzten Speicher. Die Verzugszeiten zwischen Stellgliedveränderung und daraus resultierender Veränderung der gemessenen Regelgröße am Regler lassen den Regelkreis schwingen, wenn, je nach Reglerstruktur durch die eingestellten Regelparameter am Regler, die Phasenverschiebung zwischen Stellgröße und Regelgröße zu groß wird.

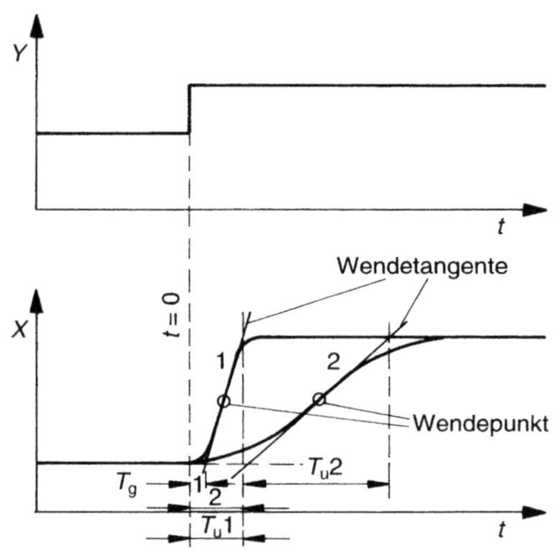

Das Verhältnis von $T_u : T_g$ bestimmt die Regelfähigkeit der Regelstrecke. Der Wert sollte möglichst nicht größer 0,2 sein. Bei größer 0,3 ist die Strecke schwer zu regeln.

1 = geringer Zeitverzug T_g = Ausgleichszeit
2 = großer Zeitverzug T_u = Verzugszeit

Bild 1.2 Sprungantwort einer Regelstrecke als dynamische Übergangsfunktion (Exponentialfunktion) mit Wendetangente

Beispiel: Temperaturregelung

Bei Temperaturregelungen entstehen wesentliche Verzugszeiten durch den Messort der Regelgröße und die Konstruktion des Temperaturfühlers (Bild 1.3).

Der Temperaturfühler sollte möglichst nahe hinter dem Stellglied angebracht werden. Bei Regelungen mit dem Temperaturfühler in der zu temperierenden Masse sind für gute Regelergebnisse Regelkaskaden erforderlich.

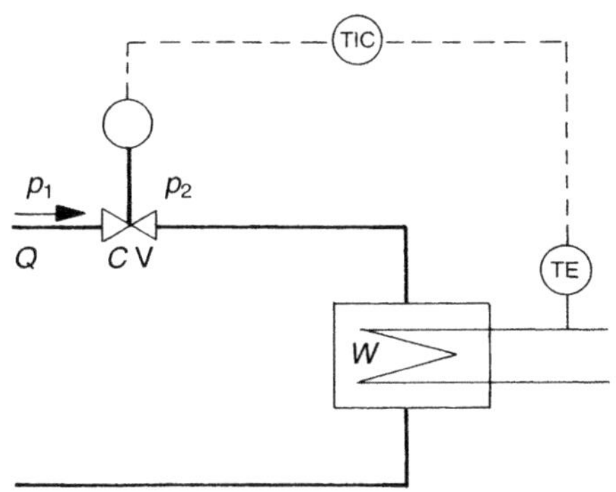

Bild 1.3 Regelkreis mit Temperaturfühler

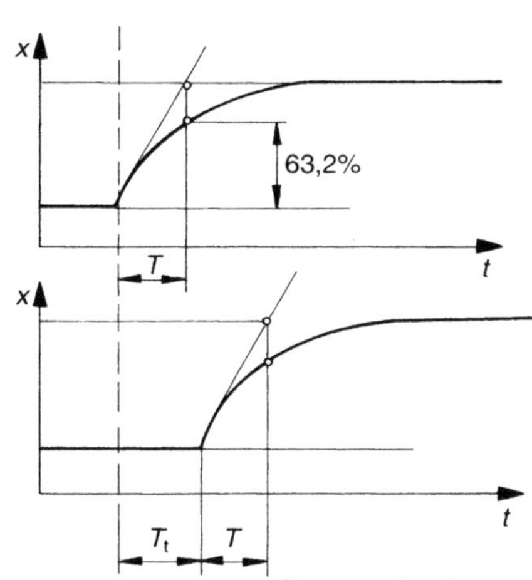

Sprungantwort
einer Regelstrecke 1. Ordnung
mit und ohne Totzeit T_t
T = Zeitkonstante

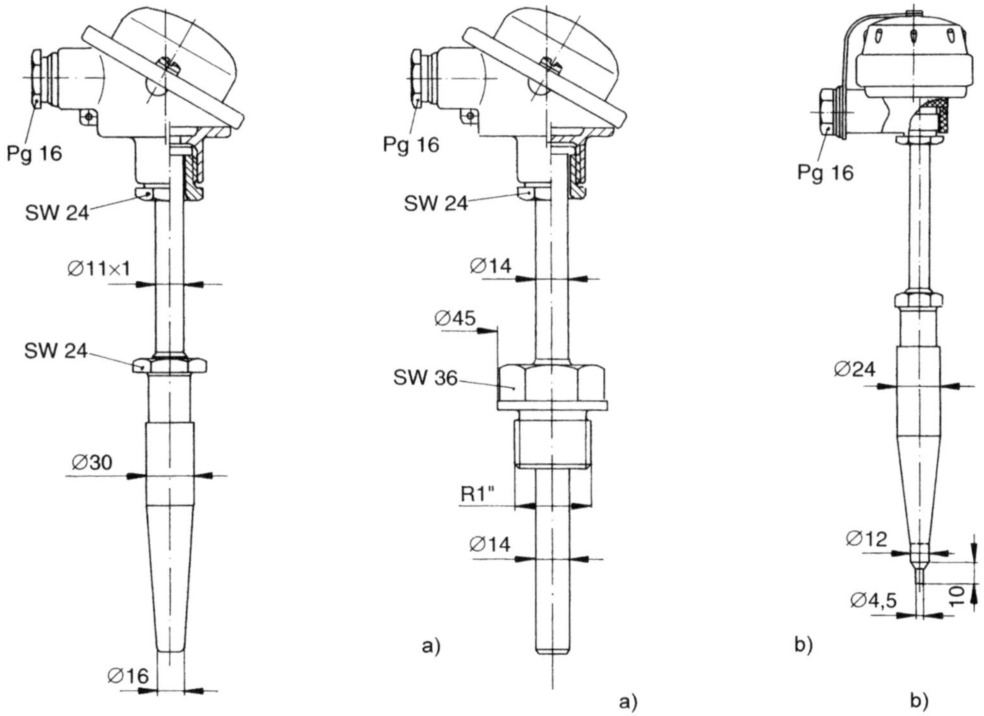

Pg 16
SW 24
⌀11×1
SW 24
⌀30
⌀16

Pg 16
SW 24
⌀14
⌀45
SW 36
R1"
⌀14
a)

Pg 16
⌀24
⌀12
⌀4,5
10
b)

		a)		b)	
Ansprechzeiten:	in Wasser 0,2 m/s:	$t_{0,5}$ = 40 s	$t_{0,9}$ = 120 s	$t_{0,5}$ = 6 s	$t_{0,9}$ = 20 s
(Mittelwerte)	in Luft 1 m/s:	$t_{0,5}$ = 2,5 min	$t_{0,9}$ = 7,8 min	$t_{0,5}$ = 80 s	$t_{0,9}$ = 250 s

Bild 1.4 Temperaturfühlerkonstruktionen und deren unterschiedliche Temperaturansprechzeiten

Entscheidend ist die Konstruktion des Temperaturfühlers (Bild 1.4). Ob ein Temperaturfühler 90% der Temperaturveränderung nach 20 Sekunden oder nach 120 Sekunden erfassen kann (d.h. 99% nach 40 bzw. 240 Sekunden), ist wesentlich.

Berechnung der Zeitkonstanten des Messwertaufnehmers (Bild 1.5)

Bei einer stufenförmigen Veränderung der Temperatur im strömenden Medium berechnet sich der Temperaturwert im Fühler näherungsweise nach [1] zu:

$$\ln\left(\frac{\vartheta_W - \vartheta_{Fl}}{\vartheta_{W,A} - \vartheta_{Fl}}\right) = -\frac{\alpha \cdot A_W}{M_W \cdot c_W} \cdot t$$

und die gesuchte Zeit:

$$t = -\frac{M_W \cdot \bar{c}_W}{\alpha \cdot A_W} \cdot \ln\left(\frac{\vartheta_W - \vartheta_{Fl}}{\vartheta_{W,A} - \vartheta_{Fl}}\right)$$

mit:

M_W Masse der Tauchhülse mit Fühler

$\bar{c}_W$ Mittlere spez. Wärmekapazität von Tauchhülse und Fühler

α Wärmeübergangskoeffizient des Fluids an den Fühler

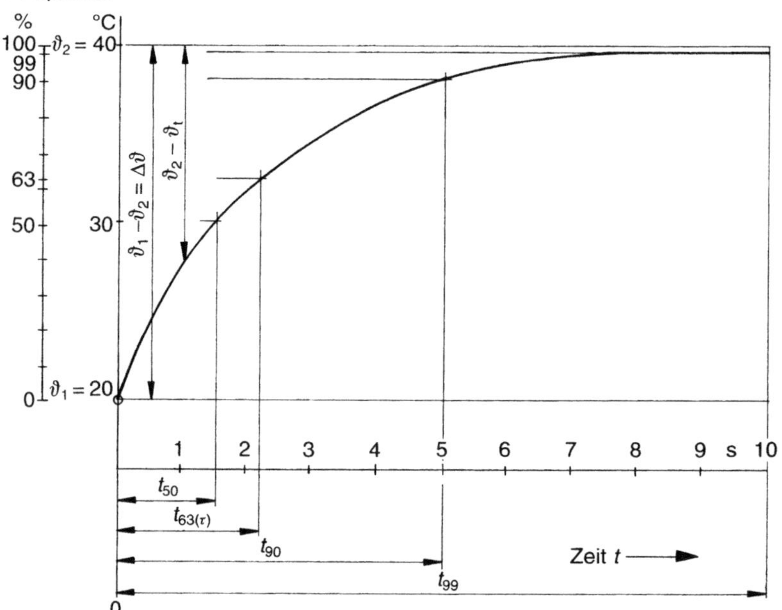

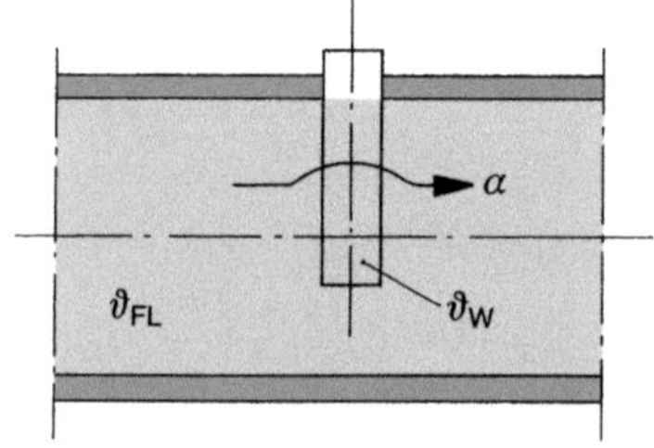

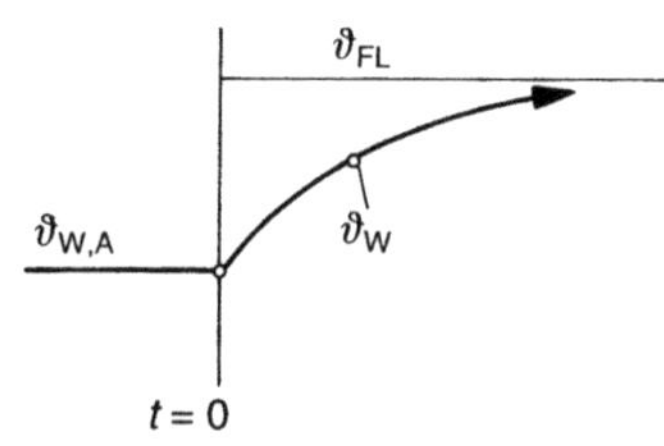

Bild 1.5
Ansprechverhalten von Temperaturfühlern bei einem Temperatursprung

A_W Äußere Oberfläche des Fühlers
ϑ_W Fühlertemperatur
$\vartheta_{W,A}$ Fühlertemperatur am Anfang
ϑ_{Fl} Fluidtemperatur

Den Ausdruck $\frac{M_W \cdot \bar{c}_W}{\alpha \cdot A_W} = \tau$

bezeichnet man als Zeitkonstante τ.

Damit wird:

$$t = -\tau \cdot \ln \left(\frac{\vartheta_W - \vartheta_{Fl}}{\vartheta_{W,A} - \vartheta_{Fl}} \right) \qquad \text{(Gl. 1.1)}$$

Die Zeitkonstante τ ist dabei diejenige Zeit, in der sich die Regelgröße X bei Beibehaltung der anfänglichen Geschwindigkeit über den ganzen Bereich X_0 ändern würde. Man kann sie auch nach den Gesetzen der Exponentialfunktion definieren als diejenige Zeit, die vergeht, bis 62,3% des Endwertes erreicht werden. Sie ist im linearen Fall unabhängig von der Größe des Sprunges und eine wichtige Zeitkenngröße.

1.2 Reglerausführungen

Nach der **Wirkungsart des Stellgliedes** auf die Regelstrecke unterscheidet man zwischen folgenden Reglertypen:

- Zweipunktregler (Grenzwertschalter),
- pulsierender Zweipunktregler,
- pulsierender Dreipunktregler, Dreipunktschrittregler,
- stetige Regler.

Nach der Anzahl und Art der angeschlossenen Messwertgeber unterscheidet man zwischen folgenden Reglertypen:

- Regler mit 1 Messwertgeber für die Regelgröße X,
- Regler mit 2 Messwertgebern für 2 Regelgrößen $X_1 + X_2$ (Differenzregler),
- Regler mit 2 Messwertgebern für 1 Regelgröße X und für 1 Hilfsregelgröße X_H,
- Regler mit 2 Messwertgebern für 1 Regelgröße und für 1 Störgröße Z.

Nach dem Zeitverhalten des Reglers unterscheidet man zwischen folgenden Reglertypen:

- Proportionalregler (P),
- Proportional-Differentialregler (PD),
- Proportional-Integralregler (PI),
- Proportional-Integral-Differentialregler (PID).

Bei den Reglern wird die Regelabweichung X_W festgestellt. Diese wird verstärkt. Das Ausgangssignal des Verstärkers kann unmittelbar die Stellgröße Y darstellen, z.B. wenn proportional wirkende Stellglieder oder Stellantriebe von ihm gesteuert werden. Bei elektrischen Stellantrieben entsteht die Stellgröße Y erst hinter dem Antrieb. Vom Verstärkerausgang oder von der Stellung des Stellgliedes wird ein Rückführsignal abgegriffen und über eine Rückführschaltung der steuernden Regelabweichung gegengekoppelt.

Je nach Aufbau der Rückführschaltung hat der Regler Proportional-Verhalten (P), Proportional-Differential-Verhalten (PD), Proportional-Integral-Verhalten (PI) oder Proportional-Integral-Differential-Verhalten (PID) gemäß Bild 1.6.

Kennzeichnende Größen des P-Reglers sind der Proportionalbereich X_p oder der Laufzeitfaktor T_p oder der Proportionalbeiwert K_p und der Arbeitspunkt Y_O. Der Arbeitspunkt ist als Wert des Ausgangssignals definiert, bei dem die Regelabweichung 0 wird. Der Proportionalbereich und der Proportionalbeiwert stehen in folgendem Zusammenhang:

$$T_p \sim \frac{1}{Y_p} \sim K_p$$

Eine bleibende Regelabweichung wird beim PI-Regler unabhängig vom Arbeitspunkt, von der Einstellung der Führungsgröße und von der Änderung der Störgrößen durch einen integrierenden Anteil vermieden. Der Kennwert des integrierenden Anteils ist die Nachzeit T_n.

Der PID-Regler erreicht durch das Aufschalten eines D-Anteils eine Verbesserung der dynamischen Regelgüte. Die differenzierende Wirkung des D-Anteils wird durch die Vorhaltezeit T_v gekennzeichnet.

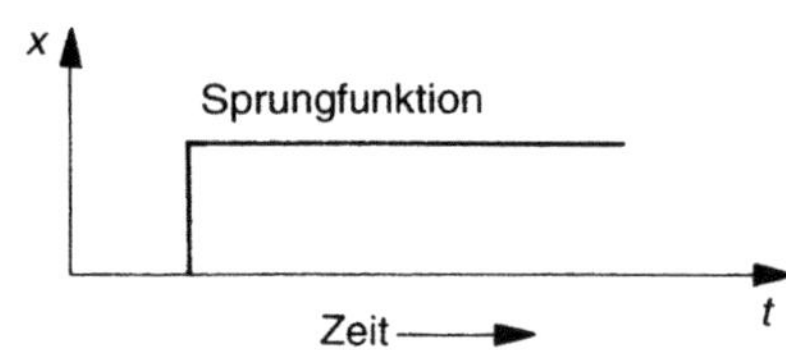

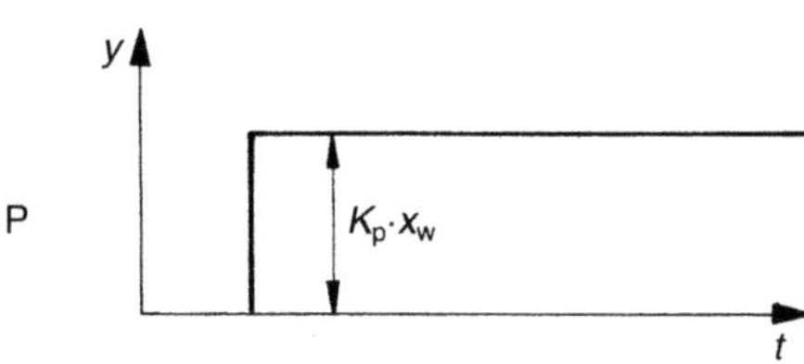

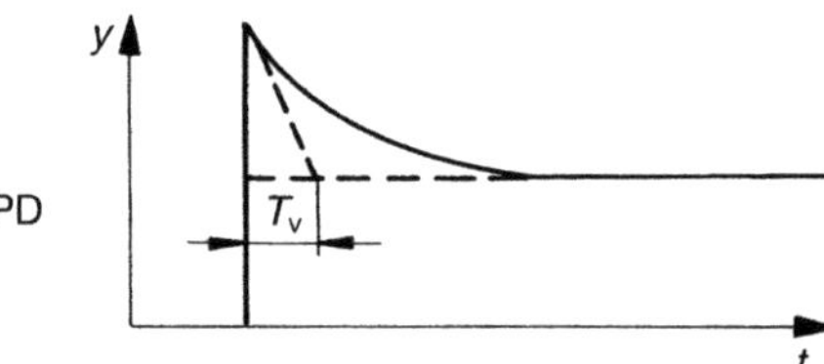

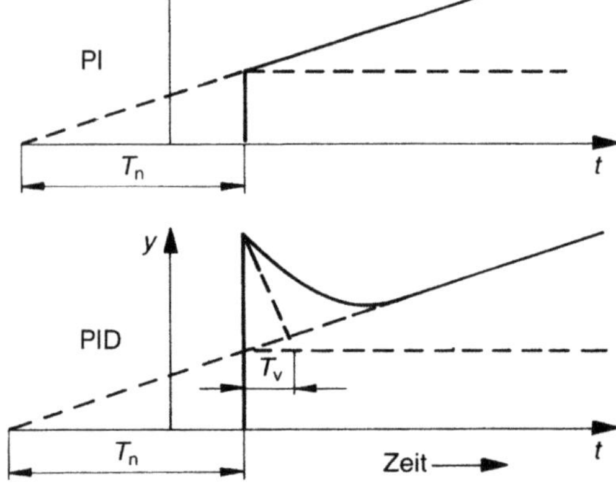

Bild 1.6 Sprungantworten des Reglers bei unterschiedlichem Regelverhalten

1.3 Sinnbildliche Darstellung von Regelarmaturen

Die sinnbildliche Darstellung ist genormt und erfolgt nach DIN 2429 T.2.

Eine Zusammenfassung ist in Bild 1.7 aufgeführt.

Beispiel 1.1
Es sollen die Ansprechzeiten der Temperaturfühler nach Bild 1.8 ermittelt werden.
Daten:
Strömungsgeschwindigkeit (n. DIN 3440)
Wasser: $w_{H2O} = 0{,}2$ m/s
Luft: $w_L = 1$ m/s
Wärmeübergangskoeffizienten (s. [1]):
$\alpha_{H2O} = 500$ W/(m$^2 \cdot$ K)
$\alpha_L = 50$ W/(m$^2 \cdot$ K)
Die Tauchhülse sei aus Stahl mit:
$c_w = 0{,}5$ kJ/(kg $\cdot$ K) und
$\rho_w = 7850$ kg/m^3
Berechnung der Zeitkonstanten:

$$t = \frac{M_W \cdot c_W}{\alpha \cdot A_W} = \frac{d^2 \cdot \pi \cdot H \cdot \rho_W \cdot c_W}{4 \cdot \alpha \cdot d \cdot \pi \cdot H}$$

$$= \frac{d \cdot \rho_W \cdot c_W}{4 \cdot \alpha}$$

In Tabelle 1.2 ist das Ergebnis dargestellt.

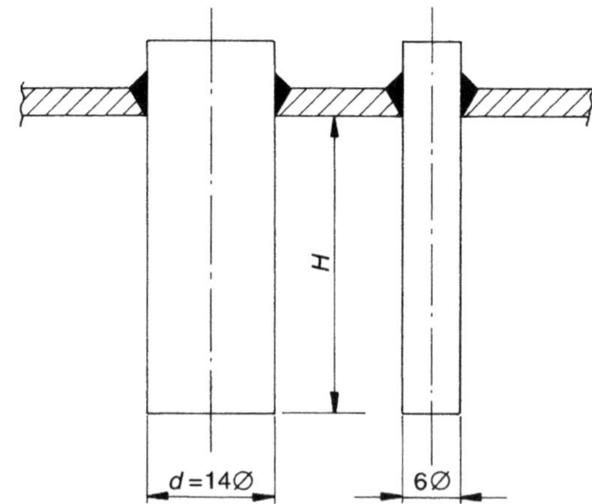

Bild 1.8 Temperaturfühler zum Beispiel 1.1

Nr.	Grafische Symbole Form	Benennung, Bemerkung, Anwendungsbeispiel
7.02.01		Armatur mit stetigem Stellverhalten
		Unter «stetig» ist «besonders definiert» zu verstehen. Kombinierbar mit Symbolen für Absperrarmaturen. Das Symbolelement kann bei anderweitig als «Regelventil» erkennbaren Armaturen entfallen. 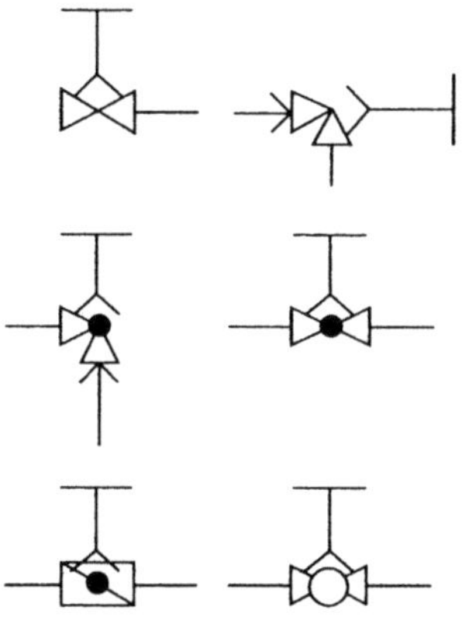
7.05.01		Stellantrieb mit rotierendem System allgemein
7.05.02	 M	Stellantrieb mit Elektromotor
		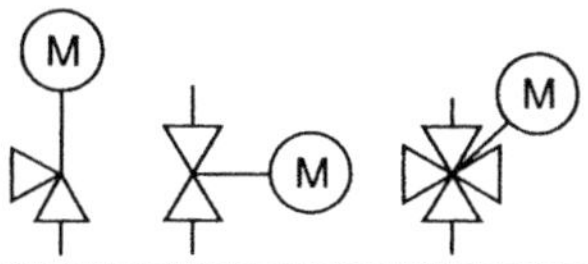 M M M
7.05.03		Stellantrieb mit Hydromotor mit 1 Fließrichtung
7.05.04		Stellantrieb mit Hydromotor mit 2 Fließrichtungen
7.05.05		Stellantrieb mit pneumatischem Motor mit 1 Fließrichtung
7.05.06		Stellantrieb mit pneumatischem Motor mit 2 Fließrichtungen
7.05.07		Stellantrieb mit Schubsystem allgemein
7.05.08		Stellantrieb mit Kolben
7.05.09		Stellantrieb mit Elektromagnet
7.05.10		Stellantrieb, dessen Hilfsenergie der Durchflussstoff der Rohrleitung ist

Bild 1.7 Bildzeichen für Regelarmaturen

Nr.	Symbol	Benennung
7.05.11		Stellantrieb, handbetätigt, allgemein Handbetätigte Armaturen dürfen auch ohne dieses Symbolelement dargestellt werden, wenn Verwechslungen ausgeschlossen sind.
7.05.12		Stellantrieb mit Feder
7.05.13		Stellantrieb mit Membrane
7.05.14	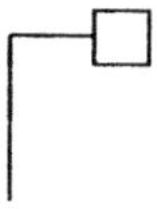	Stellantrieb mit Gewicht
7.05.15	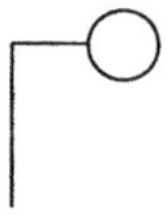	Stellantrieb mit Schwimmer
7.05.16		Armatur öffnet bei Ausfall der Hilfsenergie Kombinierbar mit den Symbolen Nr. 7.05.01 bis 7.05.10 und 7.05.13
7.05.17		Armatur schließt bei Ausfall der Hilfsenergie Kombinierbar mit den Symbolen Nr. 7.05.01 bis 7.05.10 und 7.05.13
7.05.18		Armatur bleibt bei Ausfall der Hilfsenergie zunächst in vorgegebener Stellung Kombinierbar mit den Symbolen Nr. 7.05.01 bis 7.05.10 und 7.05.13
7.05.19		Armatur bleibt bei Ausfall der Hilfsenergie zunächst in vorgegebener Stellung; der Pfeil gibt die zulässige Driftrichtung an. Kombinierbar mit den Symbolen Nr. 7.05.01 bis 7.05.10 und 7.05.13 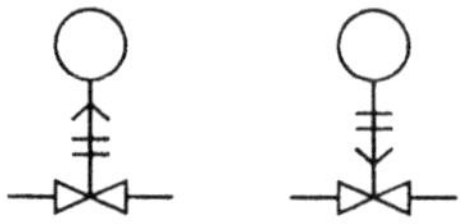

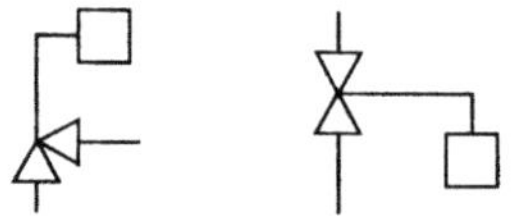

Anmerkung zu den Stellantrieben Nr. 7.05.01 bis 7.05.15:

Doppelantriebe sind sinngemäß den abgebildeten Beispielen darzustellen. Dabei ist der vorrangige Antrieb auf die Armaturenmitte bzw. außen zu zeichnen.

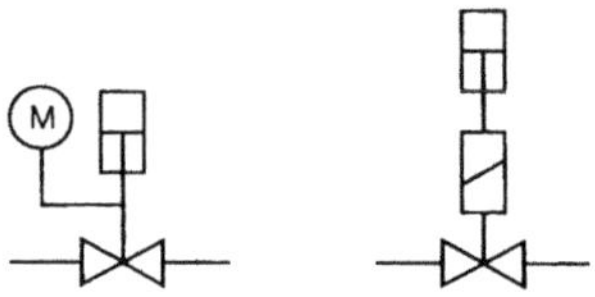

M

Bild 1.7 (Fortsetzung)

Tabelle 1.2 Ergebnisse zum Beispiel 1.1

Zeiten *t* in s bei:

	τ	(s)	$(\vartheta_W - \vartheta_{Fl}) / (\vartheta_{W,A} - \vartheta_{Fl}) = 0{,}1 \triangleq 90\%$	
	Wasser	Luft	Wasser	Luft
$d = 14\,\varnothing$	27	270	$62 \approx 1$ min	$620 \approx 10$ min
$d = 6\,\varnothing$	12	120	$28 \approx \frac{1}{2}$ min	$280 \approx 5$ min

2 Stoffeigenschaften

2.1 Dichte

$$\rho = \frac{M}{V} \quad [\mathrm{kg/m^3}] \qquad \text{(Gl. 2.1)}$$

$\rho = f(T, p)$

Flüssigkeiten

$$\rho = \frac{\rho_0}{(1 + \beta_p \cdot \Delta T) \cdot (1 - \beta_T \cdot \Delta p)} \qquad \text{(Gl. 2.2)}$$

ρ_0 Dichte bei Bezugstemperatur T_0
β_p isobarer Wärmeausdehnungskoeffizient
β_T isothermer Kompressibilitätskoeffizient
ΔT Temperaturerhöhung
Δp Druckerhöhung

Gase
Thermische Zustandsgleichung für ideale Gase

$$\rho_0 = \frac{p}{R_i \cdot T} \qquad \text{(Gl. 2.3)}$$

Reale Gase

$$\rho = \frac{p}{Z \cdot R_i \cdot T} \qquad \text{(Gl. 2.4)}$$

Z Realgasfaktor
R_i individuelle Gaskonstante

$$R_i = \frac{\tilde{R}}{\tilde{M}_i}$$

$\tilde{R}$ universelle molare Gaskonstante
$\tilde{R}$ 8314 J/ (kmol · K)
$\tilde{M}_i$ molare Masse des Gases

Der Realgasfaktor Z ist eine Funktion von reduziertem Druck und reduzierter Temperatur. Zum Gebrauch in diesem Buch ist der reduzierte Druck p_r definiert als das Verhältnis des tatsächlichen absoluten Vordruckes zum absoluten kritischen thermodynamischen Druck des betreffenden Stoffes. Die reduzierte Temperatur T_r ist ähnlich definiert.

Somit gilt:

$$p_r = \frac{p_1}{p_c} \qquad \text{(Gl. 2.5)}$$

$$T_r = \frac{T_1}{T_c} \qquad \text{(Gl. 2.6)}$$

Absolute thermodynamische kritische Drücke und Temperaturen für die meisten Stoffe sowie für die Kurven, aus denen der Realgasfaktor Z bestimmt werden kann, findet man in zahlreichen Handbüchern über physikalische Größen.

2.2 Schallgeschwindigkeit
(Druckfortpflanzungsgeschwindigkeit)

$$c = \sqrt{\frac{\mathrm{d}p}{\mathrm{d}\rho}} \quad [\mathrm{m/s}] \qquad \text{(Gl. 2.7)}$$

Flüssigkeiten
bei $\Delta T = 0$:

$$\frac{\mathrm{d}\rho}{\rho} = \beta_T \cdot \mathrm{d}p$$

$$\frac{\mathrm{d}p}{\mathrm{d}\rho} = \frac{1}{\beta_T \cdot \rho}$$

somit:

$$c = \sqrt{\frac{1}{\beta_T \cdot \rho}}$$

mit:

$E = \frac{1}{\beta_T}$ (Elastizitätsmodul der Flüssigkeit)

wird:

$$c = \sqrt{\frac{E}{\rho}} \quad \text{(Gl. 2.8)}$$

Gase

Isentrope Verdichtung / Entspannung

$$\frac{p}{\rho^{\varkappa}} = C$$

$$\frac{dp}{d\rho} = C \cdot \varkappa \cdot \rho^{(\varkappa - 1)}$$

$$c = \sqrt{\varkappa \cdot R_i \cdot T} \quad \text{(Gl. 2.9)}$$

$\varkappa$ = Isentropenexponent $= \frac{c_p}{c_v}$

siehe Tabelle im Anhang.

3 Strömungen durch die Regelarmatur

3.1 Energiegleichung für inkompressible Fluide (Flüssigkeiten)

Aus der Energiegleichung erhält man (Bild 3.1):

$$p_1 + \frac{\rho_1}{2} \cdot w_1^2 = p_2 + \frac{\rho_2}{2} \cdot w_2^2 + \Delta p_v \qquad \text{(Gl. 3.1)}$$

mit:

$$p_{dyn} = \frac{\rho}{2} \cdot w^2$$

Den statischen Druckverlust Δp_v berechnet man bei inkompressiblen Medien mit

$$p_{dyn,1} = p_{dyn,2} \qquad \text{(Gl. 3.2)}$$

zu:

$$\Delta p_v = p_1 - p_2$$

Gemäß Bild 3.2 wird der Druckverlust auf bestimmte Abstände vor und nach dem Ventil festgelegt. Üblicherweise wird der Druckverlust auf den dyn. Druck bezogen und man erhält:

$$\Delta p_v = \zeta \cdot \frac{\rho}{2} \cdot w^2 \qquad \text{(Gl. 3.3)}$$

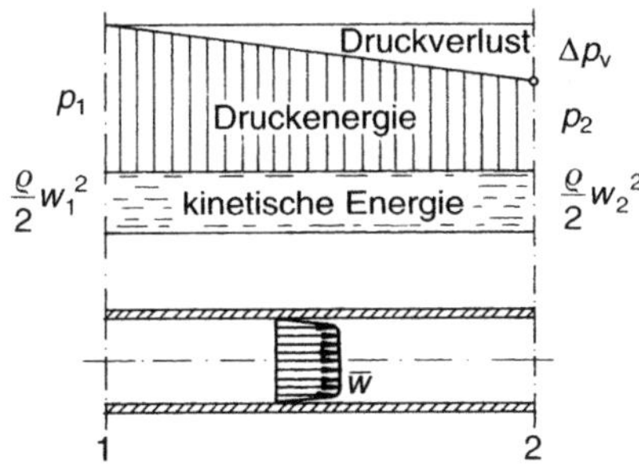

Bild 3.1 Energieanteile in einer reibungsbehafteten Rohrleitungsströmung

Den Volumenstrom errechnet man daraus mit:

$$w = \sqrt{\frac{2 \cdot \Delta p_v}{\zeta \cdot \rho}} = \sqrt{\frac{2}{\zeta}} \cdot \sqrt{\frac{\Delta p_v}{\rho}} \qquad \text{(Gl. 3.4)}$$

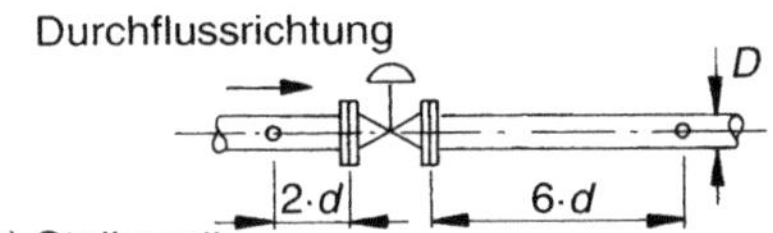

a) Stellventil

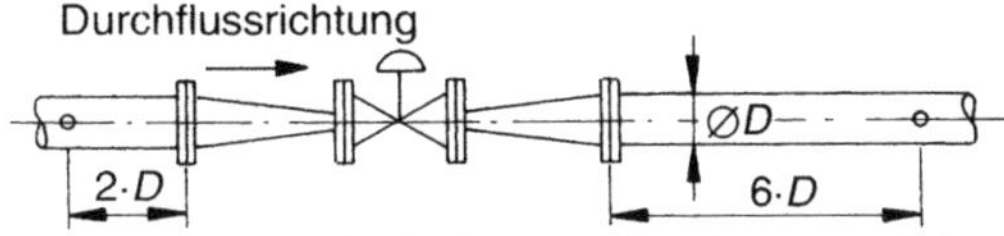

b) Stellventil mit Reduzier- und Erweiterungsstück

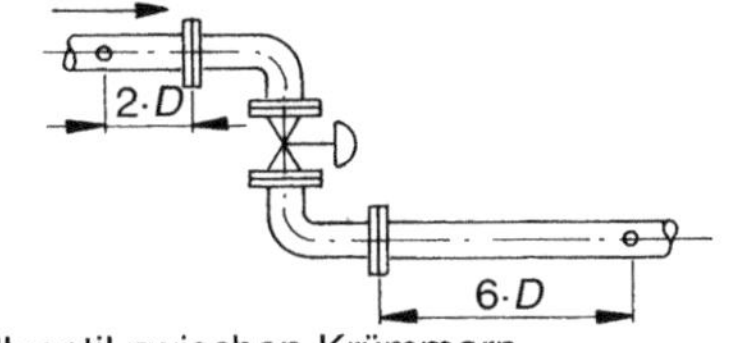

c) Stellventil zwischen Krümmern

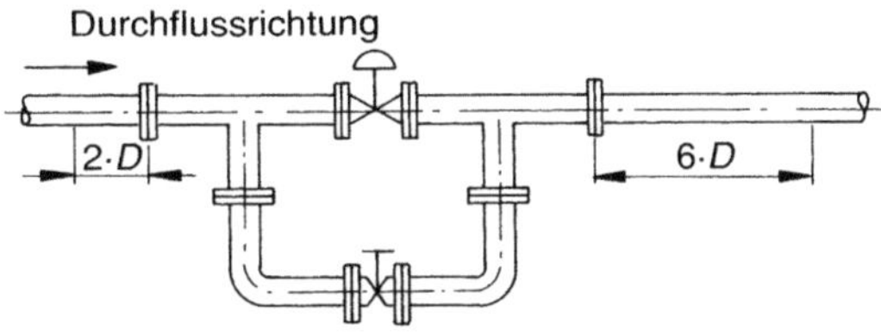

d) Stellventil mit Bypass

Bild 3.2a Bezugsabstände für den Druckverlust

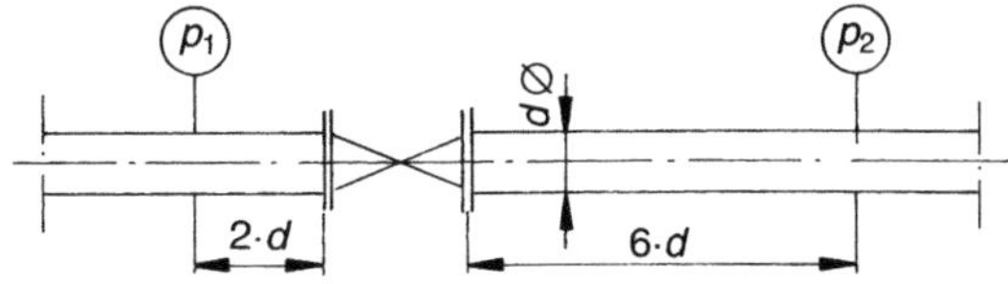

Bild 3.2b Lage der Druckentnahmestellen am Beispiel typischer Prüfstücke (n. DIN IEC 534 T. 2–3)

zu: $Q = w \cdot A$

$$Q = A \cdot \sqrt{\frac{2}{\zeta}} \cdot \sqrt{\frac{\Delta p_v}{\rho}} \qquad \text{(Gl. 3.5)}$$

Den ζ-Wert kann man aus dem gemessenen Durchflusskoeffizienten berechnen.

Den Ausdruck: $A \cdot \sqrt{\frac{2}{\zeta}}$

bezeichnet man als Durchflusskoeffizient A_v (Leitwert eines Stellventils):

$$A_v = A \cdot \sqrt{\frac{2}{\zeta}} \quad \text{mit: } A \text{ in } (m^2)$$

Der Wert von A_v kann durch Wasserversuche aus folgender Gleichung errechnet werden:

$$A_v = Q \cdot \sqrt{\frac{\rho}{\Delta p}}$$

Diese Gleichung ist gültig, wenn der Durchfluss turbulent ist und keine Kavitation oder ein Verdampfen auftritt. In den USA ist es üblich, den C_v-Wert zu verwenden, in Deutschland ist jedoch der K_v-Wert als Durchflusskoeffizient gebräuchlich.

Der K_v-Wert ist spezifischer Durchfluss eines Ventils bei festgelegtem Hub und Einheitsbedingungen wie:

$\Delta p_v = \Delta p_0$ und $\rho = \rho_0$

Damit:

$$K_v = A \cdot \sqrt{\frac{2}{\zeta}} \cdot \sqrt{\frac{\Delta p_0}{\rho_0}} \text{ in } [m^3/h] \qquad \text{(Gl. 3.6)}$$

Den ζ-Wert erhält man daraus:

$$\zeta = \frac{2}{\left(\frac{K_v}{A}\right)^2} \cdot \frac{\Delta p_0}{\rho_0} \qquad \text{(Gl. 3.7)}$$

Bei angenommenem konstanten ζ-Wert erhält man den Durchfluss nach Gl. 3.5:

$$Q = K_v \cdot \sqrt{\frac{\Delta p/\Delta p_0}{\rho/\rho_0}} \quad [m^3/h] \qquad \text{(Gl. 3.8)}$$

Für die Umrechnung in die üblichen Angaben C_v und K_v gilt dann Folgendes:

$$C_v = \frac{A_v \cdot 10^6}{28}$$

Dabei ist C_v die Wasserdurchflussmenge in US gallons/min bei einem Differenzdruck von 1 pound per square inch (psi) und einer Wassertemperatur von 60 °F .

$$K_v = \frac{A_v \cdot 10^6}{24}$$

Dabei ist:

K_v die Wasserdurchflussmenge in m^3/h bei einem Differenzdruck von 1 bar und einer Wassertemperatur zwischen 5 und 40 °C.

3.2 Energiegleichung für Gase

Druckenergie:

$$E_p = p \cdot V = \frac{M}{\rho} \cdot p \qquad \text{(Gl. 3.9)}$$

Kinetische Energie:

$$E_{kin} = M \cdot \frac{w^2}{2} \qquad \text{(Gl. 3.10)}$$

Innere Energie:

$$E_\vartheta = M \cdot u = M \cdot c_v \cdot T \qquad \text{(Gl. 3.11)}$$

Bezieht man die Energie auf die Masse $M = 1$ kg, erhält man

$$\frac{p_1}{\rho_1} + \frac{w_1^2}{2} + c_{v,1} \cdot T_1 = \frac{p_2}{\rho_2} + \frac{w_2^2}{2} + c_{v,2} \cdot T_2 \qquad \text{(Gl. 3.12)}$$

Aus dem allgemeinen Gasgesetz:

$$\frac{p}{\rho} = R_i \cdot T \qquad \text{(Gl. 3.13)}$$

mit:

$$R_i = c_p - c_v \qquad \text{(Gl. 3.14)}$$

wird:

$$\frac{p}{\rho} = (c_p - c_v) \cdot T \qquad \text{(Gl. 3.15)}$$

Setzt man diesen Ausdruck in die Energiegleichung ein, folgt
mit:

$$c_p \cdot T = h \quad \text{(spezifische Enthalpie)} \qquad \text{(Gl. 3.16)}$$

$$h_1 + \frac{w_1^2}{2} = h_2 + \frac{w_2^2}{2} \qquad \text{(Gl. 3.17)}$$

$$w_2 = \sqrt{2 \cdot (h_1 - h_2) + w_1^2} \qquad \text{(Gl. 3.18)}$$

mit:

$$\Delta h_{1,2} = h_1 - h_2$$

und:

$$w_1 \ll w_2$$

wird:

$$w = w_2 = \sqrt{2 \cdot \Delta h_{1,2}} \qquad \text{(Gl. 3.19)}$$

Bei idealen Gasen kann die isentrope Enthalpiedifferenz $\Delta h_{1,2}$ berechnet werden.

$$\Delta h_{1,2} = c_p \cdot \Delta T_{1,2} \qquad \text{(Gl. 3.20)}$$

Für isentrope Expansion gilt nach den Gasgesetzen:

$$T_2 = T_1 \cdot \left(\frac{p_2}{p_1}\right)^{\frac{\varkappa - 1}{\varkappa}} \qquad \text{(Gl. 3.21)}$$

mit:

$$\varkappa = \frac{c_p}{c_v}$$

Damit wird:

$$\Delta h_{1,2} = c_p \cdot T_1 \cdot \left(1 - \left(\frac{p_2}{p_1}\right)^{\frac{\varkappa - 1}{\varkappa}}\right) \qquad \text{(Gl. 3.22)}$$

Eingesetzt in die Geschwindigkeitsgleichung:

$$w_2 = \sqrt{2 \cdot c_p \cdot T_1 \cdot \left(1 - \left(\frac{p_2}{p_1}\right)^{\frac{\varkappa - 1}{\varkappa}}\right)} \qquad \text{(Gl. 3.23)}$$

mit den Gasgesetzen umgeformt:

$$c_p = R_i \cdot \frac{\varkappa}{\varkappa - 1} \qquad \text{und} \qquad R_i = \frac{p_1}{T_i \cdot \rho_i}$$

erhält man auch:

$$w_2 = \sqrt{2 \cdot \frac{\varkappa}{\varkappa - 1} \cdot \frac{p_1}{\rho_1} \cdot \left(1 - \left(\frac{p_2}{p_1}\right)^{\frac{\varkappa - 1}{\varkappa}}\right)} \qquad \text{(Gl. 3.24)}$$

Der theoretische Massenstrom wird damit zu:
$\dot{M}_{th} = \rho_2 \cdot w \cdot A$

mit:

$$\rho_2 = \rho_1 \cdot \left(\frac{p_2}{p_1}\right)^{\frac{1}{\varkappa}} \qquad \text{(Gl. 3.25)}$$

eingesetzt und umgeformt:

$$\dot{M}_{th} = A \cdot \sqrt{2 \cdot \rho_1 \cdot p_1} \qquad \text{(Gl. 3.26)}$$

$$\cdot \sqrt{\frac{\varkappa}{\varkappa - 1} \cdot \left(\left(\frac{p_2}{p_1}\right)^{\frac{2}{\varkappa}} - \left(\frac{p_2}{p_1}\right)^{\frac{\varkappa + 1}{\varkappa}}\right)}$$

Den 2. Wurzelausdruck bezeichnet man als Ausflussfunktion ψ (s. Bild 3.3)

$$\psi = \sqrt{\frac{\varkappa}{\varkappa - 1} \cdot \left(\left(\frac{p_2}{p_1}\right)^{\frac{2}{\varkappa}} - \left(\frac{p_2}{p_1}\right)^{\frac{\varkappa + 1}{\varkappa}}\right)}$$

Der wirkliche Massenstrom wird durch Strahleinschnürung und Reibung reduziert und

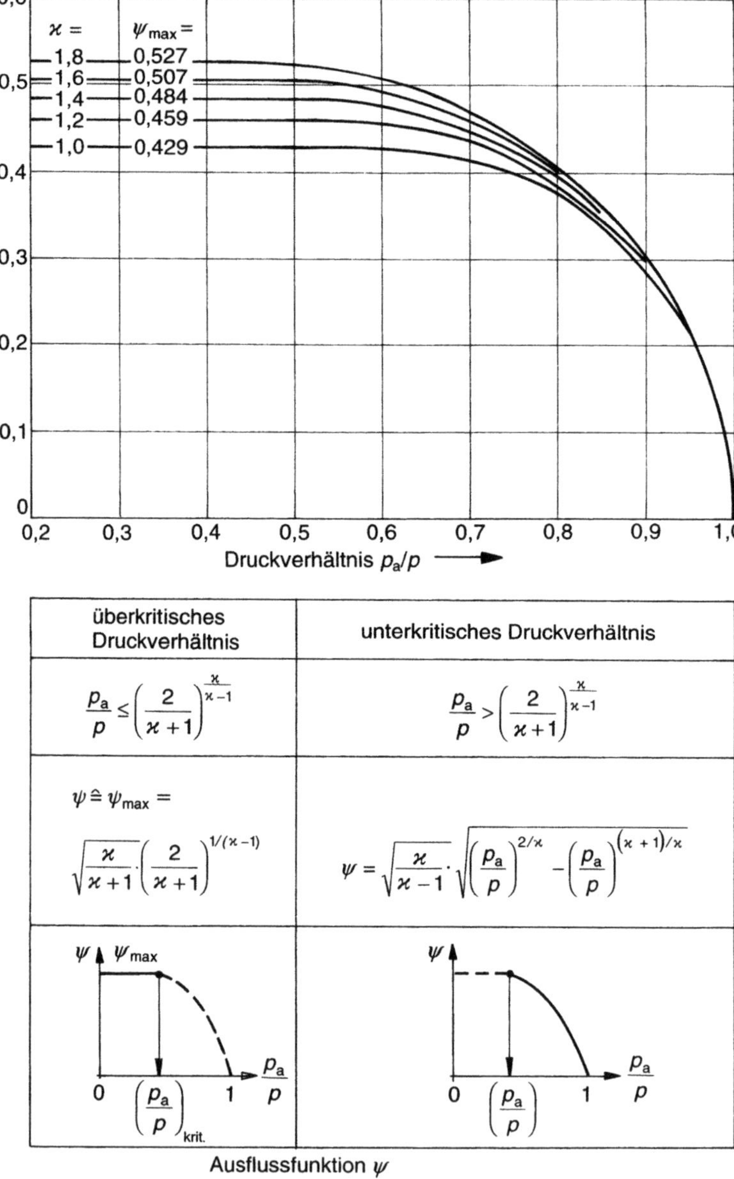

Bild 3.3 Ausflussfunktion ψ bei Gasen

man erhält:

$$\dot{M} = A \cdot \psi \cdot \sqrt{\frac{2}{\zeta} \cdot \rho_1 \cdot p_1} \qquad \text{(Gl. 3.27)}$$

Bis zu einem Druckverhältnis

$\frac{p_2}{p_1} \geq 0{,}5\ldots0{,}6$

steigt der Wert der Ausflussfunktion ψ an auf den Wert von $\psi = 0{,}45...0{,}50$.

Bei weiterer Druckabsenkung bleibt ψ = konst.

$$\left(\frac{p_2}{p_1}\right)_{krit} \approx 0{,}5$$

bezeichnet man als kritisches Druckverhältnis und unterteilt die Strömung in unter- und überkritisch (Bild 3.4). Das kritische Druckverhältnis berechnet man aus:

$$\left(\frac{p_2}{p_1}\right)_{krit} = \left(\frac{2}{\varkappa + 1}\right)^{\frac{\varkappa}{\varkappa - 1}} \qquad \text{(Gl. 3.28)}$$

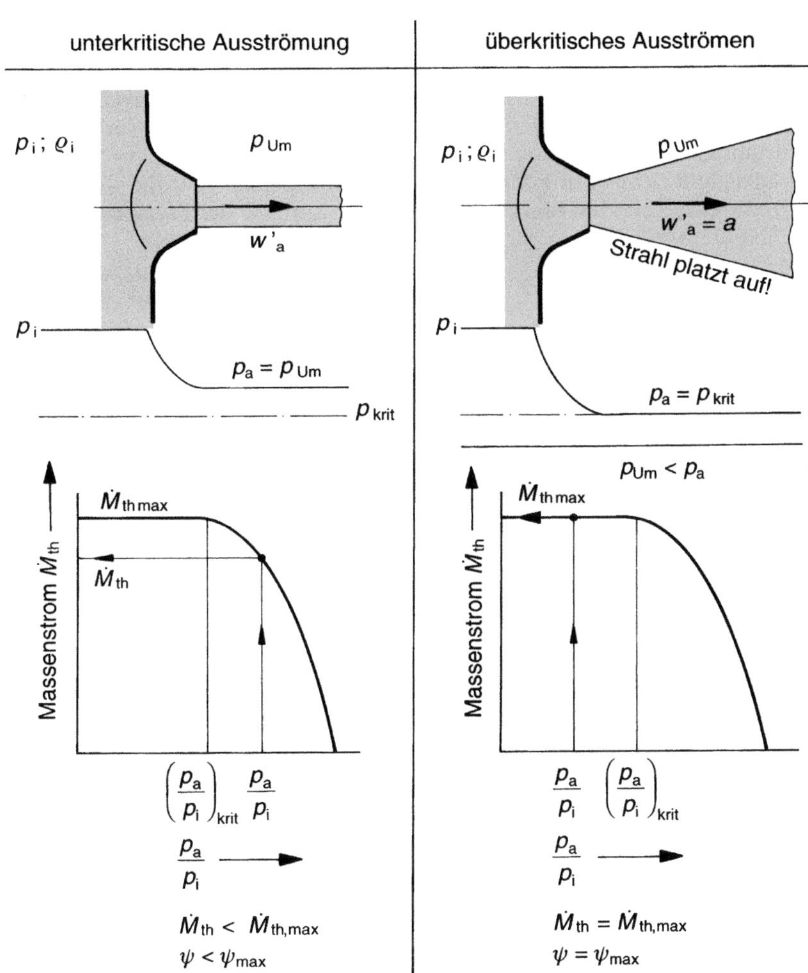

Bild 3.4 Unterschied zwischen unterkritischem und überkritischem Ausströmen aus Düsen

In Tabelle 3.1 sind für einige Gase und Dämpfe die Werte angegeben.

Setzt man dieses Druckverhältnis in die Geschwindigkeitsgleichung ein, so erhält man mit den Gasgesetzen und durch Umformen die max. Geschwindigkeit, die identisch ist mit der Schallgeschwindigkeit c (s.a. Gl. 2.9).

Man bezeichnet diese Geschwindigkeit auch als Lavalgeschwindigkeit:

$$w_{max} = w_{krit} = c = \sqrt{\varkappa \cdot R_i \cdot T_a} \qquad \text{(Gl. 3.29)}$$

Soll die Geschwindigkeit des Gases noch höher gesteigert werden, muss sich der Querschnitt der Düse von der engsten Stelle an wieder erweitern (Lavaldüse, s. Bild 3.5).

Die Strömungsverhältnisse im Kugelhahn und in Drosselklappen entsprechen annähernd den Zuständen einer Lavaldüse.

In Stellventilen und Schiebern können die Strömungsverhältnisse mit der Blendenströmung verglichen werden.

3.2.1 Strömungsverhältnisse bei unterschiedlichem Gegendruck und bei Schallgeschwindigkeit

Entspricht der Austritt p_a nicht dem der Berechnung der Lavaldüse zugrunde liegenden Druck, so tritt eine gestörte Strömung in der Lavaldüse auf.

Drei typische Fälle von gestörten Strömungen sind möglich:

1. Der Austrittsdruck p_a liegt über dem kritischen Druck p_{krit}. Die Lavaldüse verhält sich wie ein Venturirohr. Im konvergierenden Teil der Düse wird die Strömung beschleunigt, im erweiterten Teil verzögert. Alle Geschwindigkeiten liegen unterhalb der Schallgeschwindigkeit.

2. Der Betriebsaustrittsdruck p_a' liegt unter dem kritischen Druck p_{krit}, aber über dem der Düsenauslegung zugrunde liegenden Rechnungsaustritt p_a. An der engsten Düsenstelle tritt Schallgeschwindigkeit auf. Im erweiterten Düsenteil und im austretenden Strahl treten gerade und schiefe Verdichtungsstöße auf. Unter Umständen löst sich die Strömung ab.

3. Der Betriebsaustrittsdruck p_a' liegt unter dem kritischen Druck p_{krit} und unter dem der Düsenauslegung entsprechenden Rechnungsaustrittsdruck p_a. Nach dem Austritt des Strahles aus der Düse treten im Strahl schräge Verdichtungsstöße auf, die ihn zunächst stärker erweitern, als der Fortsetzung der Düsenkontur entsprechen würde.

Im weiteren Verlauf des Strahles folgen Verdichtungsstöße und Verdünnungswellen aufeinander.

In Bild 3.6 sind die verschiedenen Strömungszustände, die in einer Lavaldüse auftreten können, gegenübergestellt.

Die bei falschem Gegendruck im erweiterten Düsenteil oder im freien Gas- oder Dampfstrahl auftretenden Verdichtungsstöße und Verdünnungswellen führen oft zu Schwingungen im Strahl.

Tabelle 3.1 Kritische Werte einiger Gase und Dämpfe

Medium	$(p_a/p_i)_{krit}$	ψ_{max}	$w'_{a\,max}$
Luft, zweiatomige Gase	0,528	0,484	$1{,}08 \cdot \sqrt{p_i/\varrho_i}$ *
Heißdampf, dreiatomige Gase	0,546	0,473	$1{,}06 \cdot \sqrt{p_i/\varrho_i}$
Sattdampf	0,577	0,45	$1{,}03 \cdot \sqrt{p_i/\varrho_i}$

$^* \sqrt{p_i/\varrho_i} = \sqrt{R_i \cdot T_i}$

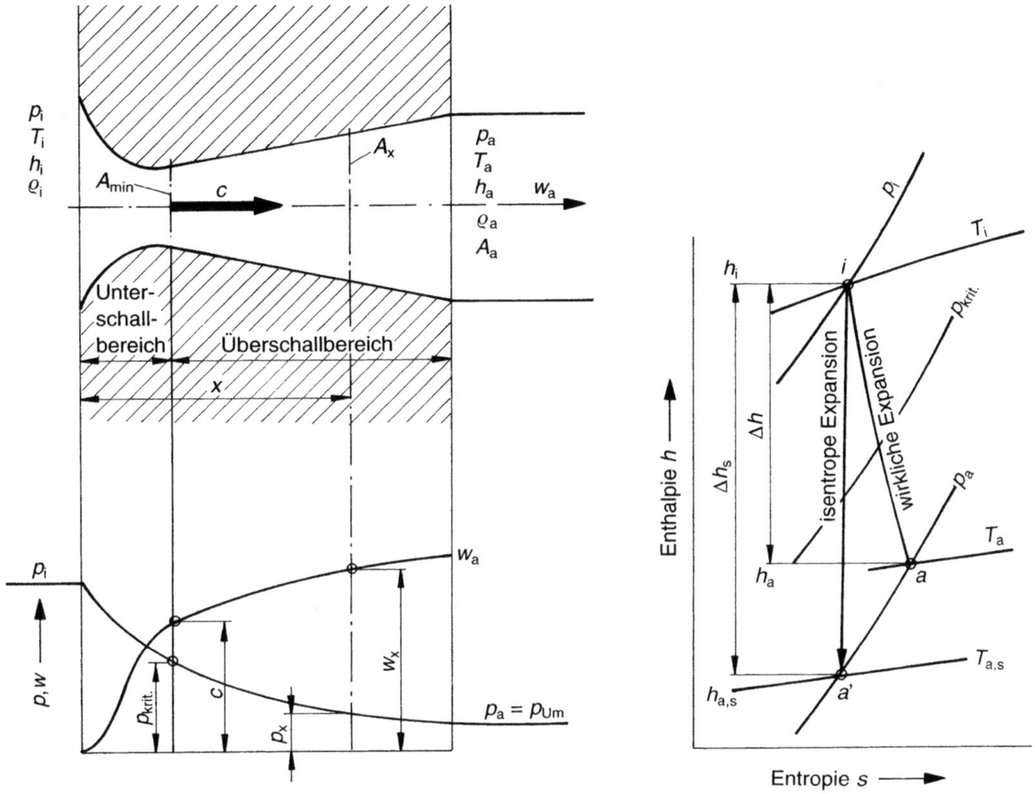

Bild 3.5 Lavaldüse

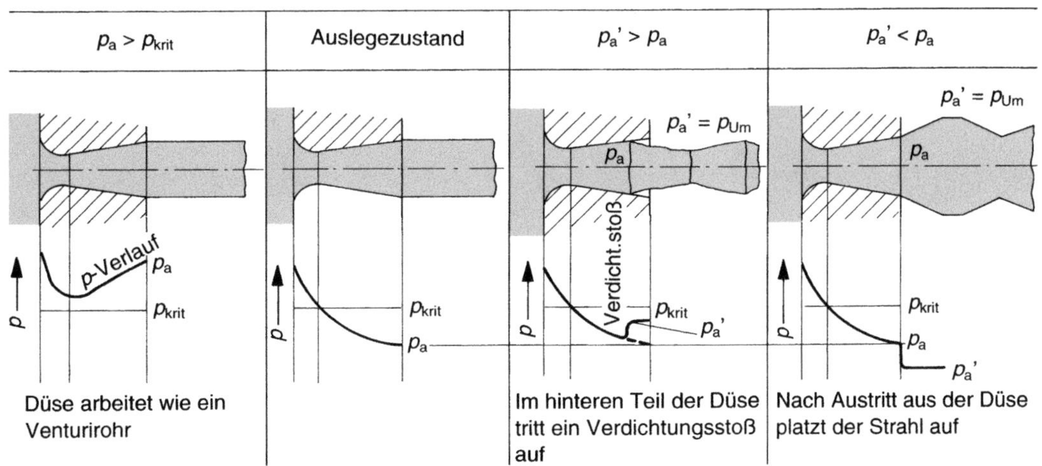

Bild 3.6 Verschiedene Betriebszustände einer Lavaldüse

Beispiel 3.1
Bestimmung der theoretischen Geschwindigkeit w im Ventilsitz.
Flüssigkeit: Wasser mit 20 °C.
Druckgefälle: $\Delta p = 1$ bar

$$w = \sqrt{\frac{2 \cdot \Delta p}{\rho}} = \sqrt{\frac{2 \cdot 10^5}{1000}}$$

$$w \approx 14 \text{ m/s}$$

Beispiel 3.2
In einer Pressluftleitung herrscht ein Druck von $p_1 = 2$ bar. Wie groß ist die Austrittsgeschwindigkeit in die Atmosphäre?

Temperatur $\vartheta = 20$ °C.

Aus Tabelle:
$\varkappa = 1{,}4$

$$R_i = R_L = 287 \text{ J/(kg} \cdot \text{K)}$$

$$T_a = 20 + 273{,}15 = 293{,}15 \text{ K}$$

$$\frac{p_2}{p_1} = \frac{1}{2} = 0{,}5 < \left(\frac{p_2}{p_1}\right)_{\text{Luft}},$$

somit Schallgeschwindigkeit

$$c = \sqrt{\varkappa \cdot R_1 \cdot T_a} = \sqrt{1{,}4 \cdot 287 \cdot 293{,}15}$$

$$c = 343{,}2 \text{ m/s}$$

Beispiel 3.3
Luftabkühlung
Luft mit $\vartheta_1 = 25$°C Eintrittstemperatur kühlt sich bei einem Druckverhältnis von $p_2/p_1 = 0{,}5$ und reibungsfreier Strömung wie weit ab (isentropische Expansion)?

Nach Gl. 3.21 ergibt sich diese theoretische Temperatur zu:

$$T_2 = T_1 \cdot \left(\frac{p_2}{p_1}\right)^{\frac{\varkappa - 1}{\varkappa}}$$

$$T_2 = (25 + 273) \cdot 0{,}5^{\frac{1{,}4-1}{1{,}4}} = 298 \cdot 0{,}82 = 244 \text{ K}$$

$$\vartheta_2 = -28{,}5 \text{ °C}$$

4 Durchflusskapazität einer Regelarmatur

4.1 Flüssigkeiten

Bezieht man den Volumenstrom einer Regelarmatur bei festgelegtem Hub auf:

$\Delta p_0 = 1$ bar, Druckverlust über dem Ventil,
$\rho_0 = 1000$ kg/m^3,

kaltes Wasser von 5 bis 40 °C

und bezeichnet diesen mit: $Q_0 \triangleq K_v$,

erhält man aus Gl. 3.6:

$$K_v = A \cdot \sqrt{\frac{2 \cdot \Delta p_0}{\zeta \cdot \rho_0}} \qquad \text{(Gl. 4.1)}$$

Wird dieser K_v-Wert bei den Einheitsbedingungen auf dem Prüfstand ermittelt, berechnet sich bei vorgegebenem Volumenstrom Q der erforderliche K_v-Wert einer Regelarmatur bei **Flüssigkeiten**
mit:

$$\frac{K_v}{Q} = \frac{A \cdot \sqrt{\dfrac{2 \cdot \Delta p_0}{\zeta \cdot \rho_0}}}{A \cdot \sqrt{\dfrac{2 \cdot \Delta p}{\zeta \cdot \rho}}} = \sqrt{\frac{\Delta p_0 \cdot \rho}{\Delta p \cdot \rho_0}}$$

zu:

$$K_v = Q \cdot \sqrt{\frac{\Delta p_0 \cdot \rho}{\Delta p \cdot \rho_0}} \qquad \text{(Gl. 4.2)}$$

Mit den Bezugsdaten Δp_0 und ρ_0:

$$K_v = \frac{Q}{\sqrt{1000}} \cdot \sqrt{\frac{\rho}{\Delta p}}$$

schließlich zu:

$$K_v = \frac{Q}{31{,}6} \cdot \sqrt{\frac{\rho}{\Delta p}} \quad [\text{m}^3/\text{h}] \qquad \text{(Gl. 4.3)}$$

mit:
Q in m^3/h
ρ in kg/m^3
Δp in bar
Der Durchfluss wird daraus berechnet:

$$Q = 31{,}6 \cdot K_v \cdot \sqrt{\frac{\Delta p}{\rho}} \quad [\text{m}^3/\text{h}] \qquad \text{(Gl. 4.4)}$$

Die oberen Grenzen von K_v-Werten handelsüblicher Regelarmaturen sind in Bild 4.1 dargestellt.

4.2 Gase und Dämpfe

Da die K_v-Werte mit Flüssigkeit ermittelt werden, ergibt sich aus der Gl. 4.1 für Flüssigkeiten:

$$K_v = A \cdot \sqrt{\frac{2 \cdot \Delta p_0}{\zeta_{Fl} \cdot \rho_0}}$$

im Vergleich zu Gasen (und Dämpfen) mit Massenströmen gemäß Gl. 3.27:

$$\dot{M} = A \cdot \psi \cdot \sqrt{\frac{2}{\zeta_{Fl}} \cdot \rho_1 \cdot p_1}$$

Das Verhältnis beträgt dann:

$$\frac{K_v}{\dot{M}} = \frac{A \cdot \sqrt{\dfrac{2 \cdot \Delta p_0}{\zeta_{Fl} \cdot \rho_0}}}{A \cdot \psi \cdot \sqrt{\dfrac{2}{\zeta_G} \cdot \rho_1 \cdot p_1}}$$

und mit $\rho_0 = 1000$ kg/m^3 sowie: $\Delta p_0 = 1$ bar bei der Annahme $\zeta_{Fl} = \zeta_G$:

$$K_v = \frac{\dot{M}}{\psi \cdot \sqrt{1000} \cdot \sqrt{\rho_1 \cdot p_1}} \quad [\text{m}^3/\text{h}] \qquad \text{(Gl. 4.5)}$$

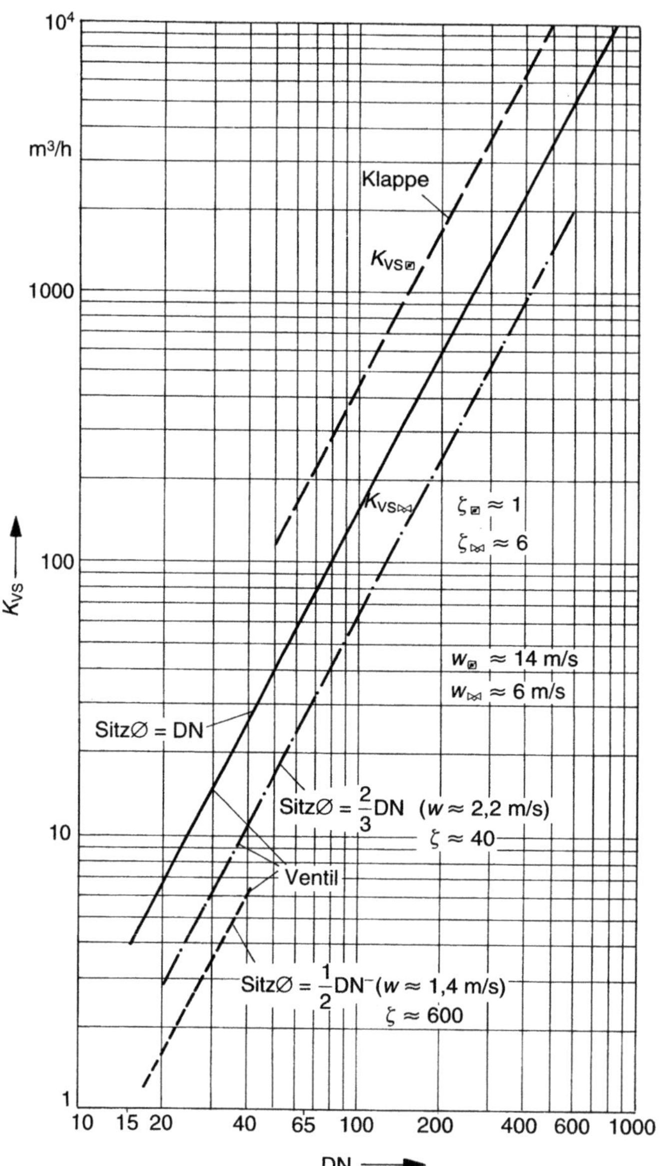

Bild 4.1
Obere Grenze von K_{vs}-Werten handelsüblicher Regelarmaturen und Regelklappen (*w*... in der Zuleitung DN)

Überkritische Druckverhältnisse

Für: $\frac{p_2}{p_1} \le \frac{p_{krit}}{p_1} \approx 0{,}5$ wird $\psi_{max} = 0{,}5$

$$K_v \approx \frac{\dot{M}}{15{,}8 \cdot \sqrt{\rho_1 \cdot p_1}} \quad [\mathrm{m^3/h}]$$

Allgemein gilt: (Gl. 4.6)

$$K_v \approx \frac{\dot{M}}{15{,}8 \cdot \left(\frac{\psi}{\psi_{max}}\right) \cdot \sqrt{\rho_1 \cdot p_1}} \quad [\mathrm{m^3/h}]$$

Die Konstante hat die Einheit:

$$15{,}8 \cdot \left(\sqrt{\frac{\text{kg}}{\text{m}^3 \cdot \text{bar}}}\right)$$

und:

$$\rho_1 = \frac{1}{v_1}$$

mit:

$\dot{M}$ in kg/h
ρ_1 in kg/m^3
p_1 in bar

Den Durchfluss berechnet man daraus:

$$\dot{M} = 15{,}8 \cdot K_v \cdot \left(\frac{\psi}{\psi_{max}}\right) \cdot \sqrt{\rho_1 \cdot p_1} \quad [\text{kg/h}] \text{(Gl. 4.8)}$$

Der Faktor (ψ/ψ_{max}) kann aus Bild 4.2 entnommen werden.

Bei Gasen und Dämpfen ist somit zwischen unter- und überkritischem Strömungsvorgang zu unterscheiden. Bei überkritischer Strömung herrscht im engsten Strömungsquerschnitt – der vena contracta – Schallgeschwindigkeit. Sie wird erreicht bei einer Druckabsenkung von p_1 auf etwa $p_1/2$. Unter der Voraussetzung, dass der Druckgewinn hinter der vena contracta und die Gehäuseverluste im Stellgliedausgang gegenüber dem Differenzdruck zwischen Ventileingang und der vena contracta vernachlässigbar sind, d.h.,

$$\frac{\Delta p}{\Delta p_{vc}} \approx 1$$

ist der erreichte Druck unmittelbar hinter dem

Ventil $p_2 \approx \frac{p_1}{2}$

Der Durchfluss durch das Stellglied ist daher nur noch vom Vordruck p_1, den Stoffkonstanten und der Stellgliedstellung abhängig.

Bei der Berechnung des K_v-Wertes im überkritischen Bereich wird $\Delta p = p_1/2$ in die Gebrauchsformel für Gase und Dämpfe eingesetzt. Bei veränderlichem Vordruck p_1 ist mit dem kleinsten im Betrieb auftretenden p_1 zu rechnen, da sonst erhebliche Unterbemessungen zu erwarten sind. Durch diese Maßnahme wird erreicht, dass das Stellglied den geforderten Durchfluss durchlässt. Ob sich aber der geforderte Druck $p_2 < (p_1/2)$ hinter dem Stellglied einstellt, hängt allein von den nachfolgenden Leitungswiderständen ab.

Richtig ausgelegt, wird sich der Druck beim geforderten Durchfluss gerade auf p_2 anstauen. Es bleibt die Frage zu beantworten: Was geschieht mit dem Druck zwischen $p_1/2$ und p_2? Im einfachsten Fall schließt sich hinter dem Stellglied eine polytrope Sekundärexpansion in der Leitung an, mit starker Verwirbelung und Geräuschbildung beim Abbremsen des Stoffes auf die Strömungsgeschwindigkeit in der angeschlossenen Leitung. Die Verluste hierbei sorgen für den Abbau des Druckes von $p_1/2$ auf p_2. Die entstehenden Geräusche sind fast ausschließlich geschwindigkeitsabhängig.

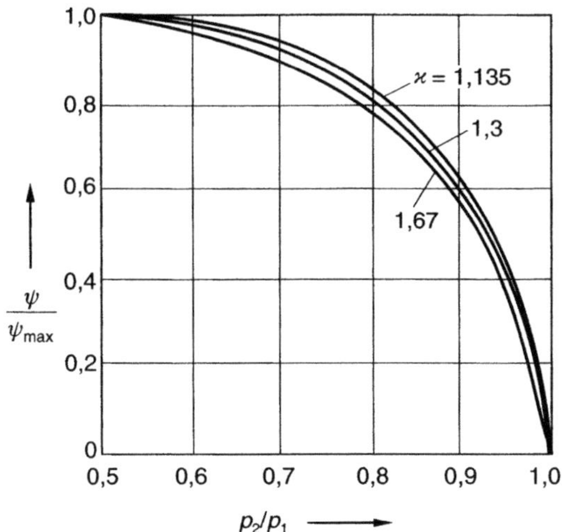

Bild 4.2 Durchflussfunktion ψ/ψ_{max} für Gase und Dämpfe in Abhängigkeit vom Druckverhältnis p_2/p_1

4.3 Definition des K_v-Wertes

Unter K_v-Wert versteht man den Durchfluss in [m^3/h] von Wasser bei 5 bis 40 °C (allgemein bei einer Flüssigkeit der Dichte $\rho = 1000$ kg/m^3 und der kinematischen Viskosität = 1 mm^2/s), der bei einem Differenzdruck Δp von 1 bar durch das Stellglied bei dem jeweiligen Stellweg hindurchgeht.

Somit ist der K_v-Wert ein auf die genannten Einheitsbedingungen bezogener Durchfluss.

Der K_v-Wert ist durch Messungen bei einer bestimmten Durchflussrichtung zu ermitteln.

Unter der Voraussetzung, dass sich der Stoff, die Betriebsbedingungen und die geometrische Ausbildung des Drosselgerätes durch die Gl. 4.3 beschreiben lassen, ist es möglich, für den bekannten Durchfluss Q des Stoffes mit der Dichte ρ und für den vorgesehenen Differenzdruck Δp einen gerätespezifischen K_v-Wert zu berechnen. Jedes Gerät, das diesen K_v-Wert z.B. durch entsprechenden Stellweg einstellen kann, wird die gewünschten Betriebsdaten in einem Rohrleitungsstrang erzeugen.

Dies setzt voraus, dass der K_v-Wert für jedes Stellglied abhängig vom Stellweg bekannt ist. Er muss gemessen werden, sofern er nicht für geometrisch ähnliche Drosselanordnungen aus dafür gültigen Gesetzen abgeleitet werden kann.

Definition des K_{vs}-Wertes

K_{vs} ist ein Wert, der den vorgesehenen K_v-Wert beim Nennhub h_{100} der Ventile bzw. beim Nenndrehwinkel φ_{100} der Klappen *einer Baureihe* darstellt.

Nach DIN IEC 534 ist eine Abweichung (Toleranz) von $K_{VS} = K_{V100} \pm 10\%$ zulässig.

Definition des K_{v100}-Wertes

K_{v100} ist der Durchfluss bei Einheitsbedingungen, den ein aus der Baureihe herausgegriffenes Stellglied beim Nennstellweg h_{100} oder φ_{100} hat.

Nennhub h_{100}, Nennstellwinkel φ_{100} und maximaler Durchfluss Q_{100}

Für jede Baureihe von Stellventilen wird ein Nennhub h_{100} angegeben, bei dem das Ventil als geöffnet zu betrachten ist. Sinngemäß gilt für Stellklappen ein Nennstellwinkel φ_{100}. Den maximalen Durchfluss beim voll geöffneten Stellglied (h_{100} bzw. φ_{100}) bezeichnet man mit Q_{100}.

4.4 Berechnung des K_v-Wertes unter Berücksichtigung der Betriebsbedingungen

Die praktische Berechnung erfolgt unter Berücksichtigung des Aggregatzustandes und der Betriebsbedingungen des Stoffes nach den Gebrauchsformeln (Tabelle 4.1).

Dabei muss ein Stellglied in seinen Abmessungen und seinem Widerstandsverhalten – K_v-Wert – so ausgelegt werden, dass es den maximalen Durchfluss bei den vorgesehenen Betriebsbedingungen noch einwandfrei regeln kann. Bei veränderlichen Betriebsbedingungen ist u.U. für jeden Betriebszustand der K_v-Wert zu errechnen. Es ist üblich, den K_{vs}-Wert des Stellgliedes größer als den größten errechneten K_v-Wert zu wählen. Als ein übliches Maß wird der Faktor 1,3 angesehen bei:

$$\frac{\Delta p_{100}}{\Delta p_0} = \text{konstant und linearer Kennlinie.}$$

Bei gleichprozentiger Kennlinie und z.B.

$$\frac{\Delta p_{100}}{\Delta p_0} = 0{,}1$$

sollte der Faktor jedoch 2 betragen.

Den K_v-Wert erhält man aus einer möglichen Minustoleranz von 10% (VDI 2173) des Wertes K_{v100} gegenüber dem Nennwert K_{vs} und der Forderung, den maximalen Durchfluss noch regeln, d.h. überfahren zu können. Bei ungünstiger Betriebskennlinie bietet allerdings auch der Faktor 1,3 hierfür keine Gewähr. Sicherheit bietet allein die Berechnung des K_v-Wertes für einen Durchfluss von $1{,}3 \cdot Q_{max}$ und den dabei in der Anlage noch zur Verfügung stehenden Differenzdruck. Der gewählte K_{vs}-Wert sollte gleich oder höchstens 10% kleiner als dieser errechnete K_v-Wert sein. Dabei ist sorgfältig zu überprüfen, inwieweit Q_{max} schon «Sicherheitszuschläge» enthält, die ein zu großes Stellglied und damit Regelunsicherheiten oder völliges Versagen der Anlage zur Folge haben können.

Beim ermittelten Stellglied ist nun zu überprüfen, ob der geforderte kleinste Durchfluss

Tabelle 4.1 Formeln für die Berechnung des K_v-Wertes (ohne Begrenzung und ohne Fittings)

Druckverlust	K_v	für Flüssigkeit	für Gas mit Temp.-Korrektur	für Dämpfe	für Sattdampf und Nassdampf
$\Delta p < \frac{p_1}{2}$ $\left(p_2 > \frac{p_1}{2}\right)$	K_v	$= \frac{Q}{31{,}6} \cdot \sqrt{\frac{\varrho_1}{\Delta p}}$	$= \frac{Q_N}{514} \cdot \sqrt{\frac{\varrho_N \cdot T_1}{\Delta p \cdot p_2}}$	$= \frac{\dot{M}}{31{,}6} \cdot \sqrt{\frac{v''}{\Delta p}}$	$= \frac{\dot{M}}{31{,}6} \cdot \sqrt{\frac{v'' \cdot X}{\Delta p}}$
$\Delta p > \frac{p_1}{2}$ $\left(p_2 < \frac{p_1}{2}\right)$	K_v		$= \frac{2 \cdot Q_N}{514 \cdot p_1} \cdot \sqrt{\varrho_N \cdot T_1}$	$= \frac{\dot{M}}{31{,}6} \cdot \sqrt{\frac{2 \cdot v''}{p_1}}$	$= \frac{\dot{M}}{31{,}6} \cdot \sqrt{\frac{v'' \cdot X \cdot 2}{p_1}}$

Es bedeuten:

K_v	Ventilkoeffizient	m^3/h	p_2	absoluter Druck nach dem Stellglied (bei Q_{max} oder G_{max})	bar
K_{vs}	Nenn-K_v-Wert einer Ventilbaureihe beim Nennwert H_{100} (voll geöffnet)	m^3/h	$\Delta p_{g\ max}$	$(\Delta p_g\ Q_{min})$ – Differenzdruck $p_1 - p_2$ bei Q_{max} (Q_{min})	bar
$K_{v\ max}$	$(K_{v\ min})$ – Ventilkoeffizient bei maximal (minimal) zu regelndem Durchfluss	m^3/h	ϱ_1	Dichte des Stoffes im Betriebszustand T_1 und p_1	kg/m^3
Q_{max}	(Q_{min}) – maximal (minimal) zu regelnder Durchfluss	m^3/h	ϱ_N	Dichte von Gasen im Normzustand	kg/m^3
$\dot{M}_{max}$	$(\dot{M}_{min})$ – maximal (minimal) zu regelnder Gewichtsdurchfluss	kg/h	v''	spez. Dampfvolumen bei T_1 und p_1 oder – falls $\Delta p > \frac{p_1}{2}$ – bei $\frac{p_1}{2}$	m^3/kg
Q_N	Volumendurchfluss von Gasen im Normzustand (0 °C, 1013 mbar)	m^3/h	T_1	Absolute Temperatur des Stoffes vor dem Stellgerät	K
p_1	absoluter Druck vor dem Stellglied (bei Q_{max} oder G_{max})	bar	X	trockener Sattdampfgehalt im Nassdampf	$(0 < X \leq 1)$

gültig für: turbulente Strömung und ohne Kavitation.
In den Bildern 4.3, 4.4 und 4.5 sind die Gleichungen der Tabelle 4.1 als Diagramme dargestellt

noch regelbar ist. Dies ist möglich, wenn das Verhältnis $\frac{Q_{max}}{Q_{min}}$ das theoretische Stellverhältnis z.B. $\frac{K_{vs}}{K_{vo}} = 50$ nicht übersteigt (s. Kapitel 7).

In den Bildern 4.3, 4.4 und 4.5 sind Diagramme dargestellt zur überschlägigen Ermittlung des K_v-Wertes.

4.5 Umrechnen des K_v-Wertes in einen Widerstandsbeiwert ζ

Der K_v-Wert ist definiert als der Volumenstrom (in m^3/h) einer Flüssigkeit mit der Dichte ρ_0 = 1000 kg/m³ ($v_0 = 1 \cdot 10^{-6}$ m²/s) bei einem Druckverlust von $\Delta p_0 = 1$ bar an der Armatur (Bild 4.6):

$$K_v = Q \cdot \sqrt{\frac{\Delta p_0 \cdot \rho}{\Delta p \cdot \rho_0}}$$

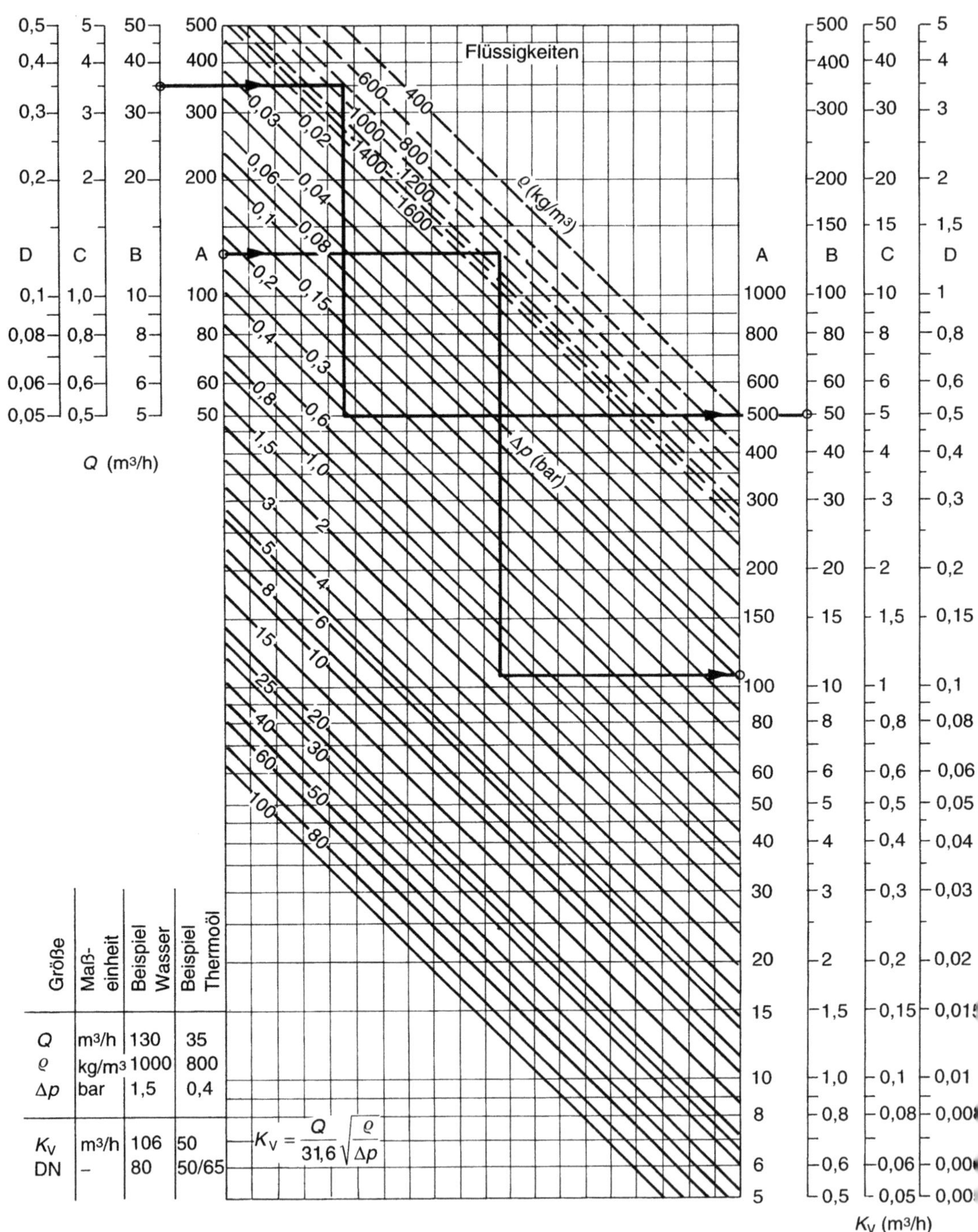

Größe	Maß-einheit	Beispiel Wasser	Beispiel Thermoöl
Q	m³/h	130	35
ϱ	kg/m³	1000	800
Δp	bar	1,5	0,4
K_V	m³/h	106	50
DN	–	80	50/65

$$K_V = \frac{Q}{31{,}6}\sqrt{\frac{\varrho}{\Delta p}}$$

Bild 4.3 Grafische Bestimmung des K_v-Wertes für Flüssigkeiten

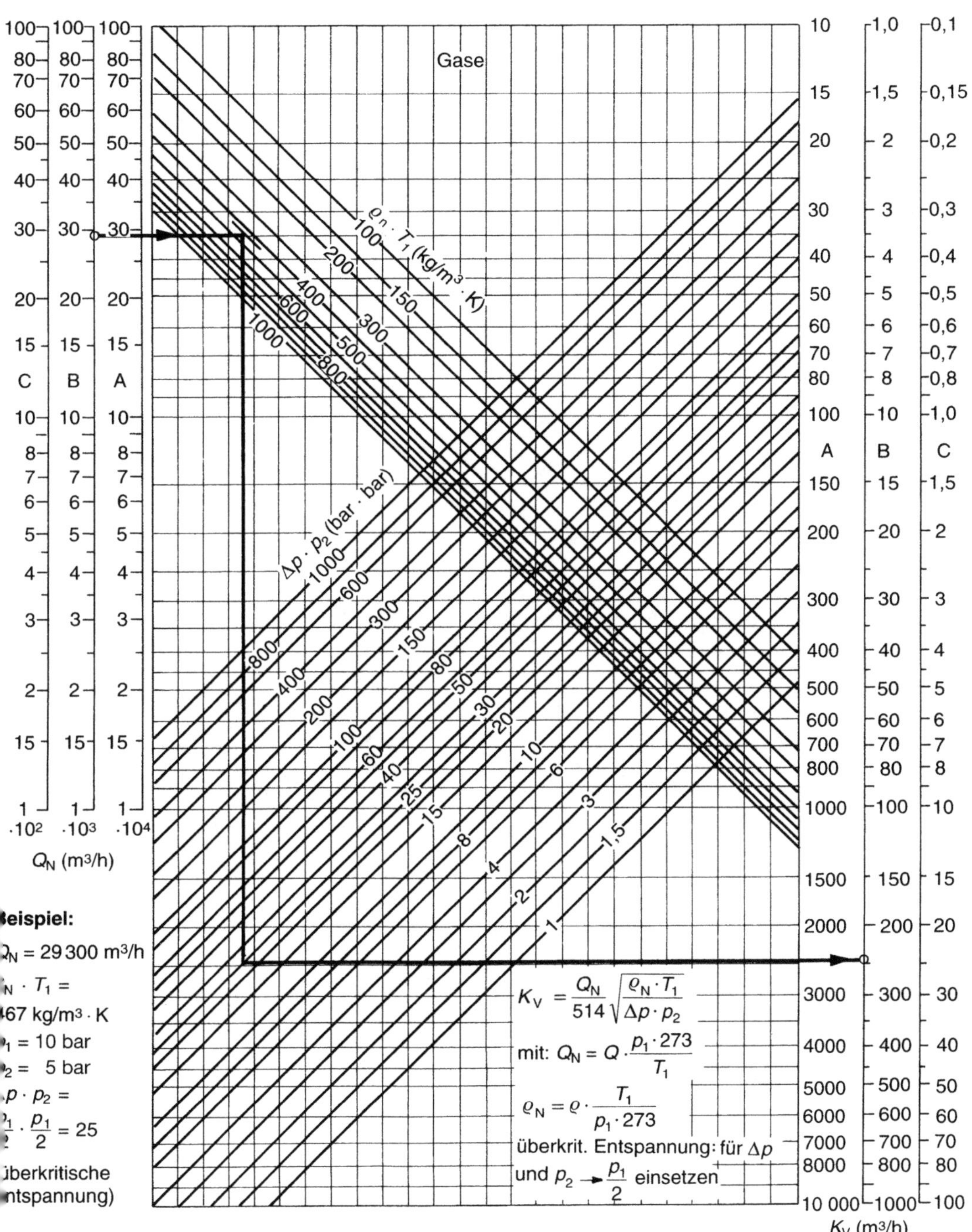

Bild 4.4 Grafische Bestimmung des K_v-Wertes für Gase

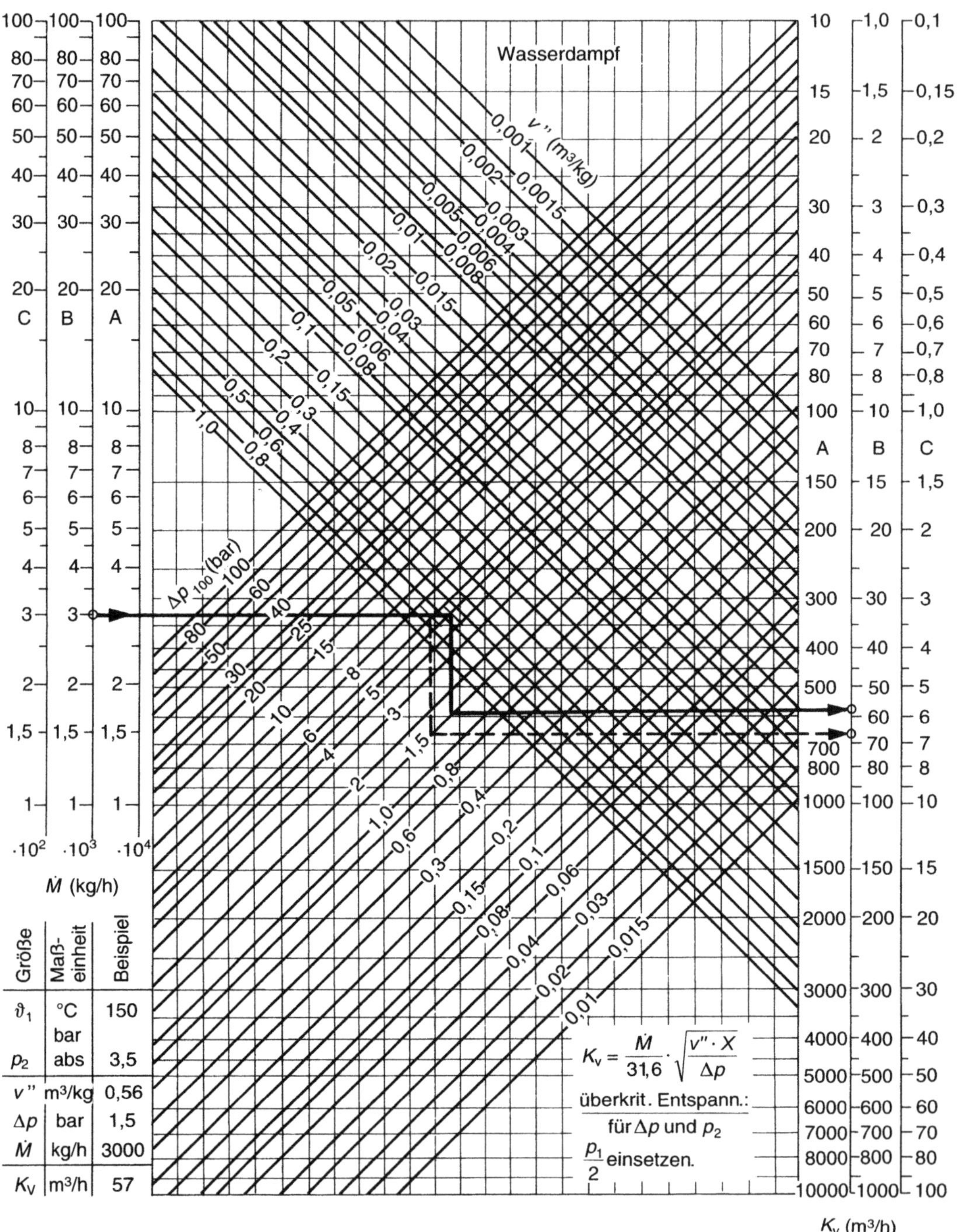

Bild 4.5 Grafische Bestimmung des K_v-Wertes für Wasserdampf

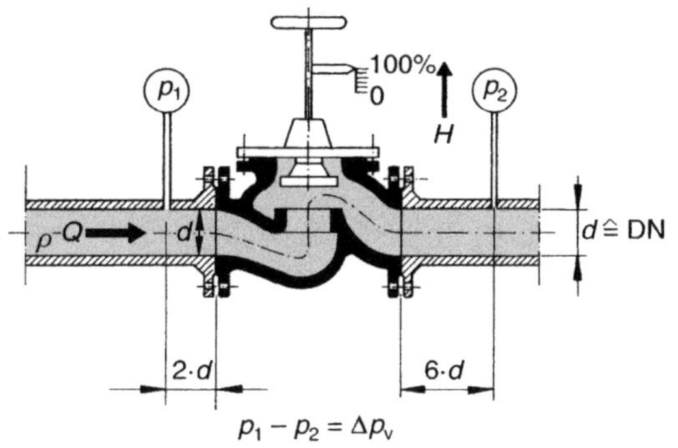

Bild 4.6 Ermittlung des ζ-Wertes einer Armatur

Mit den Prüfbedingungen ($\Delta p_0 = 1$ bar und $\rho_0 = 1000$ kg/m^3) wird:

$$K_v = \frac{Q}{31{,}6} \cdot \sqrt{\frac{\rho}{\Delta p}}$$

mit:

ρ in kg/m^3
Δp in bar
Q in m^3/h

Setzt man für $\Delta p = \rho \cdot g \cdot \Delta H_v \cdot 10^{-5}$ in (bar) ein, ergibt sich:

$$K_v = \frac{Q}{31{,}6} \cdot \sqrt{\frac{10^5}{g \cdot \Delta H_v}}$$

und es wird (Bild 4.7):

$$K_v = \frac{3{,}19 \cdot Q}{\sqrt{\Delta H_v}} \quad [\mathrm{m^3/h}] \qquad \text{(Gl. 4.9)}$$

Die Verlusthöhe ergibt sich daraus:

$$\Delta H_v = \left(\frac{3{,}19 \cdot Q}{K_v}\right)^2 \quad [\mathrm{m}]$$

und damit der ζ-Wert des Ventils:

$$\zeta = \frac{2 \cdot g \cdot 10{,}19}{w^2} \cdot \left(\frac{Q}{K_v}\right)^2$$

Die Bezugsgeschwindigkeit ist:

$$w = \frac{Q}{A}$$

und eingesetzt:

$$\zeta = \frac{2 \cdot g \cdot 10{,}19 \cdot Q^2 \cdot \left(\frac{A}{10^6}\right)^2}{Q^2 \cdot \left(\frac{K_v}{3600}\right)^2}$$

mit:

A in mm^2
K_v in m^3/h

wird:

$$\zeta = 0{,}00259 \cdot \left(\frac{A}{K_v}\right)^2$$

mit:

$$A = \frac{d^2 \cdot \pi}{4}$$

wird schließlich:

$$\zeta = \frac{1}{625{,}4} \cdot \left(\frac{d^2}{K_v}\right)^2 \qquad \text{(Gl. 4.10)}$$

d in mm
K_v in m^3/h

Da als Durchmesser d bei Regelarmaturen die Nennweite *DN* festgelegt wird als Bezugsgröße (Bild 4.6), erhält man:

$$\zeta = \frac{1}{625{,}4} \cdot \left(\frac{DN^2}{K_v}\right)^2 \qquad K_v \text{ im m}^3\text{/h}$$

In Bild 4.8 ist dieser Zusammenhang dargestellt, wobei die Standardbereiche handelsüblicher Armaturen mit eingetragen sind.

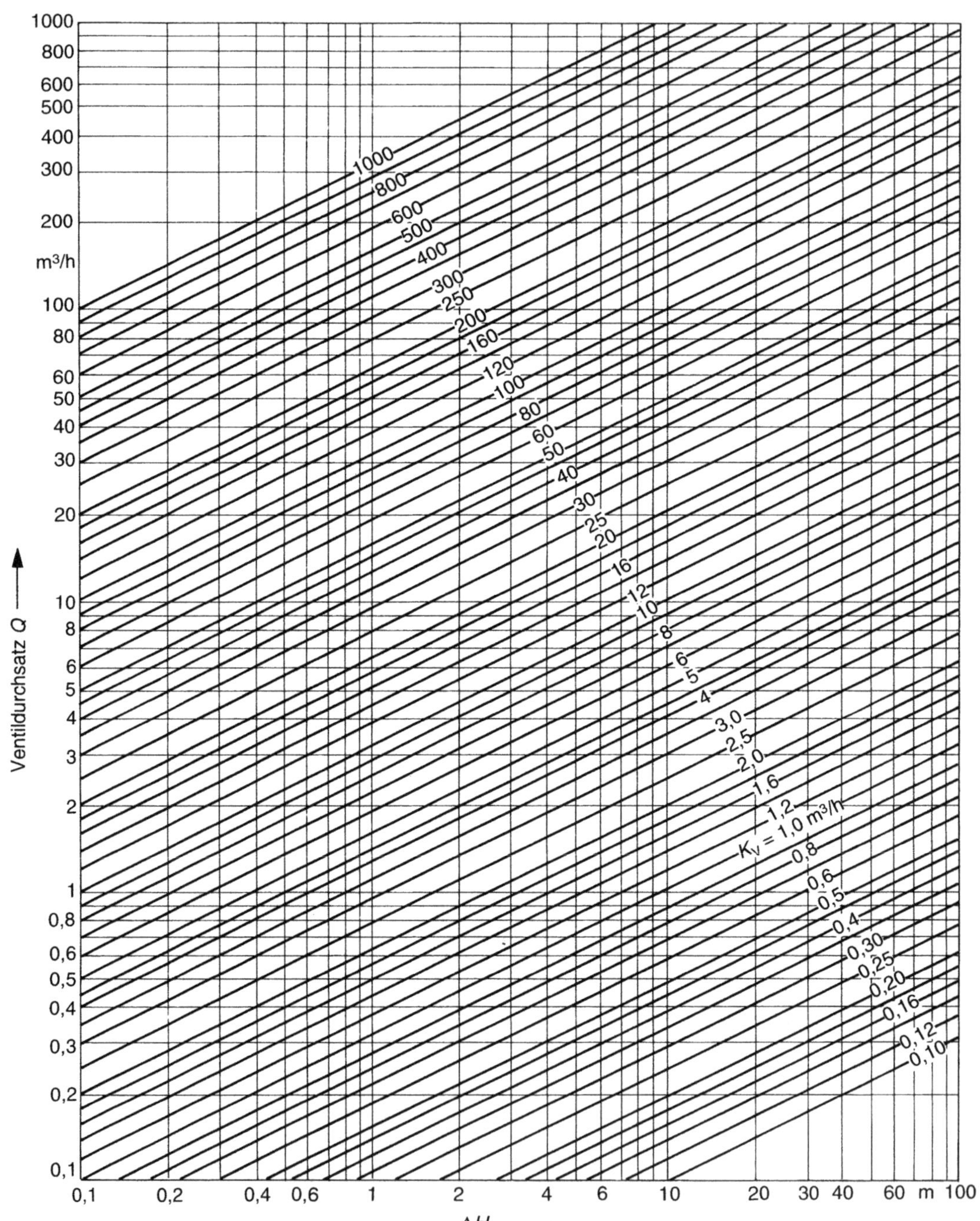

Bild 4.7 K_v-Diagramm zur Bestimmung von Armaturendaten

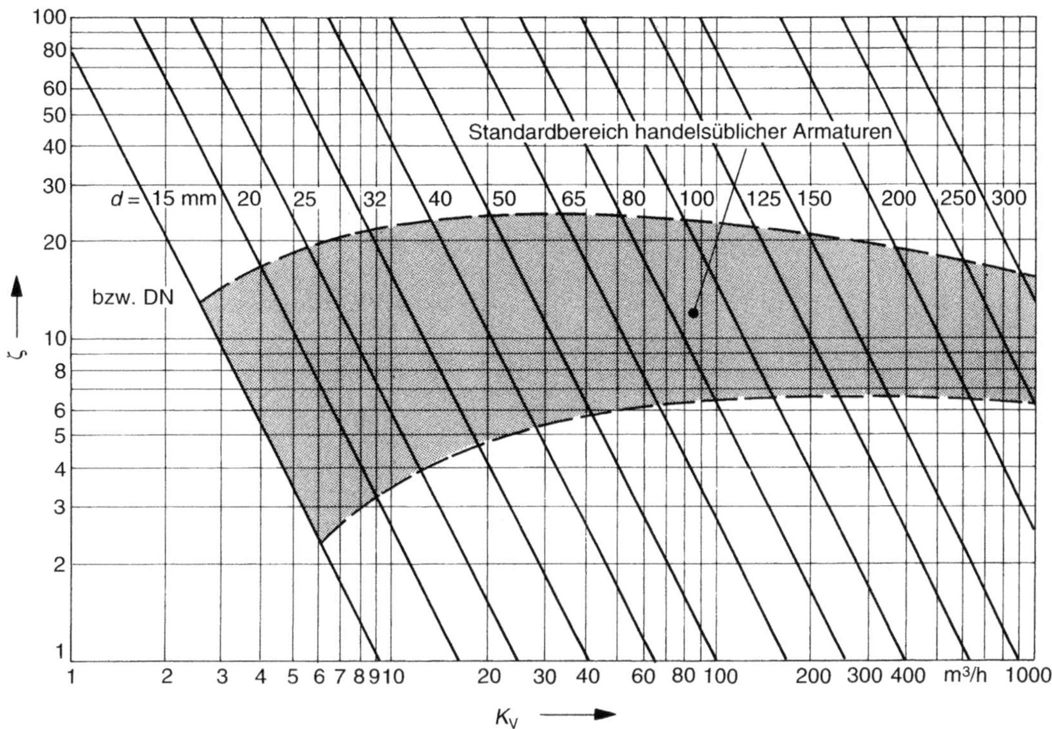

Bild 4.8 Zusammenhang von K_v- und ζ-Wert in Abhängigkeit des Anschlussdurchmessers d bzw. DN

4.6 Empfohlene Strömungsgeschwindigkeiten in Rohrleitungen

In der Praxis haben sich Erfahrungswerte für zulässige Fließgeschwindigkeiten von verschiedenen Stoffen in Rohrleitungen ergeben. Die in Tabelle 4.2 angegebenen Geschwindigkeitsrichtwerte resultieren aus noch vertretbaren Verschleißerscheinungen und Geräuschbildung, aus Sicherheitsgründen und der möglichen dynamischen Belastbarkeit eines Rohrleitungssystems.

Formeln für die Berechnung der Rohrnennweite

a) Für Flüssigkeiten und Gase

$$d = 19 \cdot \sqrt{\frac{Q}{w}} \text{ mm}$$

Umrechnung für Gase vom Normzustand in den Betriebszustand $Q = Q_N \cdot \frac{1}{p} \cdot \frac{T}{273}$ m³/h

b) Für Dampf

$$d = 19 \cdot \sqrt{\frac{\dot{M} \cdot v''}{w}}$$

d Nennweite der Rohrleitung in mm
Q Volumenstrom im Betriebszustand in m³/h
Q_N Volumenstrom von Gasen im Normzustand in m³/h
p Absoluter Betriebsdruck des Gases in der Rohrleitung in bar
T Absolute Temperatur des Gases in der Rohrleitung in K
w Fließgeschwindigkeit in m/s
$\dot{M}$ Massenstrom für Dampf in kg/h
v'' Spez. Dampfvolumen im Betriebszustand in m³/kg

Beispiel 4.1
Eine Heizungsanlage mit einem Volumenstrom $Q = 10\ m^3/h$ soll mit einem Regelventil versehen werden.
Festlegung:
1. Das Stellventil ist für 50% des Druckabfalles der Strecke auszulegen.
2. Der K_{vs}-Wert soll für einen 1,3-fachen Durchfluss ausgelegt werden.

Daten:
Druck vor der Strecke: $p_{ü,1} = 4$ bar
Druck nach der Strecke: $p_{ü,2} = 1{,}5$ bar
Medium: Wärmeträgeröl: $\rho = 800\ kg/m^3$
Lösung:

$\Delta p = 0{,}5 \cdot (4 - 1{,}5) = 1{,}25$ bar

$Q_s = 1{,}3 \cdot 10 = 13\ m^3/h$

$$K_v = \frac{Q_s}{31{,}6} \cdot \sqrt{\frac{\rho}{\Delta p}} = \frac{13}{31{,}6} \cdot \sqrt{\frac{800}{1{,}25}}$$

Tabelle 4.2 Übliche Strömungsgeschwindigkeit in Rohrleitungen

Stoff	Art der Rohrleitung	übliche Strömungsgeschwindigkeit w m/s
Wasser und wasserähnliche Stoffe	Saugleitung an Kolbenpumpen Saugleitung an Kreiselpumpen Druckleitungen für Dauerbetrieb Druckleitungen für Notbetrieb Kondensatleitungen	0,5 –1 1 –2 1,5–3 4 –6 1 –2
Frischdampf Sattdampf	bis 10 bar 10 bis 40 bar über 40 bar für Kurzzeitbetrieb	15–20 20–40 40–60 bis 80 bis 40
Öl Benzin, Benzol, Gasöl	in Saugleitungen in Druckleitungen	0,5–1 1 –2 0,5–2
Gas Sauerstoff Pressluft Luft Erdgas	 in Stahlleitungen in Kupferleitungen in Heizungsanlagen bis 1 bar bis 4 bar über 4 bar	 bis 8 bis 20 2 –10 0,8–1 4 –15 10 –25 20 –30

$K_v = 10{,}4\ m^3/h$

(s. Tab. 4.1, Gl. 4.4)

Beispiel 4.2
Medium: Stickstoff (N_2)
Volumenstrom: $Q_1 = 650\ m^3/h$
Temperatur: $\vartheta = 100\ °C$
Druck vor dem Stellglied: $p_{1,abs} = 10$ bar
Druck nach dem Stellglied: $p_{2,abs} = 5$ bar

Druckverhältnis: $\frac{p_2}{p_1} = \frac{5}{10} = 0{,}5$, kritisch

Bestimmungsgleichung:

$$K_v = \frac{\dot{M}}{15 \cdot \sqrt{p_1 \cdot \rho_1}} \qquad \text{(Gl. 4.6)}$$

$$\rho_1 = \rho_N \cdot \frac{T_N}{T} \cdot \frac{p_1}{p_N} = 1{,}25 \cdot \frac{273}{373} \cdot \frac{10}{1} = 9{,}15\ kg/m^3$$

ρ_N aus Tabelle: $\rho_N = 1{,}25\ kg/m^3$
$\dot{M} = Q_1 \cdot \rho_1 = 650 \cdot 9{,}15 = 5947\ kg/h$

$$K_v = \frac{5974}{15 \cdot \sqrt{10 \cdot 9{,}15}} =$$

$K_v = 41\ m^3/h$

Beispiel 4.3
Medium: Sattdampf (H_2O)
Massenstrom: $\dot{M} = 3000\ kg/h$
Druck vor der Regelarmatur: $p_{1,abs} = 5$ bar
Druck nach der Regelarmatur: $p_{2,abs} = 3{,}5$ bar

Druckverhältnis: $\frac{p_2}{p_1} = \frac{3\ 5}{5} = 0{,}7$

$$K_v = \frac{\dot{M}}{15 \cdot \left(\frac{\psi}{\psi_{max}}\right) \cdot \sqrt{p_1 \cdot \rho_1}} \quad [m^3/h]$$

$\frac{\psi}{\psi_{max}}$ aus Bild 4.2: $\frac{\psi}{\psi_{max}} = 0{,}95$

$$\rho_1 = \frac{1}{v_1''} = \frac{1}{0{,}38} = 2{,}6 \text{ kg/m}^3$$

$$K_v = \frac{3000}{15 \cdot 0{,}95 \cdot \sqrt{5 \cdot 2{,}6}}$$

$$K_v = 58 \text{ m}^3\text{/h}$$

Anmerkung:
Bei Sattdampf (H_2O) kann man auch eine Gebrauchsformel ableiten, gemäß:

$$\rho_1 \approx \frac{p_1}{2} \quad [\text{kg/m}^3]$$

p_1 in bar

$$K_v = \frac{\dot{M}}{15 \cdot \left(\frac{\psi}{\psi_{max}}\right) \cdot \sqrt{p_1 \cdot \rho_1}} = \frac{\dot{M} \cdot \sqrt{2}}{15 \cdot \left(\frac{\psi}{\psi_{max}}\right) \cdot \sqrt{p_1^2}}$$

$$K_v \approx \frac{\dot{M}}{10{,}5 \cdot \left(\frac{\psi}{\psi_{max}}\right) \cdot p_1} \quad [\text{m}^3\text{/h}]$$

Auf das Beispiel bezogen erhält man:

$$K_v = \frac{3000}{10{,}5 \cdot 0{,}95 \cdot 5} = 57{,}4 \text{ m}^3\text{/h}$$

5 Beachtungsmerkmale der K_v-Wert-Berechnung

Die in Kapitel 4 genannten Gleichungen gelten für ideale Fluide und ideale Verhältnisse. Um die nachfolgend genannten Einflüsse zu berücksichtigen, sind die Gleichungen mit Korrekturfaktoren zu versehen.

Damit eine Übereinstimmung mit den Normen besteht, werden die Gleichungen der DIN IEC 534 verwendet.

5.1 Flüssigkeiten

Die in Abschnitt 4.1 abgeleiteten Gleichungen basieren auf der Bernoulligleichung für newtonsche inkompressible Fluide und turbulenten Strömungen.

Die Beachtungsmerkmale für die Durchflussberechnung nach Gl. 5.1 sind:

- Kavitation oder Ausdampfung,
- eingeschnürter Einbau,
- Druckrückgewinnung,
- laminare Strömung.

Durch Verdampfung der Flüssigkeit im Ventil wird der Durchfluss begrenzt (choked flow).

Bei vielen Anwendungen sind Reduzierstücke oder andere «Fittings» mit dem Stellventil verbunden, die nicht vernachlässigbar sind. Auch bei zähen Flüssigkeiten ergeben sich andere Strömungsverhältnisse.

5.1.1 Durchfluss *ohne* Durchflussbegrenzung

$$Q = K_v \cdot F_P \cdot F_R \cdot \sqrt{\frac{\Delta p}{\rho/\rho_0}} \quad [\mathrm{m^3/h}] \qquad \text{(Gl. 5.1)}$$

5.1.2 Durchfluss *mit* Durchflussbegrenzung, aber ohne Fittings

Der Dampfdruck von Flüssigkeiten ist temperaturabhängig. Unterschreitet der statische Druck, unter dem die Flüssigkeit steht, diesen Dampfdruck, so tritt Verdampfung ein. Bei der Drosselung im Stellglied entsteht der niedrigste Druck in der so genannten «vena contracta». Je nach Ausbildung der Drosselstelle erfolgt anschließend ein mehr oder weniger großer Druckrückgewinn. Es muss unter Umständen auch dann mit Verdampfung gerechnet werden, wenn der Abströmdruck p_2 noch größer als der Dampfdruck der Flüssigkeit ist (Bild 5.1).

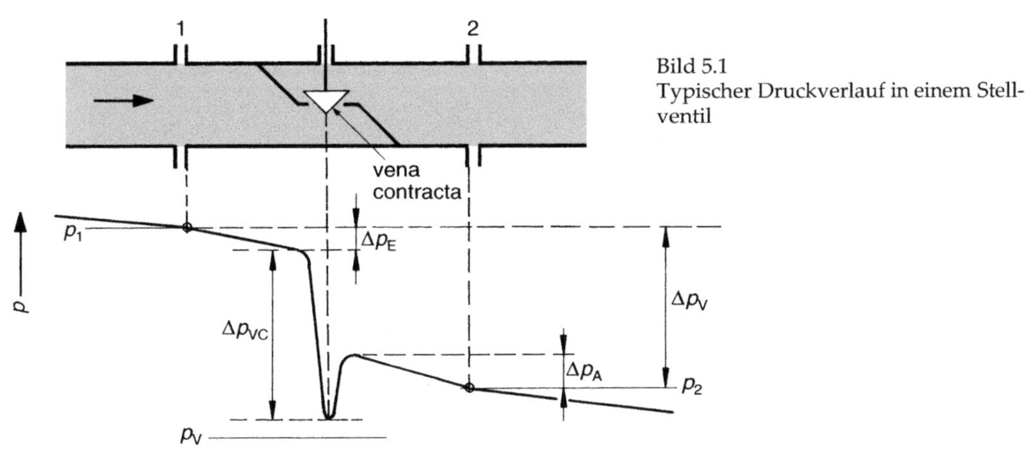

Bild 5.1
Typischer Druckverlauf in einem Stellventil

Eine lokale Verdampfung, z.B. in der vena contracta, hat zunächst zur Folge, dass eine starke Volumenvergrößerung entsteht. Dabei wird der Drosselquerschnitt eingeengt, und es kann passieren, dass der berechnete Flüssigkeitsdurchfluss nicht erreicht wird, sofern die Verdampfung nicht bei der Berechnung berücksichtigt wurde. Wird die Verdampfung durch einen unmittelbar nachfolgenden Druckanstieg wieder rückgängig gemacht (durch Kondensation), dann entsteht Kavitation, die bei Erreichen eines bestimmten Energiepotentials in kurzer Zeit Drosselkörper und Sitz beschädigen kann. Der Differenzdruck für das Stellglied sollte daher so festgelegt werden, dass entweder keine – auch keine örtliche – Verdampfung entsteht und Kavitation vermieden wird oder dass ein Flüssigkeits-Dampf-Gemisch entsteht, das in der Rechnung berücksichtigt werden kann.

Die Auswirkungen der Kavitation können durch den Einsatz eines in seiner Schließrichtung angeströmten *Lochdrosselkörpers* vermindert werden.

$$Q_{\max(L)} = K_v \cdot F_L \cdot F_R \cdot \sqrt{\frac{p_1 - F_F \cdot p_V}{\rho/\rho_0}} \quad [\mathrm{m^3/h}] \quad \text{(Gl. 5.2)}$$

Anmerkung:
Der max. zulässige Differenzdruck für die Berechnung von Stellventilen ohne Fittings (d.h. der kleinste Differenzdruck, bei dem der max. Druckfluss auftritt), kann wie folgt berechnet werden (Bild 5.2):

$$\Delta p_{\max(L)} = F_L^2 \cdot (p_1 - F_F \cdot p_v) \quad \text{(Gl. 5.3)}$$

Wird der Druck am engsten Querschnitt kleiner als $F_F \cdot p_v$, dann verdampft die Flüssigkeit.

5.1.3 Durchfluss *mit* Durchflussbegrenzung und mit Fittings

$$Q_{\max(LP)} = K_v \cdot F_{LP} \cdot F_R \cdot \sqrt{\frac{p_1 - F_F \cdot p_v}{\rho/\rho_0}} \quad [\mathrm{m^3/h}] \quad \text{(Gl. 5.4)}$$

Anmerkung:
Der max. zulässige Differenzdruck für die Berechnung von Stellventilen mit Fittings berechnet sich zu:

$$\Delta p_{\max(LP)} = \left(\frac{F_{LP}}{F_P}\right)^2 \cdot (p_1 - F_F \cdot p_v) \quad \text{(Gl. 5.5)}$$

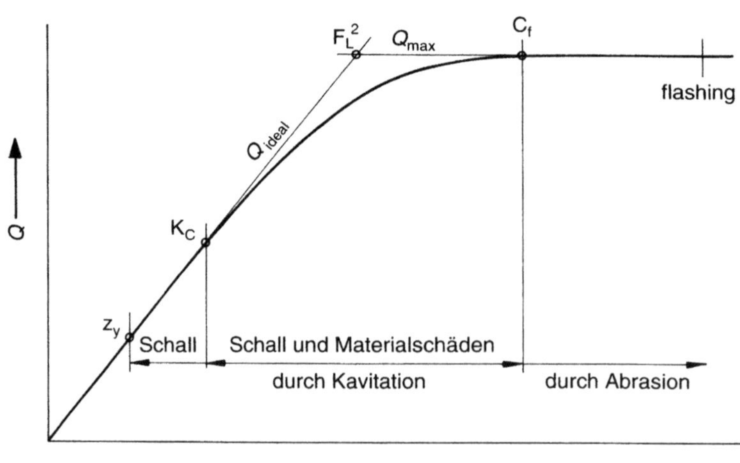

Bild 5.2
Messwerte, die den Einfluss von Kavitation bei Flüssigkeiten kennzeichnen

5.1.4 Ermittlung der Korrekturfaktoren bei Flüssigkeiten

5.1.4.1 Rohrleitungsgeometriefaktor F_P

F_P, der Faktor für die Rohrleitungsgeometrie, berücksichtigt den Einfluss der Fittings, die unmittelbar am Eingang und/oder am Ausgang eines Stellventils angebaut sind (Bild 5.3). Der F_P-Faktor ist das Verhältnis des Durchflusswertes eines Stellventils mit Fittings zu dem Durchflusswert, der sich ergeben würde, wenn das Stellventil ohne Fittings unter identischen Bedingungen geprüft würde.

$$F_P = \frac{1}{\sqrt{1 + \frac{\Sigma\zeta \cdot \left(\frac{K_V}{d^2}\right)^2}{0{,}0016}}} \quad \text{(Gl. 5.6)}$$

In dieser Gleichung ist der Faktor $\Sigma\zeta$ die algebraische Summe von allen effektiven Widerstandskoeffizienten aller Fittings, die an das Stellventil angebaut sind (Bild 5.4).

Der Widerstandskoeffizient des Stellventils selbst ist darin nicht eingeschlossen.

$$\Sigma\zeta = \zeta_1 + \zeta_2 + \zeta_{B1} - \zeta_{B2} \quad \text{(Gl. 5.7)}$$

ζ_1 Widerstandsbeiwert des Fittings im Einlauf

ζ_2 Widerstandsbeiwert des Fittings im Auslauf

ζ_{B1} Bernoullidruckziffer im Einlauf

ζ_{B2} Bernoullidruckziffer im Auslauf

Wenn die Durchmesser von Eingangs- und Ausgangsfittings identisch sind, werden ζ_{B1} und ζ_{B2} gleich und fallen aus der Gleichung heraus. In jenen Fällen, in denen die Rohrleitungsdurchmesser vor und hinter dem Stellventil verschieden sind, werden die ζ_B-Koeffizienten wie folgt berechnet:

$$\zeta_{B1} = 1 - \left(\frac{d}{D_1}\right)^4 \quad \text{(Gl. 5.8)}$$

$$\zeta_{B2} = 1 - \left(\frac{d}{D_2}\right)^4 \quad \text{(Gl. 5.9)}$$

Wenn die Ein- und Ausgangsfittings kurze handelsübliche konzentrische Reduzierstücke sind, so kann man die ζ_1- und ζ_2-Koeffizienten näherungsweise wie folgt berechnen:

$$\zeta_1 = 0{,}5 \cdot \left(1 - \left(\frac{d}{D_1}\right)^2\right)^2 \quad \text{(Gl. 5.10)}$$

$$\zeta_2 = \left(1 - \left(\frac{d}{D_2}\right)^2\right)^2 \quad \text{(Gl. 5.11)}$$

Eingangsreduzierung und Ausgangserweiterung bei gleicher Rohrnennweite:

$$\zeta_1 + \zeta_2 = 1{,}5 \cdot \left(1 - \left(\frac{d}{D}\right)^2\right)^2 \quad \text{(Gl. 5.12)}$$

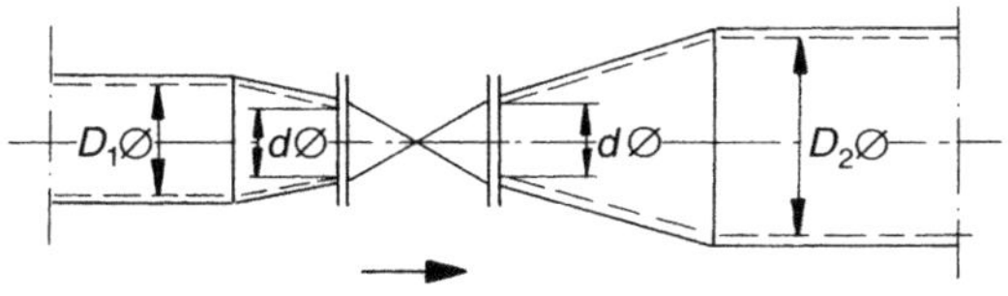

Bild 5.3 Armatur mit Fitting

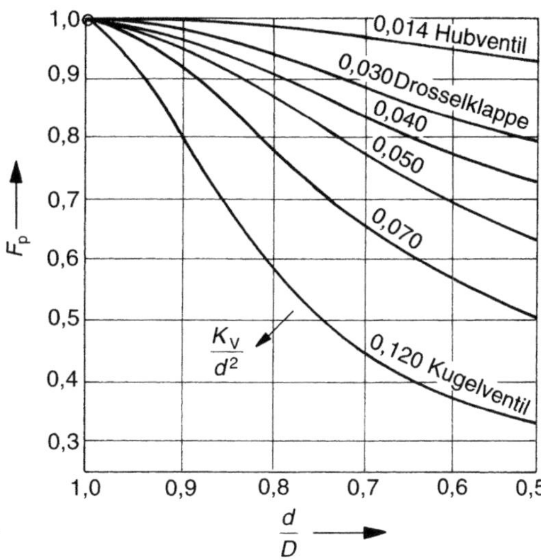

Bild 5.4 Rohrgeometriefaktor F_p als Funktion der Reduzierung d/D (d = Ventilnennweite, D = Rohrweite)

5.1.4.2 Reynoldszahlfaktor F_R

F_R, der Korrekturfaktor für den Einfluss der Reynoldszahl, ist bei *nicht* turbulenter Strömung im Stellventil anzuwenden, weil entweder niedriger Differenzdruck oder eine hochviskose Flüssigkeit oder ein sehr niedriger Durchflusskoeffizient oder eine Kombination davon vorliegt.

Der F_R-Faktor wird ermittelt, indem man den Durchflusskoeffizienten für nicht-turbulente Durchflussbedingungen durch den Durchflusskoeffizienten, der unter gleichen Einbaubedingungen bei turbulenten Bedingungen ermittelt wurde, dividiert.

Stehen keine Versuchsergebnisse zur Verfügung, so kann F_R aus der Kurve nach Bild 5.5 ermittelt werden, indem man eine Ventil-Reynoldszahl verwendet, die aus der folgenden Gleichung errechnet wird:

$$Re_v = \frac{7{,}07 \cdot 10^4 \cdot F_d \cdot Q}{\nu \cdot \sqrt{F_P \cdot F_L \cdot K_v}} \cdot \left(\frac{F_P^2 \cdot F_L^2 \cdot K_v^2}{0{,}0016 \cdot D^4} + 1 \right)^{0{,}25} \quad \text{(Gl. 5.13)}$$

mit: ν in [mm²/s]

Werte für F_d:

0,7 für Stellventile mit 2 parallelen Durchflusswegen wie Doppelsitzventile und Klappen;

1,0 für Ventile mit V-förmigem Drosselquerschnitt, Kugel- und normale Einsitzventile.

Werte für F_d für andere Ventilarten siehe Firmenangaben.

5.1.4.3 Faktoren für den Druckrückgewinn (F_L und F_{LP})

a) Faktor für den Druckrückgewinn ohne Fittings F_L

Der Faktor F_L berücksichtigt den Einfluss der inneren Ventilgeometrie auf die Ventilkapazität bei Durchflussbegrenzung. Er ist definiert als das Verhältnis des tatsächlichen max. Durchflusses bei Durchflussbegrenzung zu einem theoretischen, nicht begrenzten Durchfluss; wenn der für die Berechnung verwendete Differenzdruck die Differenz zwischen dem Eingangsdruck und dem Druck in der «vena

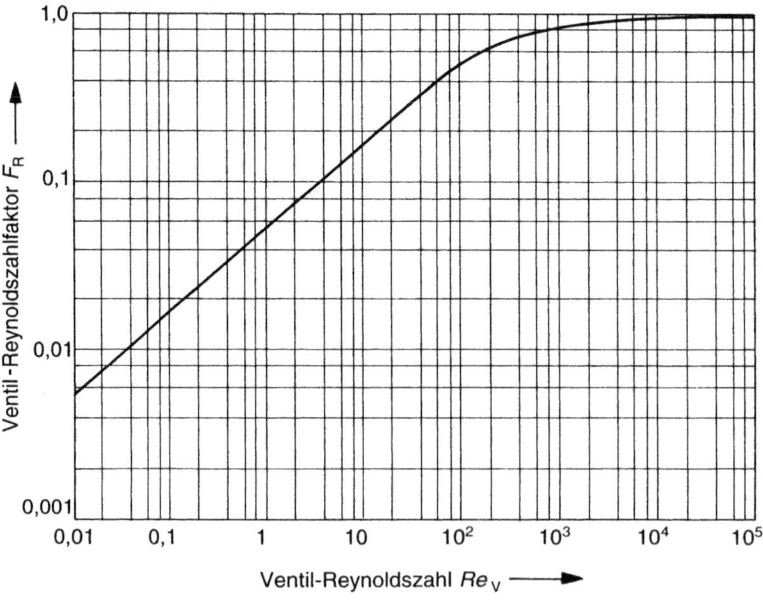

Bild 5.5
Korrekturfaktor F_R für zähe Flüssigkeiten

contracta» bei Durchflussbegrenzung wäre (Bild 5.1):

$$F_L = \frac{Q_{max\,(L)}}{K_v} \cdot \sqrt{\frac{1}{p_1 - 0{,}96 \cdot p_v}} \qquad \text{(Gl. 5.14)}$$

b) Kombinierter Faktor F_{LP} für den Druckrückgewinn und die Rohrleitungsgeometrie mit Fittings

Der Faktor F_{LP} wird in gleicher Weise ermittelt wie F_L. Von Versuchsergebnissen, bei denen das Fluid Wasser mit Temperaturen zwischen 5 und 40 °C ist, wird F_{LP} nach folgender Gleichung berechnet:

$$F_{LP} = \frac{Q_{max\,(LP)}}{K_v} \cdot \sqrt{\frac{1}{p_1 - 0{,}96 \cdot p_v}} \qquad \text{(Gl. 5.15)}$$

Wenn die zul. Abweichung ≤ 5% bleiben soll, muss F_{LP} durch Versuche ermittelt werden. Sind Schätzwerte zulässig, so kann eine ausreichende Genauigkeit durch Verwendung folgender Gleichung erreicht werden:

$$F_{LP} = \frac{F_L}{\sqrt{1 + \frac{F_L^2}{0{,}0016} \cdot \Sigma\zeta_1 \cdot \left(\frac{K_v}{d^2}\right)^2}} \qquad \text{(Gl. 5.16)}$$

Hierin ist $\Sigma\zeta_1 = \zeta_1 + \zeta_{B1}$ und ζ_{B1} die Bernoullidruckziffer für das Fitting vor dem Ventil, ermittelt zwischen dem Vordruckmessstutzen in der Rohrleitung und dem Eingang des Stellventils. Der Einfluss eines Fittings vor einem Ventil kann Bemessungsfehler zur Folge haben, die größer als 5% sind.

5.1.4.4 Faktor F_F für das kritische Druckverhältnis bei der Verdampfung von Flüssigkeiten

Der Faktor F_F ist das Verhältnis des «vena contracta»-Druckes bei Eingangstemperatur zum Dampfdruck der Flüssigkeit. Bei Dampfdrücken in der Nähe von 0 bar ist dieser Faktor 0,96.

Werte von F_F können aus der Kurve nach Bild 5.6 ermittelt werden oder aus der folgenden Näherungsgleichung:

$$F_F = 0{,}96 - 0{,}28 \cdot \sqrt{\frac{p_v}{p_c}} \qquad \text{(Gl. 5.17)}$$

wobei p_c der thermodynamische kritische Druck ist. Für Wasser beträgt dieser Wert p_c = 221,2 bar und p_v = Dampfdruck der Flüssigkeit bei ϑ.

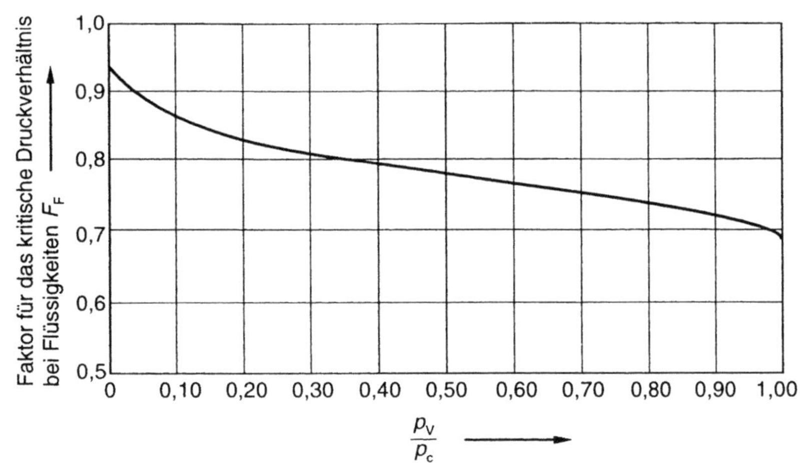

Bild 5.6
Faktor für das kritische Druckverhältnis F_F bei der Verdampfung von Flüssigkeiten

5.2 Gase und Dämpfe

Abschnitt 4.2 enthält Gleichungen für die Bemessung von Stellventilen für kompressible Fluide in der industriellen Prozessregelung. Bei sehr kleinen Verhältnissen von Differenzdruck zu absolutem Vordruck ($\Delta p/p_1$) verhalten sich kompressible Fluide ähnlich den inkompressiblen.

Unter solchen Bedingungen können die in diesem Teil vorgelegten Bemessungsgleichungen auf die grundlegende Bernoulligleichung für newtonsche inkompressible Fluide zurückgeführt werden.

Jedoch führen ansteigende Werte von ($\Delta p/p_1$) zu Kompressibilitäts-Effekten, die bewirken, dass die Grundgleichungen durch geeignete Korrekturfaktoren modifiziert werden müssen.

Die Gleichungen gelten für Gase oder Dämpfe, jedoch nicht für Mehrphasenfluide wie Gas-Flüssigkeit, Dampf-Flüssigkeit oder Gas-Feststoff-Mischungen.

5.2.1 Bemessungsgleichungen

$$\dot{M} = 31{,}6 \cdot F_P \cdot K_v \cdot Y \cdot \sqrt{x \cdot \rho_1 \cdot p_1} \quad \text{[kg/h]} \quad \text{(Gl. 5.18)}$$

oder:

$$\dot{M} = 110 \cdot F_P \cdot K_v \cdot p_1 \cdot Y \cdot \sqrt{\frac{x \cdot \tilde{M}}{T_1 \cdot Z}} \quad \text{[kg/h]} \quad \text{(Gl. 5.19)}$$

sowie als Volumenstrom (bei Normalbedingungen):

$$Q_N = 2460 \cdot F_P \cdot K_v \cdot p_1 \cdot Y \cdot \sqrt{\frac{x}{\tilde{M}\ T_1 \cdot Z}} \quad \text{[m}^3\text{/h]} \quad \text{(Gl. 5.20)}$$

Y Expansionsfaktor, $1 \geq Y \geq 0{,}667$
Z Realgasfaktor

$x = \frac{\Delta p}{p_1}$ Differenzdruckverhältnis

$\tilde{M}$ Molekularmasse des strömenden Mediums

5.2.2 Ermittlung der Korrekturfaktoren bei Gasen und Dämpfen

5.2.2.1 Rohrleitungsgeometriefaktor F_P

Der Rohrleitungsgeometriefaktor F_P modifiziert den Durchflusskoeffizienten, wenn Reduzierstücke, Erweiterungen oder andere Fittings am Ventilgehäuse angebracht sind. F_P ist das Verhältnis des Durchflusskoeffizienten für ein Ventil mit Fittings vor oder nach dem Gehäuse zum Durchflusskoeffizienten ohne Fittings.

Die Berechnung erfolgt nach Abschnitt 5.1.4.1.

5.2.2.2 Expansionsfaktor Y

Der Expansionsfaktor Y berücksichtigt die Änderung der Dichte des Fluids vom Ventileintritt zur «vena contracta» (des engsten Strömungsquerschnittes und der größten Geschwindigkeit hinter dem Drosselquerschnitt des Ventils).

Theoretisch wird der Expansionsfaktor Y durch folgende Größen beeinflusst:

a) Verhältnis von Öffnungsquerschnitt zu Eintrittsquerschnitt des Ventilgehäuses
b) Form des Strömungskanals
c) Differenzdruckverhältnis x
d) Reynoldszahl
e) Isentropenexponent $\varkappa$

Die Einflüsse von a, b und c werden durch das Differenzdruckverhältnis x_T berücksichtigt, das durch Versuche mit Luft ermittelt wird.

Die Reynoldszahl ist das Verhältnis von Trägheits- und Zähigkeitskräften im Öffnungsquerschnitt des Ventils. Bei kompressiblen Fluiden liegt ihr Wert außerhalb des Einflussbereiches, da fast immer turbulente Strömungen herrschen.

Der Isentropenexponent des Fluids beeinflusst das Differenzdruckverhältnis x_T.

Der Expansionsfaktor Y kann berechnet werden gemäß:

$$Y = 1 - \frac{x}{3 \cdot F_\varkappa \cdot x_T} \quad \text{(Gl. 5.21)}$$

In dieser Gleichung darf der für x eingesetzte Wert das Produkt von $F_\varkappa$ und x_T nicht überschreiten, auch wenn der vorhandene Wert von x größer ist (Bild 5.7).

$0{,}667 \leq Y \leq 1{,}0$

5.2.2.3 Differenzdruckverhältnis x_T

a) Differenzdruckverhältnis x_T ohne Reduzierstücke oder andere Fittings

x_T ist das Differenzdruckverhältnis eines Stellventils, das ohne Reduzierstücke oder andere Fittings eingebaut ist.

Wenn der Vordruck p_1 konstant gehalten und der Nachdruck p_2 zunehmend gesenkt wird, so wird der Massenstrom durch ein Ventil bis zu einem max. Grenzwert ansteigen. Diese Bedingung nennt man Durchflussbegrenzung. Die weitere Absenkung von p_2 bewirkt keine weitere Zunahme des Durchflusses. Dieser Durchflussgrenzwert ist erreicht, wenn das Verhältnis $x = \Delta p/p_1$ den Wert $F_\varkappa \cdot x_T$ erreicht. Der Grenzwert von x ist definiert als das krit. Verhältnis des Differenzdruckes zum absoluten Eingangsdruck. Der Wert von x, der in jeder der Berechnungsgleichungen Gl. 5.18 bis 5.20 und in der Gleichung für den Expansionsfaktor Y (Gl. 5.21) verwendet wird, muss bis zu diesem Grenzwert eingehalten werden, auch wenn das tatsächliche Differenzdruckverhältnis größer ist.

Somit darf der numerische Wert des Expansionsfaktors Y von 0,667 für $x = F_\varkappa \cdot x_T$ bis 1,0 für sehr niedrige Differenzdrücke reichen.

Richtwerte von x_T für verschiedene Typen von Stellventilen mit größtem Sitzdurchmes-

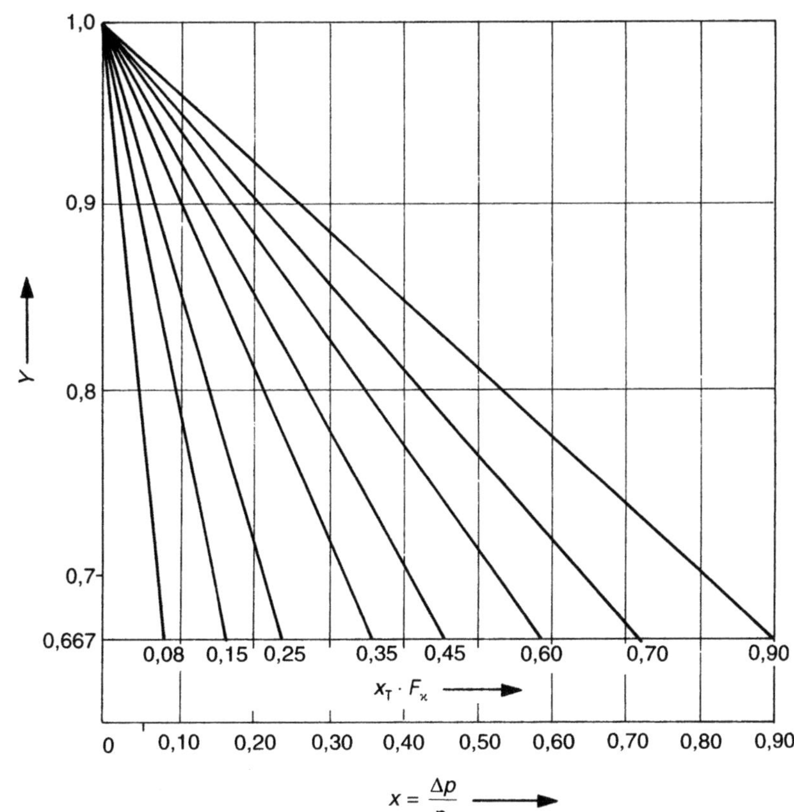

Bild 5.7 Expansionsfaktor Y in Abhängigkeit vom Differenzdruckverhältnis

Tabelle 5.1 Richtwerte von x_T für größten Sitz-Durchmesser bei maximalem Nennhub

Ventilart	Drosselkörperart	Durchflussrichtung	x_T
Durchgangsventil Einsitzventil	Schlitzkegel	beide Richtungen	0,75
	Konturkegel	gegen Schließrichtung in Schließrichtung	0,72 0,55
	Käfig mit Kennlinien	gegen Schließrichtung in Schließrichtung	0,75 0,70
Doppelsitzventil	Schlitzkegel	beide Richtungen	0,75
	Konturkegel	beide Richtungen	0,70
Eckventil	Konturkegel	gegen Schließrichtung	0,72
	Käfig mit Kennlinien	gegen Schließrichtung in Schließrichtung	0,65 0,60
	Venturi	in Schließrichtung	0,20
Kugelventil	Kugelsegment mit Kennlinie	—	0,25
	Konventionell (Durchgangsdurchmesser = 0,8 d)	—	0,15
Stellklappe	(60°-Öffnung)	—	0,38
	(90°-Öffnung)	—	0,20
Anmerkung: Die Werte in dieser Tabelle sind nur Näherungswerte und gelten nicht für alle Stellventile. Werden genaue Werte verlangt, müssen sie durch Versuche ermittelt werden.			

X_T = Differenzdruckverhältnis eines Stellventiles ohne Fittings bei überkritischer Strömung (kompressible Fluide)

ser und bei voller Öffnung werden in Tabelle 5.1 angegeben.

Messwerte, die den Einfluss von x_T kennzeichnen, sind in Bild 5.8 dargestellt.

b) Differenzdruckverhältnis x_{TP} mit Reduzierstücken oder anderen Fittings

Wenn ein Stellventil mit Reduzierstücken oder anderen Fittings eingebaut ist, so wird der Wert von x_T beeinflusst.

Wenn geschätzte Werte zugelassen sind, so darf folgende Gleichung verwendet werden:

$$x_{TP} = \frac{x_T}{F_P^2} \cdot \left(1 + \frac{x_T \cdot \zeta_i}{0{,}0018} \cdot \left(\frac{K_v}{d^2}\right)^2\right)^{-1} \qquad \text{(Gl. 5.22)}$$

In dieser Beziehung ist x_T das Differenzdruckverhältnis für ein Stellventil, das ohne Reduzierstücke oder andere Fittings eingebaut ist. ζ_i ist die Summe aus Widerstandsbeiwert und der Bernoullidruckziffer ($\zeta_1 + \zeta_{B1}$) am Eintritt des Reduzierstückes oder eines anderen Fittings.

5.2.2.4 Normierungsfaktor $F_\varkappa$ für $\varkappa$

Das Differenzdruckverhältnis x_T basiert auf Luft als strömendes Fluid. Bei Temperaturen nicht über 370 °C ist der Normierungsfaktor $\varkappa$ für Luft 1,40. Wenn dieser Faktor für das strömende Fluid nicht 1,40 ist, so wird der Faktor $F_\varkappa$ zur Anpassung von x_T verwendet.

Der Normierungsfaktor wird berechnet mit:

$$F_\varkappa = \frac{\varkappa}{1{,}40} \qquad \text{(Gl. 5.23)}$$

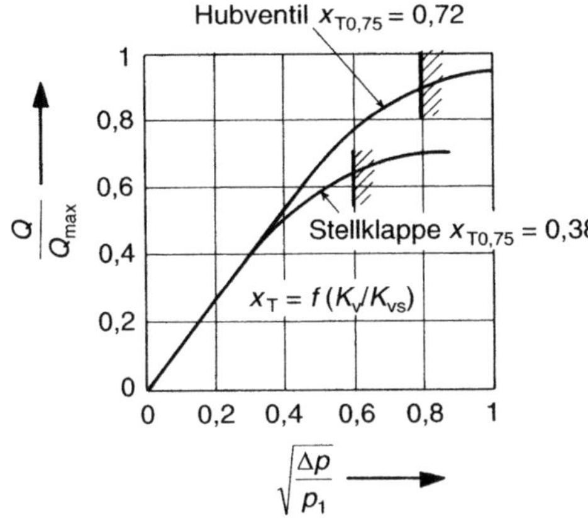

Bild 5.8 Messwerte, die den Einfluss von choked flow bei Gasen und Dämpfen kennzeichnen

5.2.2.5 Realgasfaktor Z

Die Bemessungsgleichungen enthalten keinen Ausdruck für die tatsächliche Dichte des Stoffes bei den Bedingungen vor dem Ventil. Stattdessen ist die Dichte abgeleitet von Eintrittsdruck und Eintrittstemperatur, basierend auf den Gesetzen für ideale Gase. Unter einigen Bedingungen kann das Realgasverhalten deutlich von dem der idealen Gase abweichen. In diesen Fällen muss der Realgasfaktor Z eingeführt werden, um die Abweichung auszugleichen (s. Kapitel 2 und Anhang).

5.3 2-Phasen-Strömung

Die DIN/IEC-Gleichungen geben noch keine Gleichungen an für die Berechnung der 2-Phasen-Strömung. Zur überschlägigen Bestimmung kann man den K_v-Wert getrennt aus dem Flüssigkeits- und Gasanteil berechnen und dann addieren gemäß:

$$K_v = f_{zw} \cdot (K_{v,F} + K_{v,G}) \qquad \text{(Gl. 5.24)}$$

Der Korrekturfaktor f_{zw} für die 2-Phasen-Strömung erreicht den Maximalwert n. [2] von 2.

Somit:

$$1 \leq f_{zw} \leq 2 \qquad \text{(Gl. 5.25)}$$

5.4 Zusammenfassende Darstellung

Die Ventilfaktoren $x_{T,y}$, $F^2_{L,y}$ und z_y in Abhängigkeit des Hubes y sind in Bild 5.9 aufgeführt. Des Weiteren sind in Tabelle 5.2 für ein bestimmtes Fabrikat die wesentlichen Ventildaten angegeben.

In Bild 5.10 sind an einem Beispiel die Einflussfaktoren für Flüssigkeiten dargestellt.

Bild 5.10 a stellt die Grundform der Durchflussformel dar.

Bild 5.10 b berücksichtigt F_L, F_R und F_F.

Bild 5.10 c berücksichtigt zusätzlich die Fittings.

Die Berücksichtigung bei hochviskosen Flüssigkeiten zeigt das Beispiel in Bild 5.11.

Schließlich ist in Bild 5.12 die Berechnung des Druckrückgewinnungsfaktors F_L aus Messwerten (für Flüssigkeiten) dargestellt.

Für Gase und Dämpfe zeigt Bild 5.13 an einem Beispiel die Einflussfaktoren.

Eine allgemeine Grundgleichung für die Berechnung der Durchflusskapazität ist in Tabelle 5.3 dargestellt.

Beispiel 5.1

Heißes Druckwasser soll von 40 bar auf 16 bar geregelt werden (Bild 5.14).

Massenstrom:	$\dot{M}$	= 90 000 kg/h
Eintrittsdruck, absolut:	p_1	= 40 bar
Austrittsdruck, absolut:	p_2	= 16 bar
Temperatur:	ϑ_1	= 100 °C

1. Überprüfung der max. zul. Druckdifferenz zur Absicherung gegen Kavitation:

$$\Delta p_{max(L)} = F^2_L \cdot (p_1 - F_F \cdot p_v) \qquad \text{(Gl. 5.3)}$$

$$F_F = 0{,}96 - 0{,}28 \cdot \sqrt{\frac{p_v}{p_c}} \qquad \text{(Gl. 5.17)}$$

p_v = 1 bar
p_c = 221,2 bar

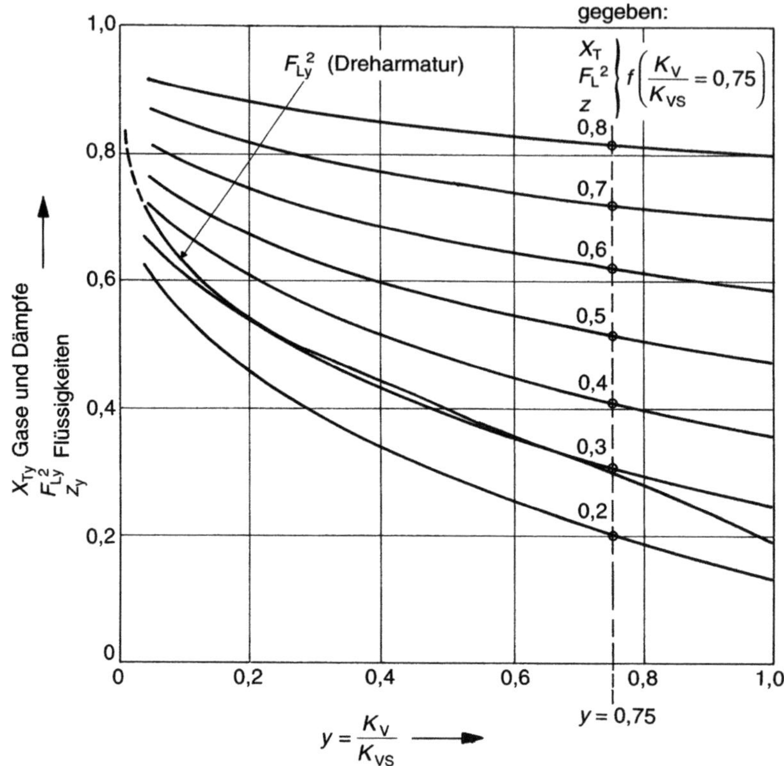

Bild 5.9 Näherungsverfahren für Ventilfaktoren
Die gegebenen Ventilfaktoren bei $K_v/K_{vs} = 0,75$ für Hubventile können in 1. Näherung bei Dreharmaturen halbiert werden.
Beispiel: gemessener F_L^2-Verlauf einer doppelexzentrischen Stellklappe mit $K_{vs} = 1060$; DN 200 → $F_L^2 = 0,3$; Hubventil mit $K_{vs} = 1200$; DN 300 → $F_L^2 = 0,65$

$F_F = 0,94$

F_L^2 = Ventilkenngröße; gewählt: $F_L^2 = 0,80$

$\Delta p_{max(L)} = 0,8 \cdot (40 - 0,94 \cdot 1) = 31,25$ bar

$p_{2,\,zul} = p_1 - \Delta p_{max(L)} = 40 - 31,25 = 8,75$ bar

somit keine Durchflussbegrenzung gegeben!

2. K_v-Wert-Bestimmung:
Das Regelventil wird ohne Fittings eingebaut.

$$K_v = \frac{Q}{F_P \cdot F_R \cdot \sqrt{\dfrac{\Delta p}{\rho/\rho_0}}} \quad [\text{m}^3/\text{h}]$$

$$Q = \frac{\dot{M}}{\rho}$$

Die Dichte von Wasser $\rho = 960$ kg/m³ bei 40 bar und 100 °C.

$$Q = \frac{90\,000}{960} = 93,75 \text{ m}^3/\text{h}$$

$F_P = 1,0$ (ohne Fittings)
$F_R = 1,0$ (turbulente Strömung) und
$\nu = 0,29$ mm²/s

Damit:

$$K_v = \frac{93,75}{1 \cdot 1 \cdot \sqrt{\dfrac{24}{960/1000}}} = 18,75 \text{ m}^3/\text{h}$$

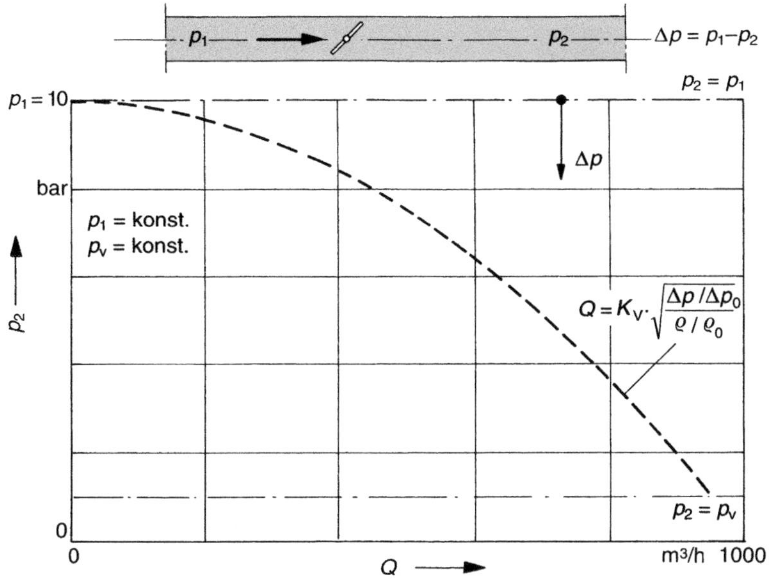

a) Grundform der Durchflussformel für turbulente, kavitationsfreie Flüssigkeitsströmung

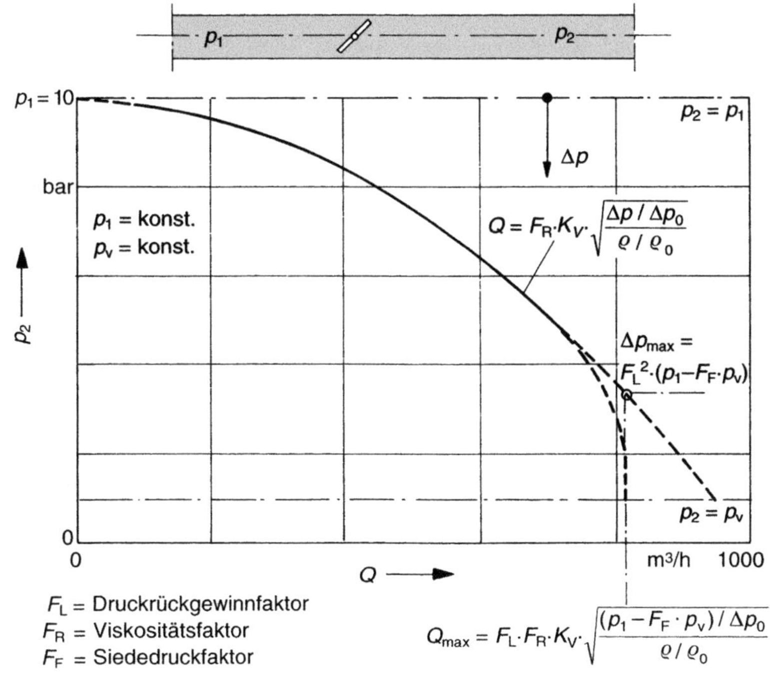

F_L = Druckrückgewinnfaktor

F_R = Viskositätsfaktor

F_F = Siededruckfaktor

$$Q_{max} = F_L \cdot F_R \cdot K_V \cdot \sqrt{\frac{(p_1 - F_F \cdot p_v) / \Delta p_0}{\varrho / \varrho_0}}$$

b) Durchflussformeln für Flüssigkeiten (Rohrnennweite = Armaturennennweite)

Bild 5.10 Darstellung der Einflussfaktoren bei Flüssigkeiten

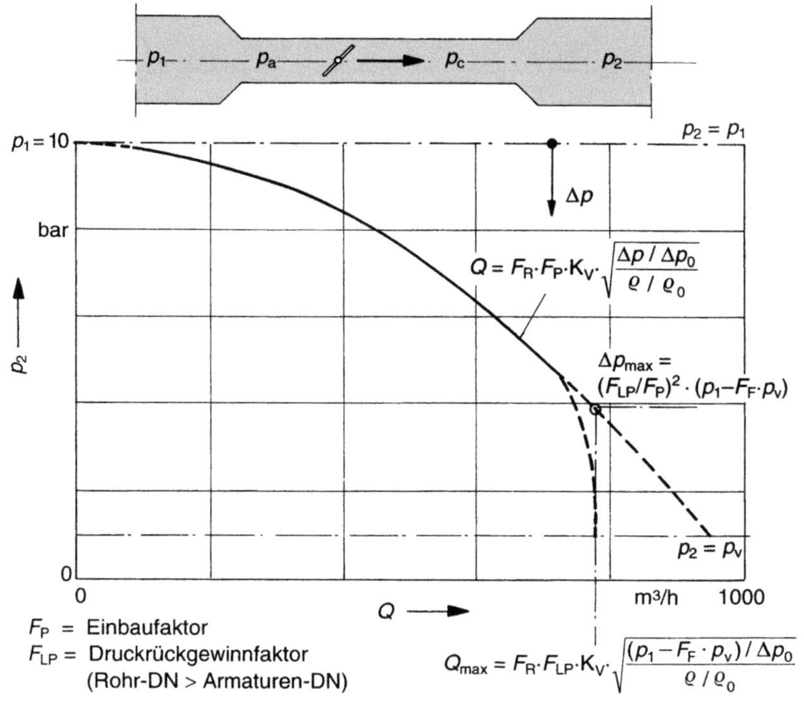

Bild 5.10 (Fortsetzung)

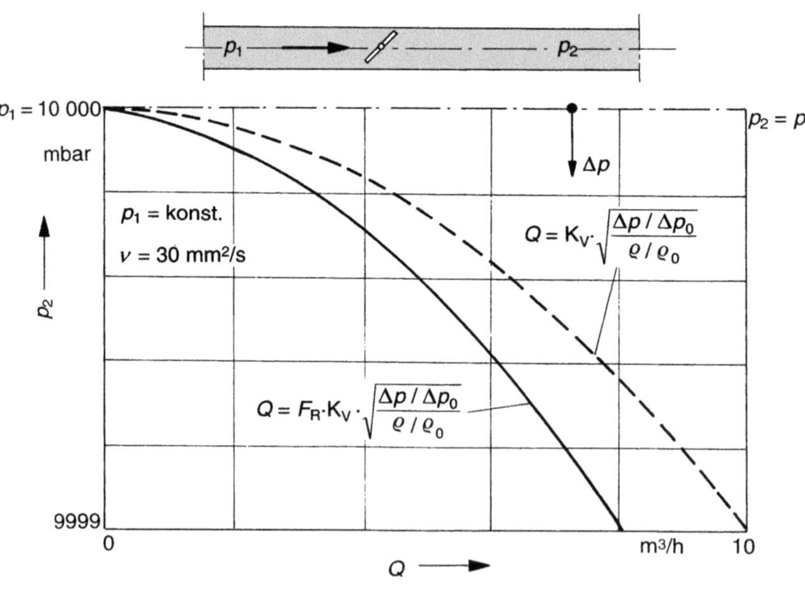

Bild 5.11 Durchfluss von hochviskosen Flüssigkeiten (Beispiel)

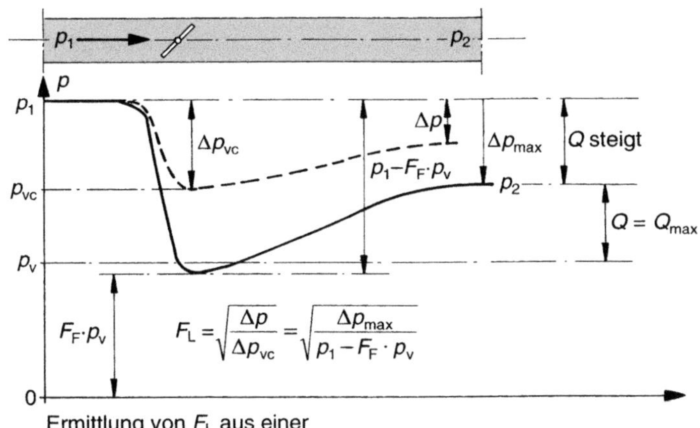

Bild 5.12
Berechnung des Druckrückgewinnfaktors F_L aus Messwerten

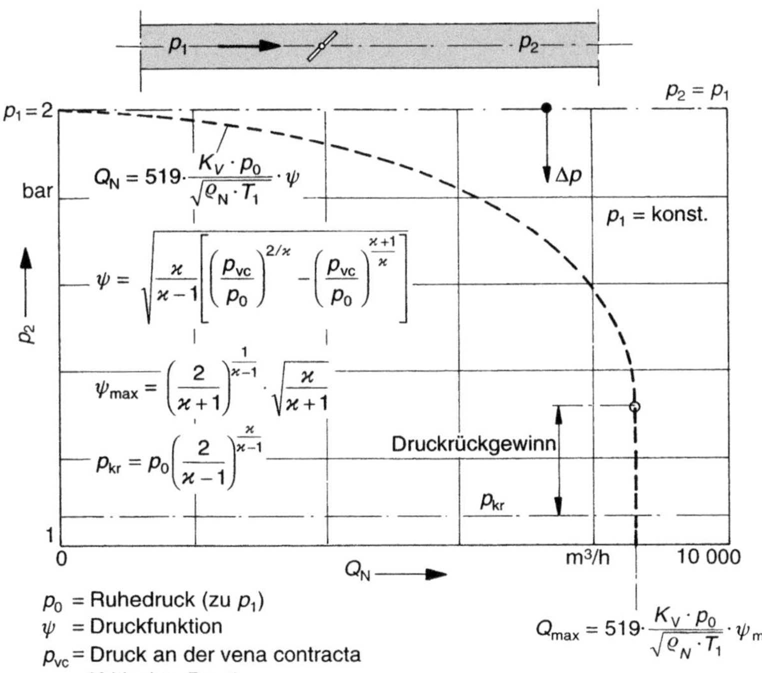

Bild 5.13
Darstellung der Einflussfaktoren bei Gasen und Dämpfen

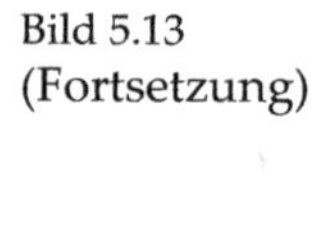
Bild 5.13 (Fortsetzung)

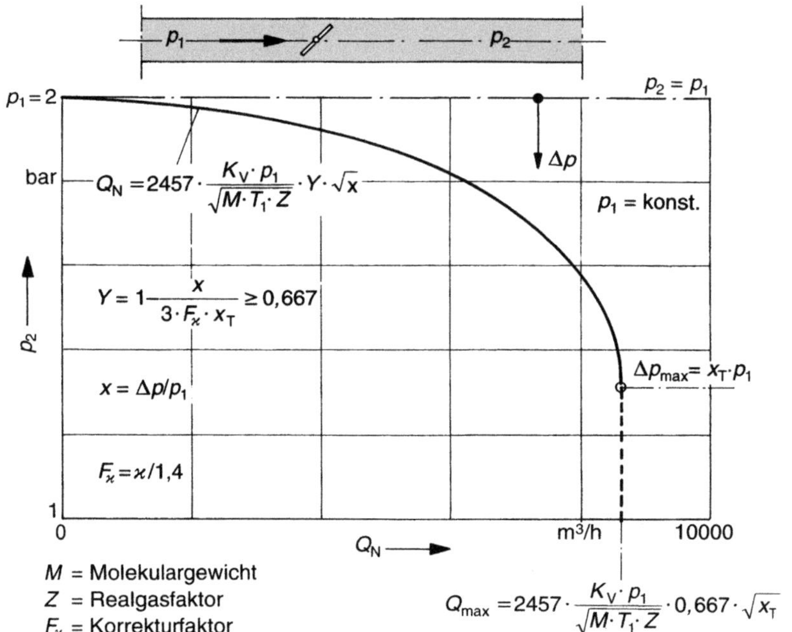

b) Durchflussformeln für Gase und Dämpfe
(Rohrnennweite = Armaturennennweite)

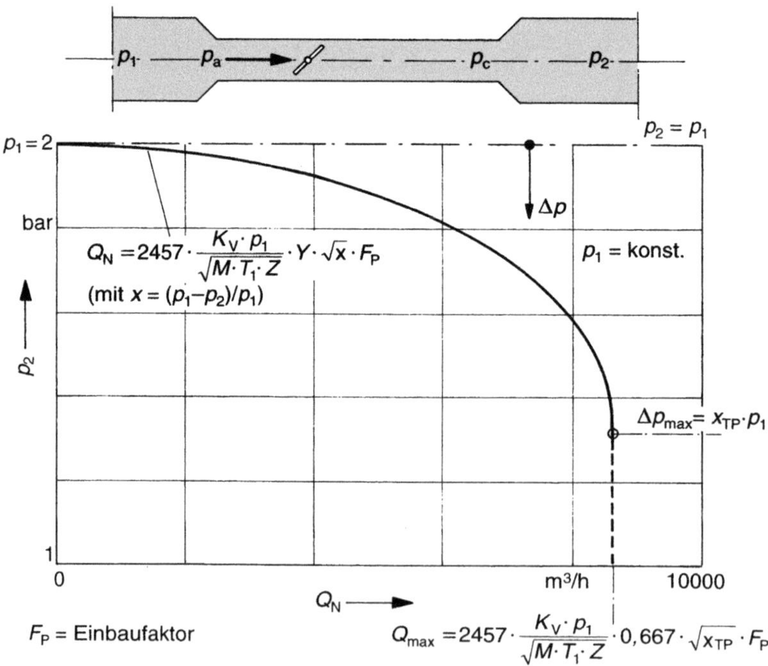

c) Durchflussformeln für Gase und Dämpfe
(Rohrnennweite > Armaturennennweite)

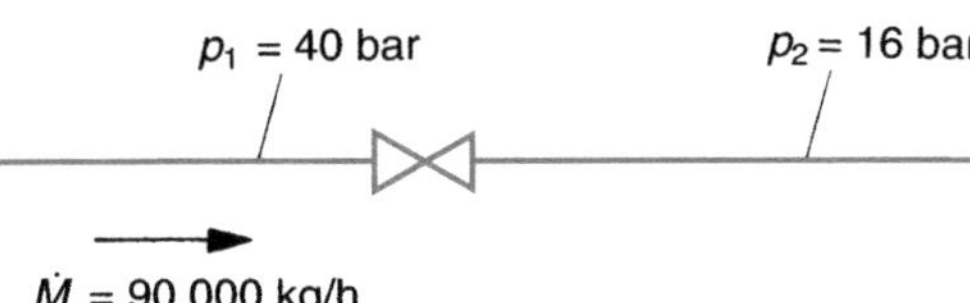

Bild 5.14 zum Beispiel 5.1

Zuschlagfaktor: b = 1,3

$K_v = 1{,}3 \cdot 18{,}75 = 24{,}37\ \text{m}^3/\text{h}$

Gewählt:

$K_{vs} = 25\ \text{m}^3/\text{h}$, DN 65 (aus Tabelle 5.2)

Die Geschwindigkeit beträgt in der Rohrleitung: $w = 6{,}7$ m/s!
Kennlinie: gleichprozentig

$z_y = 0{,}50$ bei $y = 75\%$

$F_L^2 = 0{,}80$, somit Annahme richtig.
Auslastung:

$$y = \frac{K_v}{K_{vs}} = \frac{18{,}75}{25} = 0{,}75 \triangleq 75\%$$

Aus Tabelle 5.2:

$z_y = 0{,}50$ bei $y = 75\%$

Überprüfung, ob Kavitation:

$$x_F = \frac{\Delta p_{1,2}}{p_1 - p_v} = \frac{40 - 16}{40 - 1} = 0{,}615$$

$x_F > z_{y,\,75}$, somit liegt Kavitation vor.

3. Festlegungen:
Die Geschwindigkeit in der Rohrleitung ist zu hoch. Gewählt wird *n.* [3]: $w \approx 2$ m/s

Damit:

$$d = \sqrt{\frac{Q \cdot 4}{w \cdot \pi}} = \sqrt{\frac{93{,}75 \cdot 4}{3600 \cdot 2 \cdot \pi}} = 0{,}091\ \text{m}$$

gewählt: DN 100 für die Rohrleitung.

Da außerdem Kavitation vorliegt und somit mit einem erhöhten Schallleistungspegel zu rechnen ist (s. Kapitel 6), wird ein z_y-Wert gewählt, der über $x_F = 0{,}615$ liegt.

Aus Tabelle 5.2:

DN 80 mit $K_{VS} = 40\ \text{m}^3/\text{h}$

$F_L^2 = 0{,}8$

Damit muss der Fittingfaktor F_P berücksichtigt werden:

$$F_P = \frac{1}{\sqrt{1 + \dfrac{\sum\zeta \cdot \left(\dfrac{K_v}{d^2}\right)^2}{0{,}0016}}} = 1{,}0 \qquad \text{(Gl. 5.6)}$$

$$\sum\zeta_1 = 1{,}5 \cdot \left(1 - \left(\frac{80}{107{,}1}\right)^2\right)^2 = 0{,}293 \qquad \text{(Gl. 5.10)}$$

Man erhält somit wieder: $K_v = 18{,}75\ \text{m}^3/\text{h}$.

$$\text{Auslastung: } y = \frac{K_v}{K_{vs}} = \frac{18{,}75}{40} = 0{,}47$$

Aus Tabelle 5.2: $z_y = 0{,}55$ bei $y = 47\%$

Da: $x_F > z_{y,\,47}$, liegt immer noch Kavitation vor.

Erst eine Nennweite der Regelarmatur von DN 10 würde mit $K_{vs} = 65\ \text{m}^3/\text{h}$ und einer Auslastung von: $y = 18{,}75/65 = 0{,}29$ einen Wert von $z_y = 0{,}65$ und somit eine kavitationsfreie Durchströmung bringen.

Beispiel 5.2
Druckluft mit Raumtemperatur soll von 10 bar auf 1 bar geregelt werden (Bild 5.15).

Medium: Luft
p_1 = 10 bar
p_2 = 1 bar
$\dot{M}$ = 12 900 kg/h
ϑ_1 = 20 °C

Bild 5.15 zum Beispiel 5.2

Tabelle 5.2 Im Prüffeld gemessene z_y-Werte als Funktion der Auslastung K_v/K_{vs} (Fabr. Eckardt)

z_y-Werte für den Stellbereich 10 — 100 % K_{vs} (fett = z-Wert nach VDMA 24 422)													
				Kennlinie gleichprozentig Auslastung $y = K_v/K_{vs}$					Kennlinie linear Auslastung $y = K_v/K_{vs}$				
DN	F_L^2	K_{vs} m^3/h	Sitz Ø mm	10 %	25 %	50 %	**75 %**	100 %	10 %	25 %	50 %	**75 %**	100 %
15	0,90	–											
		–											
		–											
20		–											
		–											
		–											
25		4	18	0,78	0,71	0,70	**0,63**	0,64	0,72	0,60	0,54	**0,55**	0,56
		8	22	0,71	0,59	0,57	**0,58**	0,59	0,67	0,57	0,53	**0,53**	0,57
		14	27	0,80	0,65	0,49	**0,48**	0,45	0,73	0,55	0,64	**0,62**	0,50
32	0,90	4											
	0,90	4											
	0,80	14											
	0,80	20	32	0,70	0,50	0,43	**0,43**	0,40	0,60	0,55	0,50	**0,44**	0,40
40	0,90	10	27	0,75	0,62	0,55	**0,54**	0,53	0,79	0,57	0,49	**0,49**	0,49
	0,80	16	32	0,70	0,64	0,60	**0,56**	0,54	0,70	0,71	0,53	**0,52**	0,52
	0,80	25	42	0,79	0,72	0,66	**0,48**	0,48	0,70	0,72	0,66	**0,60**	0,42
	0,80	30	42	0,71	0,73	0,58	**0,50**	0,45	0,70	0,62	0,58	**0,49**	0,40
50	0,80	16	32	0,70	0,70	0,52	**0,53**	0,52	0,59	0,70	0,52	**0,54**	0,52
		25	42	0,79	0,71	0,54	**0,50**	0,50	0,70	0,71	0,63	**0,54**	0,47
		40	52	0,79	0,72	0,45	**0,36**	0,35	0,71	0,52	0,66	**0,40**	0,41
65		25	42	0,70	0,66	0,60	**0,50**	0,49	0,70	0,50	0,53	**0,50**	0,48
		40	52	0,79	0,65	0,56	**0,50**	0,49	0,52	0,52	0,54	**0,50**	0,48
		65	65	0,71	0,63	0,48	**0,30**	0,29	0,53	0,54	0,48	**0,50**	0,48
80	0,80	40	52	0,79	0,62	0,53	**0,45**	0,44	0,62	0,71	0,53	**0,50**	0,45
	0,80	65	65	0,70	0,62	0,54	**0,48**	0,38	0,62	0,62	0,54	**0,58**	0,49
	0,70	100	80	0,71	0,54	0,46	**0,39**	0,31	0,53	0,54	0,54	**0,39**	0,19
100	0,80	65	65	0,79	0,67	0,53	**0,45**	0,37	0,67	0,52	0,63	**0,55**	0,46
	0,70	100	80	0,70	0,63	0,54	**0,48**	0,40	0,64	0,53	0,55	**0,48**	0,35
	0,65	160	100	0,71	0,63	0,36	**0,31**	0,34	0,62	0,54	0,48	**0,27**	0,31
125	0,70	100	80	0,62	0,67	0,43	**0,37**	0,33	0,51	0,60	0,55	**0,45**	0,32
	0,65	160	94	0,70	0,61	0,36	**0,38**	0,33	0,62	0,63	0,50	**0,36**	0,26
	0,65	250	122	0,71	0,46	0,42	**0,30**	0,23	0,64	0,55	0,45	**0,31**	0,25
150	0,65	160	100	0,70	0,50	0,45	**0,50**	0,35	0,70	0,53	0,47	**0,40**	0,32
	0,65	250	122	0,64	0,54	0,45	**0,35**	0,30	0,75	0,50	0,35	**0,28**	0,25
	0,65	400	150	0,60	0,55	0,35	**0,26**	0,25	0,64	0,50	0,35	**0,27**	0,25

z_y- und z-Werte nach VDMA 24 422 für Paraboldrosselkörper – Einsitzstellventil V713
$x_T = 0{,}72$ n. DIN–IEC 534.2

Massenstrom: $\dot{M} = 12\,900$ kg/h
Eintrittsdruck, absolut: $p_1 = 10$ bar
Austrittsdruck, absolut: $p_2 = 1$ bar
Temperatur am Eintritt: $\vartheta_1 = 20$ °C

Das Regelventil soll ohne Fittings eingebaut werden.

1. Überprüfung der max. zul. Druckdifferenz:

$$x = \frac{\Delta p}{p_1} = \frac{10 - 1}{10} = 0{,}9$$

$x > x_T = 0{,}72$ aus Tabelle 5.1

Ventil mit Konturkegel gegen Schließrichtung.

Somit Schallgeschwindigkeit am Austritt (choked flow).

2. Expansionsfaktor:

$$Y = 1 - \frac{x}{3 \cdot F_\varkappa \cdot x_T} \qquad \text{(Gl. 5.21)}$$

$$F_\varkappa = \frac{\varkappa}{1{,}4}$$

$\varkappa = 1{,}4$ von Luft
$F_\varkappa = 1{,}0$

$$Y = 1 - \frac{x = x_T = 0{,}72}{3 \cdot 1 \cdot x_T} = 1 - 0{,}333$$

$Y = 0{,}667$

3. K_v-Wert

$$K_v = \frac{\dot{M}}{31{,}6 \cdot F_P \cdot Y \cdot \sqrt{x \cdot \rho_i \cdot p_1}} \qquad \text{(Gl. 5.18)}$$

$x = x_{max} = F_\varkappa \cdot x_T = 0{,}72$

$F_P = 1{,}0 =$ (ohne Fittings)

$$\rho_1 = \rho_n \cdot \frac{T_n}{T_1} \cdot \frac{p_1}{p_n} = 1{,}293 \cdot \frac{273}{293} \cdot \frac{10}{1} = 12 \text{ kg/m}^3$$

$$K_v = \frac{12900}{31{,}6 \cdot 1 \cdot 0{,}667 \cdot \sqrt{0{,}72 \cdot 10 \cdot 12}}$$

$K_v = 65{,}5$ kg/m^3

Zuschlagfaktor: b = 1,3

$K_v = 1{,}3 \cdot 65{,}5 = 85{,}15$ m^3/h

Gewählt:

$K_{vs} = 100$ m^3/h, DN 100 (aus Tabelle 5.2)

4. Auslastung:

$$y = \frac{K_v}{K_{vs}} = \frac{65{,}5}{100} = 0{,}655$$

aus Bild 5.9: $x_T \approx 0{,}74$ bei $y \approx 65{,}5\%$

$\Delta p_{max} = x_T \cdot p_1 = 0{,}74 \cdot 10 = 7{,}4$ bar

5. Geschwindigkeit in der Zulaufleitung und Abströmleitung:

$$Q_1 = \frac{\dot{M}}{\rho_1} = \frac{12900}{12} = 1075 \text{ m}^3\text{/h}$$

$$w_1 = \frac{Q_1}{A_1} = \frac{1075 \cdot 4}{3600 \cdot 0{,}1071^2 \cdot \pi} = 33 \text{ m/s}$$

Bei einer Rohrnennweite von DN 100 ergibt sich somit: $w_1 \approx 33$ m/s ($w_1 < Ma = 0{,}3$).

$$Q_2 = \frac{\dot{M}}{\rho_2} = \frac{12900}{1{,}2} = 10\,750 \text{ m}^3\text{/h}$$

$$w_2 = \frac{\rho_1}{\rho_2} \cdot w_1 = 10 \cdot w_1 = 330 \text{ m/s}$$

Dies entspricht einer *Ma*-Zahl von $Ma \approx 1{,}0$ in der Abströmleitung. Dieses Beispiel zeigt, dass bei Gasen und Dämpfen die Volumenzunahme durch Expansion sich in Austrittsgeschwindigkeit umsetzt.

Ab $Ma \geq 0{,}9$ können starke Dichteänderungen und Schockwellen auftreten, die wiederum Rohrleitungs- und Ventilbauten zu Eigenschwingungen anregen.

Tabelle 5.3 Allgemeine Grundgleichung für die normierte Durchflusskapazität

$$W = K_v \cdot Y \cdot F_P \cdot F_R \cdot \sqrt{\frac{\Delta p}{\Delta p_0} \cdot \rho_1 \cdot \rho_0}$$

$\Delta p_0 = 1$ bar

$\rho_0 = 1000 \cdot \frac{\text{kg}}{\text{m}^3}$

ρ_1 p_1 $\Delta p = p_1 - p_2$ p_2 W Q $2 \cdot \text{DN}$ $6 \cdot \text{DN}$

Forderung: $\Delta p \leq \Delta p_{max.zul}$

Y Expansionsfaktor bei Gasen (bei Flüssigkeiten $Y = 1{,}0$)
F_R Reynoldszahlfaktor (primär: Zähigkeit)
F_P Rohrleitungsgeometriefaktor (Reduzierstücke)
y Auslastung einer Regelarmatur $y = \frac{K_V}{K_{VS}}$
K_V Durchflusskapazität (m^3/h)
K_{VS} Durchflusskapazität bei Nennhub (m^3/h)
x Differenzdruckverhältnis $x = \frac{\Delta p}{p_1}$

Flüssigkeiten ($Y = 1$)
Volumenstrom:

$$Q = 31{,}6 \cdot K_V \cdot F_P \cdot F_R \cdot \sqrt{\frac{\Delta p}{\rho}} \quad \text{m}^3/\text{h}$$

K_V in m^3/h, Δp in bar, ρ in kg/m^3

Durchflussbegrenzung:
$\Delta p_{max.zul} = F_L^2 \cdot (p_1 - F_F \cdot p_V)$

F_L Armaturkennwert für die Druckrückgewinn
F_L F_{LP} bei Anordnung mit Reduzierstücken
F_F Siedeverhalten der Flüssigkeit

$$F_F = 0{,}96 - 0{,}28 \cdot \sqrt{\frac{p_V}{p_c}}$$

p_V Verdampfungsdruck
p_C kritischer Druck
$x_{F.z}$ Druckverhältnis bei Kavitationsbeginn

$$x_{F.z} = \frac{\Delta p}{p_1 - p_V} = z$$

z_y wie $x_{F.z}$, jedoch bei der Auslastung y

Gase ($F_R = 1$)
Massenstrom:

$$W = 31{,}6 \cdot K_V \cdot Y \cdot F_P \cdot \sqrt{\Delta p \cdot \rho_1} \quad \text{kg/h}$$

K_V in m^3/h, Δp in bar, ρ in kg/m^3

Durchflussbegrenzung:
$\Delta p_{max.zul} = x_T \cdot F_k \cdot p_1$

x_T Armaturkennwert für kritisches Druckverhalten bei Gasen
x_T x_{TP} bei Anordnung mit Reduzierstücken

$$Y = 1 - \frac{x}{3 \cdot F_K \cdot x_T} \geq \frac{2}{3}$$

F_k relativer Isentropenexponent

$$F_k = \frac{\varkappa}{1{,}4}$$

6 Schallpegelberechnung

6.1 Geräuschursachen

Bei der Drosselung in Stellgliedern wird Druckenergie in andere Energieformen wie kinetische Energie, Wärmeenergie und Schallenergie umgesetzt. Der Umsetzungsgrad, der für die Höhe der Schallleistung maßgebend ist, hängt im Wesentlichen vom Armaturentyp und vom Druckverhältnis ab.

Die Geräusche haben ihren Ursprung in Druckschwankungen, Druckschwingungen, unterschiedlichen Strömungsgeschwindigkeiten, Wirbelbildung und Verdichtungsstößen.

Speziell bei Flüssigkeiten tritt bei ungünstigen Betriebsverhältnissen die Kavitation als zusätzliche Erscheinung auf. Das Auftreten von Kavitation ist abhängig von dem verwendeten Stellglied, dem Druckverhältnis und der Temperatur des durchfließenden Stoffes.

Nach VDMA 24 422 liegt Kavitation vor, wenn:

$$x_F > z_y \qquad \text{(Gl. 6.1)}$$

mit:

$$x_F = \frac{\Delta p}{p_1 - p_v} \qquad \text{(Gl. 6.2)}$$

x_F Druckverhältnis bei Flüssigkeiten
Δp Differenzdruck im Stellglied
p_1 Druck vor dem Stellglied
p_v Verdampfungsdruck der Flüssigkeit bei Betriebstemperatur
z_y eine empirisch ermittelte Stellgliedkenngröße, die die geometrischen Gegebenheiten des Stellglieds enthält.

Bei Gasen und Dämpfen ist der typische Verlauf der Geräuschentwicklung auf das Druckverhältnis zurückzuführen:

$$x = \frac{\Delta p}{p_1} \qquad \text{(Gl. 6.3)}$$

Die berechneten Werte n. VDMA 24 422 (1.89) sind Schallleistungspegel bzw. daraus abgeleitete Schalldruckpegel im Frequenzbereich der Oktavbänder 500 bis 8000 Hz.

Dieser Oktavbandbereich genügt für die Beurteilung der Geräuschemission, da die Bedeutung der darunter und darüber liegenden Frequenzbereiche für den Immissionsschutz gering ist (A-Bewertung, verringerte Rohrleitungsabstrahlung bei tiefen Frequenzen, vergrößerte Schallabsorption bei hohen Frequenzen).

6.2 Innere Schallpegelberechnung bei Flüssigkeiten

Der typische Schallpegelverlauf bei der Drosselung von Flüssigkeiten ist in Bild 6.1 als Funktion des Differenzdruckverhältnisses x_F am Ventil dargestellt.

Im Bereich laminarer Strömung, z.B. bei großer Viskosität, kleinem Differenzdruck oder sehr kleinem K_V-Wert, wird kein relevanter Schallpegel erzeugt. Erst mit der Ausbildung einer turbulenten Strömung hinter der Drosselstelle steigt der Schallpegel mit der Strahlleistung an.

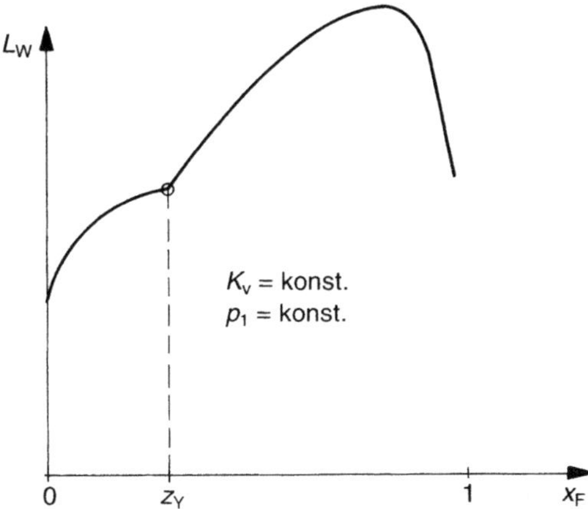

Bild 6.1 Geräuschemission als Funktion des Differenzdruckverhältnisses bei Flüssigkeiten

Bei den Differenzdruckverhältnissen $x_F \geq z_y$ beginnt das Ventil zu kavitieren, und den turbulenzbedingten Strömungsgeräuschen überlagert sich das aus dem zeitlich statischen Blasenkollaps resultierende Kavitationsgeräusch.

Der Umwandlungsgrad bei Flüssigkeiten beträgt:

$$\eta = 10^{F_1} \cdot x_F^{F_2} \qquad \text{(Gl. 6.4)}$$

Für Standardventile ist bei einer Auslastung von $y = 0{,}75$:

$$\eta_F \approx 10^{-8} \qquad \text{(Gl. 6.5)}$$

Bei Hubventilen (DIN IEC 534, 8-4): $\eta \approx 10^{-7}$.

6.2.1 Kavitationsfreie Strömung ($x_F < z_y$)

Für kavitationsfreien Betrieb errechnet sich der im Bereich der Oktavbänder 500 bis 8000 Hz abgestrahlte innere Schallleistungspegel L_{Wi} nach:

$$L_{Wi} = 10 \cdot \lg \left(\frac{\dot{M} \cdot \Delta p}{\rho_F \cdot F_L^2 \cdot W_0} \cdot \eta_F \right) \qquad \text{(Gl. 6.6)}$$

Mit $\dot{M}$ in kg/h, p_1 in bar und $W_0 = 10^{-12}$ in Watt ergibt sich:

$$L_{Wi} = 134{,}4 + 10 \cdot \lg \eta_F + 10 \cdot \lg W + 10 \cdot \lg \Delta p - 10 \cdot \lg \rho_F - 20 \cdot \lg F_L \qquad \text{(Gl. 6.7)}$$

Bei Berechnung n. DIN IEC 534, 8-4 entfällt der letzte Ausdruck ($-20 \cdot \lg F_L$).

6.2.2 Strömung mit Kavitation ($x_F \geq z_y$)

Bei kavitierendem Betrieb $x_F \geq z_y$ erhält man den im Oktavbandbereich 500 bis 8000 Hz abgestrahlten inneren Schallleistungspegel:

$$L_{Wi} = 134{,}4 + 10 \cdot \lg \eta_F + 10 \cdot \lg W + 10 \cdot \lg \Delta p - 10 \cdot \lg \rho_F - 20 \cdot \lg F_L + \Delta L_F$$
$$- 120 \cdot \frac{z_y^{0{,}0625} (1 - x_F)^{0{,}8}}{x_y^z} \cdot \lg \left(\frac{1{,}001 - x_F}{1 - z_y} \right) \qquad \text{(Gl. 6.8)}$$

mit

$$10 \lg \Delta p \leq 10 \lg [F_L^2 \cdot (p_1 - F_F \cdot p_v)] \qquad \text{(Gl. 6.9)}$$

Bei der Ermittlung von x_F bleibt Δp unbegrenzt.

6.2.3 Spektrum des inneren Schallleistungspegels

Die spektrale Verteilung der inneren Schallleistung ist abhängig von der Bauform, den Druckverhältnissen, der Auslastung und dem z-Wert der Armatur.

Für die praktische Anwendung kann im Bereich der Oktavbänder 500 bis 8000 Hz die spektrale Verteilung unabhängig vom Betriebszustand durch ein Rauschspektrum angenähert werden, das mit ≈ 3 dB je Oktave abfällt. Das relative mittlere Spektrum errechnet sich wie folgt:

$$L_{Wi}(f) = L_{Wi} - 10 \cdot \lg \cdot \frac{f}{500} - 2{,}9 \qquad \text{(Gl. 6.10)}$$

6.3 Innere Schallpegelberechnung bei Gasen und Dämpfen

Die vom Ventil verursachte Geräuschemission ist auf die wirbelintensive Umwandlung der kinetischen Energie zurückzuführen.

Die emittierte Schallleistung ist von derjenigen, die sich aus der isothermen Leistungsbilanz unter Berücksichtigung der ventilspezifischen Kenngrößen herleitet, abhängig.

Bei kleinen Differenzdrücken sind nicht nur die vom Ventil verursachten Geräusche maßgebend, sondern auch die Strömungsgeräusche in der Rohrleitung. Dies gilt besonders für geräuscharme Ventile.

Der Umwandlungsgrad η_G wird im Wesentlichen von der Form der Wirbelzone hinter dem engsten Querschnitt (vena contracta) bestimmt.

Der Verlauf der Geräuschemission bei Gasen und Dämpfen als Funktion des Differenzdruckverhältnisses x ist in Bild 6.2 beispielhaft dargestellt.

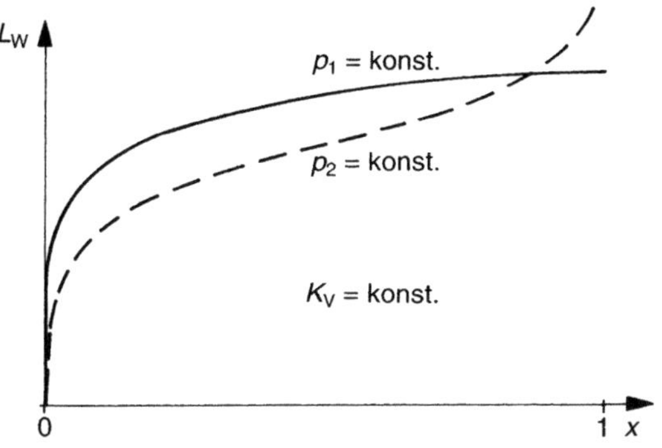

Bild 6.2 Geräuschemission als Funktion des Differenzdruckverhältnisses bei Gasen/Dämpfen

Eine sprunghafte Änderung wie bei Flüssigkeiten (Bild 6.1) tritt nicht auf.

Die ventilspezifischen Kenngrößen x_T bzw. x_{TP} und η_G müssen vom Hersteller für eine Auslastung von y = 0,75 angegeben werden. Davon abweichende Angaben müssen besonders gekennzeichnet sein, z.B. $\eta_{G0,5}$ für eine Auslastung von y = 0,5.

6.3.1 Kritisches Differenzdruckverhältnis x_{cr}

x_{cr} ist eine ventilspezifische Kenngröße. Kritische Verhältnisse treten ein, wenn das Differenzdruckverhältnis x den Wert x_{cr} erreicht.

$$x_{cr} = \left.\frac{\Delta p}{p_1}\right|_{\text{kritisch}} \quad \text{(Gl. 6.11)}$$

x_{cr} ist aus den gemessenen Werten x_T bzw. x_{TP} zu bestimmen:

$$x_{cr} = 1 - \left[\frac{2}{\varkappa + 1}\right]^{\frac{\varkappa}{\varkappa - 1} \cdot 1{,}9 \cdot F_k \cdot x_T} \quad \text{(Gl. 6.12)}$$

Sowohl die Strahlleistung als auch der akustische Umwandlungsgrad η_G sind von der Machzahl bzw. dem Druckverhältnis abhängig.

Die Machzahl des aus dem engsten Querschnitt austretenden Strahles ist eine Funktion des Druckverhältnisses:

$$Ma^2 = \frac{\lg \cdot (1 - x)}{\lg \cdot (1 - x_{cr})} \quad \text{(Gl. 6.13)}$$

Die Strahlleistung nähert sich mit $Ma \rightarrow 1$ einem Grenzwert, weil im engsten Querschnitt die Schallgeschwindigkeit nicht überschritten werden kann. Die Begrenzung für den Umwandlungsgrad η_G liegt höher.

Zur Vereinfachung der Berechnung wird sowohl für die Strahlleistung als auch den Umwandlungsgrad eine einheitliche Begrenzung festgelegt:

$$\frac{\lg (1 - x)}{\lg (1 - x_{cr})} < \frac{\varkappa + 1}{\varkappa - 1} \quad \text{(Gl. 6.14)}$$

6.3.2 Umwandlungsgrad η_G

Der akustische Umwandlungsgrad η_G wird durch die Vorgänge in der Umwandlungszone hinter dem engsten Querschnitt bestimmt und ist somit von der Bauform und der Auslastung des Ventils abhängig.

$$\eta_G = \frac{W_{ak}}{\frac{1}{2} \dot{M} \cdot w_e^2} \quad \text{(Gl. 6.15)}$$

W_{ak} Schallleistung
w_e Geschwindigkeit im engsten Querschnitt

Der akustische Umwandlungsgrad kann als Funktion der Druckverhältnisse dargestellt werden.

$$\eta_G = 10^{G_1} \cdot \left[\frac{\lg (1 - x)}{\lg (1 - x_{cr})}\right]^{G_2} \quad \text{(Gl. 6.16)}$$

Der Umwandlungsgrad η_G bezieht sich auf die im Frequenzbereich der Oktavbänder 500 bis 8000 Hz abgestrahlte Leistung.

Für Standardventile mit Parabolkegel ist

$$\eta_G \approx 10^{-3{,}0} \cdot \left[\frac{\lg (1 - x)}{\lg (1 - x_{cr})}\right]^{0{,}8} \quad \text{(Gl. 6.17)}$$

Für den inneren Schallleistungpegel L_{Wi} gilt unter Beachtung der gegebenen Begrenzung:

$$L_{Wi} = 10 \cdot \lg \left(\frac{\dot{M} \cdot \frac{p_1}{\rho_1} \cdot \frac{\varkappa}{\varkappa + 1} \cdot \frac{\lg(1-x)}{\lg(1-x_{cr})} \cdot \eta_G}{W_0} \right) \quad \text{(Gl. 6.18)}$$

Mit $\dot{M}$ in kg/h, p_1 in bar und $W_0 = 10^{-12}$ in Watt erhält man:

$$L_{Wi} = 134{,}4 + 10 \cdot \lg \dot{M} + 10 \cdot \lg \frac{\varkappa}{\varkappa + 1} \cdot 10 \cdot \lg \frac{p_1}{\rho_1} + 10 \cdot \lg \frac{\lg(1-x)}{\lg(1-x_{cr})} + 10 \cdot \lg \eta_G \quad \text{(Gl. 6.19)}$$

Der innere Schallleistungspegel von gasdurchströmten Armaturen stellt sich im Mittel als Rauschspektrum dar, das im betrachteten Frequenzbereich 500 bis 8000 Hz mit ≈ 3 dB je Oktave ansteigt. Das relative mittlere Spektrum errechnet sich wie folgt:

$$L_{Wi}(f) = L_{Wi} + 10 \cdot \lg \cdot \frac{f}{500} - 14{,}9 \quad \text{(Gl. 6.20)}$$

6.4 Luftschallemission

Die Kennzeichnung des in die umgebende Luft emittierten Schalls erfolgt entweder entfernungsunabhängig durch den äußeren Schallleistungspegel oder durch den Schalldruckpegel in definiertem Abstand, unter Berücksichtigung der akustischen Umfeldbedingungen.

6.4.1 Äußerer Schallleistungspegel (unbewertet)

Für die in eine Rohrleitung eingebaute Armatur wird der äußere aus dem inneren Schallleistungspegel unter Berücksichtigung der Rohrschalldämmung bestimmt.

Strömen Gase ins Freie, wird die innere Schallleistung weitgehend nach außen übertragen, wobei Mündungsgeräusche als zusätzliche Schallquelle betrachtet werden müssen (siehe auch VDI 2081).

Beim Ausströmen von Flüssigkeiten ins Freie wird die Schallübertragung zur Luft infolge des relativ hohen Impedanzsprungs behindert; es überwiegen die Austrittsgeräusche.

Unter Anwendung von VDI 3733 ergibt sich bei Vernachlässigung von Verlusten der äußere Schallleistungspegel L_{Wa} aus dem inneren Schallleistungspegel L_{Wi} mittels der Rohrschalldämmung R_R, der zu betrachtenden Rohrlänge l und dem Rohrinnendurchmesser d_i. Wegen der Frequenzabhängigkeit von L_{Wi} und R_R ist eine spektrale Berechnung (Oktaven 500 bis 8000 Hz) erforderlich:

$$L_{Wa}(f) = L_{Wi}(f) - 17{,}37 \cdot \frac{l}{2 \cdot d_i} \cdot 10^{-0{,}1 \cdot R_R(f)} - R_R(f) + 10 \cdot \lg \frac{4 \cdot l}{d_i} \quad \text{(Gl. 6.21)}$$

Anmerkung: Der erste Subtrahent in der Gleichung kann vernachlässigt werden, wenn es sich um Gas-/Dampf-Berechnungen handelt.

Für die Ermittlung des Schalldämmmaßes gilt für Gase:

$$R_R(f) = 10 + 10 \cdot \lg \frac{c_R \cdot \rho_R \cdot s}{c_F \cdot \rho_F \cdot d_i} + 10 \cdot \lg \left[\left(\frac{f_r}{5f} \right)^3 + \frac{5f}{f_r} \right] \quad \text{(Gl. 6.22)}$$

für Flüssigkeiten:

$$R_R(f) = 10 + 10 \cdot \lg \frac{c_R \cdot \rho_R \cdot s}{c_F \cdot \rho_F \cdot d_i} + 10 \cdot \lg \left[\left(\frac{f_r}{f} \right) + \left(\frac{f}{f_r} \right)^{1{,}5} \right]^2 \quad \text{(Gl. 6.23)}$$

Die Ringdehnfrequenz f_r ergibt sich zu:

$$f_r = \frac{c_R}{(\pi \cdot d_i)} \quad \text{(Gl. 6.24)}$$

Den Verlauf der Rohrschalldämmung für Gase und Flüssigkeiten zeigt Bild 6.3.

Werte für Schallgeschwindigkeiten und Dichten können z.B. VDI 3733 Abschnitt 4.14

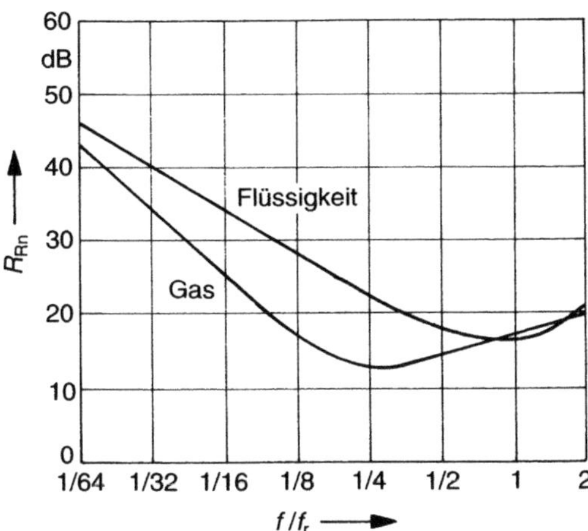

Bild 6.3 Rohrschalldämmung in normierter Darstellung

und VDI/VDE 2040 Blatt 3 entnommen werden. Für c_F und ρ_F sind die abströmseitigen Werte einzusetzen.

Bei Gasen bezieht sich der berechnete Schallleistungspegel auf das l = 2 m lange Rohrstück (gemäß DIN 45 635 Teil 50/08.87, Bild C.2) ausgangsseitig des Ventils. Der vom Ventilgehäuse und der eingangsseitigen Rohrleitung emittierte Schallpegel liegt im Allgemeinen um mehr als 10 dB unter dem von der ausgangsseitigen Rohrleitung emittierten Schallpegel, da bei der Entspannung von Gasen die Schallabstrahlung überwiegend auf der Ausgangsdruckseite erfolgt. Somit kann in der Praxis davon ausgegangen werden, dass der Schallleistungspegel der Kombination von Ventil und Rohrleitung praktisch gleich demjenigen Pegel des l = 2 m langen ausgangsseitigen Teils der Rohrleitung ist.

Bei Flüssigkeiten ist die Schallabstrahlung über Ein- und Ausgangseite sowie Ventilgehäuse annähernd gleich, somit gilt in Gleichung 6.21 l = 3 m.

6.4.2 Äußerer A-bewerteter Schallleistungspegel

Aus dem unbewerteten äußeren Schallleistungspegel je Oktave erhält man den A-bewerteten Pegel mittels der oktavbandbezogenen additiven Korrekturen nach Tabelle 6.1.

Tabelle 6.1 Korrekturwerte zur A-Bewertung von Schallpegeln nach DIN IEC 651/12.81, Tabelle 4

f_m in Hz	500	1000	2000	4000	8000
Korrekturwerte in dB	–3,2	0	+1,2	+1,0	–1,1

Der A-bewertete Schallleistungspegel ergibt sich aus

$$L_{WAa} = 10 \cdot \lg \sum_{n=1}^{5} 10^{0,1 \cdot L_{WAan}} \qquad \text{(Gl. 6.25)}$$

6.4.3 Äußerer A-bewerteter Schalldruckpegel

Für den Schalldruckpegel 1 m seitlich der Rohrleitung und 1 m Abstand von Ausgangsflansch des Ventils ergibt sich näherungsweise unter Freifeldbedingungen und bei zylinderförmiger Abstrahlung:

$$L_{pAa} \approx L_{WAa} - 10 \cdot \lg \left[\left(\frac{\pi \cdot l}{l_0} \right) \left(\frac{d_i}{d_0} + 2 \right) \right] \qquad \text{(Gl. 6.26)}$$

mit l = 2 m für Gase und Dämpfe bzw. l = 3 m für Flüssigkeiten.

Bezüglich anderer Bedingungen wird auf VDI 2714 verwiesen.

Die für die Geräuschentwicklung maßgebenden Ventilfaktoren (z, F_L^2 und x_T) sind in Bild 6.4 dargestellt.

Eine grafische Näherungsmethode zur Ermittlung des Schalldruckpegels ist in VDMA 24 422 (5.79) angegeben. In Bild 6.9, Abschnitt 6.5.1, ist diese Abhängigkeit dargestellt.

6.5 Geräuschdämpfung

Eine Maßnahme, um das Entstehen von starken Geräuschen im Ventil bei kritischer und überkritischer Entspannung zu verhindern, ist die Verwendung eines Lochdrosselkörpers anstelle des Parabol- oder *V-Port*-Drosselkörpers. Er wird bei Flüssigkeiten und

Beispiel 6.1 Flüssiges Durchflussmedium

Berechnung des inneren Schallleistungspegels

Betriebsdaten			Herstellerangaben
Fluid; Wasser			Einsitziges Regelventil DN 100
	Betriebsfall a	Betriebsfall b	Parabolkegel $K_{vs} = 100$
Massendurchfluss	$\dot{M}_{max} = 100000$ kg/h	$\dot{M}_{min} = 50000$ kg/h	Druckrückgewinnfaktor $F_L = 0{,}91$
Eingangsdruck	$p_1 = 10$ bar	$p_1 = 10$ bar	Ventilspezifischer Korrekturwert $\Delta L_F = 0$
Ausgangsdruck	$p_2 = 8$ bar	$p_2 = 2{,}75$ bar	Exponenten für den Umwandlungsgrad η_F:
Dampfdruck	$p_v = 0{,}1$ bar		Niveauexponent $F_1 = -8$
Dichte	$\varrho_F = 1000\ \text{kg/m}^3$		Neigungsexponent $F_2 = 0$

Ermittlung der Kennwerte	a	b
K_v erforderlich	70,76	18,58
Auslastung $y = \dfrac{K_v}{K_{vs}}$	0,71	0,185
Inneres Differenzdruckverhältnis (Herstellerangabe) z_y	$z_{0,71} = 0{,}49$	$z_{0,19} = 0{,}65$
Differenzdruckverhältnis $x_F = \dfrac{p_1 - p_2}{p_1 - p_v}$	0,202	0,732
Kavitation $x_F > z_y$	nein	ja
$\Delta p = p_1 - p_2 \le F_L^2 \cdot (p_1 - F_F \cdot p_v)$	$\Delta p = 10 - 8 = 2$	$\Delta p = 10 - 2{,}75 = 7{,}25 < 0{,}91^2 \cdot (10 - 0{,}96 \cdot 0{,}1)$
F_F siehe Bild 5.6	0,96	
$L_{Wi} = 134{,}4 + 10 \lg \eta_F + 10 \lg W + 10 \lg \Delta p - 10 \lg \varrho_F - 20 \lg F_L$ (6.7)	$L_{Wi} = 134{,}4 + 10 \lg 10^{-8} + 10 \lg 100000 + 10 \lg 2 - 10 \lg 1000 - 20 \lg 0{,}91 = 78{,}3$ dB	$L_{Wi} = 134{,}4 + 10 \lg 10^{-8} + 10 \lg 50000 + 10 \lg 7{,}25 - 10 \lg 1000 - 20 \lg 0{,}91 + 0 - 120 \cdot \dfrac{0{,}65^{0{,}0625} \cdot (1 - 0{,}73)^{0{,}8}}{0{,}73^{0{,}65}} \cdot \lg \dfrac{1{,}001 - 0{,}73}{1 - 0{,}65} = 86{,}5$ dB
$+ \Delta L_F - 120 \cdot \dfrac{z^{0{,}0625} \cdot (1 - x_F)^{0{,}8}}{x_F^{z_y}} \cdot \lg \dfrac{1{,}001 - x_F}{1 - z_y}$ (6.8)	0	

Spektrum des inneren Schallleistungspegels:

Anfangswert bei 500 Hz $L_{Wi} - L_{Wi}(f) = 10 \lg \cdot [1 + 10^{0{,}1\,(A)} + 10^{0{,}1\,(A+B)} + 10^{0{,}1\,(A+B+C)} + 10^{01\,(A+B+C+D)}]$

$A = \pm$ dB Anstieg/Abfall (500–1000 Hz); $B = \pm$ dB Anstieg/Abfall (1000–2000) Hz); $C = \pm$ dB Anstieg/Abfall (2000–4000 Hz); $D = \pm$ dB Anstieg/Abfall (4000–8000 Hz)

Näherung, falls keine Innenmessungen vorliegen

Flüssigkeit $- \dfrac{3\text{dB}}{\text{Oktave}}$

$$L_{Wi}(f) = L_{Wi} - 10 \lg \cdot \frac{f}{500} - 2{,}9 \qquad \text{(Gl. 6.10)}$$

Spektrale Berechnung

Oktavband: Hz	500	1000	2000	4000	8000
a) $L_{Wi}(f) = 78{,}3 - 10 \lg \cdot \dfrac{f}{500} - 2{,}9$ dB	75,4	72,4	69,4	66,4	63,4
b) $L_{Wi}(f) = 86{,}5 - 10 \lg \cdot \dfrac{f}{500} - 2{,}9$ dB	83,6	80,6	77,6	74,6	71,6

Beispiel 6.1 (Fortsetzung)

Berechnung des äußeren Schallleistungspegels Kennwerte der Rohrleitung (siehe auch VDI 3733 Tabelle 4)		
Werkstoff	Stahl	
Durchmesser innen	$d_i = 100$ mm	Wanddicke $s = 3{,}6$mm
Dichte Rohr	$\varrho_R = 7800\ \mathrm{kg/m^3}$	Schallgeschwindigkeit Rohr $c_R = 5100$ m/s
Dichte Fluid	$\varrho_F = 1000\ \mathrm{kg/m^3}$	Schallgeschwindigkeit Fluid $c_F = 1440$ m/s
Geschwindigkeit im Ausgang	$w_2 = \dfrac{\dot{M}/\varrho_F}{3600 \cdot d_i^2 \cdot \pi/4}$	$\dfrac{100\,000/1000}{3600 \cdot 0{,}1^2 \cdot \pi/4} = 3{,}5\ \mathrm{m/s} \le 10\ \mathrm{m/s}$
Ringdehnfrequenz	$f_r = \dfrac{c_R}{\pi \cdot d_i}$	$\dfrac{5100}{\pi \cdot 0{,}1} = 16\,233$ Hz
Betrachtete Rohrlänge	$l = 3$m	

Formel	Berechnung					
$R_R(f) = 10 + 10\lg \cdot \dfrac{c_R \cdot \varrho_R \cdot s}{c_F \cdot \varrho_F \cdot d_i} + 20\left[\dfrac{f_r}{f} + \left(\dfrac{f}{f_r}\right)^{1,5}\right]$ (Gl. 6.23)	$10 + 10\lg \cdot \dfrac{5100 \cdot 7800 \cdot 0{,}0036}{1440 \cdot 1000 \cdot 0{,}1}$	10,0				
	$20\lg \cdot \left[\dfrac{f_r}{f} + \left(\dfrac{f}{f_r}\right)^{1,5}\right]$	30,2	24,2	18,2	12,4	7,5
	$R_R(f)$	40,2	34,2	28,2	22,4	17,5
$17{,}37 \cdot \dfrac{l}{2d_i} \cdot 10^{-0,1R_R(f)}$		0,0	0,1	0,4	1,5	4,6
$10\lg \cdot \dfrac{4 \cdot l}{d_i}$	20,8					
$L_{Wa}(f) = L_{Wi}(f) - 17{,}37 \cdot \dfrac{l}{2d_i} \cdot 10^{-0,1R_R(f)} - R_R(f) + 10\lg\dfrac{4 \cdot l}{d_i}$ (Gl. 6.21)	a) $L_{Wa}(f)$	56,0	58,9	61,6	63,3	62,1
	b) $L_{Wa}(f)$	64,2	67,2	69,8	71,5	70,3
A = Bewertung		–3,2	0	+1,2	+1,0	–1,1
Äußerer A-bewerteter Schallleistungspegel $L_{WA,a} = 10\lg \cdot \left[10^{0,1L(500)} + 10^{0,1L(1000)} + 10^{0,1L(2000)} + 10^{0,1L(4000)} + 10^{0,1L(8000)}\right]$						
$L_{WA,a} =$	a) 68 dB					
	b) 77 dB					
$L_{pA,a}$ äußerer Schalldruckpegel	a) 55 dB					
$L_{pA,a} \approx L_{Wa} - 10\lg \cdot \dfrac{\pi \cdot L}{d_0} \cdot \left(\dfrac{2d_i}{d_0} + 2\right)$ (Gl. 6.26)	b) 64 dB					

Sattdämpfen von außen nach innen, d.h. in Schließrichtung durchströmt und umgekehrt bei Gasen und überhitzten Dämpfen.

Der durchfließende Stoff darf keine Feststoffe enthalten (Bild 6.5).

Die Wirkung des Lochdrosselkörpers beruht darauf, dass anstelle eines Vollstrahles die Strömung in eine Vielzahl von dünnen, gegeneinander laufenden Einzelstrahlen aufgeteilt wird. Der Einlaufdrall wird aufgefangen. Der Stoff wird stark abgebremst und auf engstem Raum verwirbelt (Bild 6.6).

Eine weitere Maßnahme zur Geräuschdämpfung ist, zusätzlich zum Lochdrossel-

Bild 6.4
Ventilfaktoren z, F_L^2, x_T

Flüssigkeiten

$y = K_V/K_{VS}$

$z_y = \dfrac{\Delta p}{p_1 - p_v}$ Messwert für Kavitationsbeginn

daher: Δp Betrieb > $z_y \cdot (p_1 - p_V) \Rightarrow$ Kavitation

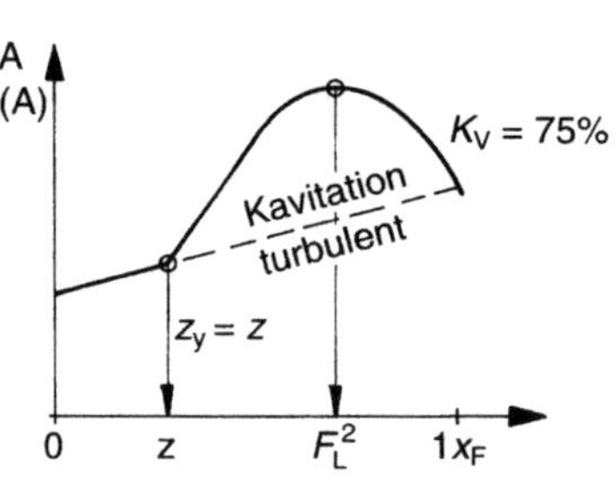

$F_L^2 = \dfrac{\Delta p}{p_1 - p_V}$; Messwert für Durchflussbegrenzung

daher: Δp Betrieb > $F_L^2 \cdot (p_1 - p_V) \Rightarrow$ choked flow

Gas, Dampf

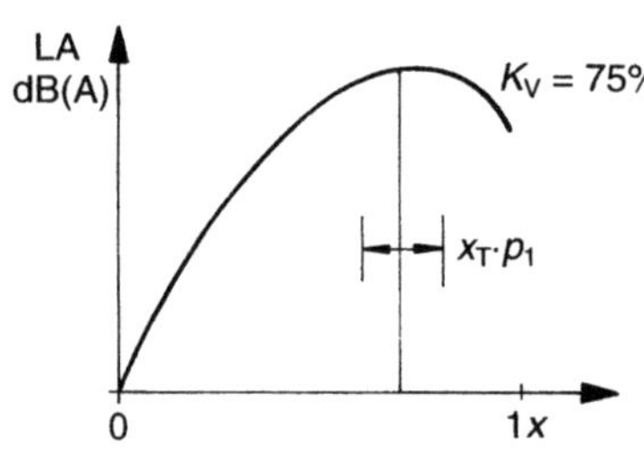

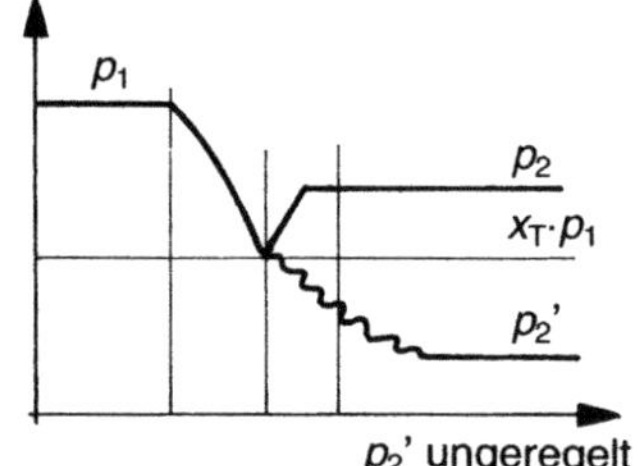

$x_T = \dfrac{\Delta p}{p_1}$; Messwert für Durchflussbegrenzung

daher: Δp Betrieb > $x_T \cdot p_1 \Rightarrow$ choked flow

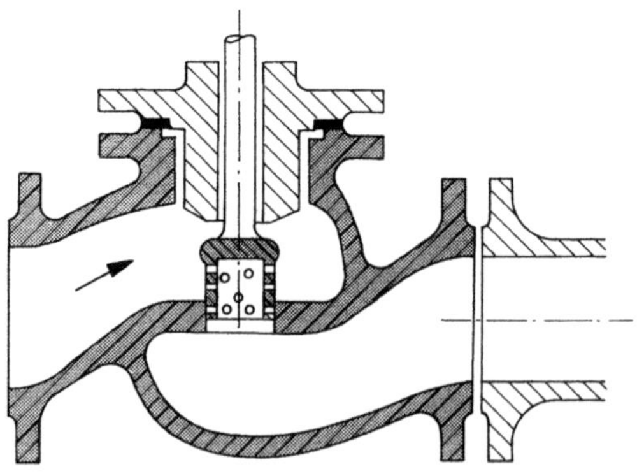

Bild 6.5 Durchgangsventil mit Lochdrosselkörper

Vorteil: Für hohe Differenzdrücke bei Flüssigkeiten. Schall-Pegelminderung bis 15 dB(A). Wirksam im gesamten Lastbereich.

Nachteil: Erfordert Schmutzfänger oder saubere Medien. Erheblicher K_V-Wert-Verlust, besonders bei gleichprozentigen Kennlinien. Schwierige Antriebsauslegung für pneumatische Antriebe. Große Antriebe mit starken Federn, sonst Gefahr von «Hämmern».

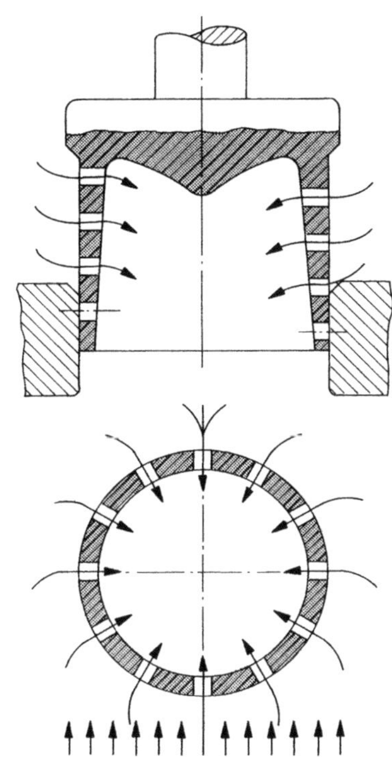
Bild 6.6 Lochdrosselkörper

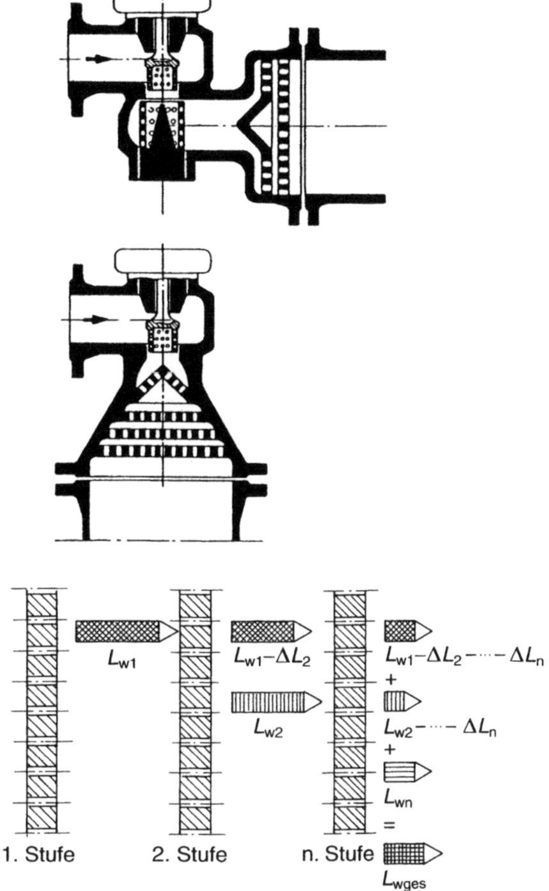

Bild 6.7 Mehrstufige Drosselelemente

körper, das Aufteilen des Druckverlustes auf mehrere Drosselstellen durch Nachschalten von Lochscheiben am Ausgang des Ventils (Bild 6.7). Im einfachsten Fall wird eine Lochscheibe am Ausgangsflansch des Ventils zwischengeklemmt (Bild 6.8).

Eine andere Möglichkeit zur Geräusch- und Verschleißminderung bei flüssigen Medien ist die Nachdruckanhebung mit festen Widerständen oder der stufenweise Abbau des gesamten Druckabfalls mit einem mehrstufigen Ventilkegel. Bei diesen Ventilen wird eine zu starke Druckabsenkung und damit das Auftreten eines kritischen Betriebszustandes (Kavitation) verhindert und daraus resultierend ein vorzeitiger Verschleiß und eine unzulässige Schallemission vermieden. Sie können auch weitgehend bei schweb- und feststoffhaltigen Flüssigkeiten eingesetzt werden.

Bei mehr oder minder aggressiven Flüssigkeiten mit hohem Feststoffanteil unterliegen die Stellelemente einer extremen erodierenden und abrasiven Beanspruchung. Hierfür eignen sich Ventile mit Stellelementen (Sitz und Kegel) aus Keramik, die einen vorzeitigen Verschleiß verhindern.

Schallmindernde Maßnahmen bei Gasen und Dämpfen können ebenfalls mit Nachdruckanhebung mittels z.B. Viellochplatten durchgeführt werden.

Beispiel 6.2 Gasförmiges Durchflussmedium

Berechnung des inneren Schallleistungspegels			
Betriebsdaten		**Herstellerangaben**	
Fluid	Stickstoff N_2	Einsitziges Regelventil	DN 150
Temperatur	$T_1 = 303\ \mathrm{K}$	Parabolkegel	$K_{vs} = 120$
Massendurchfluss	$\dot{M} = 30000\ \mathrm{kg/h}$	Differenzdruckverhältnis	$x_T = 0{,}7$
Eingangsdruck	$p_1 = 15\ \mathrm{bar}$	Exponenten für den	
Ausgangsdruck	$p_2 = 5\ \mathrm{bar}$	Umwandlungsgrad η_G	
Dichte	$\varrho_N = 1{,}25$	Niveauexponent	$G_1 = -3{,}0$
Isentropenexponent	$\varkappa = 1{,}4$	Neigungsexponent	$G_2 = 0{,}8$

Formel	Berechnung
$\varrho_1 = \varrho_N \cdot \dfrac{p_1 \cdot T_N \cdot Z_1}{p_N \cdot T_1 \cdot Z_N}$ für Z siehe auch VDI 2040 Blatt 4	$\varrho_1 = 1{,}25 \cdot \dfrac{15 \cdot 273 \cdot 1{,}0}{1{,}013 \cdot 303 \cdot 1{,}0} = 16{,}7 \dfrac{\mathrm{kg}}{\mathrm{m}^3}$
$x = \dfrac{p_1 - p_2}{p_1}$	$x = \dfrac{15-5}{15} = 0{,}67 \qquad 0{,}01 \leq x \leq 0{,}99$
$x_{cr} = 1 - \left(\dfrac{2}{\varkappa+1}\right)^{\frac{\varkappa}{\varkappa-1} \cdot 1{,}9 \cdot F_\varkappa \cdot x_T}$ (Gl. 6.12)	$x_{cr} = 1 - \left(\dfrac{2}{1{,}4-1}\right)^{\frac{1{,}4}{1{,}4+1} \cdot 1{,}9 \cdot 1{,}0 \cdot 0{,}7} = 0{,}57 \qquad F_\varkappa = \dfrac{1{,}4}{1{,}4} = 1{,}0$
$\dfrac{\lg(1-x)}{\lg(1-x_{cr})} \leq \dfrac{\varkappa+1}{\varkappa-1}$ (Gl. 6.14)	$\dfrac{\lg(1-0{,}67)}{\lg(1-0{,}57)} = 1{,}3 \quad < \dfrac{1{,}4+1}{1{,}4-1}$
$\eta_G = 10^{G1} \cdot \left[\dfrac{\lg(1-x)}{\lg(1-x_{cr})}\right]^{G2}$ (Gl. 6.17)	$10^{-3} \cdot 1{,}3^{0{,}8} = 1{,}23 \cdot 10^{-3}$
$L_{Wi} = 134{,}4 + 10 \lg W + 10 \lg \cdot \dfrac{\varkappa}{\varkappa+1}$ $+ 10 \lg \cdot \dfrac{p_1}{\varrho_1} + 10 \lg \cdot \dfrac{(1-x)}{(1-x_{cr})}$ $+ 10 \lg \eta_G$ (Gl. 6.19)	$L_{Wi} = 134{,}4 + 10 \lg 30000 + 10 \lg \dfrac{1{,}4}{1{,}4+1} + 10 \lg + \dfrac{15}{16{,}7} 10 \lg 1{,}3$ $+ 10 \lg 1{,}23 \cdot 10^{-3} = 148{,}4\ \mathrm{dB}$

Spektrum des inneren Schallleistungspegels:

Anfang bei 500 Hz $L_{Wi} - L_{Wi}(f) = 10 \lg \cdot \left[1 + 10^{0{,}1\,(A)} + 10^{0{,}1\,(A+B)} + 10^{0{,}1\,(A+B+C)} + 10^{0{,}1\,(A+B+C+D)}\right]$

$A = \pm$ dB Anstieg/Abfall (500–1000 Hz); $B = \pm$ dB Anstieg/Abfall (1000–2000) Hz); $C = \pm$ dB Anstieg/Abfall (2000–4000 Hz); $D = \pm$ dB Anstieg/Abfall (4000–8000 Hz)

Näherung, falls keine Innenmessungen vorliegen:

Gas/Dampf $\dfrac{3\ \mathrm{dB}}{\mathrm{Oktave}}$

$$L_{Wi}(f) = L_{Wi} + 10 \lg \cdot \frac{f}{500} - 14{,}9 \quad \text{(Gl. 6.20)}$$

Spektrale Berechnung:

Oktavband: Hz	500	1000	2000	4000	8000
$L_{Wi}(f)$	133,5	136,5	139,5	142,5	145,5

Beispiel 6.2 (Fortsetzung)

Berechnung des äußeren Schallleistungspegels Kennwerte der Rohrleitung (siehe auch VDI 3733 Tabelle 4)						
Werkstoff:	Stahl					
Durchmesser innen:	$d_i = 150$ mm	Wanddicke $s = 4{,}5$mm				
Dichte Rohr:	$\varrho_R = 7800\ \text{kg/m}^3$	Schallgeschwindigkeit Rohr $c_R = 5100$ m/s				
Dichte Fluid:	$\varrho_F = \varrho_N \cdot \frac{p_2 \cdot T_N \cdot Z_2}{p_N \cdot T_1 \cdot Z_N}$	$1{,}25 \cdot \frac{5 \cdot 273 \cdot 1{,}0}{1{,}013 \cdot 303 \cdot 1{,}0} = 5{,}6\ \text{kg/m}^3$				
Schallgeschwindigkeit Fluid:	$c_F = \sqrt{\varkappa \cdot \frac{p_2}{\varrho_2}}$	$\sqrt{1{,}4 \cdot \frac{5 \cdot 10^5}{5{,}6}} = 354$ m/s				
Geschwindigkeit im Ausgang:	$w_2 = \frac{\dot{M}}{3600 \cdot \varrho_F \cdot d_i^2 \cdot \pi/4}$	$\frac{30\,000}{3600 \cdot 5{,}6 \cdot 0{,}15^2 \cdot \pi/4}$ $= 84\ \text{m/s} \leq 0{,}3 \cdot 354$				
Ringdehnfrequenz:	$f_r = \frac{c_R}{\pi \cdot d_i}$	$\frac{5100}{\pi \cdot 0{,}1} = 10\,822$ Hz				
Betrachtete Rohrlänge:	$l = 2$ m					
$R_R(f) = 10 + 10\lg \cdot \frac{c_R \cdot \varrho_R \cdot s}{c_F \cdot \varrho_F \cdot d_i}$	$10 + 10\lg \cdot \frac{5100 \cdot 7800 \cdot 0{,}0045}{354 \cdot 5{,}6 \cdot 0{,}15}$	37,9				
$+ 10\lg \cdot \left[\left(\frac{f_r}{5f}\right)^3 + \frac{5 \cdot f}{f_r}\right]$	$10\lg \cdot \left[\left(\frac{f_r}{5f}\right)^3 + \frac{5 \cdot f}{f_r}\right]$	19,1	10,3	3,4	3,0	5,7
(Gl. 6.22)	$R_R(f) \approx$	57,0	48,2	41,3	40,9	43,6
$10\lg \cdot \frac{4 \cdot l}{d_i}$		17,2				
$L_{Wa}(f) = L_{Wi}(f) - R_R(f) + 10\lg \frac{4 \cdot l}{d_i}$ dB (Gl. 6.21)		93,7	105,5	115,4	118,8	119,1
A-Bewertung		–3,2	0	1,2	1	1,1
Äußerer A-bewerteter Schallleistungspegel $L_{WA,a}(f)$ dB		90,5	105,5	116,6	119,8	118,0

Äußerer A-bewerteter Schallleistungspegel

$$L_{WA,a} = 10\lg \cdot \left[10^{0,1 \cdot L \cdot (500)} + 10^{0,1 \cdot L \cdot (1000)} + 10^{0,1 \cdot L \cdot (2000)} + 10^{0,1 \cdot L \cdot (4000)} + 10^{0,1 \cdot L \cdot (8000)}\right]$$

$$= 10\lg \cdot \left[10^{9,05} + 10^{10,55} + 10^{11,66} + 10^{11,98} + 10^{11,8}\right] = 123\ \text{dB} \quad \text{(Gl. 6.25)}$$

Äußerer A-bewerteter Schalldruckpegel

$$L_{pA,a} \approx L_{Wa,a} - 10\lg \cdot \frac{\pi \cdot l}{l_0} \cdot \left(\frac{d_i}{d_0} + 2\right) \quad \text{(Gl. 6.26)} \qquad \approx 123 - 10\lg \cdot \frac{\pi \cdot 2}{1} \cdot \left(\frac{0{,}15}{1} + 2\right) = 112\ \text{dB}$$

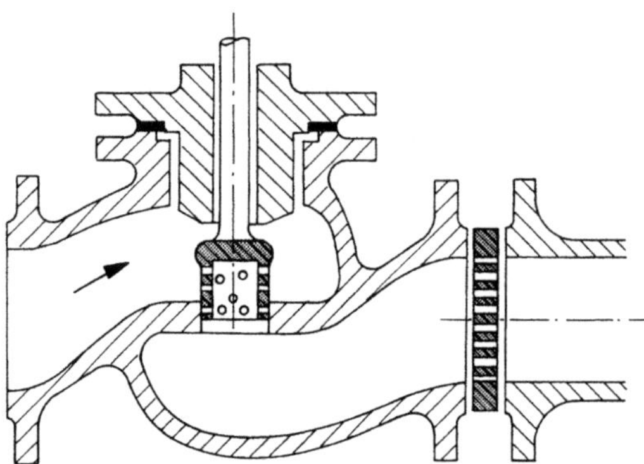

Bild 6.8 Durchgangsventil mit Lochdrosselkörper und einer Lochscheibe ohne Erweiterung der Ausgangsnennweite

6.5.1 Maßnahmen zur Geräuschminderung an der Anlage

Nach Möglichkeit sollen die in Tabelle 6.2 empfohlenen Fließgeschwindigkeiten des Stoffes weder für die Eingangs- noch für die Ausgangsnennweite überschritten werden. Das bedingt bei größeren Druckgefällen eine Erweiterung der Ausgangsnennweite. Deswegen sind die weiteren Lochscheiben in einer Zusatzstufe eingebaut.

Von großer Bedeutung ist schließlich auch eine zweckmäßige Rohrleitungsführung im Bereich der Einbaustelle des Ventils. Hier muss dafür gesorgt werden, dass vor und nach dem Ventil ein gerades Stück Rohrleitung von mindestens 10 × *DN* vorgesehen wird.

Tabelle 6.2 Grenzwerte bei Regelarmaturen n. VDMA 24422

Zeichen	Gase Dämpfe	Flüssigkeiten	Einheit
w	$\leq 0{,}3 c_F$	≤10 *	m/s
K_v	0,1 bis 6000		m³/h
$x; x_F$	0,01 bis 0,99	0,01 bis 1	–
L_{Wi}	≥80	≥40	dB
* Jedoch kavitationsfreie Strömung, siehe auch VDI 3733			

Das Fortleiten und Abstrahlen des Geräusches kann zusätzlich durch Schalldämpfer und Schallisolation von Ventil und Rohrleitung gedämpft werden.

Bei Flüssigkeiten

Der Einsatz von nachgeschalteten Widerstandsstrukturen dient der Kavitationsvermeidung bzw. Kavitationsminderung.

Kavitation tritt auf, wenn der Differenzdruck zu groß ist:

$$\Delta p > z_y \cdot (p_1 - 0{,}95 \cdot p_v)$$

Nachdruckanhebung

Der Nachdruck wird so weit angehoben, dass im Arbeitspunkt keine Kavitation auftritt:

$$p_{2,\,neu} = p_1 - z_y \cdot (p_1 - 0{,}95 \cdot p_v)$$

Bei Gasen und Dämpfen

Der Einsatz von nachgeschalteten Widerstandsstrukturen dient der Begrenzung der Austrittsgeschwindigkeit ($Ma < 0{,}3$) und der Schallpegelreduzierung.

Nachdruckanhebung bei kritischen Betriebsdaten

bei Dreharmaturen:

$$p_2 < (1 - x_T) \cdot p_1$$

Der Nachdruck wird so weit angehoben, dass im Arbeitspunkt $p_{2neu} = (1 - x_T) \cdot p_1$ beträgt.

Bei Ventilen:

$$p_2 < \frac{p_1}{2}$$

Der Nachdruck wird im Arbeitspunkt auf ca. $p_{2neu} = p_1/2$ angehoben.

Das verbleibende Restdruckgefälle $p_{2neu} - p_2$ wird über eine oder mehrere Viellochplatten machzahlkontrolliert auf p_2 abgesenkt.

Der Vorschlagswert p_{2neu} kann durch Überschreiben weiter angehoben oder auch abgesenkt werden, um wirtschaftlich eine optimale Differenzdruckteilung zur Erreichung des gewünschten Pegelsollwertes zu erzielen.

Silencer
Das zulässige Druckverhältnis pro Lochplatte ist von ihrer Größe (*DN*, K_v-Wert) und von der Geometrie abhängig.

Als Faustregel sollte

- der Differenzdruck/Lochlatte < 30% des jeweiligen Vordruckes betragen,
- die Strömungsgeschwindigkeit auf < 0,3 Mach begrenzt sein, so dass die Volumenzunahme bei der Gas-/Dampfexpansion einen kontinuierlichen Erweiterungstrichter erfordert; Geschwindigkeitssprünge sind dabei zu vermeiden.

Damit wird die für das Ventil durchgeführte Schalldruckberechnung nach VDMA 24 422 wirksam und gewährleistet (Bild 6.9).

Diese Auslegung beeinflusst die Durchflussberechnung nicht und verursacht eine erhebliche Pegelabsenkung besonders bei Ventilen mit schallarmen Einbauten wie Lochzylinder und Silent pack, da diese im günstigsten Arbeitsbereich arbeiten.

Der nachgeschaltete Silencer ist mit der beschriebenen Auslegung leiser als ein schallarmes Ventil und beeinflusst die Schallberechnung des Ventils nicht.

Tabellarische Auflistung:

1. **Austrittsgeschwindigkeit** möglichst niedrig halten durch größere Rohrleitungsnennweiten.
   Die Austrittsgeräusche können das eigentliche Ventilgeräusch überwiegen.

2. Liegt der berechnete Schalldruckpegel *5 bis 10 dB (A)** über dem Grenzwert, sind folgende Maßnahmen zu empfehlen:
   - Verdoppelung der Rohrwandstärke: –5 dB (A)
   - akustisches Isoliermaterial (Verdoppelung der Dicke: –6 dB (A)
   - 1 cm Steinwolle bringt: –4 dB (A); 2 cm: –10 dB (A)

   Bei Schallpegel > 10 dB (A) über Sollwert sind Schalldämpfer im Austrittsstrom zu empfehlen. Anschluss direkt am Ventilgehäuse, aber nur wenn Austrittsgeschwindigkeit ≤ 80 m/s.

3. Vermeidung von Krümmern direkt vor und nach dem Ventil; freie Auslaufstrecke *10–20 DN* einhalten. Auf drallfreie Einströmung achten, vor allem bei Doppelsitzventilen (evtl. Strömungsgleichrichter verwenden).

4. **Körperschallisolierung**
   Körperschall kann verlustarm über große Entfernungen transportiert werden und wandelt sich dann in Luftschall um.
   Maßnahmen: elastische Unterlagen, Abstützung, Fundamente aus schwingungsdämpfendem Gummi: falls möglich, anstelle von metallischen *Fittings*** Hochdruckschläuche verwenden.

5. **Schalldämpfung**
   Umwandlung der Schallenergie in andere Energieformen, z.B. Wärme, Materialien: Glasfaser, Steinwolle, Schaumstoff.

6. **Schalldämmung**
   6 bis 10 cm dicke Mineralwollschicht abgedeckt mit 1 bis 1,5 mm dickem Blech/Fugen mit plast. Masse und Dichtungsstreifen Blechkörper außen, nicht mit Ventilkörper in Kontakt bringen.

7. **Schalldämmung und Schalldämpfung**
   Kapselung und Auskleidung, Material größerer Biegeweichheit und innerer Dämpfung sind vorteilhaft.
   Schalldämmende Ummantelung, schwingungsmäßige Entkoppelung wegen Körperschall erforderlich, sämtliche abstrahlenden Flächen sind zu verkleiden, bei Körperschallisolierung starre Verbindungen zwischen Ummantelung und Ventil bzw. Fundament vermeiden, wenig Durchführungsöffnungen vorsehen.

* gilt für konventionelle Innengarnitur mit Parabolkegel
** z.B. Signalleitungen, Kompensatoren ...

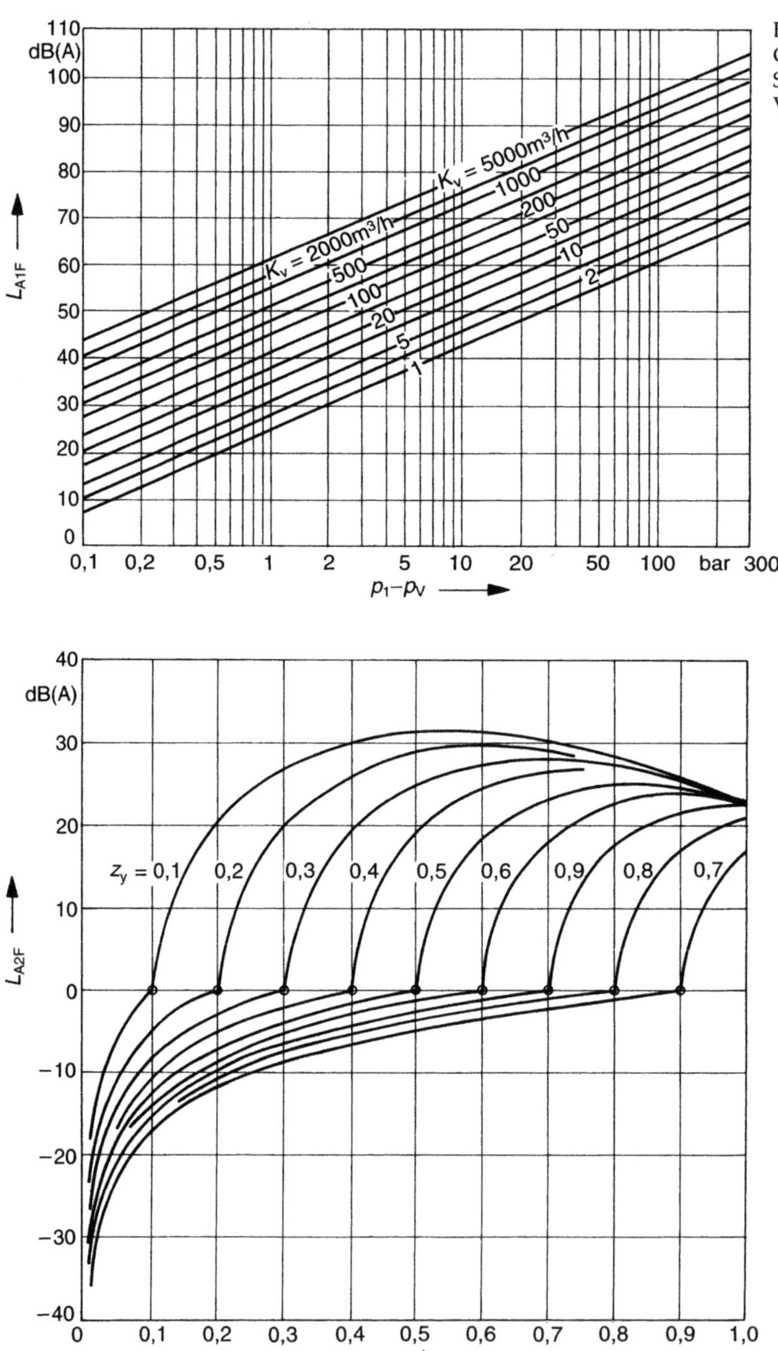

a) Flüssigkeiten: Gesamtschallpegel in (dBA) $L_{AF} = L_{A1F} + L_{A2F}$

Bild 6.9
Grafische Ermittlung des Schalldruckpegels nach VDMA 24422 (5.1979)

Bild 6.9
(Fortsetzung)

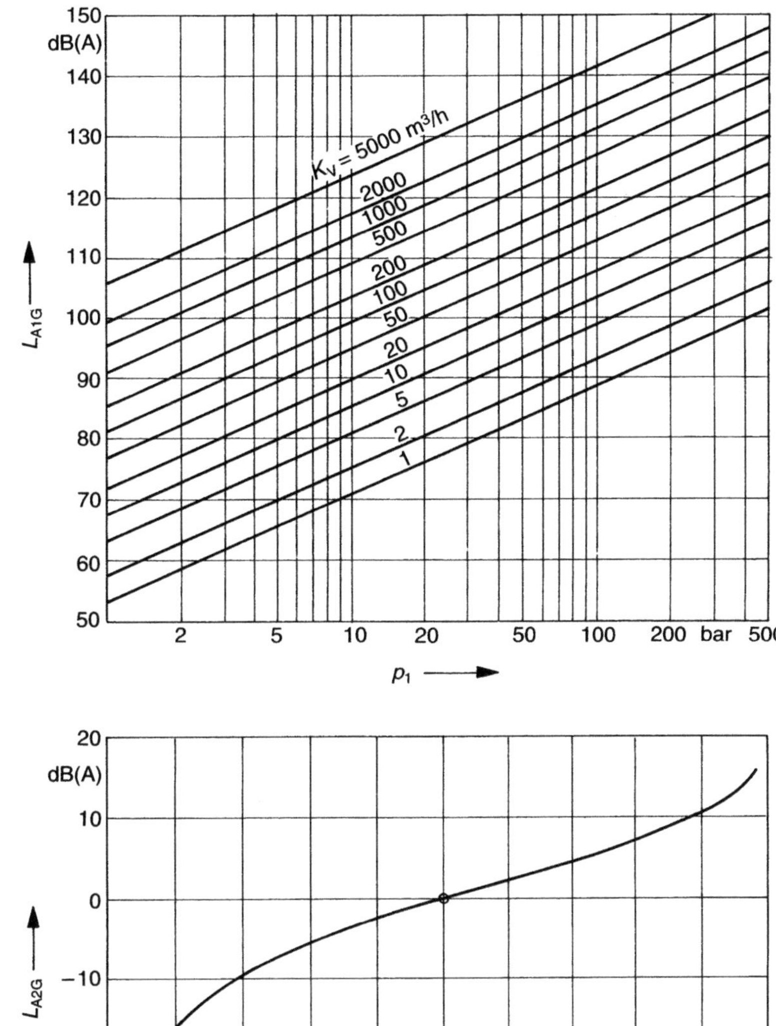

b) Gase und Dämpfe: Gesamtschallpegel in (dBA) $L_{AG} = L_{A1G} + L_{A2G}$

Einfluss von Dichte und Temperaturänderung hier vernachlässigt

8. **Abströmung ins Freie**
   Die Ergebnisse der Vorausberechnung gelten für geschlossene Rohrleitungssysteme in 1 m Abströmung nach dem Regelventil. Bei Abströmung ins Freie entfällt die Rohrdämmung, so dass der innere Schallleistungspegel als Freistrahlpegel angegeben werden muss, um z.B. einen Absorptionsschalldämpfer auszulegen. Diese Schalldämpfer benötigen in der Regel zwischen 0,5 bis 3 bar Differenzdruck für die Strömungsumlenkung in die mit Absorptionsmaterial gefüllten Kulissen.
   Die Strömungsgeschwindigkeit muss in der Regel auf < 50 m/s (bei Sattdampf < 30 m/s) begrenzt werden.

7 Kennlinien

Mit einem Ventil als Stellglied hat man die Möglichkeit, eventuelle Nichtlinearitäten im Regelkreis durch eine sinnvoll gewählte Nichtlinearität der Ventilkennlinie so zu kompensieren, dass sich die Kreisverstärkung des Regelkreises nur ganz wenig ändert und der Regelkreis stabil bleibt. Ohne Kenntnis des Verfahrens, für das ein Regelkreis eingesetzt und dimensioniert werden soll, ist aber eine vernünftige Forderung nach einer bestimmten Ventilkennlinie nicht möglich.

7.1 Durchflusskennlinie

Unter der Kennlinie eines Stellventils versteht man die Abhängigkeit des Durchflusses vom Stellweg. Eine Durchflussänderung wird durch Verändern des wirksamen Drosselquerschnitts A erzeugt. Um eine geforderte Durchflusskennlinie verwirklichen zu können, muss daher die Öffnungskennlinie bestimmt werden, die unter Berücksichtigung des mit A veränderlichen Widerstandsbeiwertes, abhängig vom Stellweg, den geforderten Durchflusswert liefert. Eine eindeutige Zuordnung setzt konstanten Differenzdruck Δp und konstante Dichte ρ voraus. Wird die Kennlinie unter Einheitsbedingungen ermittelt, dann ist der Durchfluss der K_v-Wert, und man erhält die K_v-Kennlinie, im Folgenden «Grundkennlinie» genannt.

Die Beziehung zwischen dem relativen Durchflusskoeffizienten Φ und dem dazugehörigen relativen Hub h ist unabhängig vom Antriebstyp (Bild 7.1).

Ideale inhärente lineare Durchflusskennlinie
Bei ihr ergeben gleiche relative Hubänderungen h die gleichen Änderungen des relativen Durchflusskoeffizienten Φ:

$$\Phi = \Phi_0 + m \cdot h \qquad \text{(Gl. 7.1)}$$

Φ_0 relativer Durchflusskoeffizient für $h = 0$
m Neigung der Geraden

Ideale gleichprozentige inhärente Durchflusskennlinie
Bei ihr ergeben gleiche relative Hubänderungen h gleiche prozentuale Änderungen des relativen Durchflusskoeffizienten Φ:

$$\Phi = \Phi_0 \cdot e^{n \cdot h} \qquad \text{(Gl. 7.2)}$$

Φ_0 relativer Durchflusskoeffizient, der zu h = 0 gehört
n Neigung der inneren gleichprozentigen Kennlinie, wenn ln Φ über h aufgetragen wird. Also wenn

$$\Phi = 1 \text{ und } h = 1, \text{ ist } n = \ln\left(\frac{1}{\Phi_0}\right)$$

Die Erzeugung dieser Kennlinien erfolgt durch Profilierung des Kegels (Bild 7.2a). Bei der linearen Kennlinie ändert sich der freie Querschnitt $A = d \cdot \pi \cdot s$ proportional mit dem Hub. Bei der gleichprozentigen Kennlinie wird der freie Querschnitt am Anfang sehr gering gehalten, und erst ab etwa einer Hubhöhe von 50% steigert sich der Öffnungsquerschnitt $A = d^* \cdot \pi \cdot s^*$ stark. An jeder beliebigen Stelle des Ventilhubes ergibt sich die gleiche prozentuale Flächenänderung.

$$A = A_0 \cdot e^{n \cdot \frac{h}{h_{100}}} \qquad \text{(Gl. 7.3)}$$

n Kennlinienneigung, die sich aus der Anfangsöffnung A_0 ergibt

Falls der Vordruck konstant ist, kann die freie Querschnittsfläche auch als Durchsatz oder K_v-Wert definiert werden. Mit K_{vs} wird der K_v-Wert beim Hub = 100% und K_{v0} der extrapolierte K_v-Wert (Schnittpunkt der Kennlinie mit der K_v-Achse) beim Hub $h = 0$ bezeichnet. Die Kennlinienneigung ist dann:

$$n = \ln\left(\frac{K_{vs}}{K_{v0}}\right) \qquad \text{(Gl. 7.4)}$$

Lineare Kennlinie:

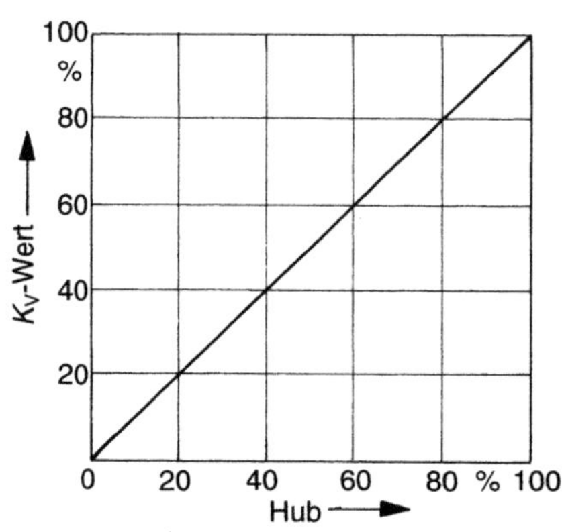

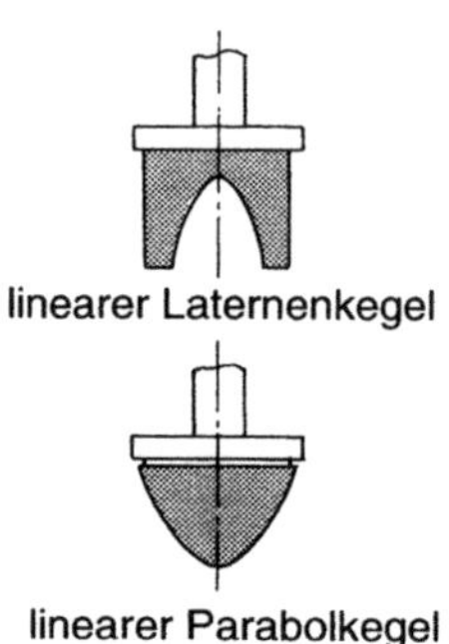

Bild 7.1
Durchflusskennlinien (theoretisch)

Zu gleichen Hubänderungen gehören gleiche Änderungen des K_V-Wertes

Beispiel: Hub = 30% → K_V-Wert (Durchfluss) = 30%
Hub = 70% → K_V-Wert (Durchfluss) = 70%

Gleichprozentige Kennlinie:

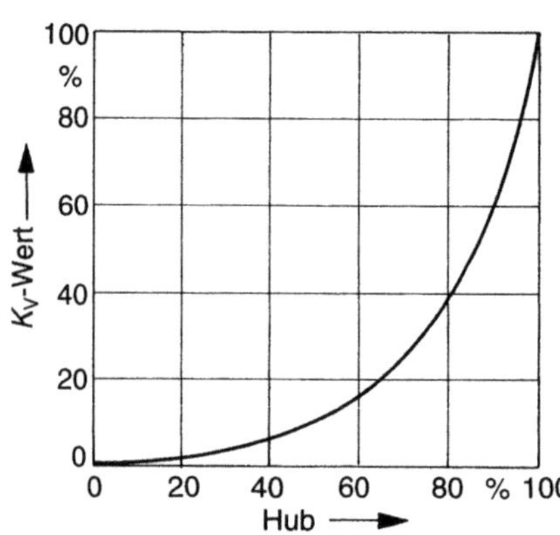

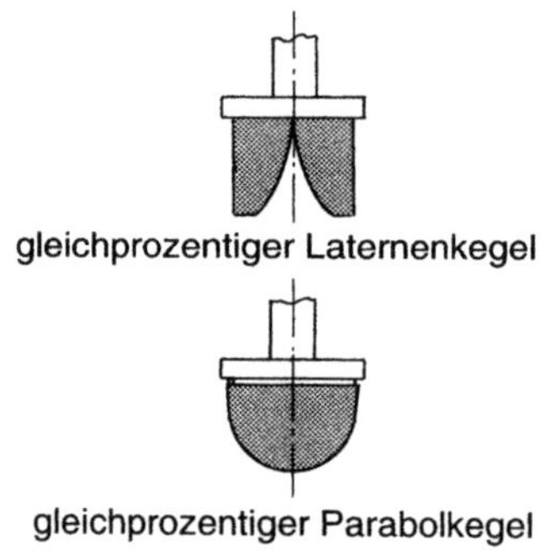

Zu gleichen Hubänderungen gehören gleiche prozentuale Änderungen des K_V-Wertes

Beispiel: Hub = 30% → K_V-Wert (Durchfluss) = 4%
Hub = 50% → K_V-Wert (Durchfluss) = 10%
Hub = 70% → K_V-Wert (Durchfluss) = 25%

Hinweis: Die obigen Diagramme stellen die Grundkennlinien (theoretische Kennlinie) dar. Je nach konstruktiver Ausführung eines Ventils weicht die tatsächliche Kennlinie insbesondere im 0%-Bereich hiervon ab.

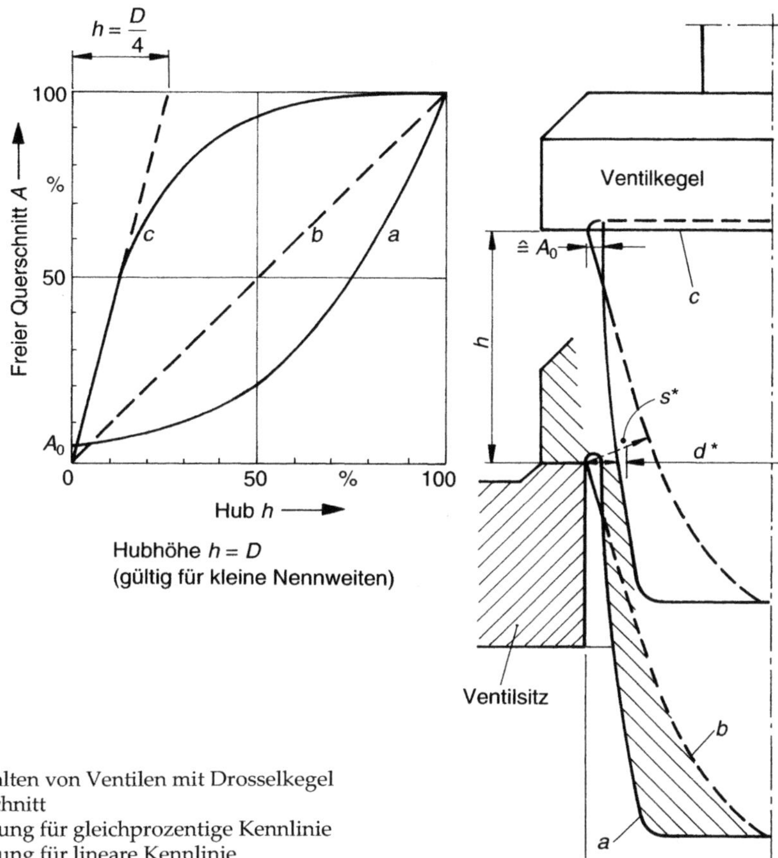

Bild 7.2a Öffnungsverhalten von Ventilen mit Drosselkegel
A_o = freier Anfangsquerschnitt
a Ventilkegel-Ausführung für gleichprozentige Kennlinie
b Ventilkegel-Ausführung für lineare Kennlinie
c Ventilteller (kein Drosselkegel)

Stellverhältnis

Bezeichnet man den theoretischen Schnittpunkt der Kennlinie mit der Achse $h = 0$ mit K_{v0} und den Schnittpunkten mit der Achse $h = 1$ mit K_{v100} oder für eine Ventilbaureihe mit K_{vs}, so ist

$\frac{K_{vs}}{K_{v0}}$ das theoretische Stellverhältnis.

Setzt man als theoretisches Stellverhältnis den Wert 50 ein, dann wird

$$\frac{K_{vs}}{K_{v0}} = 50 \quad \text{und} \quad \frac{K_{v0}}{K_{vs}} = 2\%.$$

Der Wert $\frac{K_{v0}}{K_{vs}} = 2\%$ gibt den kleinsten theoretischen K_v-Wert bei einem Ventil mit Stellverhältnis 50 an.

Dieser K_v-Wert wird maßgeblich von den Toleranzen der Fertigung bestimmt, um z.B. bei Hubventilen Klemmneigung zu verhindern.

Werden die Kennlinien auf die Endwerte $\frac{K_v}{K_{vs}}$ bei h_{100} und bei h_0 bezogen, dann lassen sich alle Ventilgrößen einheitlich darstellen (Bilder 7.3 und 7.4).

In den Bildern 7.5 und 7.6 sind Beispiele von «wirklichen» Kennlinien mit eingezeichnet.

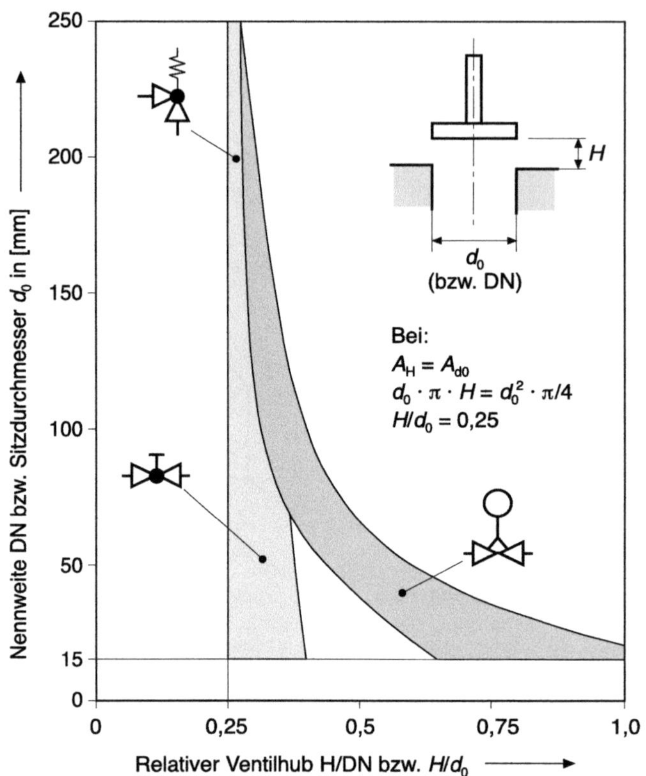

Bild 7.2b
Relatives Ventilhubverhältnis in Abhängigkeit von der Nennweite bei Absperr-, Sicherheits- und Regelarmaturen

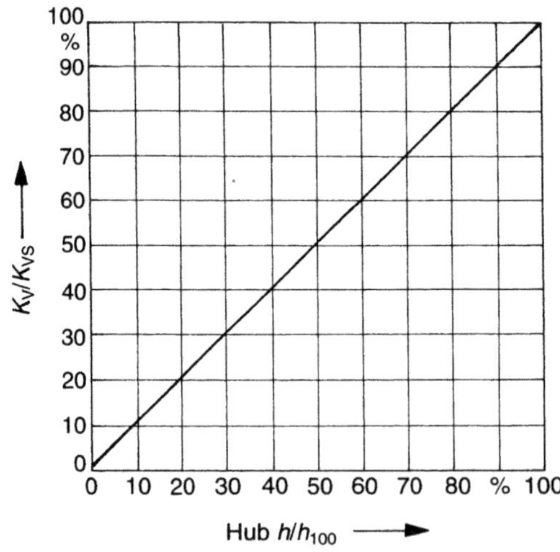

Bild 7.3 Lineare Grundkennlinie von Stellventilen mit $K_{vs}/K_{v0} = 50$

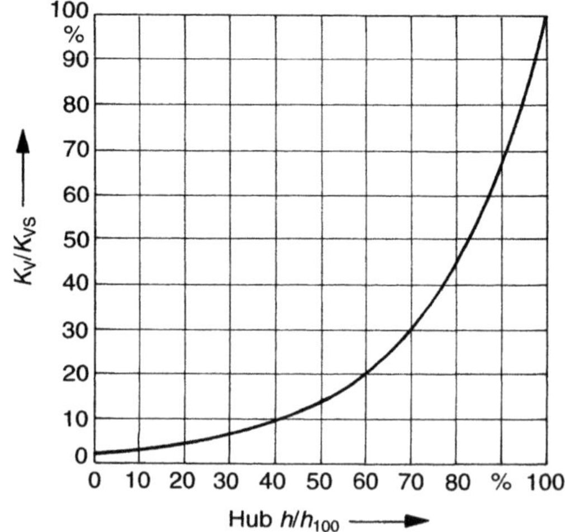

Bild 7.4 Gleichprozentige Grundkennlinie von Stellventilen mit $K_{vs}/K_{v0} = 50$

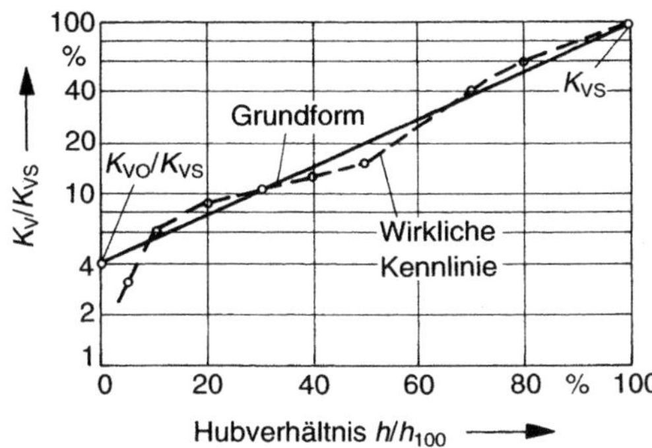

Bild 7.5 Beispiel einer gleichprozentigen Ventilkennlinie mit $K_{v0}/K_{vs} = 4\%$ ($K_{vs}/K_{v0} = 25$) in logarithmischer Darstellung

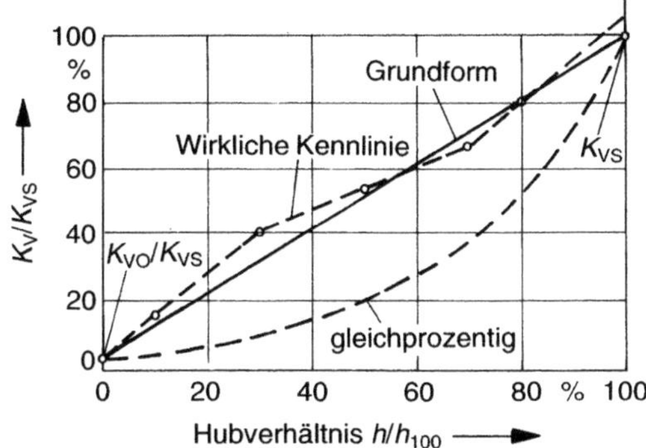

Bild 7.6 Beispiel einer linearen Ventilkennlinie mit $K_{v0}/K_{vs} = 4\%$ bzw. $K_{vs}/K_{v0} = 25$, gestrichelt die gleichprozentige Kennlinie

Die Auslegung einer Regelarmatur ist definiert mit:

$$y = \frac{K_v}{K_{vs}}$$ und wird als *Auslastung* bezeichnet.

Nach VDMA 24 422 müssen die ventilspezifischen Kenngrößen bei $y = 0{,}75$ angegeben werden.
Damit:

$$K_{vs} = \frac{K_v}{0{,}75} = 1{,}33 \cdot K_V \qquad \text{(Gl. 7.5)}$$

In Tabelle 7.1 ist die erlaubte Toleranz des Durchflusskoeffizienten und der Gültigkeitsbereich gemäß DIN/IEC 534-2-4 dargestellt. Die Norm lässt beliebige Kennlinienformen zu, allerdings mit der Auflage, die ventilspezifische Grundform in grafischer bzw. tabellarischer Form zu veröffentlichen, wenn sie sich der mathematischen Beschreibung als lineare bzw. gleichprozentige Grundform verschließt.

Tabelle 7.1 Toleranzen und Gültigkeitsbereich gemäß DIN/IEC 534-2-4

Relativer Durchfluss-koeffizient $\Phi = K_v/K_{vs}$	Erlaubte Abweichung ± %	Gültigkeitsbereich DN	K_{vs}-Wert von	K_{vs}-Wert bis
0,02	21,87	15	≧ 4,3	9
0,05	18,2	20		16
0,1	15,8	25		25
0,2	13,8	32		41
0,3	12,7	40	> 4,3	64
0,4	12,0	50		100
0,5	11,5	80		256
0,6	11,1	100		400
0,7	10,7	150		900
0,8	10,4	200		1600
0,9	10,2	250		2500
1,0	10,0	300		3600
		400		6400
		500		10000

Während die Abweichung des Durchflusskoeffizienten mit der Vorschrift:

$$\Phi_{\text{Grenz}}\ \% = \pm 10 \cdot (1/\Phi)^{0,2}$$

in den Zwischenhubbereichen enger als nach VDI/VDE 2173 toleriert wird, kann die Kennlinie eine beliebige Grundform und zwischen den benachbarten Messpunkten $h = 0{,}05$; $0{,}1$; $0{,}2$ bis 1 eine maximale Neigung von $2\,b$ und eine minimale Neigung von $0{,}5\,b$ haben. Die Neigung des Grundwinkels wird mit

$$b \triangleq \tan\alpha = \Delta\Phi/\Delta h$$

des betrachteten Hubabschnittes ermittelt.

7.2 Kennlinienformen

Die in Abschnitt 7.1 dargestellten linearen und gleichprozentigen Kennlinien zeigen den Zusammenhang zwischen Hub und Durchsatz bzw. K_v-Wert an. Diese Linien gelten jedoch nur bei konstantem Differenzdruck Δp an der Regelarmatur bei allen Hubstellungen. Gemäß der schematischen Darstellung in Bild 7.7 würden sich diese Kennlinien ergeben, wenn der gesamte zur Verfügung stehende konst. Differenzdruck Δp_{VR} ausschließlich an der Regelarmatur abgebaut werden würde. Dies ist jedoch aus Wirtschaftlichkeitsgründen selten der Fall, denn die druckabbauende Strecke besteht nicht nur aus der Regelarmatur, sondern vor allem noch aus Rohrleitungen, Armaturen und z.B. dem Wärmeverbraucher.

Bei voll geöffnetem Regelventil tritt am Regelventil ein Druckabfall von Δp_{100} auf. Je nach Zwischenstellung des Regelventils ändert sich dieser Differenzdruck auf Δp_{12}, bis schließlich bei geschlossenem Ventil der Differenzdruck Δp_{VR} ansteht. Im Leitungssystem tritt dann kein Druckverlust mehr auf, da die Strömung durch den Wärmeverbraucher zum Stillstand gekommen ist ($Q = 0$).

In Bild 7.8 ist eine Darstellung mit einer Kreiselpumpe aufgeführt. Durch die Kennlinie der Pumpe steht hierbei nicht immer ein konstanter Druck an.

Da das Produkt aus Volumenstrom q_v und Druckdifferenz Δp einer Leistung entspricht (die sich in Wärme umsetzt), kann man das Druckdiagramm mit einer Leistungskurve ergänzen (s. Bild 7.8b).

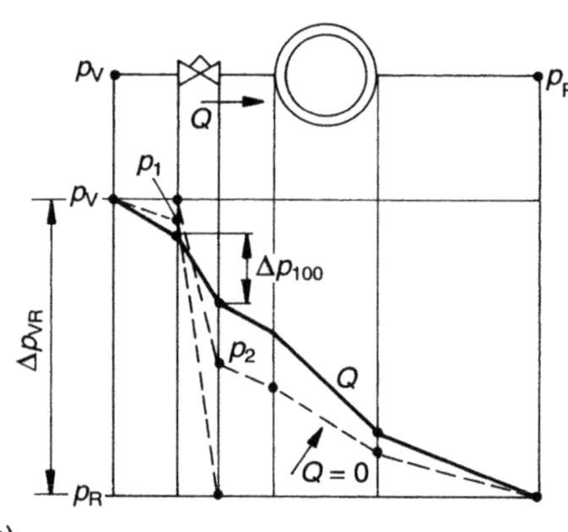

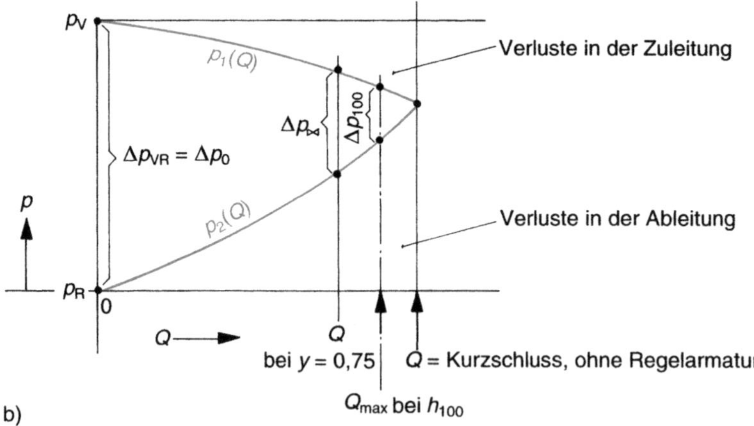

Bild 7.7
Druckverlauf entlang des Verbrauchersystems bei konstanten Systemdrücken p_V und p_R

Bild 7.8a
Differenzdruck am Regelventil bei Pumpenanlagen

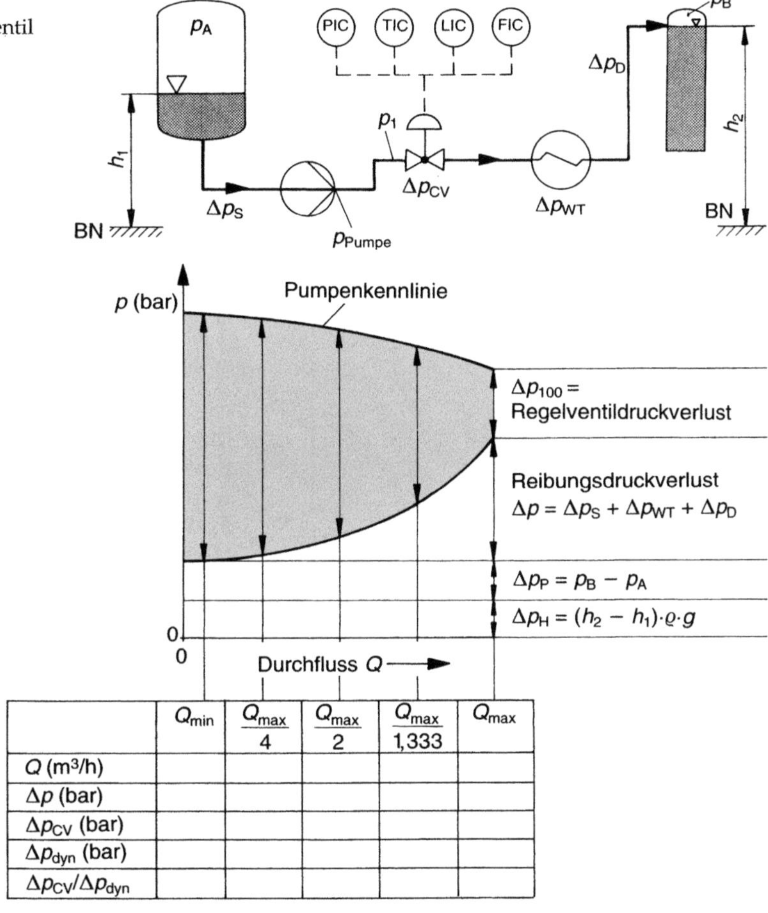

	Q_{min}	$\frac{Q_{max}}{4}$	$\frac{Q_{max}}{2}$	$\frac{Q_{max}}{1{,}333}$	Q_{max}
Q (m³/h)					
Δp (bar)					
Δp_{CV} (bar)					
Δp_{dyn} (bar)					
$\Delta p_{CV}/\Delta p_{dyn}$					

$\Delta p_{stat} = \Delta p_p + \Delta p_H$ (statische Druckdifferenz)
$\Delta p_{dyn} = \Delta p + \Delta p_{CV}$ (dynamische Druckdifferenz)
Δp = Druckverlust in Rohrleitungen und Apparaten
Δp_{CV} = Druckverlust im Regelventil

Bild 7.9 zeigt die Entstehung von Betriebskennlinien aus Stellglied-Grundkennlinien bei Pumpenanlagen und bei konstantem Differenzdruck.

Durch diesen variablen Differenzdruck an der Regelarmatur ergibt sich eine Verzerrung der in den Bildern 7.3 und 7.4 dargestellten Kennlinienformen. In welcher Weise dies geschieht, ist aus Bild 7.10 für gleichprozentige und aus Bild 7.11 für lineare Kennlinien zu ersehen. Die Abweichungen von der Grundform werden umso größer, je kleiner das Verhältnis $\Delta p_{100}/\Delta p_{VR}$ wird.

Betrachtet man nun die Formen der Verzerrungen in Abhängigkeit von der Grundkennlinie, so ist zu erkennen, dass die Kennlinie vom gleichprozentigen Ventil sich in Richtung auf eine lineare Kennlinie verschiebt und die lineare Grundkennlinie dagegen auf eine regelungstechnisch ungünstige steile Form (etwa wie ein reines Absperrventil) verändert wird. Will man die Durchflussmenge annähernd

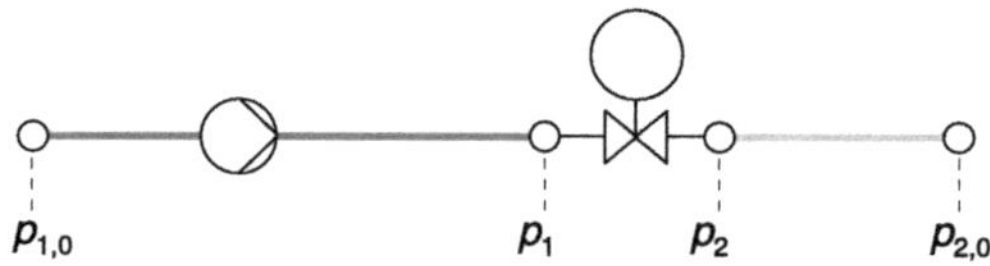

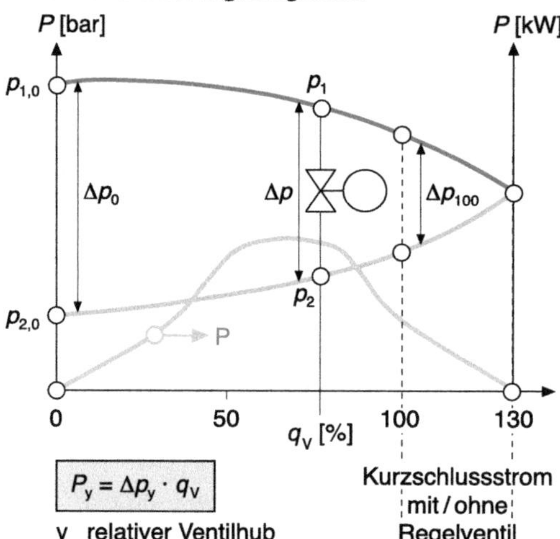

Bild 7.8b Druck- und Leistungsdiagramm

proportional dem Hub regeln, so kann man entweder ein «lineares» Ventil mit großem Druckabfall oder ein «gleichprozentiges» Ventil mit sehr kleinem Druckabfall wählen.

Das Verhältnis $\Delta p_{100}/\Delta p_0$ wird bezeichnet als Autorität:

$$p_V = \frac{\Delta p_{100}}{\Delta p_0} \qquad \text{(Gl. 7.6)}$$

oder aber auch als dynamisches Druckverhältnis.

Für die Berechnung des Volumenstroms gilt die Beziehung:

$$\frac{Q}{Q_{100}} = \frac{1}{\sqrt{1 + p_V \cdot \left(\left(\frac{K_{vs}}{K_v}\right)^2 - 1\right)}} \qquad \text{(Gl. 7.7)}$$

In der Mehrzahl verfahrenstechnischer Anlagen werden Stellglieder für geringe Druckreduzierungen verwendet. Sie sollen zwar eine Min.- und Max.-Regelung des Durchflusses ermöglichen, aber möglichst wenig Druckenergie dabei verbrauchen, denn zusätzliche Druckenergie wird aus Kostengründen nicht mehr als unbedingt notwendig vom Pumpensystem zur Verfügung gestellt.

Die praktische Erfahrung zeigt, dass möglichst ein Viertel des gesamten Systemdruckes Δp_0 dem geöffneten Stellglied als Differenzdruck Δp_{100} zur Verfügung stehen sollte, um eine brauchbare Regelung zu erzielen.

$$\frac{\Delta p_{100}}{\Delta p_0} \geqq 0{,}25$$

Man kann sich demzufolge die geringe Einflussmöglichkeit des Stellgliedes vorstellen, wenn im geöffneten Zustand z.B. nur 10% des Systemdruckes zur Verfügung stehen. Große Hubänderungen nahe der Offenstellung können nur kleine Durchflussänderungen bewirken. Für diese Fälle soll die gleichprozentige Grundkennlinie ausgleichen:

Kleine Hubänderungen nahe der Offenstellung bewirken große K_v-Wert-Änderungen.

Dadurch werden zwar die erzielbaren Durchflussänderungen größer als bei der linearen Grundkennlinie, sie reichen aber bei

$$\frac{\Delta p_{100}}{\Delta p_0} \ll 0{,}25$$

für eine befriedigende Regelung nicht aus.

Das Bestreben, aus Kostengründen strömungsgünstige Stellglieder mit großen K_v-Werten je Nennweite einzusetzen, kann sich aus folgenden Gründen negativ auf die Regelung auswirken.

Die Systemwiderstandskennlinie Δp_L nach Bild 7.12 gibt für jeden Betriebspunkt des Durchflusses Q den erforderlichen K_v-Wert nach der Beziehung:

$$K_v = \frac{Q}{\sqrt{\Delta p}} \text{ an.}$$

Für strömungsgünstige Armaturen ergeben sich danach gegenüber der Rohrleitung erheblich kleinere Nennweiten, so dass Reduzierstücke verwendet werden müssen.

Bild 7.9
Entstehen von Betriebskennlinien aus den Stellgliedgrundkennlinien

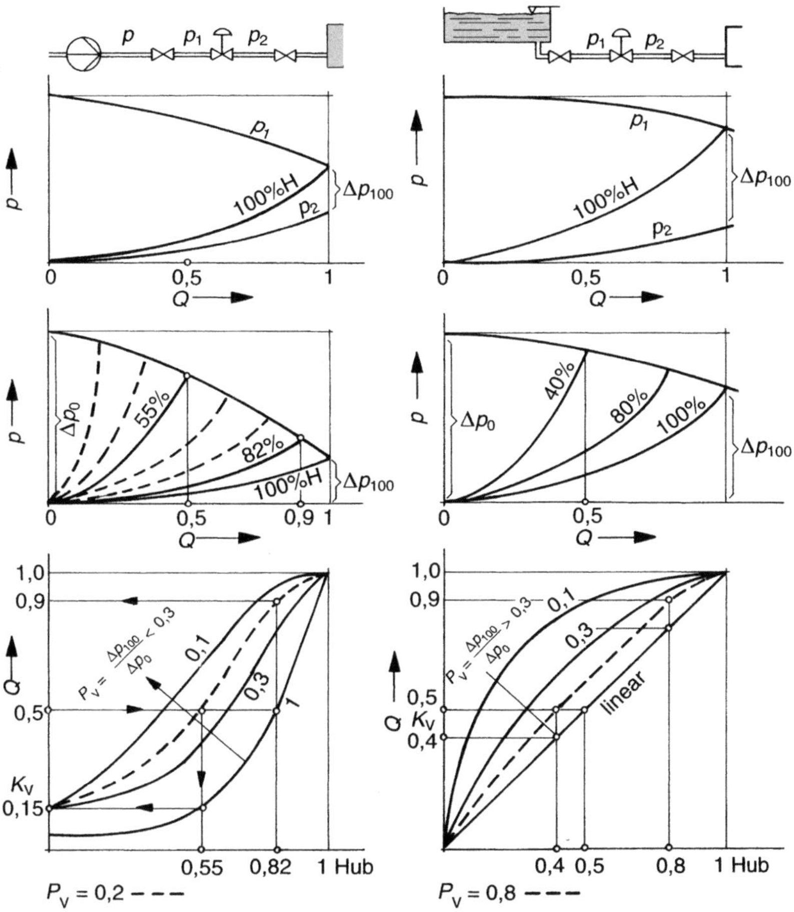

Bild 7.10
Durchflusskennlinien von Regelventilen mit gleichprozentiger Kennlinie in Abhängigkeit von $\Delta p_{100}/\Delta p_0$

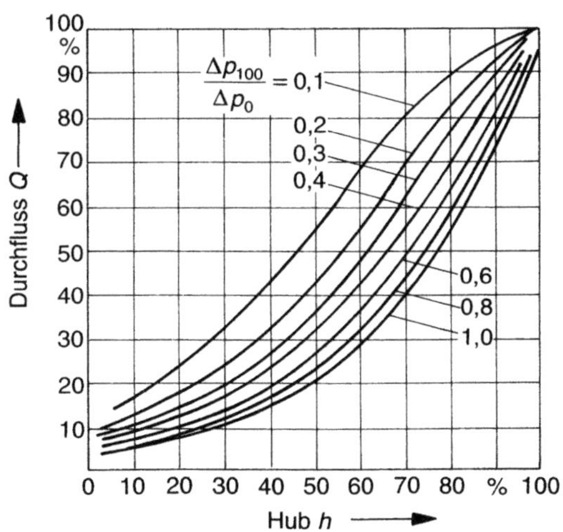

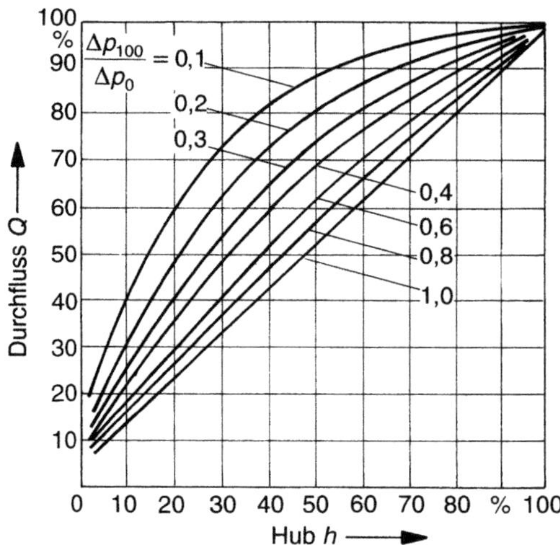

Bild 7.11 Durchflusskennlinien von Regelventilen mit linearer Kennlinie in Abhängigkeit von$\Delta p_{100}/\Delta p_0$

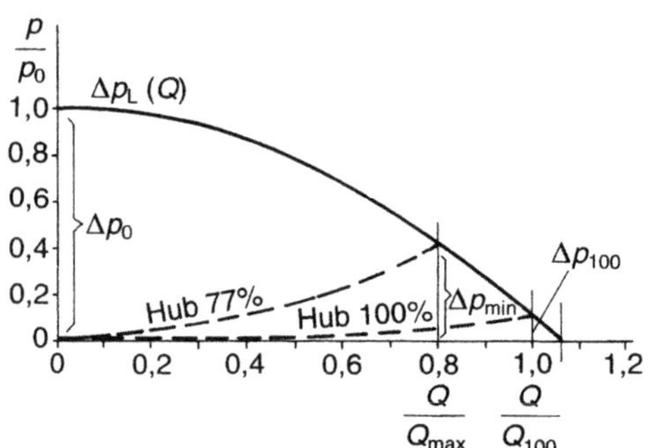

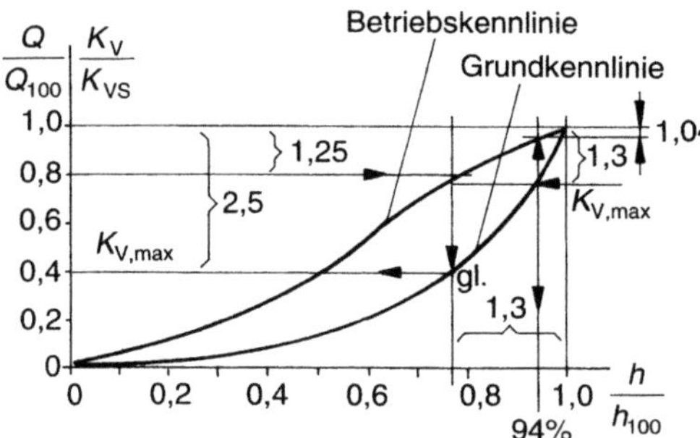

Bild 7.12 Beispiel einer Betriebskennlinie mit stark abfallender Systemkennlinie Δp_L (Q)

Diese verringern durch den zusätzlichen Druckabfall den K_v-Wert des Stellgliedes. Außerdem lässt die Erhöhung der Strömungsgeschwindigkeit kritische Druckverhältnisse im Drosselquerschnitt bei kleineren Differenzdrücken erwarten.

Dadurch wird sich bei gleichem Stellweg der Durchfluss Q erhöhen und sich der Differenzdruck Δp entsprechend der Neigung der Systemkennlinie Δp_L verringern. Das dynamische Druckverhältnis

$$\frac{\Delta p_{100}}{\Delta p_0}$$

kann folglich sehr kleine Werte annehmen.

Der mögliche Regelbereich verlagert sich in Richtung Schließstellung, und die Betriebskennlinie nähert sich einer Auf/Zu-Charakteristik.

So wird man z.B. Kugelhähne nur dann für Regelaufgaben verwenden, wenn das Verhältnis

$$\frac{\Delta p_{100}}{\Delta p_0}$$

gegen 1 geht, d.h., wenn der gesamte Systemdruck am geöffneten Hahn bestehen bleibt, wie es bei Standregelungen und bei Abfüll- und Dosiervorgängen aus größeren Behältern der Fall sein kann.

Bild 7.12 veranschaulicht die Entstehung der Betriebskennlinie bei einer gleichprozentigen Grundkennlinie, wenn die Systemkennlinie Δp_L stark abfällt:

$$\Delta p_L = \Delta p_0 - (\Delta p_0 - \Delta p_{100}) \cdot \left(\frac{Q}{Q_{100}}\right)^2 \qquad \text{(Gl. 7.8)}$$

$$\frac{\Delta p_{100}}{\Delta p_0} = 0{,}1$$

Die Darstellung der Betriebskennlinie entspricht Gleichung 7.8 bei einem theoretischen Stellverhältnis.

$$\frac{K_{vr}}{K_{v0}} = 50, \quad \text{wenn für } \frac{K_v}{K_{v100}}$$

die Gleichung der gleichprozentigen Grundlinie:

$$\frac{K_v}{K_{v100}} = 0{,}02 \cdot \exp\left(3{,}912 \cdot \frac{h}{h_{100}}\right)$$

eingesetzt wird.

$$\frac{Q}{Q_{100}} = \frac{1}{\sqrt{1 + 0{,}1 \cdot \left[\left(\frac{1}{0{,}02 \cdot \exp\left(3{,}912 \cdot \frac{h}{h_{100}}\right)}\right)^2 - 1\right]}}$$

Das Beispiel soll zeigen, dass ein Zuschlagsfaktor von 1,3 viel zu klein sein kann. Nach Bild 7.12 wird der $K_{v,\,max}$-Wert bei 80% von Q_{100} berechnet, d.h., das Stellglied ist so groß zu wählen, dass der Durchfluss noch um 25% erhöht werden kann. Nach Bild 7.12 ist der $K_{v,\,max}$-Wert bei 40% K_{vs} der gleichprozentigen Grundkennlinie zu finden.

$$K_{vs} = 2{,}5 \cdot K_{v,\,max}$$

Der Hub beträgt 77% zum Stellen von Q_{max}.

Bei falscher Auslegung – $K_{vs} = 1{,}3 \cdot K_{v,\,max}$ – würde das Stellglied einen Hub von 94% bei Q_{max} ausführen, der Durchfluss ließe sich jetzt nur um 4% erhöhen. Das Stellglied wäre zu klein gewählt.

Die bisherigen Ausführungen lassen erkennen, dass bereits während der Anlagenplanung durch die Zuteilung der am Stellglied abfallenden Differenzdrücke wichtige Entscheidungen für Regelbarkeit, Stellgliedgröße und evtl. mögliche Kapazitätserweiterungen fallen.

Durchsatzgrenzen:
Das Verhältnis von maximalem Durchfluss zu minimalem Durchfluss soll kleiner sein als:

$$\frac{Q_{min}}{Q_{max}} \leqq \frac{1}{10}$$

Bei Überschreitung dieses Verhältnisses muss ein «kleines» Regelventil parallel geschaltet werden, und die Grenze der Durchflüsse verschiebt sich zu:

$$\frac{Q_{min}}{Q_{max}} \leqq \frac{1}{20}$$

7.3 Zuschlagsfaktoren

Zuschläge für den berechneten $K_{v,\,max}$-Wert sind aus den folgenden Gründen erforderlich:

1. Zur Beseitigung von Störungen bei Q_{max} ist eine ausreichende Stellamplitude erforderlich (siehe auch VDI/VDE 3501 – Dampferzeugerregelung Absatz 4.2 ... max. Förderstrom ca. 10% über Beharrungszustand ...).
2. Anlagenbedingte Sicherheitsbeiwerte sind einzuhalten, siehe auch VDI/VDE 3502 Absatz 4.2 – Stellglieder zur Einstellung des Speisewasserstroms: ... der Höchstwert des Stellstroms muss dem 1,25-Wert der max. Dauerlast entsprechen, wenn der Trommeldruck gleich dem Konzessionsdruck ist (Stellgrad 100%).
3. Die anlagenspezifischen Berechnungsdaten, z.B. für Rohrleitungswiderstände, sind Toleranzen unterworfen.
4. Der serienspezifische K_{vs}-Wert darf nach VDE/VDI 2173 eine Minustoleranz von 10% des K_{v100}-Wertes aufweisen.

Einer beliebigen Erhöhung des Zuschlagsfaktors steht entgegen, dass das Ventil ebenfalls zur min. Durchflussregelung geeignet sein soll, ohne dass sich dabei die Streckenverstärkung wesentlich ändert. Das erforderliche praktische Stellverhältnis kann aus dem erforderlichen Ventilbetriebsbereich ermittelt werden:

$$b = \frac{Q_{100}}{Q_{min}} \cdot \sqrt{\frac{\Delta p \cdot Q_{min}}{\Delta p \cdot Q_{100}} \times \frac{\rho \cdot Q_{100}}{\rho \cdot Q_{min}}} \leqq \frac{K_{vs}}{K_{vr}} \qquad \text{(Gl. 7.9)}$$

b Ventilbetriebsbereich (Definition nach VDI/VDE 3502)

$\frac{K_{vs}}{K_{vr}}$ = praktisches Stellverhältnis bei Hub 10% (Definition nach VDI/VDE 2173)

Die Gebrauchsformel dient zur Beantwortung folgender Fragen:

1. Mit welchem Faktor b muss der berechnete K_v-Wert multipliziert werden, um eine Durchflusserhöhung um Faktor a zu ermöglichen?
2. Der K_{vs}-Wert ist um Faktor b größer gewählt als der berechnete K_v-Wert. Um welchen Faktor a ist eine Durchflusserhöhung möglich?
3. Welche Grundkennlinie ist zu wählen, um ein gefordertes Durchflussverhältnis $\frac{Q_{100}}{Q_{min}}$ zu gewährleisten?

7.4 Kennlinienform bei Stellklappen

Wie bei den Ventilen unterscheidet man auch hier verschiedene Kennlinien:

Öffnungskennlinien enthalten in Abhängigkeit vom Stellwinkel das Verhältnis des freien Querschnitts zum Querschnitt bei voll geöffneter Klappe (Bild 7.13). Stellwinkel $\alpha = 0$ bei geschlossener Klappe.

Die *Widerstandskennlinien* von Klappen sind sehr unterschiedlich. Die Beiwerte ζ für geöffnete Klappen schwanken von etwa 0,2…0,5 je nach Konstruktion, Lamellenzahl usw. Die ungefähre Abhängigkeit vom Stellwinkel ist aus Bild 7.14 ersichtlich. Gegenläufige Klappen haben einen größeren Widerstand als gleichlaufende. Außerdem besteht eine Abhängigkeit von der Einbauart, z.B. im Kanal, am Ende eines Kanals usw. Der Leckverlust bei geschlossener Klappe ist oft erheblich, 5…20% von Q_{max}.

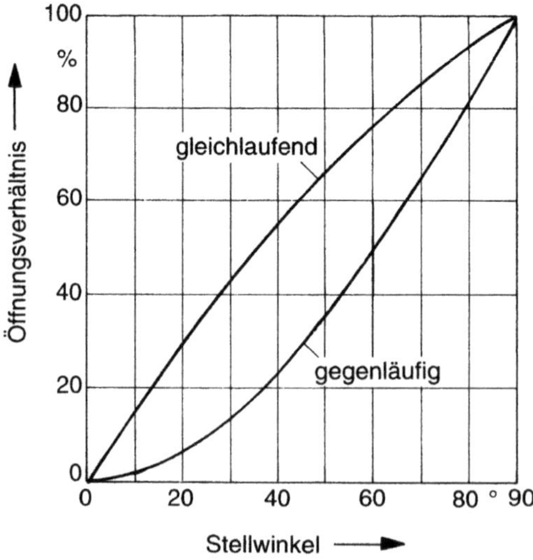

Bild 7.13 Öffnungskennlinie von Klappen

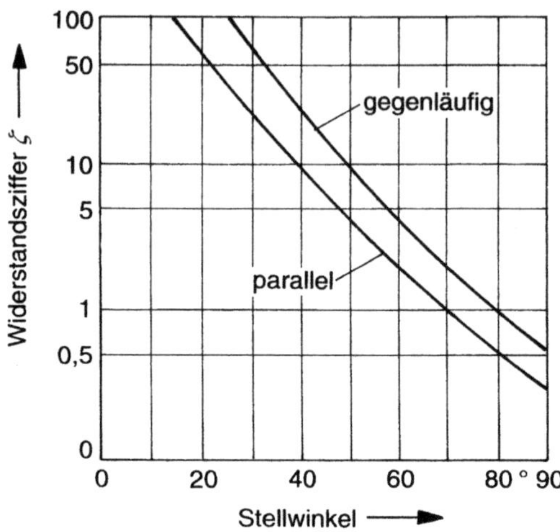

Bild 7.14 Widerstandskennlinie von Klappen

Das *Drehmoment* zur Betätigung der Klappen hängt von der Luftgeschwindigkeit und den Lager- und Klappenreibungskräften ab. Es ist etwa $M = 10…20 \cdot A$ in Nm (A = Ansichtsfläche in m^2).

Durchflusskennlinien. Wie bei den Ventilen ist auch bei Klappen eine wesentliche Änderung der Luftmenge nur dann möglich, wenn die Klappe einen gewissen anteiligen Widerstand am Gesamtwiderstand des Kanalnetzes hat. Das geht aus der Durchflusskennlinie Bild 7.15 hervor.

Durchflusskennlinien zeigen die durchfließenden Luftmengen von Klappen in Abhängigkeit vom Stellwinkel bei verschiedenem anteiligem Widerstand.

$$\varphi = \frac{\Delta p_k}{\Delta p} = \frac{\text{Widerstand der Klappe}}{\text{Widerstand der Anlage}}$$

wobei Δp_k der Klappenwiderstand im *geöffneten* Zustand ist. Damit der Volumenstrom sich in etwa proportional zum Stellwinkel ändert, muss φ bei gleich laufenden Klappen

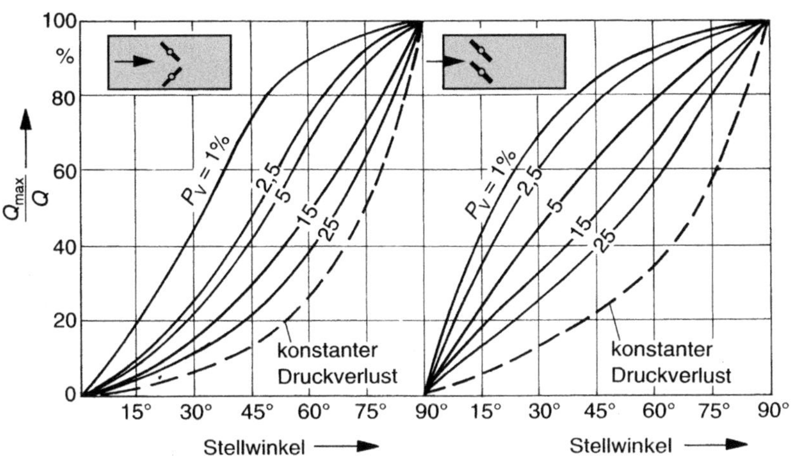

Bild 7.15 Durchflusskennlinie von Jalousieklappen

etwa 5...15%, bei gegenläufigen 2,5...5% betragen.

7.5 Verbraucherkennlinien

7.5.1 Regelventil und Wärmeaustauscher

Bei allen Wärmeübertragern ist die übertragene Wärme nicht der durchfließenden Wassermenge proportional. Sie ist von vielen Faktoren abhängig, z.B. Art der Durchströmung (Gegenstrom, Kreuzstrom), Temperaturunterschied, Art der Schaltung usw. Die aufgestellten Kennlinien, die das Verhältnis der Wärmeleistung zur Wassermenge angeben, sind daher sehr unterschiedlich. Bei geringer Durchflussmenge wird bereits eine relativ große Wärmeleistung erreicht.

Angenähert lässt sich der Verlauf der Kennlinie durch folgende Formel angeben:

$$\frac{P}{P_{100}} = \frac{1}{1 + a \cdot \dfrac{1 - \dfrac{Q}{Q_{100}}}{\dfrac{Q}{Q_{100}}}} \qquad \text{(Gl. 7.10)}$$

a Auslegungskennwert

Diese Gleichung ist in Bild 7.16 dargestellt. Der *Wärmeübertragerkennwert a* ist darin für Kreuzstromwärmeaustauscher (Temperaturen bei $Q = 100\%$)

bei Wasserstromregelung

Vorwärmer $a = 0{,}6 \cdot \dfrac{\Delta\vartheta_w}{\vartheta_{we} - \vartheta_{La}}$

Nachwärmer $a = 0{,}6 \cdot \dfrac{\Delta\vartheta_w}{\vartheta_{we} - \vartheta_{Le}}$

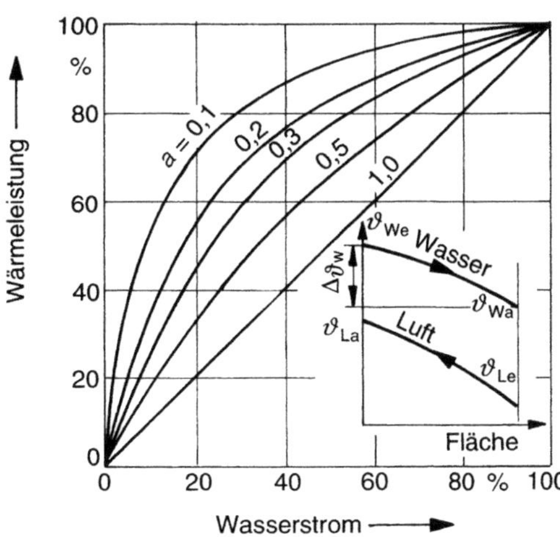

Bild 7.16 Betriebskennlinie von Wärmeaustauschern in Abhängigkeit vom Auslegungswert *a*

bei Mischregelung wie vor ohne den Faktor 0,6,
bei Dampf $a = 1{,}0$.

Je kleiner a ist, desto stärker ist die Krümmung der Kennlinie.

Übliche a-Werte bei Lufterhitzern 0,15… 0,30.

Große *Temperaturspreizung* auf der Wasserseite ist regeltechnisch sehr wichtig und bringt die Kennlinie der geradlinigen Idealform näher, wie deutlich aus Bild 7.17 ersichtlich ist.

Durch Verbindung der Diagramme 7.16 und 7.17 erhält man das Diagramm 7.18, aus dem die *Wärmeabgabe* des Austauschers bei verschiedenen Druckabfallanteilen des Ventils und verschiedenen a-Werten ersichtlich ist. Man nennt die Darstellung *Betriebskennlinie* oder *Leistungskennlinie.* Man erkennt sofort, dass auch hier Ventile mit linearen Kennlinien sehr ungünstig sind. Bei einem Hub von 20% und einem Druckverhältnis $\Delta p_v/\Delta p = 0{,}1$ ergibt sich bei $a = 0{,}15$ bereits eine Wärmeabgabe von 88%. Daher für Drosselregelung von Wärmeaustauschern nur Ventile mit gleichprozentiger Kennlinie verwenden; $\Delta p_v/\Delta p \approx 0{,}20…0{,}50$.

Man erkennt auch, dass bei größerer Temperaturspreizung und damit größerem a-Wert die Kennlinien günstiger werden.

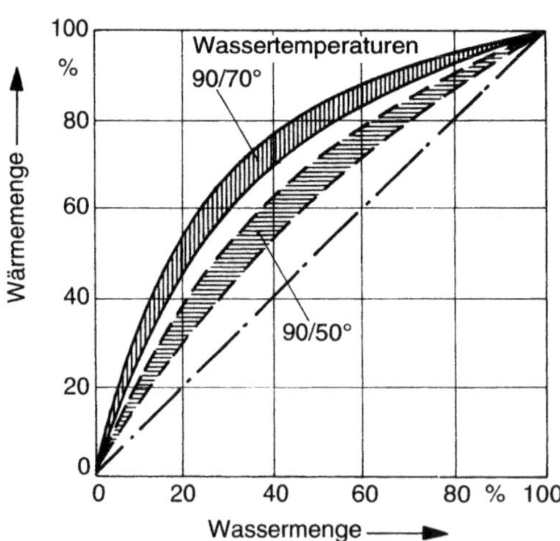

Bild 7.17 Kennlinie von Lufterhitzern bei mittleren Wärmeübertrager-Kennwerten a

Ähnliches gilt für die Beimischregelung mit 3-Wege-Ventilen. Auch hier ist auf genügenden Druckabfall im Ventil zu achten.

Die günstige *Ventilautorität* lässt sich bei bekanntem Auslegungskennwert a angenähert aus Bild 7.19 entnehmen. Auf der *Grenzlinie* sind die linearen und gleichprozentigen Kennlinien einander gleichwertig. Links davon liegt das Optimum für gleichprozentige,

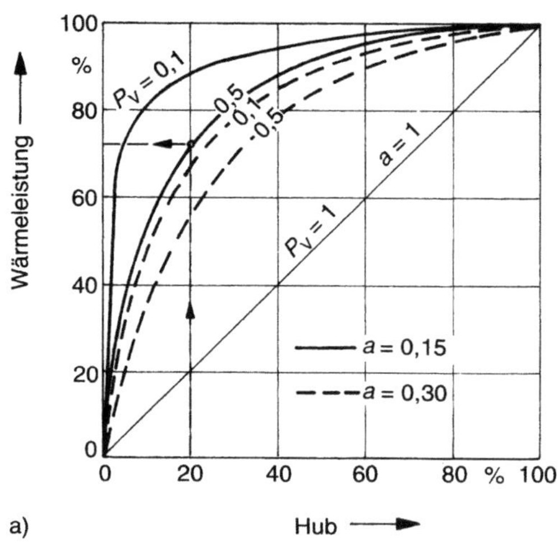

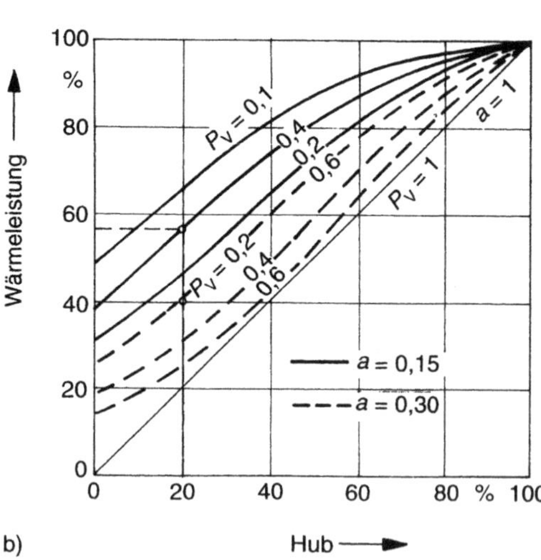

Bild 7.18 Leistungskennlinien von Lufterhitzern in Abhängigkeit vom Ventilhub und von der Ventilautorität P_v
a) lineare Ventile; b) gleichprozentige Ventile

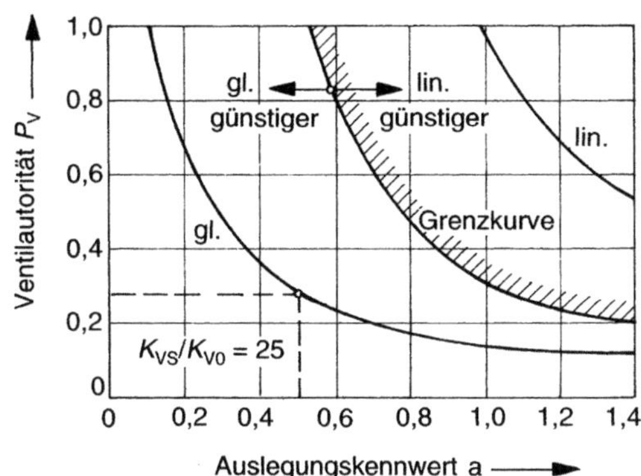

Bild 7.19 Diagramm zur Auswahl der günstigsten Ventilautorität

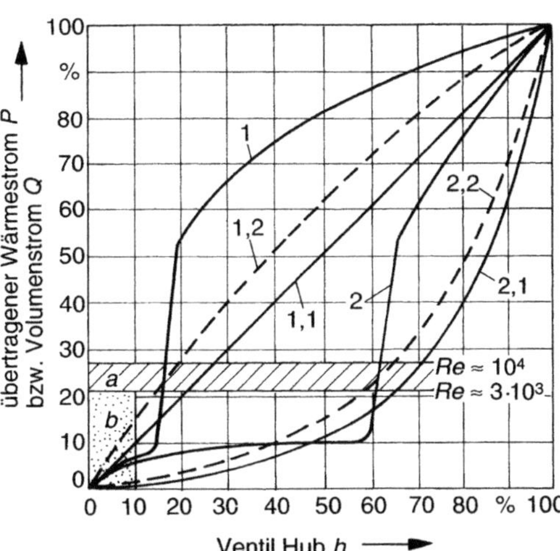

Bild 7.20 Praktisches Beispiel einer Wärmestromkennlinie von Regelventilen mit linearer und gleichprozentiger Kennlinie für $\Delta p_{100}/\Delta p_{VR} = 0{,}5$
Medium auf der Verbraucherseite: Wasser
Erklärungen:

1. Wärmestromkennlinie für Ventil mit linearer Kennlinie (1.2)

1.1 Lineare Ventilkennlinie mit $\Delta p_{100}/\Delta p_{VR} = 1{,}0$

1.2 Lineare Ventilkennlinie mit $\Delta p_{100}/\Delta p_{VR} = 0{,}5$

2. Wärmestromkennlinie für Ventil mit gleichprozentiger Kennlinie (2.2)

2.1 Gleichprozentige Ventilkennlinie mit $\Delta p_{100}/\Delta p_{VR} = 1{,}0$

2.2 Gleichprozentige Ventilkennlinie mit $\Delta p_{100}/\Delta p_{VR} = 0{,}5$

a) Durchflussbereich für den Umschlag von laminarer auf turbulente Strömung ($3 \cdot 10^3 < Re < 10^4$)

b) Bereich, in dem die Neigung der Ventilkennlinie nicht gewährleistet wird.

rechts für lineare Stellglieder. Bei den beiden ausgezogenen Kurven ist die *Schwankungsbreite* des Übertragungswertes am geringsten.

7.5.2 Wärmestromkennlinie mit Umschlag der Strömung «laminar/turbulent»

Diese stellt in Abhängigkeit des Hubes den an den Wärmeverbraucher übertragenen Wärmestrom dar. Wichtig ist, dass im unteren Hubbereich fast ausschließlich laminare Strömungsverhältnisse vorliegen und somit der zu übertragende Wärmestrom in diesem Bereich etwa konstant ist.

Um eine solche Kennlinie aufstellen zu können, müssen die Randparameter festgelegt werden. Allgemein kann man davon ausgehen, dass die wärmeträgerseitige Vorlauftemperatur und die Produkttemperatur sowie die Wärmeaustauscherfläche konstant sind. Damit kann in erster Näherung die übertragbare Wärmemenge P proportional dem Wärmedurchgangskoeffizienten k gesetzt werden ($P \sim k$). Vernachlässigt man den Wärmewiderstand der Heizfläche, dann ist der Wärmedurchgangskoeffizient k vereinfacht zu ermitteln. Bild 7.20 zeigt ein durchgerechnetes Beispiel für die Regelung einer Badbeheizung.

Aus diesem Bild wird ersichtlich, dass je nach Randbedingungen bei manchen Anlagen Ventile mit gleichprozentiger Kennlinie unter Umständen nur schlechte Regelergebnisse erzielen. Der Austausch des Ventilkegels gegen einen mit linearer Charakteristik kann oft Abhilfe schaffen, da bei diesem auch noch bei geringerer Ventilöffnung größere Volumenströme erreicht werden. Bei Einbau einer eigenen Wärmeverbraucher-Umwälzpumpe, die einen konstanten Volumenstrom bewirkt, treten diese Probleme nicht auf.

7.6 Merkpunkte für die Kennlinienfestlegung

7.6.1 Kennlinienauswahl

Zur Kennlinienauswahl sind einige spezielle Werte von besonderer Bedeutung. Bei der Ventilkennlinie wird der K_v-Wert über den Hub des Ventils aufgetragen. In der DIN IEC 534 (VDI/VDE-Richtlinie 2173) sind folgende Werte festgelegt (Bild 7.21):

- K_{vs}: Vorgesehener Durchflusswert für eine Bauserie bei Nennhub. Bei einem gelieferten Ventil darf der angegebene K_{vs}-Wert um maximal ±10% vom K_{vs} abweichen.
- K_{v100}: K_v-Wert eines einzelnen Ventiles bei Nennhub. Dieser Wert muss innerhalb der K_{vs}-Toleranz von ±10% liegen.
- K_{v0}: Schnittpunkt der theoretischen Kennlinie mit der K_v-Achse.
- K_{vr}: Niedrigster K_v-Wert, bei dem die zulässige Neigungstoleranz der Kennlinie noch eingehalten wird.

Bei der Ventilkennlinie wird der Durchflusskoeffizient (K_v) über den Ventilnennhub aufgetragen.

Es werden zwei Kennlinienarten unterschieden:

- *lineare Kennlinie:* Gleiche Hubänderung führt zur gleichen Änderung des Durchflusses (lin = linear);
- *gleichprozentige Kennlinie:* Gleiche Hubänderung führt zur gleichen prozentualen Änderung des Durchflusses. Bsp.: Wird der Hub um 5% bezogen auf die letzte Hubstellung verändert, wird auch der Durchfluss um 5%, bezogen auf den vorherigen Durchfluss, verändert (*glp* = gleichprozentig).

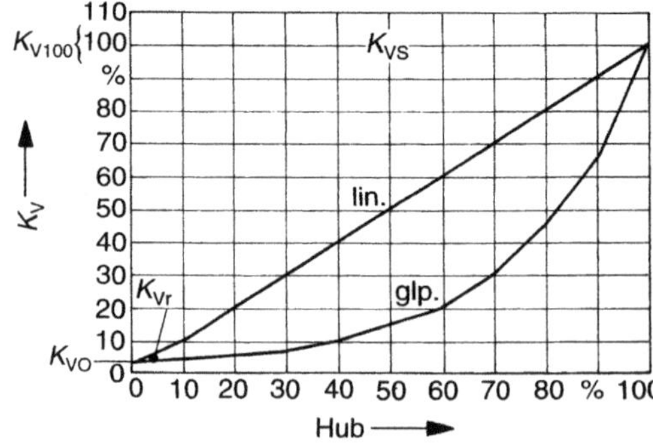

Bild 7.21 Ventilkennlinien

Als wichtigstes Auswahlkriterium sollte die folgende Regel angesehen werden:

> **!** Bei der Auswahl der Kennlinie ist zu beachten, dass die Kennlinie des Regelventils so ausgelegt wird, dass die Gesamtkennlinie des Systems, d.h. Rohrleitungssystem + Regelventil, eine möglichst lineare Betriebskennlinie bildet.

Die Wahl der richtigen Kennlinie ist stark von den Druckverlusten im Rohrleitungssystem abhängig (Bild 7.22).

In der Praxis geht man so vor, dass bei Regelstrecken, wo das Regelventil bei voll geöffnetem Zustand den weitaus größten Widerstand in einem Rohrleitungssystem darstellt, eine lineare Kennlinie verwendet und damit eine annähernde lineare Betriebskennlinie.

Bei Regelstrecken, wo das Regelventil bei voll geöffnetem Zustand nur einen kleinen Widerstand, im Verhältnis zum Rest des Rohrleitungssystems, darstellt, wählt man eine gleichprozentige Kennlinie, um damit die Nichtlinearität der Regelstrecke bis zum Ventil zu kompensieren.

7.6.2 Stellverhältnis

Das Stellverhältnis eines Stellgerätes ist abhängig von der Nennweite. Als Richtwert für das Stellverhältnis von Hubventilen können folgende Werte angenommen werden (Bild 7.23):

DN ≦ 50	50 : 1
DN > 50	30 : 1

Durch die Werte K_{v0} und K_{vs} wird das Stellverhältnis des Ventils bestimmt. Die beiden Werte ins Verhältnis gesetzt, geben das theoretische Stellverhältnis an.

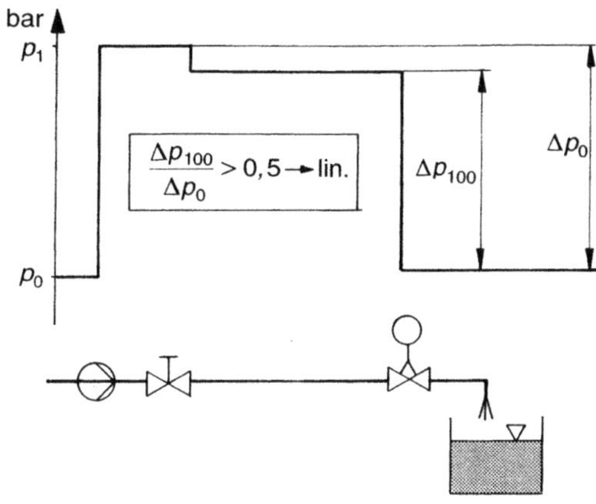

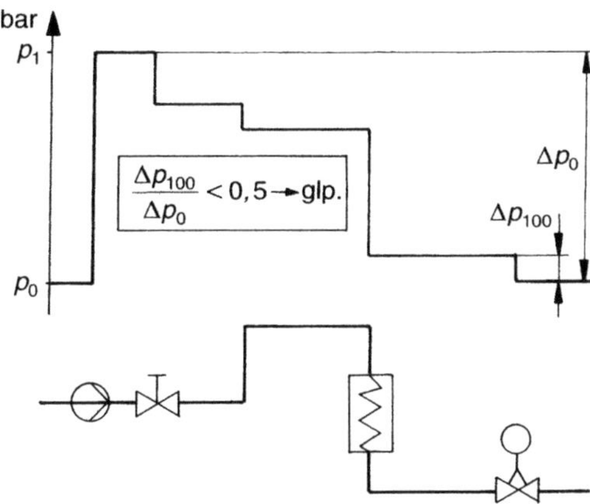

Bild 7.22 Anlagenbeispiel für lineare und gleichprozentige Kennlinie

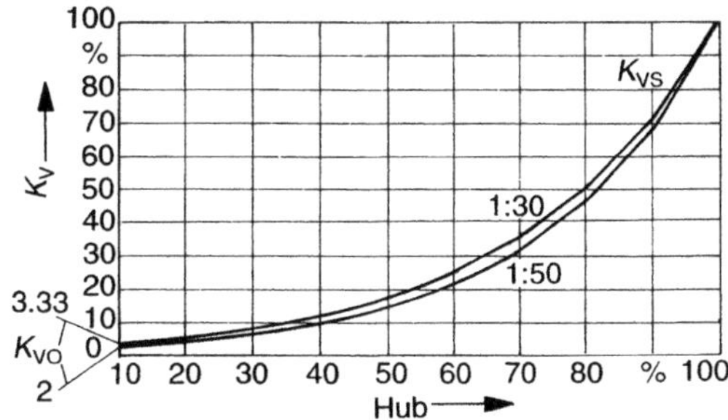

Bild 7.23 Stellverhältnis

K_{vs}/K_{v0} = = > *Stellverhältnis*

Bei geforderten großen Stellverhältnissen ergibt sich für alle Armaturen die folgende Problemstellung:

Die Regelfähigkeit unter 5% Öffnung muss generell in Frage gestellt werden, auch wenn theoretische Stellverhältnisse von über 1:100 angegeben werden. Bei Anwendungen von 2,5 bis 5% Öffnung sollten diese durch Messungen abgesichert sein. Bei Ventilsitzen d < 15 mm und Flüssigkeiten ist eine Untersuchung der Spaltströmung bei sinkender Reynoldszahl und der Einfluss auf die Betriebskennlinie zu empfehlen.

Häufig wecken hohe theoretische Stellverhältnisse zu hohe Erwartungen an den tatsächlich zu erzielenden Durchfluss-Stellbereich Q_{max} zu Q_{min}. Dieser findet auf der Betriebskennlinie statt, die unter Berücksichtigung der Anlagenparameter entsteht. Durchflussstellbereiche >15 : 1 erfordern in der Regel eine besondere Betrachtung der Betriebskennlinie und häufig auch die Aufteilung auf zwei oder mehrere parallel geschaltete Ventile, die durch Signalaufteilung (split range) angesteuert werden.

7.6.3 Schallverhalten

Neben der für die Regelgüte wichtigen Kennlinienqualität wird dem Schallverhalten eine zunehmend große Bedeutung beigemessen. Laute Stellglieder werden durch die damit verbundenen mechanischen Beanspruchungen eher ausfallen als leisere bessere Konstruktionen.

Ist bei Flüssigkeiten das Betriebsdruckverhältnis x_F größer als der z_y-Wert, ist mit starker Geräuschbildung und mechanischen Beschädigungen durch Kavitation zu rechnen. Der z_y-Wert hängt im Wesentlichen von der Bauart und der Ventilstellung ab (Bilder 7.24 und 7.25):

$$z_y = f\left(\frac{K_v \cdot 10^2}{d_2}\right) \quad \text{bzw.} \quad \left(\frac{K_v}{K_{vs}}\right)$$

Es bedeuten:

Δp = Differenzdruck bar

p_1 = Vordruck bar

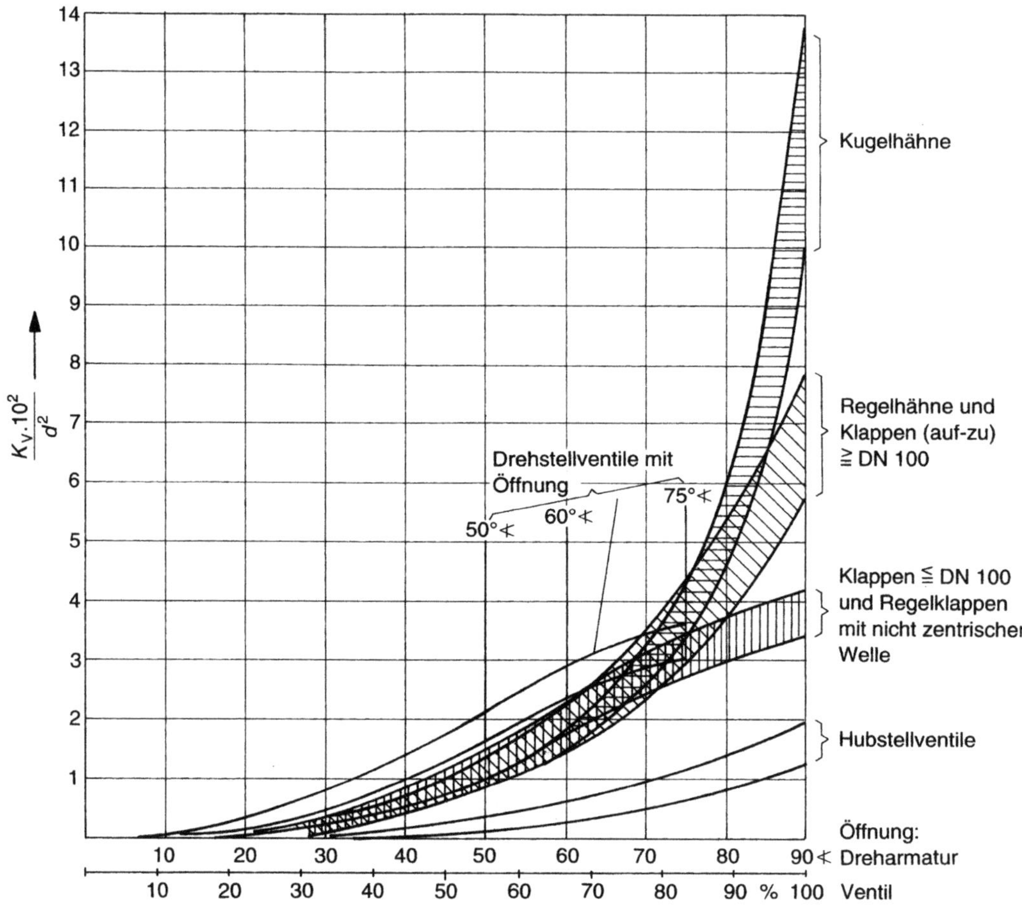

Bild 7.24 Spezifische $\frac{K_v}{d^2}$-Kennwerte von Armaturenbauarten

p_v = Siededruck bar

d ≙ Nennweite mm

x_F ≙ Betriebsdruckverhalten $\frac{\Delta p}{p_1 - p_v}$

z ≙ VDMA-Messwert bei $\frac{K_v}{K_{vs}} = 0{,}75$

z_y ≙ VDMA-Messwert bei $y = \frac{K_v}{K_{vs}}$

F_L^2 ≙ Rückgewinnungsfaktor ≙ IEC 534

ΔL_F^* ≙ Pegelkorrektur Flüssigkeiten dBA

ΔL_G^* ≙ Pegelkorrektur Gase/Dämpfe dBA

* Bei Abweichung vom Standardverhalten

x_F Betrieb $< z_y$ keine Kavitation

x_F Betrieb $\geqq z_y$ Kaviationsbetrieb

Umfangsgeführte oder am Schaft geführte Drosselkörper, einseitige oder doppelte Führung bei engen oder großvolumigen Gehäusen können für große Pegelunterschiede verantwortlich sein, so dass die «akustische Qualität» von Armaturen an Bedeutung gewinnt. Akustische Vergleichsmessungen zur Ermittlung von VDMA-, z_y-, L_F- und L_G-Werten geben zu erkennen, dass Hubventile und Dreharmaturen stark unterschiedliches Schallverhalten zeigen.

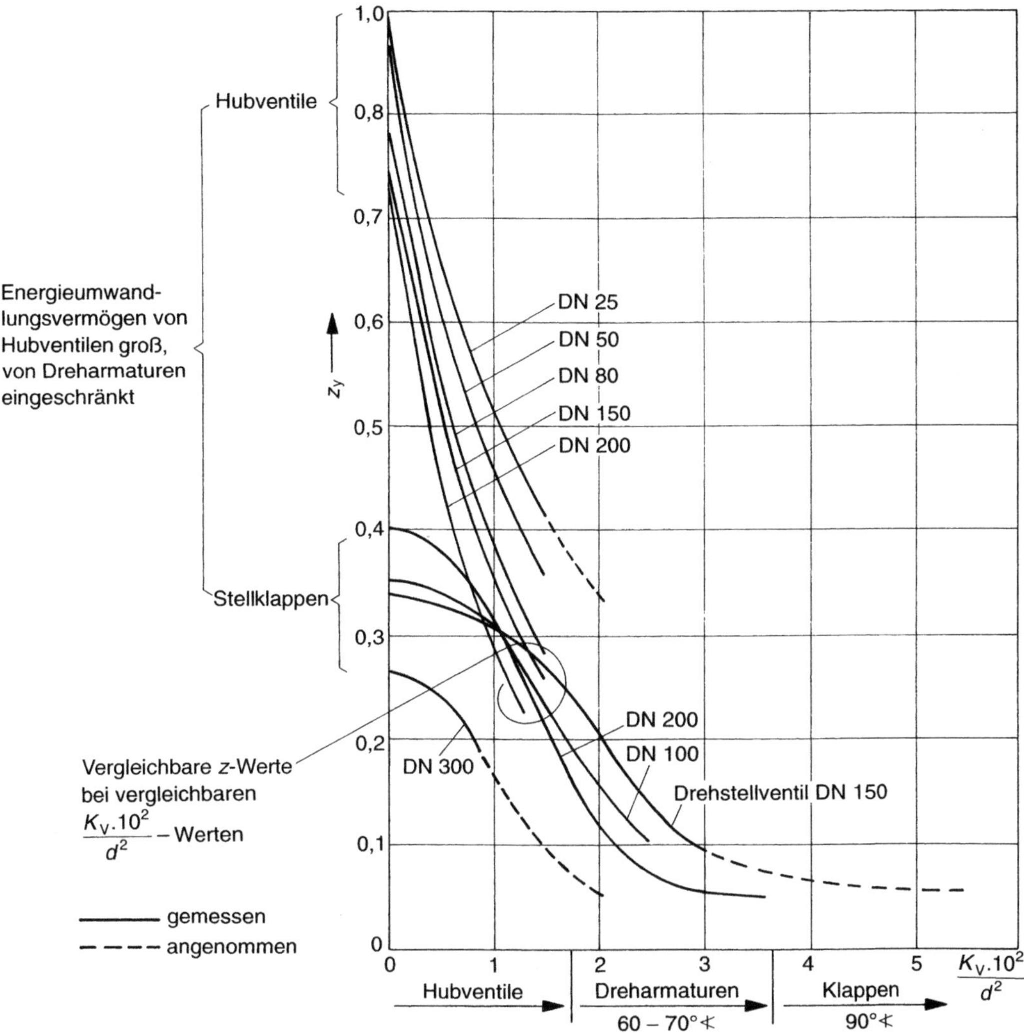

Bild 7.25 z_y-Werte nach VDMA 24 422

Dreharmaturen zeigen gegenüber Hubventilen vor allem in den Drosselstellungen geringeres Energieumwandlungsvermögen; gekennzeichnet durch kleinere z-Werte und geringerem Anstieg im Teillastgebiet:

$K_v/K_{vs} \ll 1.$

Die Erfahrungen zeigen, dass in 1. Näherung das Energie- bzw. Δp-Umwandlungsvermögen von Hubventilen bei Einsatz strömungsgünstiger Dreharmaturen nur mit reduziertem Stellbereich erreicht werden kann. Bei stark fallenden Anlagenwiderstandskennlinien – Δp über Durchfluss aufgetragen – sind Hubventile zu bevorzugen.

7.7 Leckdurchfluss

Stellventile haben im Regelkreis die Aufgabe, einen Stoffstrom so einzustellen, dass der Sollwert der Regelgröße eingehalten wird.

Bei einem richtig dimensionierten Regelkreis kann der Durchfluss nicht den Wert 0 annehmen. Muss trotzdem ein Stellglied «absperren» oder «dichtschließen», so ist dies eine zusätzliche Forderung, für die ein normales Stellglied nicht vorgesehen ist.

Hersteller und Anwender haben daher im VDI/VDE 2174 vorgeschlagen, bei normalen Stellventilen folgende Leckdurchflüsse im Schließzustand zuzulassen:

für Einsitzventile	0,05% von K_{vs},
für Doppelsitzventile	0,5% von K_{vs}.

Muss aus betriebstechnischen Gründen «dichtschließend» gefordert werden, dann empfehlen sich Einsitzventile mit gepanzerten und eingeschliffenen Dichtkanten. Der Antrieb sollte dann so dimensioniert werden, dass im Schließzustand und bei größtem Differenzdruck der Drosselkörper mit einer zusätzlichen Kraft auf den Sitz gepresst wird. Solche Ventile haben im Lieferzustand keinen Leckdurchfluss.

Falls die Betriebsbedingungen (Differenzdruck, Temperatur und Korrosion) Weichdichtungen wie Teflon, Viton und ähnliche Werkstoffe zulassen, können die Drosselkörper in Sonderausführung auch mit solchen Dichtungen versehen werden.

Beispiel 7.1
Regelarmatur mit gleichprozentiger Kennlinie und $K_{vs} = 10\ m^3/h$.

Autorität: $P_v = 0{,}5$
Druckabfall am Ventil: $\Delta p_v = 0{,}2$ bar bei 50% Hub.
Frage: Wie groß ist der Volumenstrom?

Lösung: (Bild 7.10)

$\frac{Q}{Q_{min}} = 0{,}28$ bei Hub $h = 50\%$ und $P_v = 0{,}5$.

$$Q_{100} = K_{vs} \cdot \sqrt{\Delta p_v} = 10 \cdot \sqrt{0{,}2} = 4{,}47\ m^3/h$$

Damit wird der Volumenstrom:

$$Q = 0{,}28 \cdot 4{,}77 = 1{,}25\ m^3/h.$$

Beispiel 7.2
Es ist die K_v-Wert-Abhängigkeit bei gleichprozentiger Kennlinie in Abhängigkeit vom Hub zu bestimmen für das Stellverhältnis 50 und 25.

Stellverhältnis 1:50

$$\frac{K_v}{K_{vs}} = \frac{K_{v0}}{K_{vs}} \cdot \exp\left(n \cdot \frac{h}{h_{100}}\right)$$
$$= \frac{1}{50} \cdot \exp\left(\ln 50 \cdot \frac{h}{h_{100}}\right)$$
$$= 0{,}02 \cdot \exp\left(3{,}91 \cdot \frac{h}{h_{100}}\right)$$

Bei: $\frac{h}{h_{100}} = 0{,}8$ ergibt sich:

$$K_v = K_{vs} \cdot 0{,}02 \cdot \exp(3{,}91 \cdot 0{,}8)$$
$$= K_{vs} \cdot 0{,}02 \cdot e^{3{,}128}$$

$$K_v = K_{vs} \cdot 0{,}456$$

Stellverhältnis 1 : 25 wird analog bei $h/h_{100} = 0{,}8$:

$$K_v = K_{vs} \cdot 0{,}04 \cdot \exp(3{,}22 \cdot 0{,}8)$$
$$= K_{vs} \cdot 0{,}04 \cdot e^{2{,}57}$$

$$K_v = K_{vs} \cdot 0{,}525$$

8 Druckstoßberechnung

8.1 Allgemeines

Zur sicheren Auslegung, Steuerung und Regelung verfahrenstechnischer Anlagen ist die Kenntnis instationärer Strömungsvorgänge von Bedeutung. Instationäre Strömungsvorgänge treten z.B. in langen, flüssigkeitsführenden Rohrleitungen auf: beim Anfahren und Abschalten von Anlagen (Bild 8.1), bei Notabschottungen bzw. Schnellschlüssen, wenn also Flüssigkeit plötzlich abgebremst oder beschleunigt wird. Die Folge eines solchen Vorganges ist ein Druckstoß, also eine kurzzeitig wirkende, oft heftige Druckschwankung mit hoher Strukturbeanspruchung.

Druckwellen, die bei schnellem Schließen oder Öffnen von Ventilen in Rohrleitungssystemen auftreten, belasten diese auf zweierlei Weise:

1. durch erhöhten Innendruck und
2. durch Längskräfte auf Rohrleitungsabschnitte und ihre Halterungen infolge unausgeglichener Kräfte an Krümmern, Querschnittsänderungen, Rohrverzweigungen oder verschlossenen Enden.

Durch die Reflexionen des Druckstoßes entstehen Über- und Unterdrücke.

Sinkt der Druck in der Flüssigkeit auf den Dampfdruck ab, so reißt die Flüssigkeit auseinander. Liegt eine eben verlaufende Rohrstrecke vor, so bilden sich eine Vielzahl ungefährlicher kleiner Blasen aus. Bei Leitungen mit relativ kurzen Hochstellen kann sich dagegen dort eine konzentrierte Dampfblase ausbilden, wobei die Flüssigkeitssäule vollständig auseinanderreißt. Beim Eintreffen der nächsten reflektierten Druckwelle kondensiert der Dampf, die Flüssigkeitssäulen schlagen aufeinander und erzeugen dabei eine steile Wellenfront, die mit Schallgeschwindigkeit durch die Leitung läuft und unter Umständen zu Schäden an der Leitung bzw. den Leitungshalterungen führt. In der Praxis geht dies oft mit einem lauten Knall einher. Wenn die Flüssigkeit jedoch gelöstes Gas enthält, dann gast es bei Erreichen des Dampfdruckes aus und bildet ein Polster, das die Druckstöße beträchtlich reduziert.

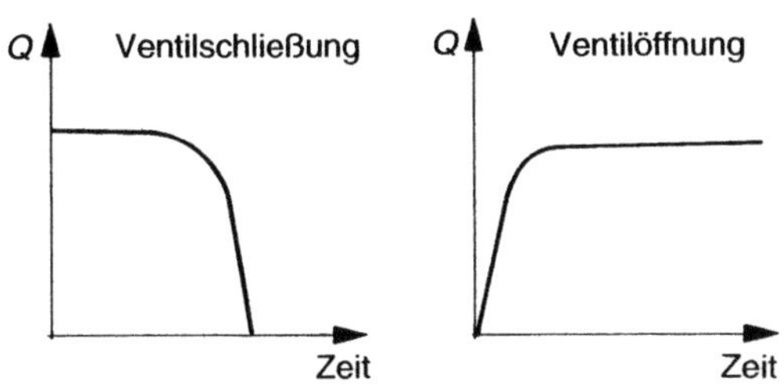

Bild 8.1 Durchflussänderung bei: Ventilöffnung und Ventilschließung

8.2 Plötzliche Geschwindigkeitsänderungen

Der Schieber in Bild 8.2 wird betätigt und die Fluidsäule in ihrer Geschwindigkeit verändert. Hierbei geht die kinetische Energie in Formänderungsarbeit des Fluids und der Rohrleitung über.

Durch die Geschwindigkeitsänderung baut sich eine Druckänderung auf.

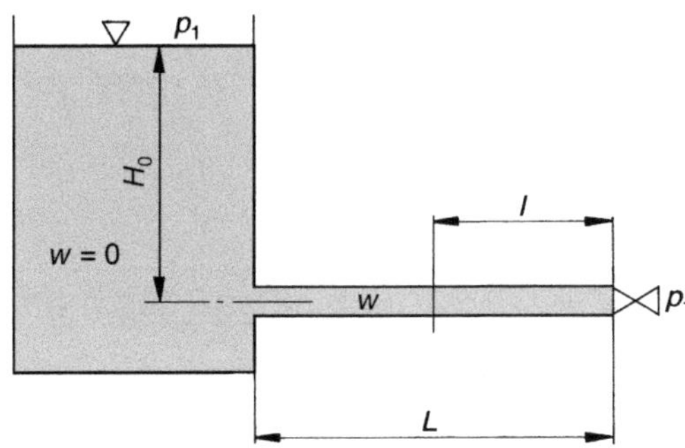

Bild 8.2 Druckstoßbildung bei plötzlichem Ventilabschluss

Die Druckfront wandert mit der Druckfortpflanzungsgeschwindigkeit (Schallgeschwindigkeit) c der noch nicht beeinflussten Strömung entgegen.

Wird der Schieber sehr schnell geschlossen, gelangt nach der Zeit Δt eine Fluidmasse von:

$$M_F = V_F \cdot \rho_F = A \cdot l \cdot \rho_F \qquad \text{(Gl. 8.1)}$$

zum Stillstand (Bild 8.3).

Die Länge l berechnet man aus:

$$l = c \cdot \Delta t \qquad \text{(Gl. 8.2)}$$

Die Verzögerung der Geschwindigkeit der Fluidmasse entspricht an der Stoßfront (Bild 8.3) der Strömungsgeschwindigkeit $\Delta w = w_0$.

Aus dem Kräftegleichgewicht für den Abbremsvorgang (unter Vernachlässigung von Reibung und Fluidgewichtskraft) erhält man:

$$F = M_F \cdot b \qquad \text{(Gl. 8.3)}$$

$$\Delta p \cdot A = A \cdot l \cdot \rho_F \cdot \frac{\Delta w}{\Delta t} \qquad \text{(Gl. 8.4)}$$

Die Fluidlänge l nach Gl. 8.2 eingesetzt, führt zu der von Joukowsky (1898) gefundenen Gleichung:

$$\Delta p = \rho \cdot c \cdot w \qquad \text{(Gl. 8.5)}$$

Wird der Schieber nur teilweise sehr schnell geschlossen, dann verbleibt eine Restgeschwindigkeit von w_1 im Rohr und der Überdruck beträgt dann:

$$\Delta p = \rho \cdot c \cdot (w - w_1) \qquad \text{(Gl. 8.6)}$$

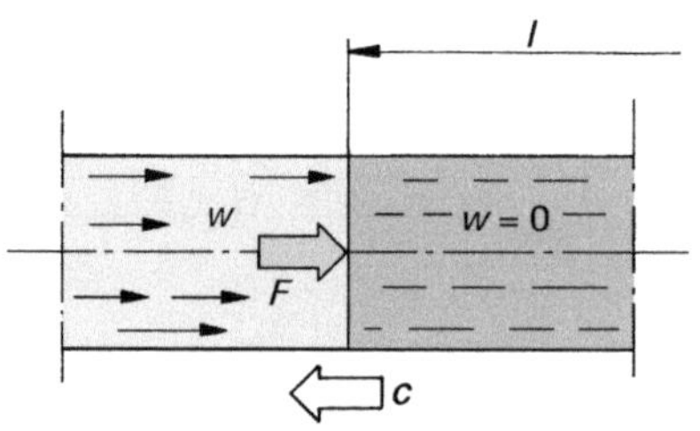

Bild 8.3 Druckstoßfront

Sobald nun die Druckfront den offenen Eintrittsquerschnitt erreicht, ist der Druck im Rohr hierbei um Δp höher als der statische Druck p_{stat}. Dadurch kommt es zur Ausströmung des Fluids aus dem Rohr in den Behälter. Es entsteht eine «Saugwelle», die zum Schieber mit Schallgeschwindigkeit zurückläuft mit dem gleichen Betrag des Druckes, jedoch jetzt als Unterdruck. Die Strömungsrichtung hat sich bei diesem Vorgang umgedreht, und der Druck entspricht p_0.

Nach einer Zeit von $t = 2 \cdot L/c$ (nach dem Schließen des Schiebers) hat die Saugwelle den Schieber erreicht und verursacht nun mit der Geschwindigkeit $-w$ des Fluids eine Druckabnahme in Größe des Druckstoßes $(-\Delta p)$.

Theoretisch würde sich dieser Schwingungsvorgang ständig wiederholen, wobei sich jedoch die Druckstoßhöhen durch Dämpfung reduzieren.

Somit:

$$\Delta p_{max} = \pm \rho \cdot c \cdot w \qquad \text{(Gl. 8.7)}$$

Diese Abhängigkeit ist in Bild 8.4a und 8.4b dargestellt und entspricht einer Flüssigkeitshöhe mit:

$$\Delta p = \rho \cdot g \cdot \Delta H$$

von:

$$\Delta H_{max} = \pm \frac{c}{g} \cdot w$$

Nicht nur die Überdrücke, sondern auch die Unterdrücke können für das Rohrleitungssystem gefährlich werden.

Während der ersten Periode (Bild 8.4a) im Zeitraum von $t = t_R = 2 \cdot L/c$ spricht man von «direktem Wasserstoß».

Die «indirekten Wasserstöße» verlaufen mit abnehmender Druckhöhe für: $t = t_S > 2 \cdot L/c$.

t_R Reflexionszeit
t_S Schließzeit

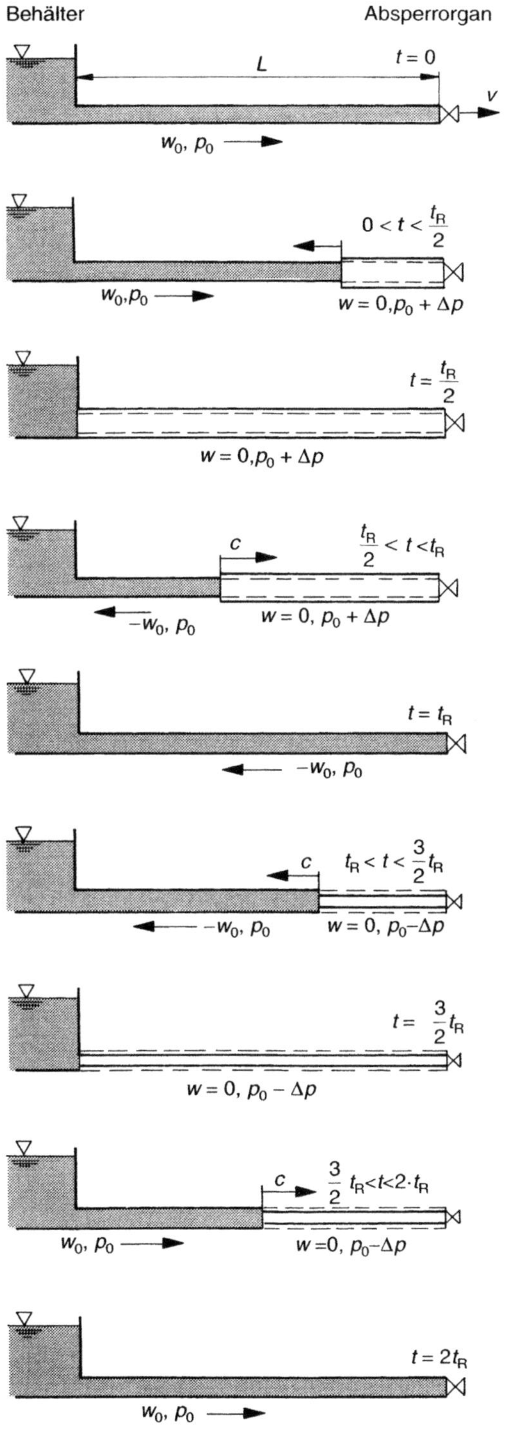

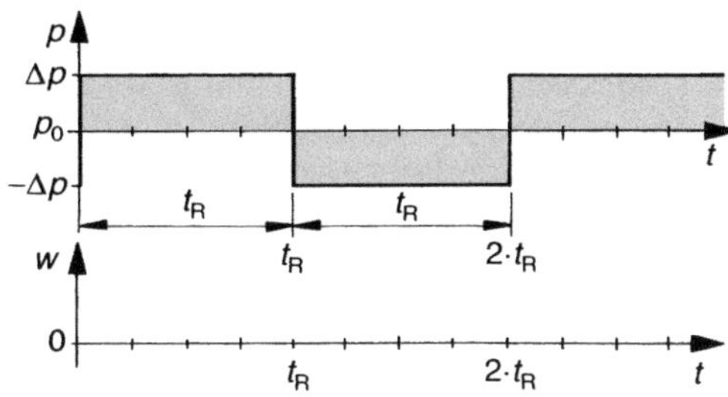

Druck- und Geschwindigkeitsverlauf vor dem Absperrorgan

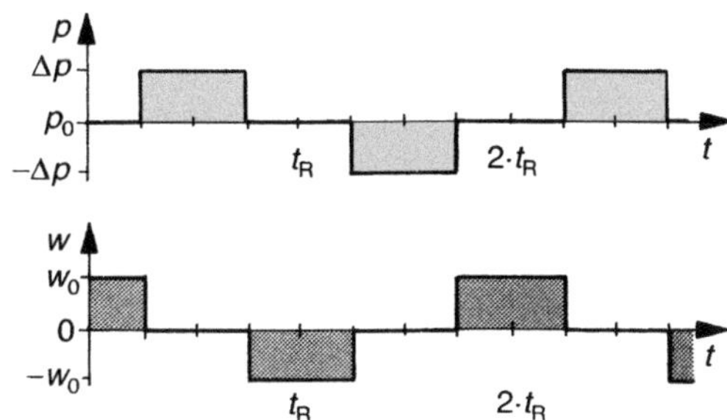

Druck- und Geschwindigkeitsverlauf in Rohrmitte

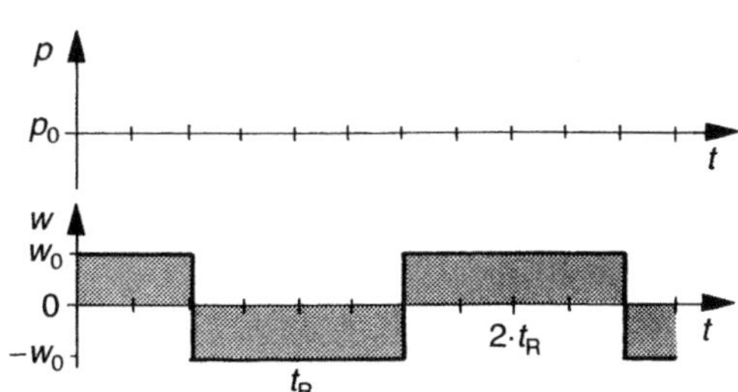

Druck- und Geschwindigkeitsverlauf am Rohrleitungsanfang (Behälter)

Bild 8.4b Schematische Darstellung des Druck- und Geschwindigkeitsverlaufs in Abhängigkeit von der Zeit
vor dem Absperrorgan (oben)
in Rohrmitte (Mitte)
am Behälter (unten)

←

Bild 8.4a Schematische Darstellung des Druckwellenverlaufes in einer einsträngigen Rohrleitung nach dem plötzlichen Schließen des Absperrorgans zu unterschiedlichen Zeitpunkten bei reibungsfreier Strömung.

$$t_R = \frac{2 \cdot L}{c}$$

Beachtungsmerkmale:

- Berücksichtigt man die Reibung des Fluids an der Rohrwand, entsteht mit plötzlichem Stillstand der Rohrströmung an der Absperrarmatur eine Druckerhöhung, die den Joukowsky-Stoß übersteigt, da zusätzlich Reibungsenergie freigesetzt wird.
- Wird bei Rohrleitungen auch die Reflexionsstelle durch einen Schieber verschlossen (Schließarmatur am Anfang und am Ende der Leitung), dann wird nach der Laufzeit $t_1 = L/c$ ein Druckstoß von:

$$\Delta p_{2,\infty} = +2 \cdot \Delta p_{max} = 2 \cdot \rho \cdot c \cdot w$$

erzeugt.

8.3 Lineare Geschwindigkeitsabnahme

Setzt man bezüglich des indirekten Wasserstoßes eine lineare Geschwindigkeitsabnahme durch das Schließen des Schiebers in Gl. 8.6 ein, ergibt sich hierbei als oberer Grenzwert mit:

$$w_1 = w \cdot \left(1 - \frac{t}{t_S}\right) \qquad \text{(Gl. 8.9)}$$

$$\Delta p = \pm \rho \cdot c \cdot (w - w_1)$$

$$\Delta p = \pm \rho \cdot c \cdot \left(w - w \cdot \left(1 - \frac{t}{t_S}\right)\right)$$

$$\Delta p = \pm \rho \cdot c \cdot \left(w - w - w \cdot \frac{t}{t_S}\right)$$

und schließlich:

$$\Delta p = \pm \rho \cdot c \cdot w \cdot \frac{t}{t_S} \qquad \text{(Gl. 8.10)}$$

Den Maximalwert erreicht man bei:

$$t \le t_R$$

Somit:

$$\Delta p = \pm \rho \cdot c \cdot w \cdot \frac{t_R}{t_S} \qquad \text{(Gl. 8.11)}$$

Setzt man die Bestimmungsgleichung für die Reflexionszeit mit:

$t_R = 2 \cdot L/c$ ein,

erhält man:

$$\Delta p = \pm \rho \cdot c \cdot w \cdot \frac{2 \cdot L}{c \cdot t_S}$$

und schließlich:

$$\Delta p = \pm \rho \cdot w \cdot \frac{2 \cdot L}{t_S} \qquad \text{(Gl. 8.12)}$$

Die Druckfortpflanzungsgeschwindigkeit der Strömung berechnet man:

$$c = \sqrt{\frac{E_F}{\rho_F \cdot \left(1 + \frac{E_F}{E_R} \cdot \frac{d_i}{s} \cdot (1 - \mu^2)\right)}} \qquad \text{(Gl. 8.13)}$$

ρ_F Dichte des Fluids
E_F Elastizitätsmodul des Fluids
E_R Elastizitätsmodul der Rohrwand
d_i Innendurchmesser des Rohres
s Wanddicke des Rohres
μ Querkontraktionszahl des Rohrwerkstoffes

Die Strömungsgeschwindigkeit berechnet man bei vorgegebener Druckhöhe, statischer Höhe oder Förderhöhe der Pumpe folgendermaßen:

$$p_0 = \frac{\rho_F}{2} \cdot w^2 + \Delta p_V + p_1$$

$$\Delta p_V = \sum \zeta \cdot \frac{\rho_F}{2} \cdot w^2$$

$$p_0 - p_1 = \frac{\rho_F}{2} \cdot w^2 \cdot (1 + \sum \zeta)$$

Mit:

$$p_0 - p_1 = \Delta p$$

wird:

$$w = \sqrt{\frac{2 \cdot \Delta p}{\rho_F \cdot (1 + \sum\zeta)}} \qquad \text{(Gl. 8.14)}$$

Bei Fluidstand wird mit:

$$\Delta p = \rho_F \cdot g \cdot H_0$$

die Geschwindigkeit:

$$w = \sqrt{\frac{2 \cdot g \cdot H_0}{1 + \sum\zeta}} \qquad \text{(Gl. 8.15)}$$

Eine analytische Behandlung des Problems «Druckstoß» ist nur unter stark vereinfachenden Voraussetzungen möglich.

Insofern dient die folgende Betrachtung lediglich der Erläuterung der wesentlichen Zusammenhänge und der Erarbeitung der Randbedingungen für numerische Analysen, die im konkreten, meist viel komplexeren Fall generell erforderlich sein werden.

Systembeschreibung 1 (Bild 8.5)
Zugrunde gelegt wird eine Anordnung, die aus einem Rohr konstanten Querschnitts der Länge L besteht, das links bzw. rechts an ein Reservoir konstanten Druckniveaus p_0 bzw. p'_0 angrenzt.

Das Stellventil sei unmittelbar vor dem rechten Reservoir angeordnet, so dass die rechte Seite des Ventils stets mit dem konstanten Druck p'_0 dieses Reservoirs beaufschlagt ist.

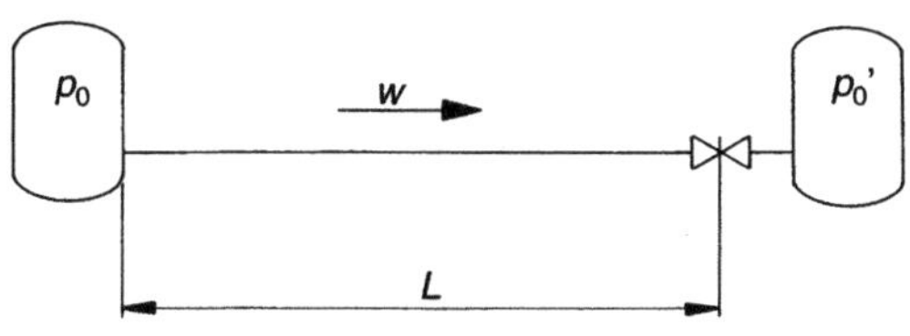

Bild 8.5 Rohrleitung mit Schließventil

Im Folgenden wurde angenommen, dass die Flüssigkeit das Rohr vor Beginn des Schließvorganges reibungsfrei mit der Geschwindigkeit w_0 von links nach rechts durchströmt, so dass der Anfangsdruck im Rohr zwischen linkem Reservoir und Ventil überall gleich dem Druck p_0 des linken Reservoirs ist.

Ist t_S die Schließzeit des Ventils, so bedeutet das, dass zum Zeitpunkt t_S die Fluidgeschwindigkeit am Ventil 0 wird. Im ganzen Rohr ist die Geschwindigkeit dagegen überall erst dann 0, wenn die Information «w = 0 am Ventil», die vom Ventil aus das Rohr mit Schallgeschwindigkeit c durchläuft, das linke Ende des Rohres nach der Zeit $\Delta t = L/c$ erreicht hat. Somit folgt:

$$t_R = t_S + \Delta t = t_s + L/c \qquad \text{(Gl. 8.16)}$$

Für $t_S < 2 \cdot L/c$ gilt für alle Schließfunktionen, dass die maximale Druckstoßamplitude am Ventil durch den Joukowski-Stoß gegeben ist:

$$\Delta p_{max} = \Delta p_1 \qquad t_s < 2L/c \qquad \text{(Gl. 8.17)}$$

Als Ventilschließfunktion sei der zeitliche Verlauf des Normdurchsatzes $K_v\,(t)$ des Ventils definiert.

Lokaler Druckverlustbeiwert ζ des Ventils und Normdurchfluss K_v hängen voneinander ab gemäß

$$\zeta(t) = \frac{C}{K_v^2\,(t)} \qquad C = \text{konst.} \qquad \text{(Gl. 8.18)}$$

Sei K_{vs} der K_v-Wert vor dem Ventilschließen, so gilt für den Druckabfall Δp_0 am Ventil:

$$\Delta p_0 = \frac{\rho}{2} \cdot \zeta \cdot w_0^2 = \frac{\rho}{2} \cdot \frac{C}{K_{vs}^2} \cdot w_0^2 \qquad \text{(Gl. 8.19)}$$

Beginnt der Schließvorgang, so erhöht sich der Druckabfall um $\Delta p_\zeta\,(t)$, während die Geschwindigkeit am Ventil gemäß $w\,(t)$ sinkt.

Mit der eingangs gemachten Annahme, dass der Druck unmittelbar hinter dem Ventil infolge der Nähe des rechten Reservoirs konstant bleibt, ist der Druckstoß $\Delta p\,(t)$ vor dem Ventil gerade $\Delta p_{\zeta}\,(t)$ gegeben, und es gilt:

$$\Delta p\,(t) + \frac{\rho}{2} \cdot \frac{\alpha}{K_{vs}^2} \cdot w_0^2 = \frac{\rho}{2} \cdot \frac{\alpha}{K_v^2(t)} \cdot w^2\,(t) \quad \text{(Gl. 8.20)}$$

Mit den Gleichungen 8.19 und 8.20 wird

$$K_v\,(t) = \frac{w\,(t)\,L/w_0}{\sqrt{\Delta p\,(t)\,L/\Delta p_0 + 1}} \cdot K_{vs} \quad \text{(Gl. 8.21)}$$

Systembeschreibung 2 (Bild 8.6)
Aus Behälter A fördert eine Kreiselpumpe eine Flüssigkeit durch eine einsträngige Leitung in den Behälter B. Die Schließarmatur befindet sich am Ende der Leitung bzw. kurz vor dem Behälter B.

Es kann angenommen werden, dass während des Schließvorgangs der Druck in beiden Behältern konstant bleibt. Das hier beschriebene System berechnet den Druckstoß vor der Schließarmatur bis zu deren Schließung und basiert auf der Vereinfachung, dass die Systemkennlinie durch eine quadratische Gleichung der Form

$$p = A - B \cdot Q^2 \quad \text{(Gl. 8.22)}$$

beschrieben ist.

Das Schließen der Armatur bewirkt einerseits einen Druckanstieg durch die Drosselwirkung und andererseits Druckstöße, die durch die Veränderung der Fließgeschwindigkeit entstehen.

In manchen Fällen ist zunächst die Drosselwirkung größer als die Druckstoßerscheinung. Mit anderen Worten: In solchen Fällen ist die Neigung der Druckstoßgeraden zunächst kleiner als die Steigung der Systemkennlinie. Dies gilt bis zu dem Punkt, an dem die Druckzunahme durch den Druckstoß größer ist als die Drosselwirkung der Schließarmatur.

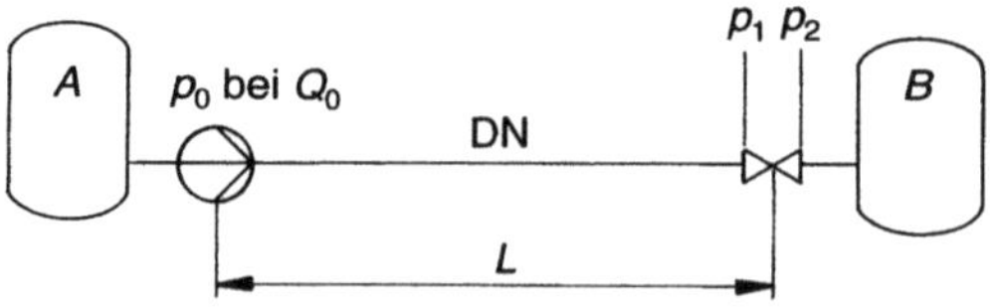

Bild 8.6 Rohrleitung mit Kreiselpumpe und Schließventil

Der verzögerte Druckstoß tritt ein, wenn ρ, c, w und p_v eine bestimmte Grenze überschritten hat. Diese Grenzen sind gegeben durch $\rho \cdot c \cdot w \leq 2 \cdot (p_0 - p_V)$.

Einfluss der Fließgeschwindigkeit
Nach der Joukowsky-Gleichung:

$$\Delta p = \rho \cdot c \cdot \Delta w$$

ist der Druckanstieg direkt proportional zu Veränderungen in den Fließgeschwindigkeiten. Demnach beträgt der theoretische volle Druckanstieg $p_{max} = \rho \cdot c \cdot w$. Dieser Wert wird erreicht, wenn die Schließzeit kleiner oder gleich einer Reflexionszeit ist.

Einfluss der Leitungslänge, der Schallgeschwindigkeit und der Dichte
Diese Faktoren gehen in folgende Gleichungen ein:

$$\Delta p = \rho \cdot c \cdot w, \qquad t_R = 2 \cdot L/c \qquad \text{und}$$

$$Q = K_v \cdot \sqrt{\Delta p/\rho}$$

und haben folgenden Einfluss auf den Druckstoß:

- Die Leitungslänge bestimmt die eigene Reflexionszeit der Rohrleitung und infolgedessen die mindestzulässige Schließzeit.
- Die Schallgeschwindigkeit, deren Wert für die meisten Flüssigkeiten in Rohrleitungen zwischen 500 und 1500 m/s liegt, geht sowohl in die Berechnungen des Joukowsky-Stoßes wie auch in die Bestimmung der Reflexionszeit ein. Damit beeinflusst die Schallgeschwindigkeit sowohl die Festlegung der mindesterforderlichen Schließzeit wie auch die Höhe des Druckstoßes.
- Die Höhe des Druckstoßes ist direkt proportional zur Dichte, wie alle anderen Druckhöhen auch.

Einfluss des Pumpennulldruckes (p_0)
Mit Pumpennulldruck ist der Druck am Druckstutzen gemeint, wenn die Fördermenge = 0 ist. Es ist der Enddruck, der in der Lei-

tung herrscht, nach Abschluss der Armatur, bei laufender Pumpe und ohne Druckstoßwirkung im Betriebszustand. Zusammen mit dem Betriebsdruck ist dieses ein Maß für die Steilheit der Pumpenkennlinie.

Bei Schließzeiten kleiner oder gleich einer Reflexionszeit entsteht der volle Joukowsky-Stoß. Danach überlagert sich der Druckstoß auf den gestiegenen Wert von p_v, und p_{max} liegt entsprechend höher. Bei größerer Anzahl von Reflexion – d.h. je langsamer die Armatur schließt – ist der Druckstoß umso kleiner, und der maximale Druck in der Leitung nähert sich dann dem Wert von p_0.

Einfluss der Armaturenkennlinie

Die Schließcharakteristik von Armaturen kann je nach Bauart mit einer der folgenden Grundtypen beschrieben werden:

- gleichprozentige Kennlinie (glp)
- Linearkennlinie (lin)
- Auf/Zu-Kennlinie (A/Z)
- sonstige Kennlinie
  Es wird hier angenommen, dass die Armaturenbewegung sich gleichmäßig mit der Zeit fortsetzt, d.h. dass zwischen Hub und Zeit ein lineares Verhältnis gewährleistet ist. Die so genannte K_v-Kennlinie der Armatur spielt bei dem Druckstoßverlauf eine erhebliche Rolle.
- Eine gleichprozentige Drosselcharakteristik hat ihre größte Wirkung in den ersten zwei Dritteln der Hubbewegung.
  Im letzten Drittel geht die Fließgeschwindigkeit langsamer auf null zu. Demnach ist der Druckanstieg vor dem Ventil zunächst steil und nach Ablauf von ca. ⅔ der Zeit flacht der Druckanstieg ab.
- Bei einer linearen Kennlinie ist am Anfang allmählich ein Druckanstieg zu verzeichnen, und erst nach Ablauf der ca. halben Schließzeit erfolgt der größte Druckanstieg vor dem Ventil und erreicht einen maximalen Wert, der höher als der vergleichbare Druck einer gleichprozentigen Kennlinie ist.
- Bei einer Auf/Zu-Kennlinie ist der größte Druckstoß ähnlich einer linearen Kennlinie, jedoch mit einem gravierenden Verzögerungseffekt und entsprechend höherer Druckspritze am Ende des Schließvorgangs.
- Sonstige Kennlinien liegen meistens zwischen Log und A/Z mit recht unterschiedlichen Formen.

Einfluss des K_v-Wertes

Der K_v-Wert der Armatur geht in die Gleichung $Q = K_v \cdot \sqrt{\Delta p/\rho}$ ein. Bei gleichen Werten für Q und ρ führt eine Veränderung des K_v-Wertes zu einer entsprechenden Veränderung von Δp bzw. $p_v - p_n$. Mit p_n = konstant und p_v = variabel ist zunächst der maximale Druckstoß für kleinere K_v-Werte größer als für höhere K_v-Werte. Dies ist auf den anfänglich größeren Wert von p_n zurückzuführen. Mit zunehmenden Schließzeiten ist auch hier ein kleinerer Wert für K_v günstiger im Hinblick auf den zu erwartenden Druckstoß. In der Praxis führen solche Untersuchungen zu dem Ergebnis, dass unter Umständen der maximale Druck in der Leitung mit einem kleinen K_v-Wert in Grenzen gehalten werden kann oder dass mit einem kleineren K_v-Wert eine kürzere Schließzeit angenommen werden kann.

Beispiel 8.1

In einer Anlage gemäß Bild 8.2 wird die Armatur in einer Zeit von $t_S = 0{,}3$ s geschlossen. Leitungslänge l = 20 m und Fluid = Wasser (20 °C). Es ist der Druckstoß zu berechnen bei DN 80 und $H_0 = 6{,}5$ m.

Druckfortpflanzungsgeschwindigkeit:

Daten

$\rho_F = 1000\ \text{kg/m}^3$

$E_F = \dfrac{1}{\beta_T} = 2{,}13 \cdot 10^9\ \text{N/m}^2$

$E_R = 2 \cdot 10^{11}\ \text{N/m}^2$

$d_i = 0{,}0843$ m

$s = 0{,}0023$ m

$\mu = 0{,}3$

$$c = \sqrt{\frac{2{,}13 \cdot 10^9}{10^3 \cdot \left(1 + \dfrac{2{,}13 \cdot 10}{2 \cdot 10^{11}} \cdot \dfrac{0{,}0825}{0{,}0023} \cdot (1 - 0{,}3^2)\right)}}$$

$c = 1300$ m/s

Strömungsgeschwindigkeit
Daten:

$H_0 = 6{,}5\ \mathrm{m}$

$\zeta_E = 0{,}3$

$$\zeta_\lambda = \lambda \cdot \frac{L}{d_i} = 0{,}02 \cdot \frac{20}{0{,}0825} = 4{,}85$$

$\zeta_{\bowtie} = 1{,}6$

$\rightarrow \sum\zeta = 6{,}75$

$$w = \sqrt{\frac{2 \cdot g \cdot H_0}{1 + \sum\zeta}} = \sqrt{\frac{2 \cdot 9{,}81 \cdot 6{,}5}{1 + 6{,}75}}$$

$w = 4{,}0\ \mathrm{m/s}$

Maximaler Druckstoß:

$$\Delta p_{max} = \pm \rho \cdot a \cdot w = 1000 \cdot 1300 \cdot 4 = (5{,}2 \cdot 10^6\ \mathrm{N/m^2})$$

$$\Delta p_{max} = \pm 52\ \mathrm{bar}$$

Druckstoß an der Klappe:

$$\Delta p = \Delta p_{max} \cdot \frac{t_R}{t_S}$$

Schließzeit: $t_S = 0{,}3\ \mathrm{s}$

Reflexionszeit: $t_R = \frac{2 \cdot L}{a} = \frac{2 \cdot 20}{1300} = 3 \cdot 10^{-2}\ \mathrm{s}$

Stoßfaktor: $\beta = \frac{t_R}{t_S} = 0{,}1$

$\Delta p = \pm 5{,}2\ \mathrm{bar}$

Maximaler Überdruck an der Klappe:

$$p_{max} = p_0 + \Delta p = \frac{\rho \cdot g \cdot H_0}{10^5} + \Delta p$$

$$p_{max} = \frac{1000 \cdot 9{,}81 \cdot 6{,}5}{10^5} + 5{,}2$$

$p_{max} = 5{,}84\ \mathrm{bar}$

Minimaler Druck an der Klappe:

$$p_{min} = p_0 + \Delta p = \frac{\rho \cdot g \cdot H_0}{10^5} - \Delta p$$

$$p_{min} = \frac{1000 \cdot 9{,}81 \cdot 6{,}5}{10^5} - 5{,}2 + 1$$

$p_{min} = -3{,}56\ \mathrm{bar}$

Dieser Druck liegt unter dem Verdampfungsdruck des Wassers bei 20 °C (p_D = 0,25 bar). Kavitation ist somit gegeben.

Beispiel 8.2
Gemäß Bild 8.7 wird das Ventil mit $K_{vs} = 130\ \mathrm{m^3/h}$ in 5 s geschlossen. In der Leitung DN 100 befindet sich Salpetersäure von 20 °C.

Der Betriebsförderdruck der Pumpe beträgt 6 bar und der Nullförderdruck 8 bar.

Der Druckabfall in der 300 m langen Zuleitung beträgt 3 bar bei einem Durchfluss von $Q_N = 50\ \mathrm{m^3/h}$.

Es ist der maximale Druckstoß zu ermitteln bei den Kennlinien (Auf/Zu), (lin.) und (glp).

Joukowsky-Stoß:
$\Delta p_J = c \cdot \rho \cdot w$
Die Strömungsgeschwindigkeit beträgt:
$w = 1{,}76\ \mathrm{m/s}$.
Die Druckfortpflanzungsgeschwindigkeit in der Salpetersäure beträgt: $c = 1520\ \mathrm{m/s}$.

Dichte des Fluids: $\rho = 1419{,}4\ \mathrm{kg/m^3}$

Damit wird:

$$\Delta p_J = 1520 \cdot 1419{,}4 \cdot 1{,}76 = 3{,}8 \cdot 10^6\ \mathrm{Pa}$$

$\Delta p_J = 38\ \mathrm{bar}$

Der max. Druck wäre somit:

$$p_{max} = \Delta p_J + p_0 = 38 + 8$$

$p_{max,J} = 46\ \mathrm{bar}$

Druckabfall am Ventil (Gl. 4.4):

mit: $Q_N = 31{,}6 \cdot K_{vs} \cdot \sqrt{\dfrac{\Delta p}{\rho}}$

wird:

$$\Delta p = \rho \cdot \left(\frac{Q_N}{31{,}6 \cdot K_{vs}}\right)^2 = 1419{,}4 \cdot \left(\frac{50}{31{,}6 \cdot 130}\right)$$

$\Delta p_{100} = 0{,}21$ bar

Der Druck nach dem Ventil ist somit:

$p_2 = p_1 - \Delta p = 3 - 0{,}21$

$p_2 = 2{,}79$ bar

Die Ventilautorität (Gl. 7.6) beträgt hiermit:

$$P_V = \frac{\Delta p_{100}}{\Delta p_{ges}} = \frac{0{,}21}{6}$$

$P_V = 0{,}035$

Einfluss der Ventilkennlinie
a) Absperrventil mit Ventilteller (Auf/Zu)
Durch die geringe Ventilautorität von P_V = 0,035 verschiebt sich die Durchflusskennlinie sehr weit in Richtung geringem Hub (Bild 8.7). Es tritt eine «Verzerrung» bis ca. 10% der Hubhöhe ein und dann erfolgt eine merkliche Durchflussveränderung. Nach einer Schließzeit von ca. 4,5 s beginnt die Durchflussdrosselung.

Schließzeit somit ca.: $t_S = 0{,}5$ s

Reflexionszeit:

$$t_R = \frac{2 \cdot L}{c} = \frac{2 \cdot 300}{1520} = 0{,}395 \text{ s}$$

Der Druckstoß beträgt dann:

$\Delta p_{max} = \Delta p_J \cdot \beta$

mit:

$$\beta = \frac{t_R}{t_S} \leq 1{,}0$$

$$\beta \approx \frac{0{,}395}{0{,}5} = 0{,}79$$

wird:

$\Delta p_{max} = 38 \cdot 0{,}79 = 30$ bar

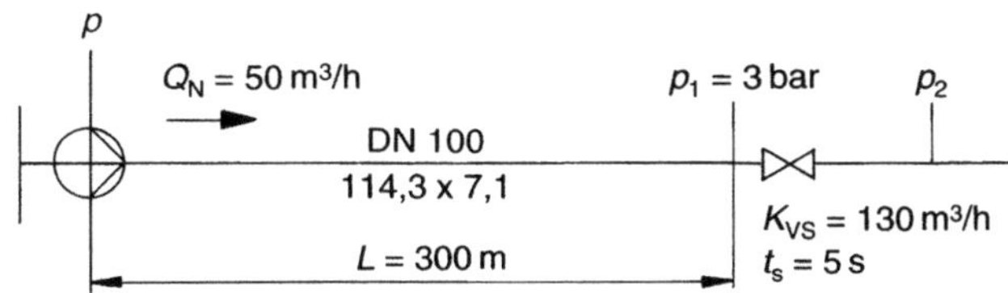

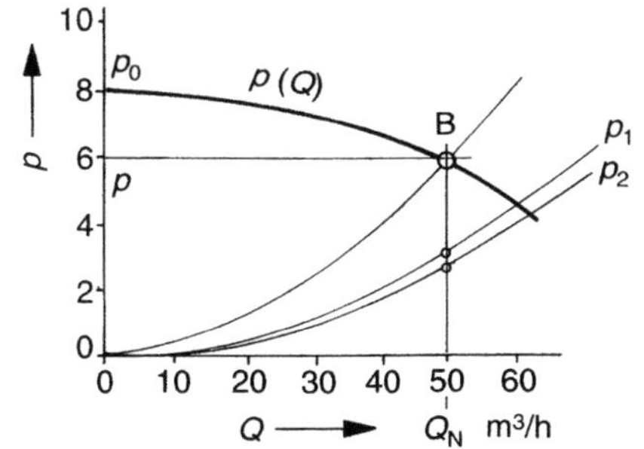

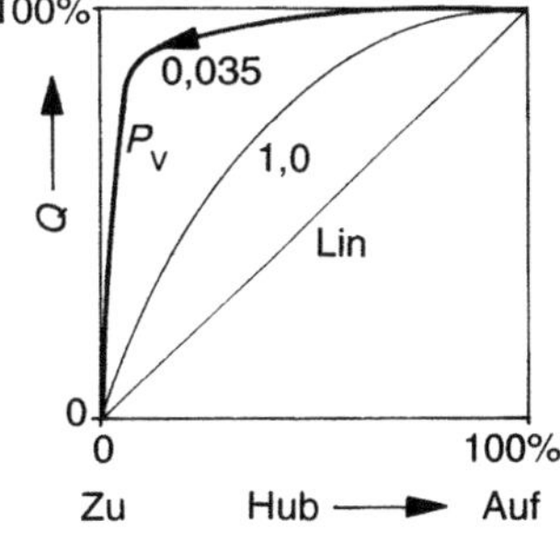

Bild 8.7
Bild zum Beispiel 8.2

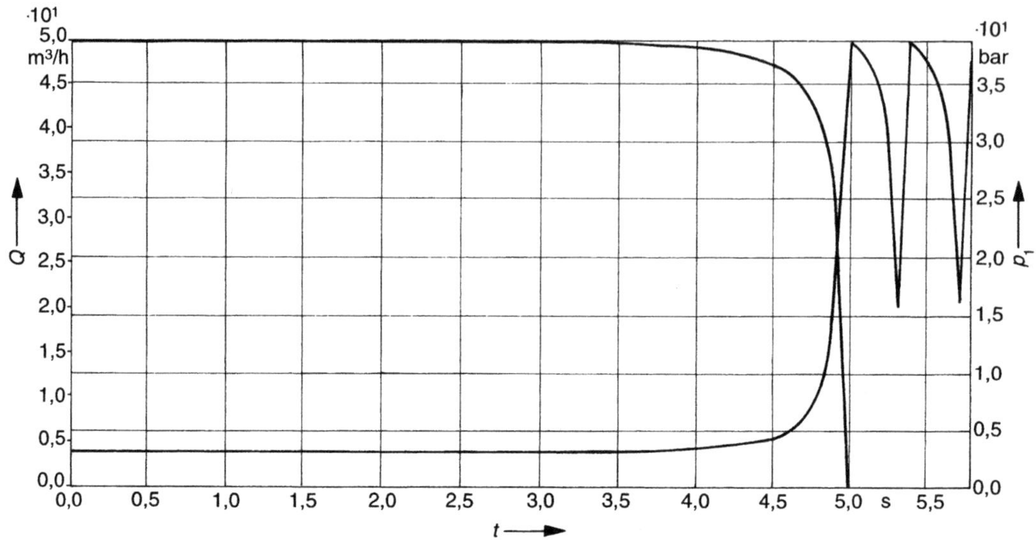

Beschreibung : Rohrleitung DN 100, PN 25, L = 300 m, Q = 50 m³/h, Ventil K_v = 130
Schließzeit t_S = 5 s, p_{max} = 38,761 bar

Stoff : Salpetersäure

Pumpendruck (Q = 0)	p_0	8,0	bar
Pumpendruck (im Arbeitspunkt)	$p_{(Q_N)}$	6,0	bar
Volumendurchfluss (im Arbeitspunkt)	Q_N	50,0	m³/h
Eingabewahl: K_v,p_1			
Durchflusskoeffizient der Armatur	K_v	130,0	m³/h
Absoluter Druck	p_1	3,0	bar
Absoluter Druck	p_2	2,79	bar
Betriebstemperatur	ϑ_1	20,0	°C
Siededruck (ϑ_1)	p_v	0,032267	bar
Betriebsdichte	ρ	1419,4	kg/m³
Eingabewahl: c_F			
Schallgeschwindigkeit des Fluids im Rohr	c_F	1520,0	m/s
Rohraußendurchmesser (20 °C)	D_a	114,3	mm
Rohrwandstärke (20 °C)	s	7,1	mm
Rohrleitungslänge	L	300,0	m
Rohrleitung	Wst.Gruppe/Wst.Nr Stahl I	1.0037	-
– Lin Ausdehnungskoeffizient	α lin	0,0000126	1/K
Armaturenkennlinie: auf/zu			
Effektive Schließzeit der Armatur	t_S	5,0	s
Strömungsgeschwindigkeit	w	1,7649	m/s
Maximaler Druck vor dem Ventil	$p_{1(max)}$	38,761	bar
Joukowsky-Stoß	Δpj	38,077	bar
Reflexionszeit der Rohrleitung	t_R	0,39474	s
Rohrinnendurchmesser (t1)	D	100,1	mm

Bild 8.8 Druckstoß zum Beispiel 8.2 mit Kennlinie (Auf/Zu), Berechnung mit CONVAL

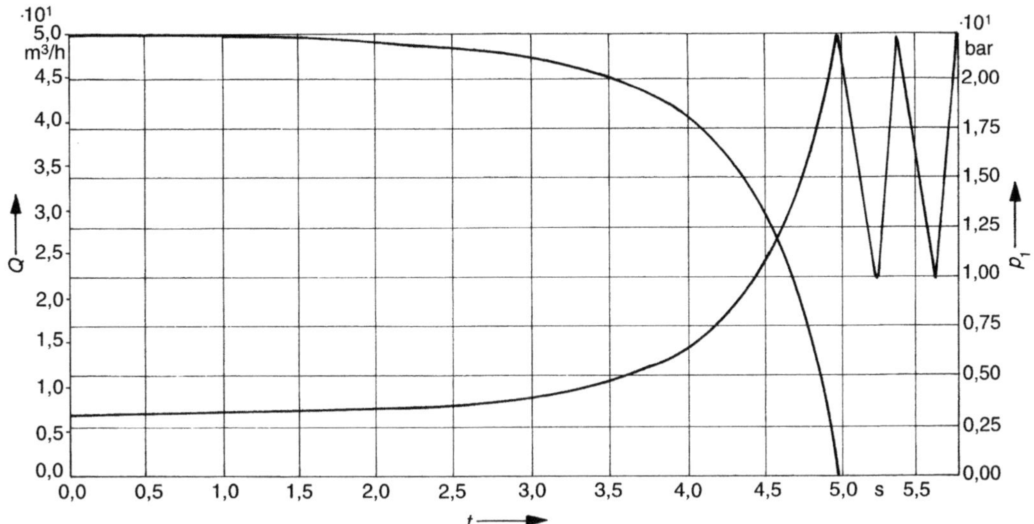

Beschreibung : Rohrleitung DN 100, PN 25, L = 300 m, Q = 50 m³/h, Ventil K_v = 130
Schließzeit t_S = 5 s, p_{max} = 22,311 bar

Stoff : Salpetersäure

Pumpendruck (Q = 0)	p_0	8,0	bar
Pumpendruck (im Arbeitspunkt)	$p_{(Q_N)}$	6,0	bar
Volumendurchfluss (im Arbeitspunkt)	Q_N	50,0	m³/h
Eingabewahl: K_v,p_1			
Durchflusskoeffizient der Armatur	K_v	130,0	m³/h
Absoluter Druck	p_1	3,0	bar
Absoluter Druck	p_2	2,79	bar
Betriebstemperatur	ϑ_1	20,0	°C
Siededruck (ϑ_1)	p_v	0,032267	bar
Betriebsdichte	ρ	1419,4	kg/m³
Eingabewahl: c_F			
Schallgeschwindigkeit des Fluids im Rohr	c_F	1520,0	m/s
Rohraußendurchmesser (20 °C)	D_a	114,3	mm
Rohrwandstärke (20 °C)	s	7,1	mm
Rohrleitungslänge	L	300,0	m
Rohrleitung	Wst.Gruppe/Wst.Nr Stahl I	1.0037	-
– Lin Ausdehnungskoeffizient	α lin	0,0000126	1/K
Armaturenkennlinie: auf/zu			
Effektive Schließzeit der Armatur	t_S	5,0	s
Strömungsgeschwindigkeit	w	1,7649	m/s
Maximaler Druck vor dem Ventil	$p_{1(max)}$	22,311	bar
Joukowsky-Stoß	Δpj	38,077	bar
Reflexionszeit der Rohrleitung	t_R	0,39474	s
Rohrinnendurchmesser (t1)	D	100,1	mm

Bild 8.9 Druckstoß zum Beispiel 8.2 mit Kennlinie (linear), Berechnung mit CONVAL

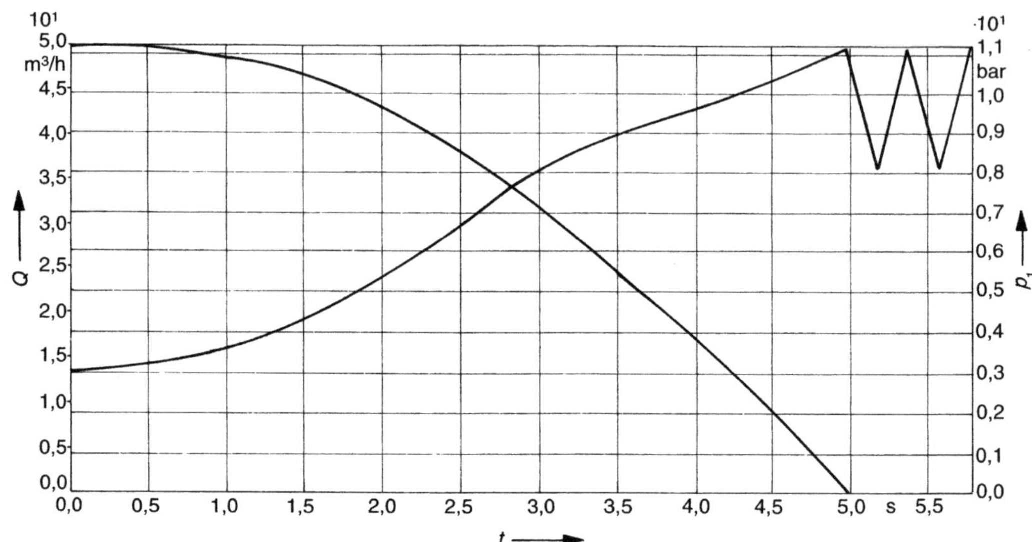

Beschreibung : Rohrleitung DN 100, PN 25, L = 300 m, Q = 50 m³/h, Ventil K_v = 130
Schließzeit t_S = 5 s, p_{max} = 11,187 bar

Stoff : Salpetersäure

Pumpendruck (Q = 0)	p_0	8,0	bar
Pumpendruck (im Arbeitspunkt)	$p_{(Q_N)}$	6,0	bar
Volumendurchfluss (im Arbeitspunkt)	Q_N	50,0	m³/h
Eingabewahl: K_v,p_1			
Durchflusskoeffizient der Armatur	K_v	130,0	m³/h
Absoluter Druck	p_1	3,0	bar
Absoluter Druck	p_2	2,79	bar
Betriebstemperatur	ϑ_1	20,0	°C
Siededruck (ϑ_1)	p_v	0,032267	bar
Betriebsdichte	ρ	1419,4	kg/m³
Eingabewahl: c_F			
Schallgeschwindigkeit des Fluids im Rohr	c_F	1520,0	m/s
Rohraußendurchmesser (20 °C)	D_a	114,3	mm
Rohrwandstärke (20 °C)	s	7,1	mm
Rohrleitungslänge	L	300,0	m
Rohrleitung	Wst.Gruppe/Wst.Nr Stahl I	1.0037	-
– Lin Ausdehnungskoeffizient	α lin	0,0000126	1/K
Armaturenkennlinie: auf/zu			
Effektive Schließzeit der Armatur	t_S	5,0	s
Strömungsgeschwindigkeit	w	1,7649	m/s
Maximaler Druck vor dem Ventil	$p_{1(max)}$	11,187	bar
Joukowsky-Stoß	Δpj	38,077	bar
Reflexionszeit der Rohrleitung	t_R	0,39474	s
Rohrinnendurchmesser (t1)	D	100,1	mm

Bild 8.10 Druckstoß zum Beispiel 8.2 mit Kennlinie (gleichprozentig), Berechnung mit CONVAL

Der max. Druck im System ist dann:

$p_{max} = \Delta p_{max} + p_0 =$

$p_{max/Auf/Zu} = 38$ bar

Die genauere Berechnung ergibt:

$p_{max/Auf/Zu} = 38{,}76$ bar (s. Bild 8.8).

b) Absperrventil mit linearer Kennlinie
Verwendet man ein Rechenprogramm, dann ergibt sich bei gleichen Randbedingungen ein max. Druck im System von (Bild 8.9)

$p_{max,\ lin} = 22{,}31$ bar

c) Absperrventil mit gleichprozentiger Kennlinie
Bei gleichen Randbedingungen (Bild 8.10)

$p_{max,\ gl} = 11{,}187$ bar

9 Bauarten

Die Grundbauart ist eine mit Hilfsenergie arbeitende Vorrichtung, die den Durchfluss im Prozesssystem verändert. Diese Bauart besteht aus einer Armatur, verbunden mit dem Antrieb, der in der Lage ist, die Stellung des Drosselkörpers im Ventil in Abhängigkeit vom Reglersignal zu verändern.

Einteilung

Stellgeräte (nach DIN 19 226)
Stellgeräte für strömende Stoffe
- Stellmaschinen (z.B.: Pumpen, Kompressoren usw.)
- Regler ohne Hilfsenergie (Regulator)
- Stellventil (Control Valve) nach IEC 534-1
  - Hubventil (Globe Valve)
  - Schieber (Gate Valve)
  - Membranventil (Diaphragm Valve)
  - Kugelhahn (Ball Valve)
  - Klappe (Butterfly Valve)
  - Drehkegelventil (Plug Valve) (Hahn)*

Bauteile eines Stellventils

Stellventil (Control Valve)
- Ventil (Valve)
  - Ventilkörper (Valve Body)
  - Oberteil (Bonnet)
  - Garnitur (Trim)
- Antrieb (Actuator)
  - Antriebskrafteinheit (Actuator Power Unit)
  - Joch (Yoke)
  - Antriebsspindel (Actuator Stem)

Tabellarische Aufzählung der Einflussfaktoren für die Auswahl von Stellgeräten:

Sicherheit der Anlage
Gesetze, Normen, Richtlinien
Umweltschutz
Gehäusebauformen
Nennweite(n) Eingang – Ausgang
Werkstoffe
Rohrleitungsanschluss
Durchflussmedien
- Flüssigkeit – Dampf – Gas
- Mehrphasenströme

Physikalischer Zustand des Mediums
- Druck – Temperatur
- Dichte
- Viskosität, Feststoffanteil
- auskristallisierendes Medium
- sedimentierendes Medium

Durchflussmenge
K_{vs}-Werte-Reduzierungen
Stellverhältnis: praktisch – theoretisch
Durchflusskennlinie
Kavitation
Choked-Plow-Bedingungen
Druckrückgewinnungsfaktor F_L
Differenzdruckverhältnis x_T
Max. zulässiger Schalldruckpegel L_{PA}
Durchflussrichtung

Betriebstemperatur
Minimale und maximale Umgebungstemperatur unter Berücksichtigung der Prozess- und Wetterbedingungen
Temperaturwechsel des Mediums
Betriebsdruck
Schließdruck
Zulässiges Druckgefälle über der Drosselstelle
Zulässige Strömungsgeschwindigkeit
Erforderliche Antriebskräfte
Statische und dynamische Kräfte am Drosselkörper
Austauschbarkeit der Garnitur
Extrem schneller Austausch der Garnitur

* Zu Drehkegelventil: Die bisher gebräuchliche Übersetzung von «Plug Valve» ist «Hahn»; dieser Ausdruck deckt aber nicht alle heute üblichen Konstruktionen ab, die mit «Plug Valve» bezeichnet werden, so dass hier der Ausdruck «Drehkegelventil» gewählt wurde.

Leckmengenklasse
Dichtheit gegenüber der Atmosphäre
Chemisches Verhalten des Mediums

Nenn-Signalbereich
Hilfsenergie
Erforderliche Stellkraft
Stellzeit
Hysterese
Hubkennlinie
Sicherheitsstellung bei Energieausfall
Regelhübe p. Std.
Einschaltdauer
Schutzart
Explosions-, Schlagwetterschutz
Einbaulage
Energieverbrauch
Lebensdauer
Wartungskosten
Zubehör

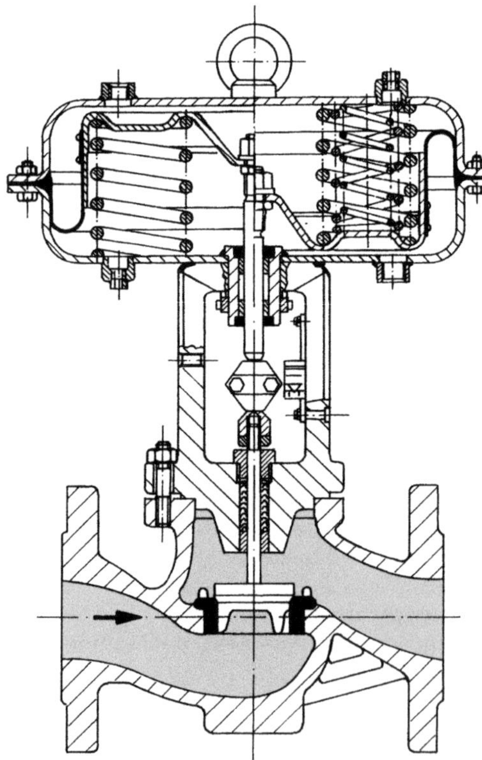

Bild 9.1 Standard-Industrieventil

9.1 Hubventile

Regel- und Absperrventile haben gleiche, einheitliche Einbauabmessungen. So sind Ventile unterschiedlicher Fabrikate und unterschiedlicher Ausführungen gut austauschbar, und die allgemeinen Bezeichnungen (zum Beispiel PN für Nenndruck und DN für Nennweite) international genormt. Abgesehen von einigen Sonderausführungen, entsprechen Stellventile weitgehend der DIN 2401/2/ und DIN 2402/3/ und somit den Grundnormen für Rohrleitungen (Bild 9.1).

Typische anwendungstechnische Merkmale ergeben sich aus der Bauform und den strömungstechnischen Eigenschaften.

Zunächst muss man sich im Klaren sein, ob man ein Durchgangsventil oder ein 3-Wege-Ventil benötigt oder aufgrund von Rohrleitungsanordnungen ein Eckventil einsetzen muss.

Gehäusematerial

Die Gehäuseformen sind überwiegend gegossene Freiflussgehäuse (Bild 9.2).

Für jedes Ventil muss – nach den Anforderungen – der geeignete Werkstoff verwendet werden. Da die Anforderungen an Ventile so unterschiedlich sind, gibt es eine Vielzahl von Werkstoffen.

Die Auswahl des Materials ist abhängig von folgenden Kriterien:

- ❑ Auslegungsdruck,
- ❑ Auslegungstemperatur,
- ❑ Medium,
- ❑ Einbauort (Klima).

Als erstes werden die Drücke und Temperaturen des Systems betrachtet und dann die dafür geeigneten Werkstoffe ausgewählt (Tabelle 9.1). Bei unkritischen Medien ist damit die Auswahl schon abgeschlossen. Handelt es sich allerdings um kritische Medien, geht die Betrachtung mit der Beständigkeit des Werkstoffes mit Hilfe von Beständigkeitstabellen weiter.

Für diesen Schritt der Auswahl sind unbedingt detaillierte Mediumsangaben erforderlich. Es gibt Anwendungsfälle, da helfen bei der Beständigkeitsfrage nur die Erfahrungen

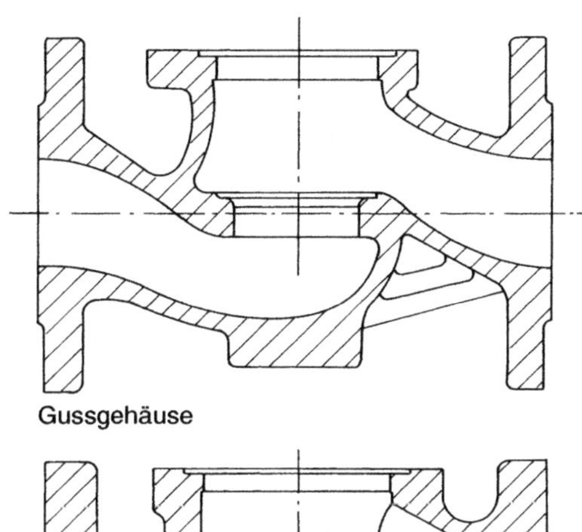

der Anwender oder Versuchsreihen mit unterschiedlichen Werkstoffen.

Der Einbauort kann insofern für die Werkstoffauswahl interessant werden, wenn die Umgebungsluft aggressiv ist bzw. wenn die klimatischen Verhältnisse in Tieftemperaturgebieten oder aber in Gebieten mit hoher Luftfeuchtigkeit liegen.

Nenndruck (PN)

Der Nenndruck (Kurzzeichen PN) ist eine gebräuchliche, gerundete und auf den Druck bezogene Kennzahl. Die Nenndrücke sind nach Normzahlen gestuft. Bauteile desselben Nenndruckes haben bei gleicher Nennweite gleiche Anschlussmaße.

Der maximale zulässige Betriebsdruck ist abhängig von den Einsatzbedingungen, dem gewählten Material und wird aus entsprechenden Druck-, Temperatur- und Zuordnungstabellen entnommen (Bild 9.3).

Bild 9.2 Vergleich Schmiedegehäuse/Gussgehäuse

Bild 9.3 Druck-Temperatur-Diagramm nach DIN 2401

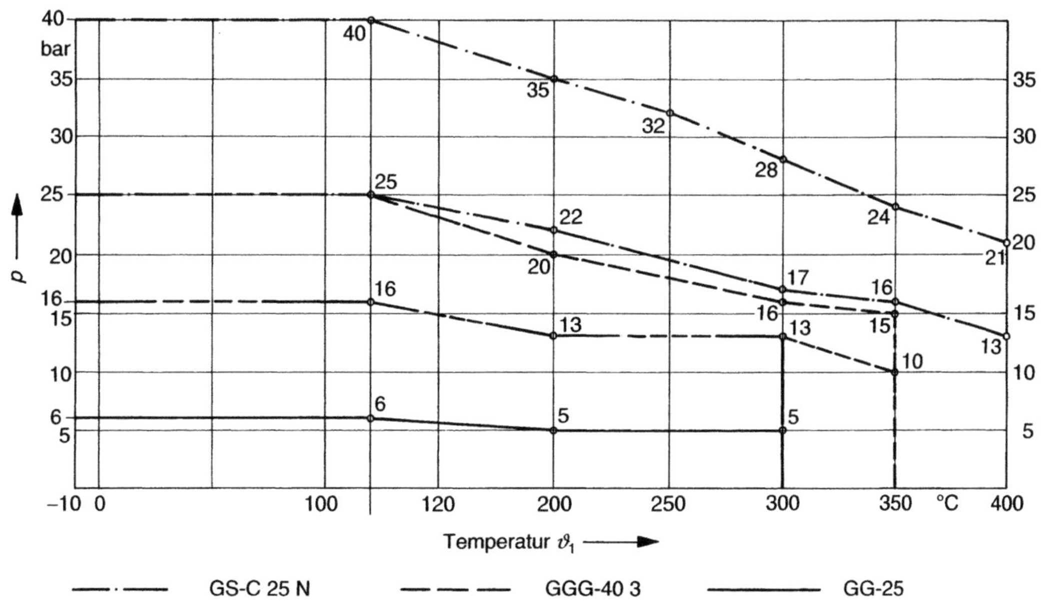

Bauartgrenzen nach Druck und Temperatur
Vorschriften:
DIN EN 1092-1
Druckgeräte-Richtlinie (DGRL)
AD-Merkblätter A4, B0, W10 usw.
sonstige Normen z.B. DIN 4751, 4752, 4754 usw.

Einflussgrößen

Druck
- ❑ Betriebsdruck
- ❑ Druckstöße
- ❑ schwellende Belastung

Temperatur
- ❑ Festigkeitsabfall der Werkstoffe
- ❑ Temperaturwechsel-Verhalten
- ❑ Verschleißverhalten der Dichtungen

	Betriebsdrücke (bar)	**Betriebstemperatur °C***
Metalle:		
GG	bis 16	bis 300
GGG	bis 25 (40)	bis 350
Stahlguss	bis 40 (160)	bis 400
Chrom-Nickel-Stahl	bis 40	bis 400
Schmiedestahl	6300	bis 550 (1000)
sonstige	meist bis 40	meist bis 400
Kunststoffe:		
PP	bis 10	bis 90
PVC	bis 10	bis 60
PVDF	bis 10	bis 140
PTFE, PFA	bis 10 (16)	bis 200 (250)
Elastomere	bis 10	bis 180
Glas	bis 3	bis 200
Reingrafit-Dichtungen	bis 1000	bis 700
Reingrafit-Packungen	bis 1000	bis 700
Faltenbalg-Abdichtungen	bis 400	bis 1000

* Siehe AD-Merkblatt W10
- ❑ Werkstoffe für tiefe Temperaturen
- ❑ Eisenwerkstoffe

Tabelle 9.1 Standardwerkstoffe

Gehäuse	Sitz/Kegel	Iso-Teil/Balg	Temp.-Bereich °C	AD-Merkblatt
GG-25	1.4006	C22.8/1.4571	–10 . . . + 300	W 3/1
GGG-40.3	1.4006	C22.8/1.4571	–10 . . . + 300	W 3/2
GS-C25	1.4006	C22.8/1.4571	–10 . . . + 400	W 5
C22.8	1.4006	C22.8/1.4571	–10 . . . + 400	
1.4581	1.4571	1.4571	–10 . . . + 450	W 5
1.4571	1.4571	1.4571	–270 . . . + 550	
1.4308	1.4301	1.4301	–196 . . . + 300	W 10

Die genormten Nenndruckstufen sind in der DIN EN 1333 enthalten. Einen Vergleich mit ANSI und ISO zeigt Tabelle 9.2.

Anschlüsse

Als Verbindungsart zwischen Rohrleitung und Stellventil gibt es unterschiedliche Möglichkeiten.

Anschweißenden:

Bei den Anschweißenden wird das Stellventil in die Rohrleitung eingeschweißt.

Die Bezeichnungen und geometrischen Formen für die Armaturen mit Anschweißende sind in der DIN 3239 festgelegt. Es werden dort in Abhängigkeit von der Nenndruckstufe unterschiedliche Schweißnaht-Fugenformen empfohlen.

Die Anschweißenden werden hauptsächlich im Hochdruckbereich und in der Kraftwerkstechnik eingesetzt. Ihr großer Nachteil ist, dass die Armaturen sich nur durch Herausbrennen aus der Rohrleitung entfernen lassen.

Muffenverbindungen:

Das Einschrauben von Stellventilen kommt häufig in der Heizungs-, Lüftungs- und Klimatechnik vor. In der Industrie kommen Muffenverbindung hauptsächlich bei Mikroventilen vor. Es gibt unterschiedliche Gewindeausführungen, die in der DIN ISO 228 festgelegt sind. Die Baulänge ist in der DIN 3202 dargestellt. Die Armaturen können mit Innen- und Außengewinde ausgeführt werden.

Flansche:

Die häufigste Form der Verbindung von Stellventilen und Rohrleitung ist die Verwendung von Flanschen. Die bei Flanschverbindung üblichen Dichtungsarten erfordern unterschiedliche Formen und Dichtflächen (Bild 9.4). Die Maßnormen der Flansche geben Auskunft darüber, welche Dichtungsarten jeweils möglich sind. Als Dichtungsmaterial werden abhängig vom Nenndruck und der Temperatur asbestfreie Aramid-Fasern oder Graphit mit Metallträgern verwendet.

In der DIN EN 1092-1 sind die Anschlussmaße über die Nennweite und den Nenndruck aufgetragen. Die Anschlussmaße vieler Nennweiten sind über verschiedene Nenndruckstufen hinaus gleich. So hat z.B. ein Ventil DN 25 von PN 10 bis PN 40 die gleichen Anschlussmaße. In den USA sind die Anschlussmaße für Flansche in der ANSI B16.5 genormt. Diese unterscheiden sich von den DIN-Flanschen.

Tabelle 9.2 Genormte Nenndrücke

ISO	ANSI	DIN
ISO PN 2.5	–	PN 2.5
ISO PN 6	–	PN 6
ISO PN 10	–	PN 10
ISO PN 16	–	PN 16
ISO PN 20	Class 150	–
ISO PN 25	–	PN 25
ISO PN 40	–	PN 40
ISO PN 50	Class 300	–
–	–	PN 63
ISO PN 100	Class 600	PN 100
ISO PN 150	Class 900	–
–	–	PN 160
ISO PN 250	Class 1500	PN 250
–	–	PN 320
–	–	PN 400

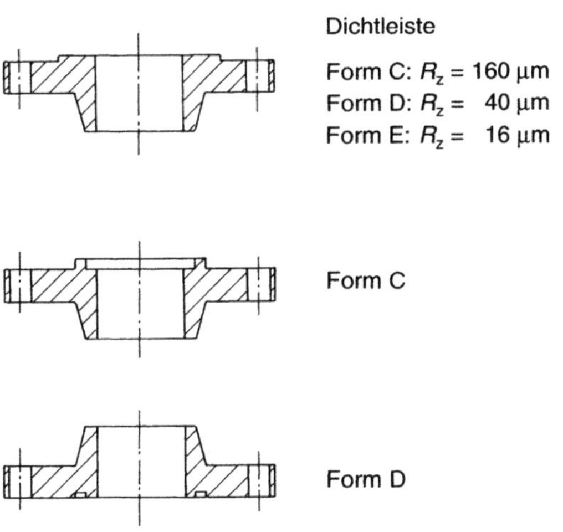

Bild 9.4 Flanschformen: Auszug aus der DIN EN 1092-1

Nennweite

Die zu wählende Nennweite eines Stellgerätes hängt von mehreren Faktoren ab:

- Durchflusskoeffizient,
- Strömungsgeschwindigkeit,
- Rohrnennweite.

Zunächst ist sicherzustellen, dass der erforderliche Durchflusskoeffizient (K_{vs}-Wert) für das auszuwählende Stellgerät erreicht wird. Dabei muss berücksichtigt werden, dass der errechnete K_v-Wert in der Regel mit einem Sicherheitszuschlag von 30% beaufschlagt wird. Aus dem Datenblatt des Stellgeräteherstellers wird dann zunächst die Nennweite ausgewählt, die den K_{vs}-Wert stellen kann. Die gewählte Nennweite muss anhand der maximal zulässigen Strömungsgeschwindigkeit der Anlage überprüft werden.

Für die maximal zulässige Strömungsgeschwindigkeit gibt es keine genormten Grenzwerte (s. Tabelle 9.3). In der Praxis werden jedoch – abhängig vom Medium und der Anlage – Grenzwerte für die Strömungsgeschwindigkeit vorgegeben. Es gibt hier anwenderbedingte, erhebliche Unterschiede.

Die Nennweite (Kurzzeichen DN) ist eine Kenngröße, die bei Rohrleitungssystemen als kennzeichnendes Merkmal für zueinander passende Teile, z.B. Rohre und Armaturen, benutzt wird. Die Nennweite hat keine Einheit.

Die Nennweiten entsprechen in mm annähernd den lichten Durchmessern der Rohrleitungsteile.

Mit Rücksicht auf die Herstellung der Rohrleitungsteile und der Armaturen können die lichten Durchmesser, je nach den zur Ausführung gelangenden Wanddicken, Unterschiede gegenüber den Kenngrößen der Nennweiten aufweisen.

Die genormten Nennweiten sind in der DIN EN ISO 6708 enthalten.

Normalerweise sind die Eingangs- und Ausgangsnennweiten der Armaturen identisch. Bei hohen Entspannungen der Durchflussmedien kann es sinnvoll sein, die Ausgangsnennweite entsprechend der Volumenzunahme zu vergrößern.

Innengarnitur

Die Innengarnitur besteht bei einem Hubventil aus einem Sitz und einem Kegel. Die Garnitur bestimmt:

- K_{vs}-Wert,
- Kennlinie.

Alle Nennweiten können mit verschiedenen K_{vs}-Werten ausgerüstet werden. So ist z.B. ein Ventil mit der Nennweite 25 mit mehr als 10 verschiedenen K_{vs}-Werten zwischen <0,1 und 10 lieferbar.

Tabelle 9.3 Grenzgeschwindigkeiten im Austrittsquerschnitt von Regelarmaturen

Medium	max. zul. Austrittsgeschwindigkeit	Kontrollgleichung
Flüssigkeit	10 m/s	$w = 354 \cdot Q / DN^2$
Gase	0,3 Mach (w/c_F)	$w = (354 \cdot Q \cdot T) / (273 \cdot p_2 \cdot DN^2)$
trockener Dampf	0,3 Mach	$w = (354 \cdot \dot{M}) / (\varrho_2 \cdot DN^2)$
		w [m/s] Q [m³/h] / bei Gas m³/h (Normzustand) $\dot{M}$ [kg/h] DN T [K] p [bar] ϱ [kg/m³]

Durch das Reduzieren des K_{vs}-Wertes bei erforderlicher Nennweite kann die Regelgüte immer den gegebenen Bedingungen angepasst werden.

Die Kegel werden entsprechend der Richtlinie VDI/VDE 2173 mit gleichprozentiger oder linearer Kennlinie und einem üblichen Stellverhältnis (K_{v100}/K_{v0}) von 50 : 1 oder 30 : 1 geliefert.

Das mögliche Stellverhältnis wird vom K_{vs}-Wert (Sitzbohrung) und dem Nennhub (Bild 9.5) bestimmt. Bei ungünstigem Hub/K_{vs}-Wert-Verhältnis ist oft nur ein relativ kleines Stellverhältnis realisierbar.

Garnituren mit Stellverhältnissen größer 60:1 sollten sehr kritisch betrachtet werden. Diese erfordern besonders bei kleinen Sitzbohrungen sehr enge Drosselspalte, die bei unterschiedlicher Wärmeausdehnung von Gehäuse und Garnitur zum Fressen des Kegels führen können. Es handelt sich dabei um so kleine Wege, die mechanisch und von der Peripherie kaum noch gestellt werden können. Es muss z.B. bei einem Ventil mit dem K_{vs}-Wert = 10, Sitzbohrung 24 mm und dem gewünschten Stellverhältnis 100 : 1, ein Drosselspalt von ≈ 0,05 mm gestellt werden.

Der Kegel kann eine Vielzahl von Formen haben. Typische Kegelformen sind in Bild 9.6 dargestellt.

Am häufigsten wird der Parabolkegel eingesetzt, der aufgrund seiner Form schnell und einfach herzustellen ist. Er ist schmutzunempfindlich und zeigt wegen dem mit fallender

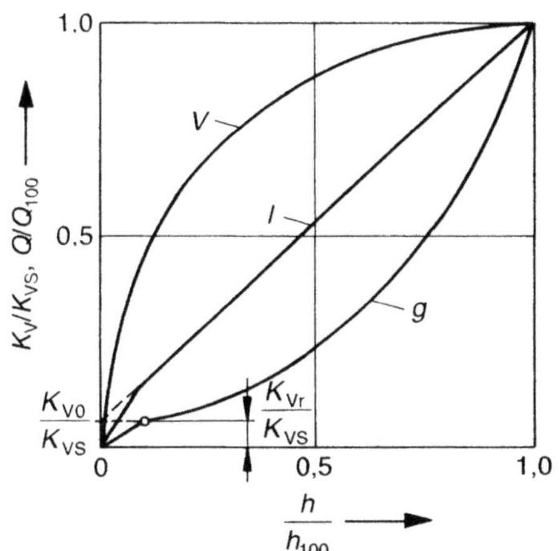

a) Durchflusskennwerte mit gleichprozentiger (*g*) und linearer (*l*) Durchflusskennlinie sowie eines einfachen Absperrventils (*v*)

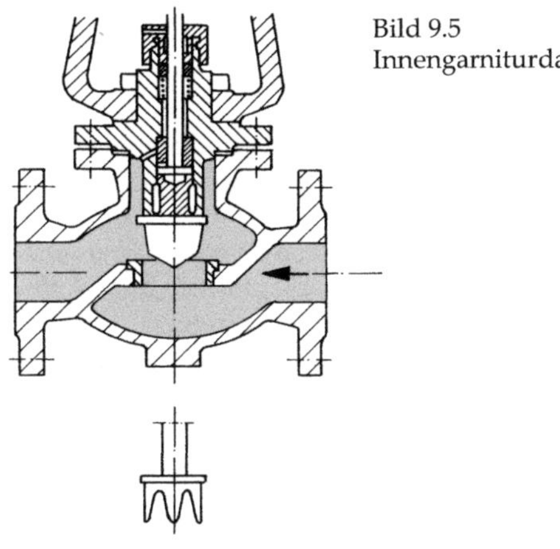

b) zwei Arten von Drosselkegeln

Bild 9.5 Innengarniturdaten

Ventilhub (Beispiel aus Herstellerunterlage)

DN	15	20	25	32	40	50	65	80	100	125	150	200	250
Absperrventil (mm)	4	5	7	8	10	13	17	20	25	32	38	50	65
Regelventil (mm)	20	20	20	20	30	30	30	30	30	50	50	65	65

Stellzeit bei Motorantrieb:
Bei Regelventilen sollte der Ventilhub in ca. 60 s durchfahren werden.

$$\text{Stellzeit (s)} = \frac{\text{Ventilhub (mm)}}{\text{Hubgeschwindigkeit (mm / s)}}$$

Somit: Hubgeschwindigkeit zwischen: 0,25 bis 1 mm/s

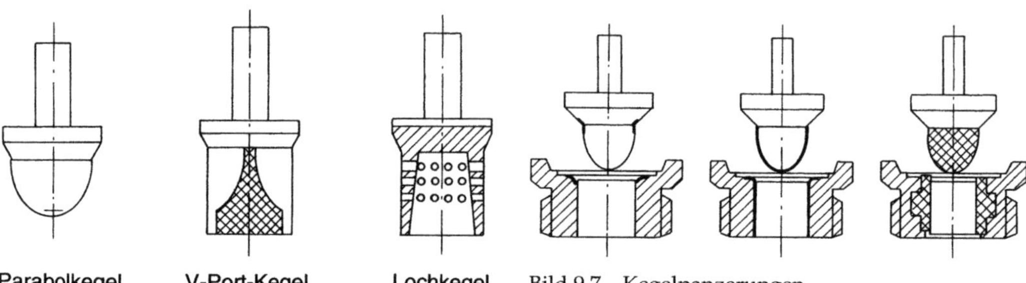

Bild 9.6 Kegelformen

Bild 9.7 Kegelpanzerungen

Auslastung ansteigenden z_y-Wert ein gutes Kavitationsverhalten, neigt aber wegen instationären Strömungsablösungen entlang der Kontur zum Schwingen und zu Einzeltönen.

Der Vorteil des V-Port-Kegels gegenüber anderen Kegelformen liegt in seiner Vibrationsunanfälligkeit. Seine Form ist so gewählt, dass er auch beim Öffnen im Sitz geführt wird. Durch seine über den Kegelumfang asymmetrisch verteilten Drosselöffnungen entsteht beim Durchströmen eine Richtkraft, die den Kegel einseitig in den Führungen zur Anlage bringt.

Außerdem befindet sich durch die beinahe rechtwinklige Strahlenablenkung die Dichtkante des Kegels im Gebiet ruhiger Strömung und ist so vor dem Erosionsangriff geschützt.

Der Abrisspunkt der Strömung ist beim V-Port-Kegel genau festgelegt.

Die aufwendig herzustellenden Lochkegel werden hauptsächlich bei flüssigen Medien und hohen Druckverhältnissen eingesetzt, um kavitationsbedingte Schäden zu vermeiden. Der Kegel wird dabei in Schließrichtung durchströmt, so dass die einzelnen Teilstrahlen im Zentrum des Kegels aufeinander treffen. In diesem wandfernen Staugebiet implodieren die Kavitationsblasen, ohne das Ventil zu beschädigen.

Das Garniturmaterial ist in der Regel dem Gehäusewerkstoff angepasst (s. Tabelle 9.1).

Die Konturen von Sitz und Kegel, insbesondere die Dichtflächen, sind bei kritischen Druckverhältnissen und starken Erosionswirkungen wie Kavitation und Abrasion einem Strahlverschleiß ausgesetzt. Daher werden die Dichtkanten häufig mit Stellit gepanzert.

Stellit ist eine auf Kobalt basierende Legierung mit sehr hohen Härten.

Es besteht je nach Kegelgröße und Beanspruchung die Möglichkeit, die Dichtkante oder die gesamte Oberfläche der Garnitur zu panzern (Bild 9.7). Für besonders hohe Anforderungen werden Innengarnituren aus Keramik, Hartmetall oder gehärteten Werkstoffen eingesetzt.

Mikroventilgarnituren

Für die Kleinstmengenregelung gibt es Mikroventilgarnituren. Diese Garnitur erfordert eine sehr kleine Sitzbohrung (1,5 bis 2 mm) und eine extrem enge Drosselspalte, die nicht mit den Ventilführungen und der relativ steifen Packung harmonieren.

Es wurden deshalb ganz spezielle Mikroventileinsätze (Bild 9.8) geschaffen. Bei der

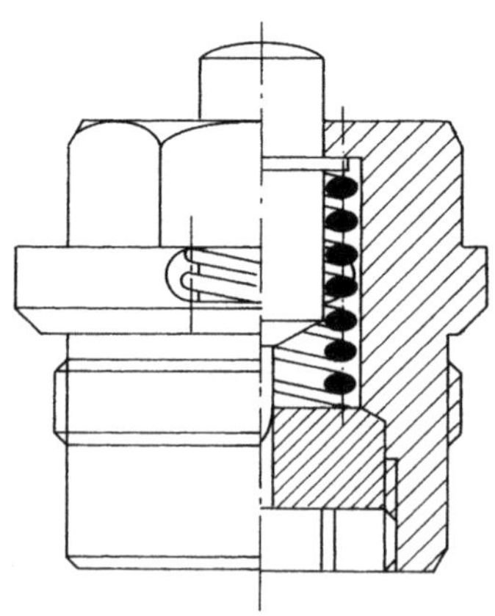

Bild 9.8 Mikroventilgarnitur

dargestellten Garnitur sind Sitz und Kegel in einem Bauteil vereinigt und über eine vorgespannte Feder mit der Kegelstange kraftschlüssig verbunden.

Da die Durchflüsse bei Mikroventilen sehr klein sind, tritt im Ventileingang häufig laminare Strömung auf. Der K_{vs}-Wert-Bereich von Mikroventilen beginnt bei $K_{vs} = 10^{-6}$ m³/h und reicht bis zum $K_{vs} < 0{,}1$ m³/h. Das Stellverhältnis für den unteren Bereich der Kennlinie liegt bei ungefähr 15:1; im oberen Bereich steigt das Verhältnis bis auf 50:1 an. Die Kennlinie ist eine Mischkennlinie zwischen linear und gleichprozentig. Es muss aber dazu gesagt werden, dass die Kennlinienqualität bei weitem nicht den Anforderungen der DIN IEC 534 entspricht, die für die Kennlinienneigung eine Toleranz von ±10% und für den K_{vs}-Wert eine Abweichung von ±10% zulässt.

Druckentlastung

Bei hohen Differenzdrücken im Ventil kann es aufgrund der dadurch erforderlichen Antriebskräfte notwendig sein, Kegel mit einer Druckentlastung auszurüsten. Bei der Druckentlastung wird der Kegel als Kolben ausgeführt, und über eine Bohrung im Kegelboden wird der anstehende Vordruck auf die Kegelrückseite geführt. Durch diese Maßnahme werden die am Kegel wirkenden Kräfte bis auf den Bereich der Kegelstangenfläche aufgehoben (Bild 9.9).

Allerdings steigt durch die zusätzliche Druckentlastungsabdichtung die Gesamtleckage je nach Dichtungsmaterial bis auf Werte von 1% vom K_{vs}-Wert an. Als Dichtungsringe werden PTFE oder bei hohen Temperaturen (>220 °C) Graphitringe eingesetzt.

Da praktisch alle Druckentlastungsteile dem Verschleiß unterworfen sind, sollte auf ihre Anwendung besonders bei feststoffbeladenen oder auskristallisierenden Medien sowie auch Medien mit hohen Temperaturen möglichst verzichtet werden.

Leckdurchfluss zwischen Sitz und Kegel

Zur Angabe vom Leckdurchfluss muss dem Anwender klar sein, dass ein Regelventil kein Absperrventil ist. Regelventile befinden sich im Betrieb immer in einer Offen-Stellung, und im geschlossenen Zustand gibt es keine absolute Dichtheit. Die Richtlinie VDI 2174/4 lässt als Leckdurchfluss folgende Werte zu:

- Einsitzventil 0,05% vom K_{vs}-Wert,
- Doppelsitzventil 0,5% vom K_{vs}-Wert.

Werden geringere Leckdurchflüsse gefordert, so kann der Kegel mit einer PTFE-Weichdichtung ausgeführt werden. Die gleiche Dichtheit kann durch Einschleifen des Kegels und durch Erhöhen der Schließkraft erreicht werden.

Dichtkante (Bild 9.10)	Leckdurchfluss in % vom K_{vs}-Wert
Metallisch dichtend	<0,01
Metallisch eingeschliffen	<0,0001
Weich dichtend	<0,0001

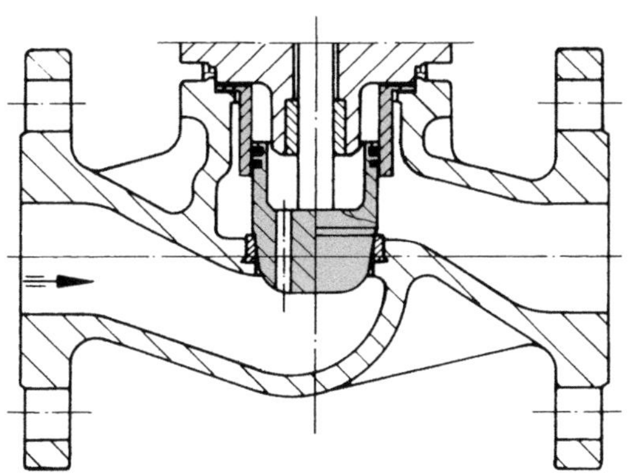

Bild 9.9 Parabolkegel mit Druckentlastung

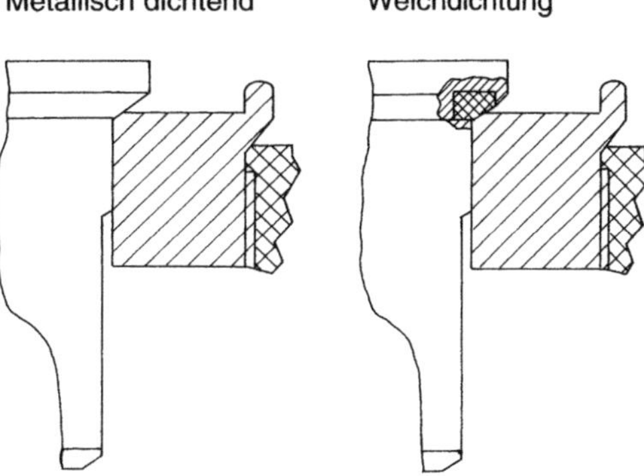

Bild 9.10 Leckdurchfluss

Oberteil
Das Oberteil eines Stellgliedes erfüllt mehrere Aufgaben. Die Auswahl des Oberteils erfolgt entsprechend der Anforderungen:

Sicherer Verschluss des Ventilgehäuses

- ❏ Stopfbuchse,
- ❏ Balgabdichtung,
- ❏ Kegelstangenführung,
- ❏ Isolierung bei heißen oder kalten Medien,
- ❏ Aufnahme des Antriebes,
- ❏ Aufnahme der Anbaugeräte.

Das Oberteil unterliegt als drucktragendes Bauteil den gleichen Materialanforderungen wie das Gehäuse.

Besonders wichtig ist die sorgfältige Bearbeitung der Führung, um Fluchtung und Versatzfehler auszuschalten. Daher wird, wenn möglich, der den Antrieb tragende Rahmen und der Deckelflansch aus einem Teil gefertigt.

Für den Anbau von Peripherie-Geräten wurde im Arbeitskreis der NAMUR (**N**ormen**a**rbeitsgemeinschaft für **M**ess- und **R**egeltechnik in der Chemischen Industrie) ein Vorschlag erarbeitet, der unter anderem eine trapezförmige Rippe für die Anbringung von Stellungsreglern vorschlägt und in DIN/IEC 534 Teil 6 übernommen wurde (Bild 9.11).

Für Stangenventile gibt es ebenfalls eine NAMUR-Empfehlung für Anbaugeräte.

Stopfbuchsenpackung
Die Stoffbuchsenpackung dichtet den Raum zwischen dem ruhenden Oberteil und der bewegten Kegelstange nach außen ab. Grundsätzlich lassen sich die Packungen in folgende Gruppen unterteilen (Bild 9.12):

- ❏ selbstnachstellende Packungen,
- ❏ nachstellbare Packungen.

Die Materialauswahl ist sehr eingeschränkt, da an die Packungen hohe Anforderungen gestellt werden; es muss folgende Eigenschaften aufweisen:

- ❏ elastisch und leicht verformbar,
- ❏ verschleißfest,
- ❏ reibungsarm,
- ❏ hohe Beständigkeit gegen aggressive Medien,
- ❏ Druck- und Temperaturbeständigkeit.

Abhängig von den Betriebsbedingungen und den Forderungen nach asbestfreien Packungen kommen hauptsächlich nur noch zwei Materialien zur Anwendung:

- ❏ PTFE und Modifikationen von PTFE,
- ❏ Reingrafit.

Die selbstnachstellende Stopfbuchspackung hat sich in der Normalanwendung sehr gut bewährt. Sie besteht aus einer PTFE-V-Ring-Packung, die durch eine korrosionsfeste Stahlfeder angepresst wird. Diese wartungsarme, für fast alle Medien anwendbare Packung eig-

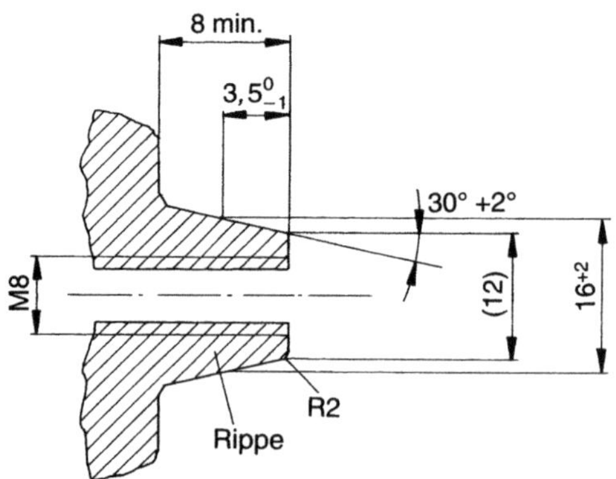

Bild 9.11 NAMUR-Rippe für den Anbau von Stellungsreglern

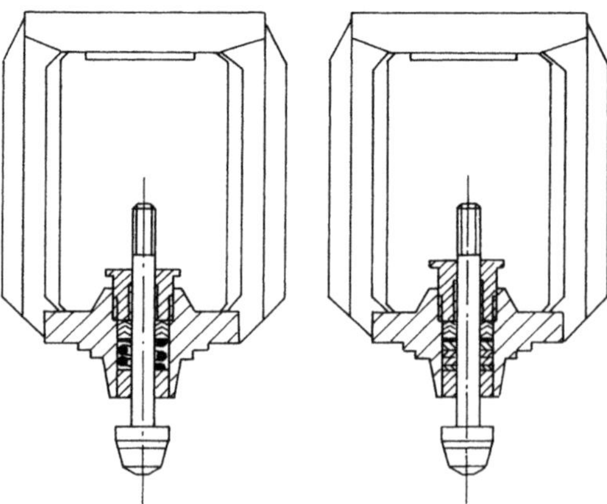

Bild 9.12 Stopfbuchspackungen mit Rahmen

net sich für den Dauerbetrieb bis Temperaturen von 220 °C.

Für auskristallisierende oder polymerisierende Fluide und Betriebsbedingungen, die das Anwenden der Feder nicht gestatten, rüstet man die Ventile mit einer totraumfreien, nachziehbaren PTFE-Packung aus.

Die nachziehbaren Grafitringpackungen eignen sich im Einsatz mit Spezialhochdruckarmaturen für Temperaturen bis 450 °C. Diese wird dann in der Regel zur Anpassung an die höheren Druckstufen und an die größer werdenden Hübe als Doppelstopfbuchse ausgeführt.

Balgabdichtung

Bei Hubarmaturen stellt die Stangendurchführung nach außen einen kritischen Bereich dar, da selbst kleinste Leckagen bei toxischen Medien unzulässig sind.

Mit der Verabschiedung der TA Luft werden bei gesundheitsgefährdenden Medien maximale Leckdurchflüsse bestimmt, die nicht überschritten werden dürfen.

Bei Hubraumarmaturen lassen sich diese Forderungen durch eine Metallbalgabdichtung erreichen, wobei dem Balg eine Stopfbuchse nachgeschaltet wird, und der Balg durch einen Kontrollanschluss überwacht werden kann (Bild 9.13).

Die zusätzliche Balgabdichtung lässt sich nach einem Baukastenprinzip in modularer Bauweise in ein Standardventil integrieren.

Bei manchen Ventilkonstruktionen wird nur die Balginnenseite vom Medium berührt, so dass das Oberteil auch bei korrosiven Medien in Stahlguss ausgeführt werden kann. Bei einem von außen mit einem Medium beaufschlagten Balg ist dagegen eine höhere Lebensdauer zu erwarten, da dieser druckfester ist.

Ablagerungen zwischen den Balgwellen führen zu einer Verkürzung der wirksamen Balglänge; sie sind daher bei auskristallisierenden Medien durch Beheizen oder Spülen unbedingt zu vermeiden.

Als Wärmeträger kann Wasser oder Dampf eingesetzt werden; bei Dampf muss aber unbedingt auf eine einwandfreie Kondensatabführung geachtet werden.

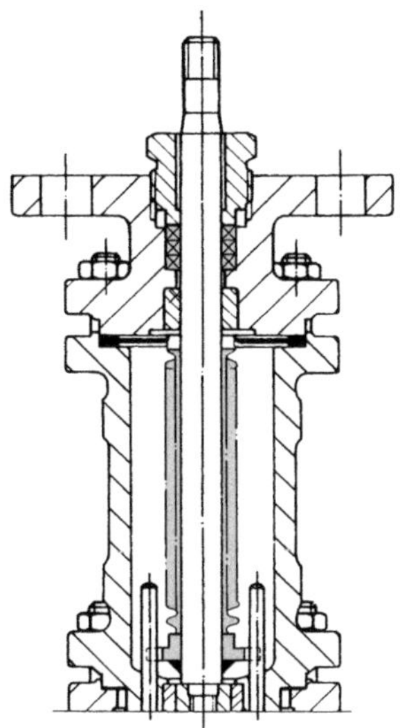

Bild 9.13 Faltenbalg mit Sicherheitsstopfbuchse

Isolierteil

Isolierteile oder verlängerte Oberteile schützen die Packung und die Anbaugeräte vor hohen/tiefen Fluidtemperaturen. Sie erweitern den Einsatz von Ventilen je nach Isolierteillänge sowohl für den Tieftemperatur- als auch für den Hochtemperaturbereich.

Ohne Isolierteil können Standardventile von ca. –10 bis +220 °C eingesetzt werden. Mit Isolierteil und PTFE-V-Ring-Packung erweitert sich dieser Bereich von ca. –200 bis 450 °C; natürlich in Kombination mit dem entsprechenden Gehäusewerkstoff.

Das Isolierteil kann ein Rohr mit Kühlrippen oder auch nur ein glattes Rohr sein. Unterschiede in der Wirksamkeit haben sich nicht eingestellt (Bild 9.14). Auf keinen Fall sollte das Isolierteil einisoliert werden, da sonst seine Wirksamkeit teilweise verloren geht.

3-Wege-Ventile

Das 3-Wege-Ventil arbeitet je nach Kegelanordnung als Misch- oder Verteilventil (Bild 9.15).

Bei Mischventilen werden die zu mischenden Medien über zwei Ventileingänge zu- und über einen Ausgang abgeführt. Bei den Verteilventilen wird das Medium über ei-

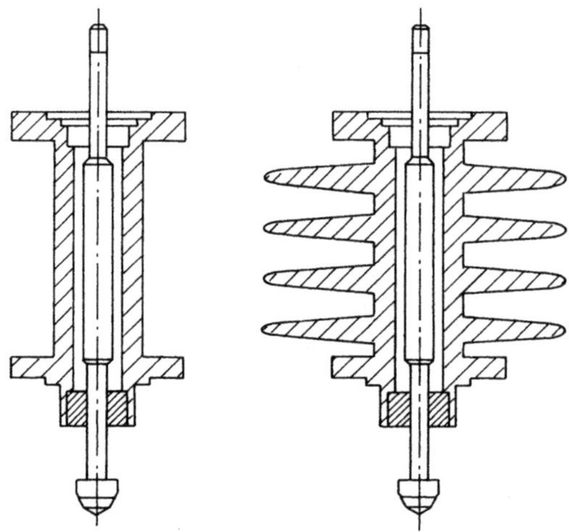

Bild 9.14 Isolierteile

nen Eingang zugeführt und über zwei Ausgänge verteilt.

Der Durchfluss bei Misch- oder Verteilventilen über die Ein- bzw. Ausgänge hängt von der Stellung der Kegelstange ab. Die Kegel der 3-Wege-Ventile sollten immer eine lineare Durchflusscharakteristik haben, so dass die Summe der Drosselquerschnitte über den gesamten Hubbereich konstant ist, d.h., es ist in jeder Ventilstellung der volle Durchfluss gewährleistet.

Der Aufbau vom 3-Wege-Ventil entspricht, bis auf das Gehäuse, dem des Einsitzdurchgangsventils. Kombinationsmöglichkeiten wie Balg- und Isolierteilanbau sind herstellerabhängig möglich. Eine Hauptanwendung von 3-Wege-Ventilen ist in der Heizungs-, Klima- und Lüftungstechnik in Heiz- bzw. Kühlsystemen.

Eckventile

Eckventile können vom Prinzip wie das Durchgangsventil eingesetzt werden (Bild 9.16). Im Allgemeinen werden sie selten und nur dort verwendet, wo die Anordnung der Rohrleitung es vorschreibt. Sie empfehlen sich jedoch, wenn durch Drosselung hohe Druckgefälle erreicht werden sollen. In diesen Fällen wird der Kegel in Schließrichtung angeströmt, um das Gehäuse vor dem energiereichen Strahl zu schützen.

Bei stark verschleißenden Prozessen können eine Garnitur und ein Verschleißrohr aus Keramik oder Hartmetall eingebaut werden. Eckventile mit diesen Stellelementen weisen auch bei starker Beanspruchung, z.B. durch feststoffhaltige, aggressive Medien, sehr hohe Standzeiten auf. Diese Eckventile werden häufig als *Split-body*-Ventil ausgeführt. Das Split-body-Ventil ist ein Eckventil mit geteiltem Gehäuse. Zwischen den beiden Gehäuseteilen, die mit Schrauben verbunden werden, wird der Sitz eingeklemmt.

Membranventile

Für feststoffhaltige, breiige Medien oder Medien, die zum Verkrusten neigen, wird das Membranventil empfohlen (Bild 9.17). Das Membranventil ist eine Weiterentwicklung des Schlauchventils. Bei diesem tritt anstelle des Ventilkegels eine mit dem Stellantrieb gekoppelte Ventilmembrane. Das Medium kommt nur mit der Membran und dem unteren Ventilkörper in Berührung. Durch diesen Aufbau weist die Armatur einen guten Selbstreinigungseffekt auf.

Für aggressive Medien sind emaillierte, gummierte oder PTFE-beschichtete Gehäuse sowie Ausführungen aus korrosionsfestem Stahl erhältlich. Die Ventilmembrane wird aus unterschiedlichen Elastomeren wie z.B. Nitril, EPDM, Butyl mit oder ohne PTFE-Folie gefertigt. Die Membrane bestimmt die technischen Daten des Ventils:

- den zulässigen Vordruck,
- die zulässige Temperatur,
- den Durchfluss.

Die Kennlinie des Ventils ist im ersten Viertel des Hubes, in dem schon 75% des K_{vs}-Wertes erreicht werden, in etwa gleichprozentig. Bei Regelbetrieb sollte daher der Arbeitsbereich auf diesen Hubbereich beschränkt werden.

Die Auslegung der Antriebskräfte muss so gewählt werden, dass das Zerdrücken der Membrane in Schließrichtung nicht möglich ist. In Öffnungsrichtung muss darauf geachtet werden, dass der Antrieb nicht mehr Hub fährt als das Membranventil, sonst könnte es zum Zerreißen der Membran kommen.

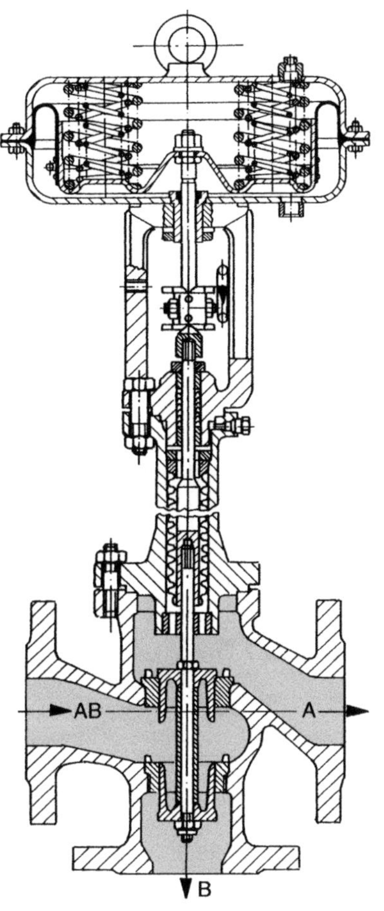

PTFE-ausgekleidete Armaturen

Für besonders aggressive Medien, wie z.B. Säuren und Laugen, stellen metallische Werkstoffe als Gehäusewerkstoffe eine sehr teure Lösung dar. Häufig weisen nur hochlegierte Sonderwerkstoffe eine ausreichende Beständigkeit gegenüber diesen Medien auf.

Um hier eine ökonomisch vertretbare Lösung zu schaffen, besteht die Möglichkeit, ausgekleidete Armaturen zu verwenden (Bild 9.18). Als Auskleidungswerkstoffe haben sich verschiedene fluorierte Kunststoffe wie PTFE, PFA, FEP oder TFM bewährt.

Die Auskleidung kann entweder aufgespritzt oder durch ein isostatisches Verfahren aufgebracht werden. Der Vorteil des isostatischen Verfahrens ist eine größere Wanddicke der Auskleidung, die einen größeren Widerstand gegen Diffusion aufweist. Wichtig bei ausgekleideten Armaturen ist eine ausreichende Kompensation des Fließens der Auskleidung durch entsprechende Ausbildung der Dichtflächen und der Schraubenverbindungen.

Lebensmittelventile

Stellventile für die Nahrungsmittel- und pharmazeutische Industrie müssen extremen Reinheitsanforderungen genügen. Außerdem müssen die Stellventile für die häufigen Säuberungszyklen leicht zerlegbar und absolut totraumfrei sein. Diese Forderungen verbieten

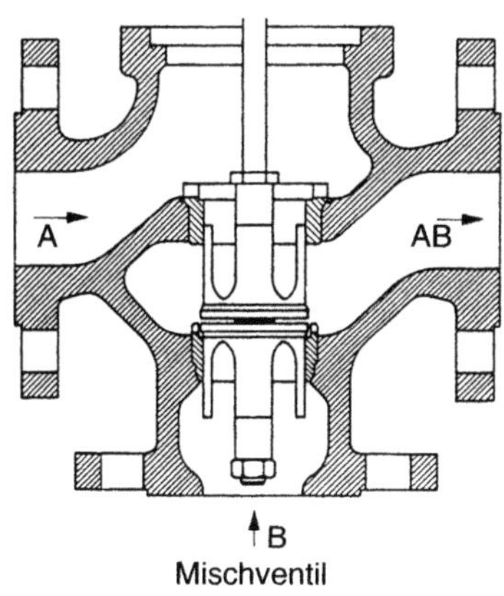

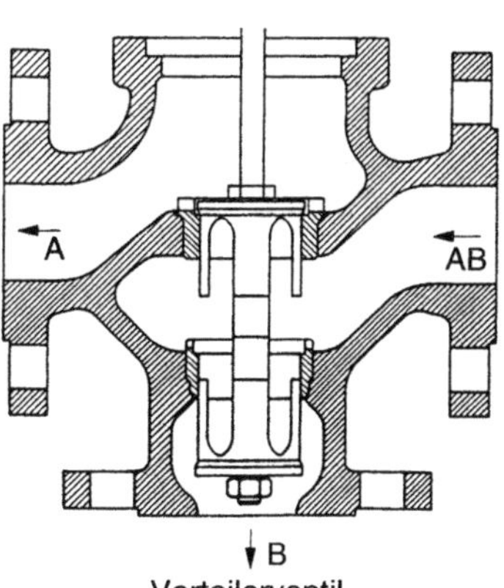

Bild 9.15 3-Wege-Ventil

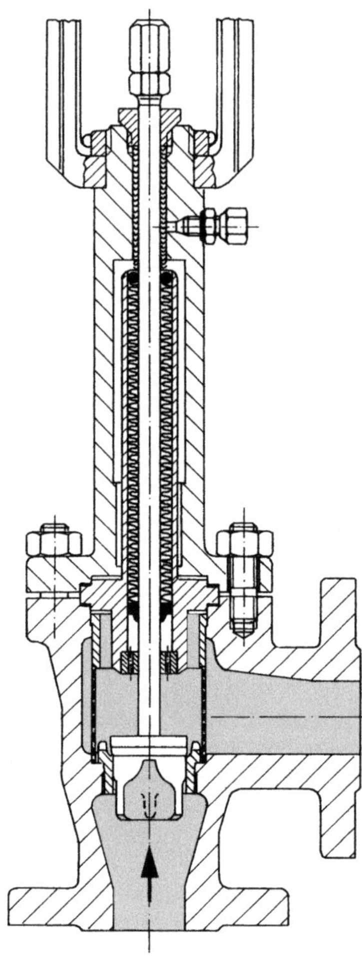

Bild 9.16 Eckventil

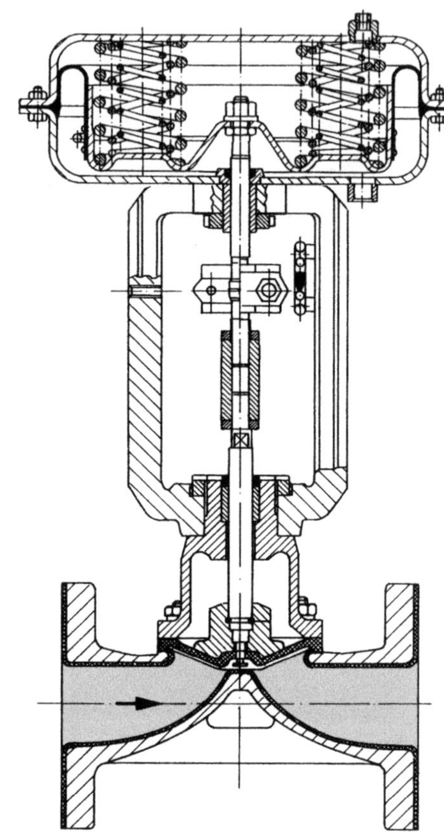

Bild 9.17 Membranventil

den Einsatz von Einsitzdurchgangsventilen. Die Ventile werden als Eckventile mit integriertem Sitz ausgeführt. Die totraumfreien Gehäuse aus korrosionsfestem Stahl sind innen feinstbearbeitet und außen poliert, um eine schnelle Reinigung bzw. Sterilisation mit Dampf zu ermöglichen und um Ablagerungen von Keimen zu vermeiden (Bild 9.19).

Das Gehäuse kann mit Gewindestutzen entsprechend der DIN 11 851 oder mit einem Schnellwechselverschluss TRICLAMP ausgeführt sein.

Die Kegelstangenabdichtung mit PTFE-Abstreifring und federbelasteter V-Ring-Packung ist so ausgelegt, dass ein Verschleppen von Keimen nicht nachweisbar ist. Die Ventile in der dargestellten Bauform eignen sich für: Milch, Sahne, Molke, Fruchtsaft, Bier, Alkohol, Essig, Speiseöl und andere flüssige oder gasförmige Medien.

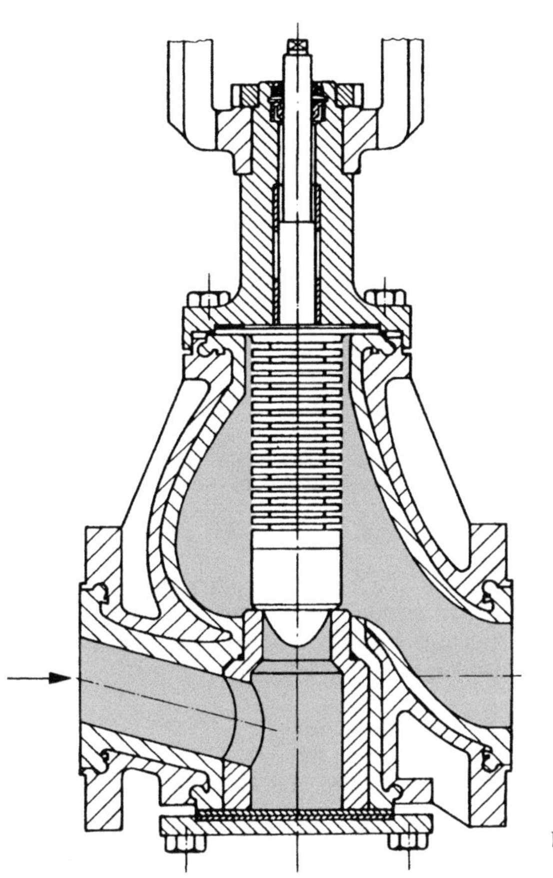

Bild 9.18 Ventil ausgekleidet mit PTFE

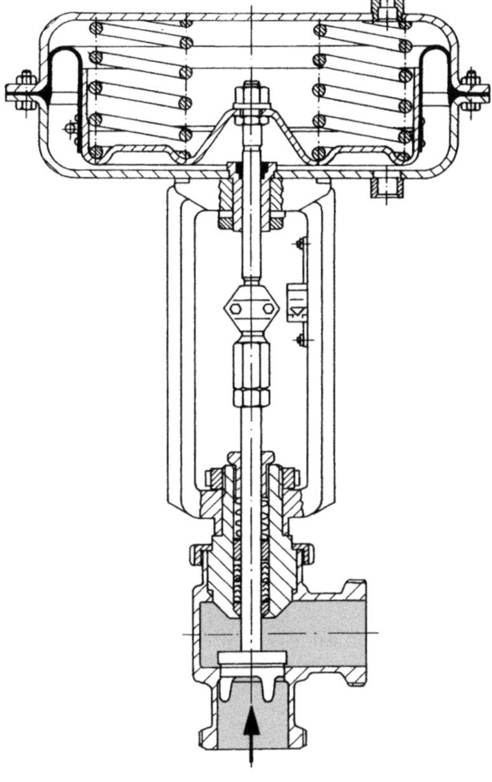

Bild 9.19 Lebensmittelventil

9.2 Drehkegel- und Gleitschieberventile

Bei den Drehkegelventilen handelt es sich um eine Mischform einer Hubarmatur und eines Kugelhahnes, wobei die Regeleigenschaften dem Hubventil vergleichbar sind, der Drosselkörper jedoch ein Kugelsegment ist. Durch die exzentrische Lagerung des Kegels wird ein reibungsfreies Schließen des Ventiles erreicht, wobei der Strömungskanal bei voll geöffnetem Ventil vollständig freigegeben wird. Die Wellenverbindung zwischen Kegel und Schaft ist als Vielkeilwelle ausgeführt, der Antrieb wird über eine Passfederverbindung angeschlossen, wodurch sich eine spielfreie Verbindung Antrieb-Drosselkörper ergibt (Bilder 9.20a und 9.20b).

Die Grundcharakteristik dieser Ventilart entspricht einer Mischkennlinie zwischen linear und Auf/Zu, so dass bei Regelungen mit einer gleichprozentigen Kennlinie die Ventilkennlinie über eine entsprechende Kurvenscheibe im Stellungsregler realisiert werden muss.

Drehkegelventile eignen sich besonders aufgrund der geraden Strömungsführung für verschleißende Medien, wie z.B. feststoffbeladene Gase oder Schlämme. Für besonders abrasive Medien besteht die Möglichkeit, die

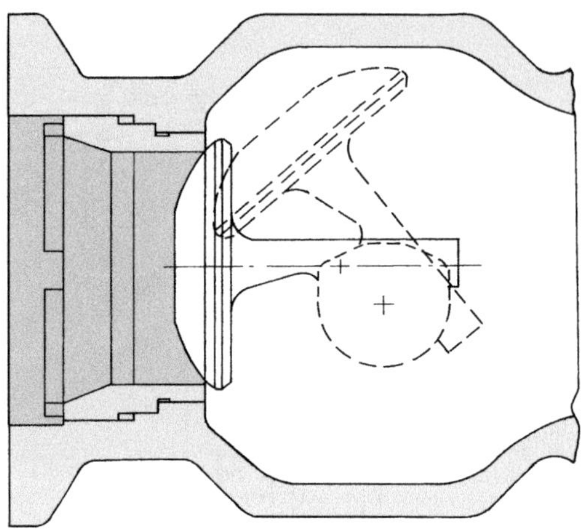

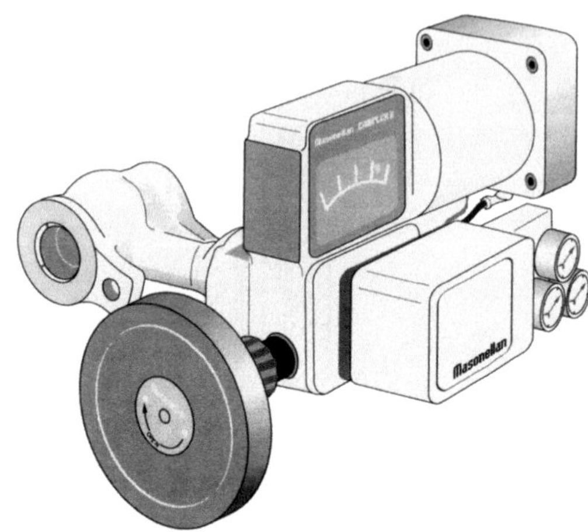

Bild 9.20b Industrielle Ausführung eines Drehkegelventils (Fabr. Masoneilan)

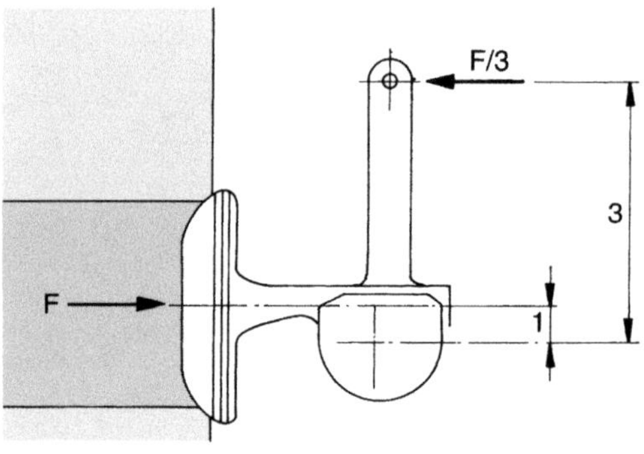

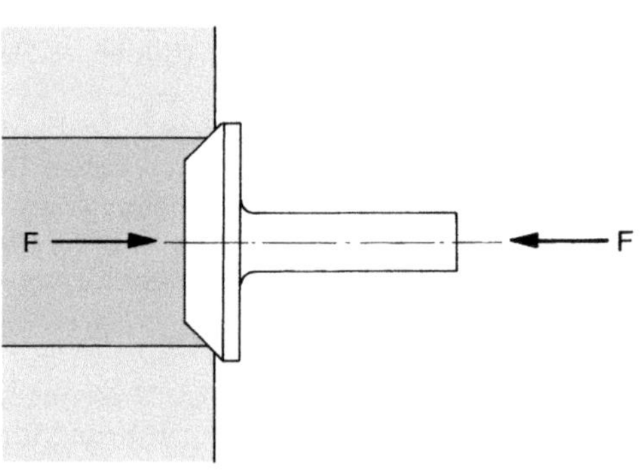

Bild 9.20a Drehkegelventil (Innengarnitur)

Drosselstelle aus hochverschleißfester Keramik zu fertigen, wobei auch die Einlauf- bzw. Auslaufseite mit Keramik ausgekleidet werden kann.

Gleitschieberventil

Das Drosselorgan des Gleitschieberventils (Bild 9.21 a) wird aus zwei aufeinander gleitenden Scheiben gebildet, die mit Schlitzen versehen sind. Diese Scheiben arbeiten senkrecht zur Strömungsachse. Sie sind in einem flanschlosen Gehäuse untergebracht. Mit Hilfe eines pneumatischen oder elektrischen Antriebs wird der freie Durchflussquerschnitt und damit der Strömungswiderstand verändert.

Dieses Konstruktionsprinzip bietet, neben Charakteristiken wie äußerst geringem Gewicht des Stellgerätes und kurzen Stellzeiten, auch besonders interessante Eigenschaften beim Einsatz unter Kavitationsbedingungen. Die zusätzliche Aufteilung des Medienstroms in Einzelstrahlen (Bild 9.21b) durch die einzelnen Schlitze wirkt sich zudem günstig auf die Geräuschbildung aus.

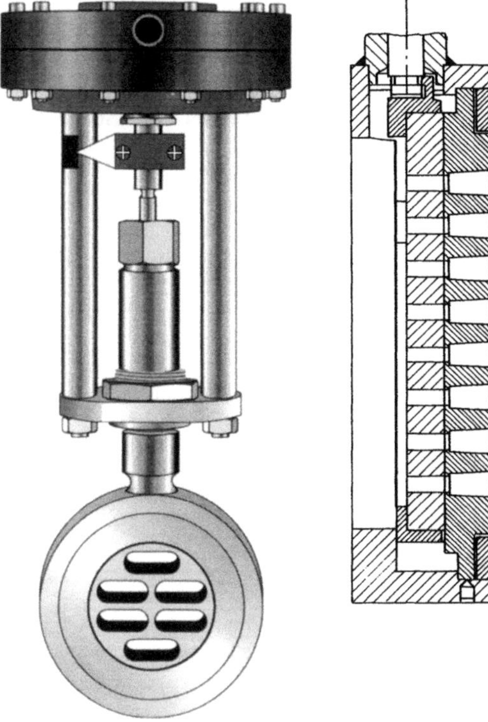

Bild 9.21a Gleitschieberventil

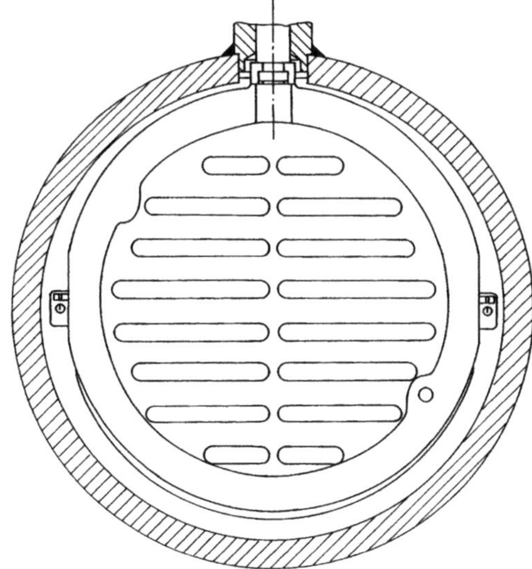

Bild 9.21b Konstruktive Lösung zur Aufteilung des Medienstroms beim Gleitschieberventil

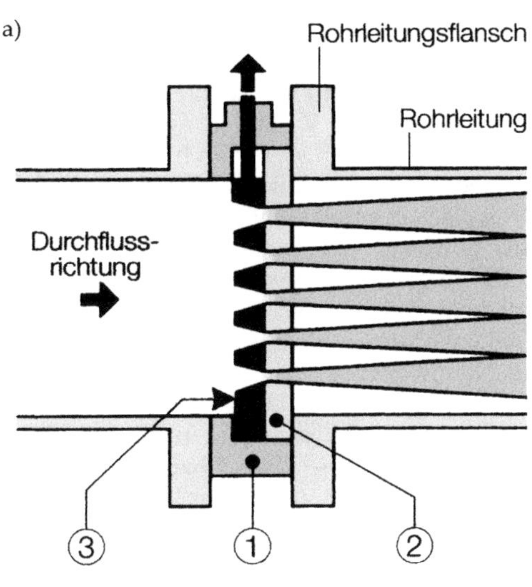

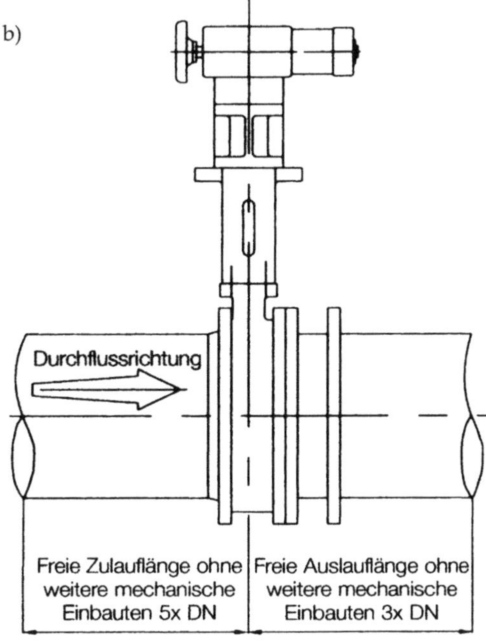

Bild 9.21c Gleitschieberventil
a) Funktionsprinzip
b) Empfohlene Standard-Einbauposition

9.3 Stellklappen

Die Stellklappe ist eine Regel- bzw. Absperrarmatur, die eine Veränderung und Absperrung des Durchflusses durch eine Drosselscheibe (Öffnungswinkel), über die zwischen Drosselscheibe und Gehäuse freigegebene Fläche, bewirkt. Angewendet werden Klappen dort, wo große Mengen mit kleinen Betriebsdrücken geregelt werden müssen. Die typischen Klappen-Nennweiten liegen im oberen Nennweitenbereich (≧ 150).

Die Gehäuse der Drosselklappen werden mit Flanschanschlüssen oder in Sandwichbauweise gefertigt. Die Flanschbauweise ist sehr selten, da dort der Vorteil der kurzen Einbaulänge der Klappe wieder verloren geht (Bild 9.22). Ein typisches Anwendungsbeispiel für eine Flanschklappe ist die Funktion als Endklappe zum Verschließen einer Rohrleitung.

Bei der weitaus häufigeren Sandwichklappe besteht das Klappengehäuse aus einem Ring, der zwischen zwei Rohrflanschen mit Schrauben eingespannt wird. Je nach Art, wie die Klappenscheibe ausgeführt ist und sich bewegen kann, unterscheidet man bei den Klappscheiben die Bauformen (Bild 9.23a und 9.23b).

Durchschlagende Stellklappen
haben eine Drosselklappe, die nicht anschlägt und in Schließstellung senkrecht zur Rohrachse steht. Diese Klappen können für alle Temperaturverhältnisse eingesetzt werden. Die Leckverluste können, abhängig von der Temperatur, bis zu 2% vom K_{vs}-Wert betragen.

Schräg anschlagende Stellklappen
haben eine Drosselscheibe, die in Schließstellung schräg am Gehäuse anliegt. Bei solchen eingepassten Drosselscheiben darf die Temperatur bestimmte Grenzwerte (ca. 200 °C) nicht überschreiten, da das sonst zum Verklemmen der Klappenscheibe führen kann. Sie haben geringere Leckverluste als die durchschlagende Stellklappe.

Leistenanschlagende Stellklappen
haben im Gehäuse eine Leiste, an die die Drosselscheibe in Schließstellung anschlägt.

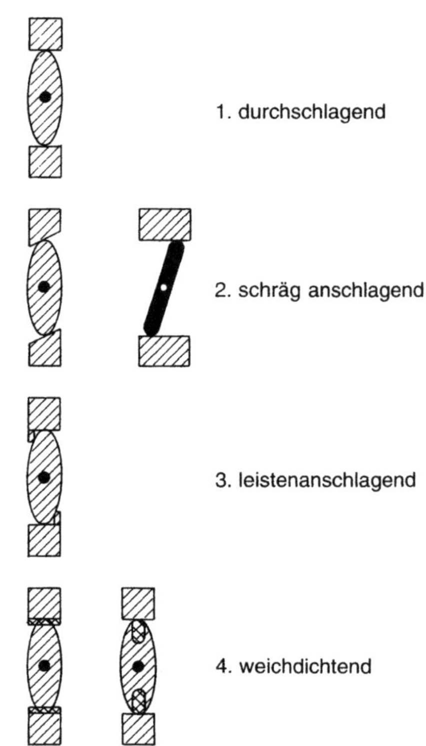

Bild 9.23a Klappenbauformen

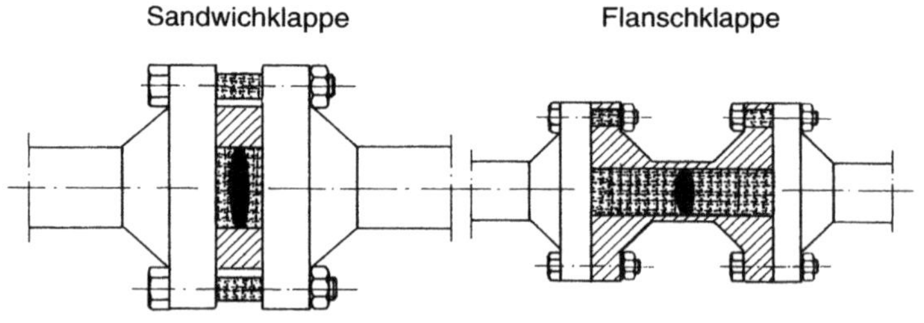

Bild 9.22 Klappengehäuse

K_V-Werte für die durchschlagende Drosselscheibe

DN	Stellwinkel								
	10°	20°	30°	40°	50°	60°	70°	80°	90°
100	6	15	30	60	110	180	260	350	400
150	10	35	80	160	290	450	700	1000	1200
200	40	120	260	460	720	1100	1500	1800	2000
250	50	190	410	730	1200	1700	2400	2900	3200
300	70	230	590	990	1600	2400	3400	4100	4500
400	125	450	1000	1700	2800	4200	5900	7200	7800

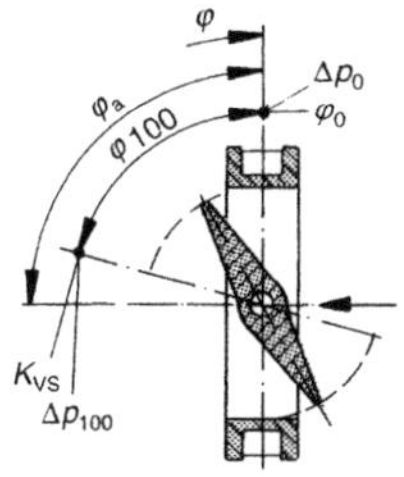

K_V-Werte für die leistenanschlagende Drosselscheibe

DN	Stellwinkel								
	10°	20°	30°	40°	50°	60°	70°	80°	90°
100	10	30	60	100	160	220	260	280	290
150	15	50	120	200	330	480	650	780	900
200	25	95	280	480	720	1000	1320	1500	1600
250	40	150	340	660	1100	1500	1900	2300	2500
300	60	210	470	800	1300	2000	2700	3300	3600
400	100	360	800	1400	2200	3300	4700	5700	6200

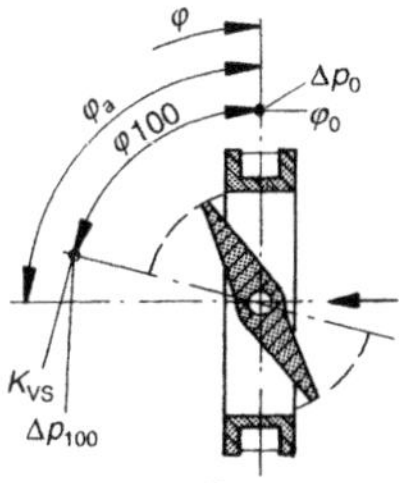

K_V-Werte für die schräg anschlagende/geräuschkorrigierte Drosselscheibe

DN	Stellwinkel						
	10°	20°	30°	40°	50°	60°	70°
100	20	45	70	110	150	215	260
150	50	100	180	275	375	500	600
200	60	150	300	530	870	1080	1200
250	80	210	390	615	970	1250	2150
300	140	350	650	1025	1480	2100	3090
400	180	470	870	1380	1990	2830	4830

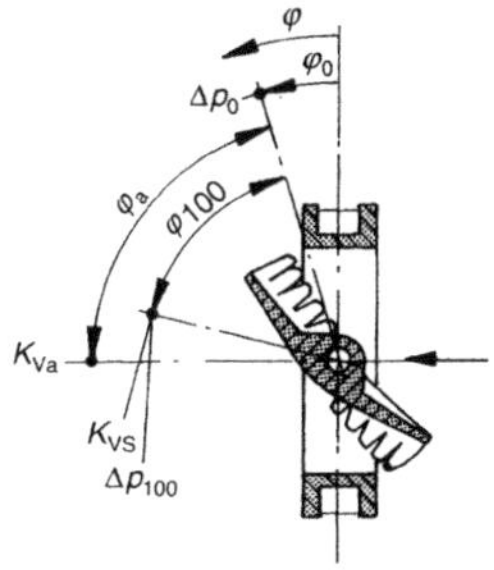

Kenndaten für die Durchflussberechnung nach DIN IEC 534 bei durchschlagender bzw. leistenanschlagender Drosselscheibe

Stellwinkel	30°	40°	50°	60°	70°	80°	90°
F_L	0,90	0,80	0,70	0,65	0,60	0,55	0,50
x_T	0,68	0,54	0,41	0,35	0,30	0,25	0,21

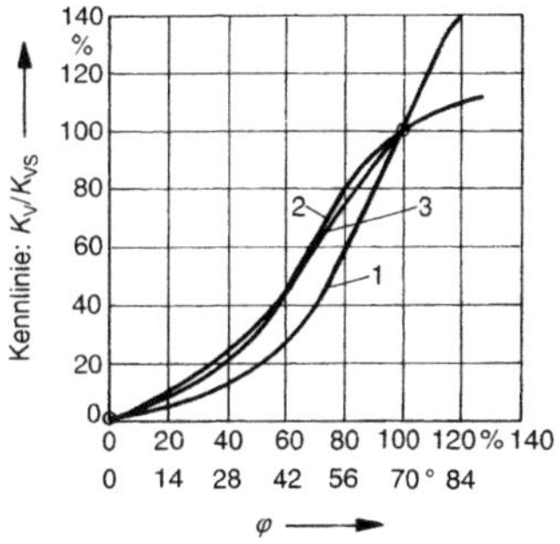

Kennlinie bei DN 100

1 durchschlagende Drosselscheibe
2 leistenanschlagende Drosselscheibe
3 schräg anschlagende/geräuschkorrigierte Drosselscheibe

Kenndaten für die Durchflussberechnung nach DIN IEC 534 bei schräg anschlagender bzw. geräuschkorrigierter Drosselscheibe

Stellwinkel		20°	30°	40°	50°	60°	70°
DN 100 bis 200	F_L	0,76	0,74	0,72	0,72	0,71	0,70
	X_T	0,49	0,46	0,44	0,44	0,42	0,41
DN 250 bis 400	F_L	0,80	0,78	0,71	0,73	0,70	0,70
	X_T	0,45	0,51	0,42	0,45	0,41	0,41

***z*-Werte** (Akustisch bestimmte Armaturenkenngrößen)

DN	100	150	200	250	300	400
z	0,2	0,15	0,15	0,15	0,15	0,15

Bild 9.23b Kenndaten von Klappen (Fabr. SAMSON Bauart 3331)

Diese Klappe ist im Gegensatz zur anschlagenden Klappe auch für höhere Temperaturen geeignet und hat im Vergleich zur durchschlagenden geringere Leckmengen. Da aber die Leiste in der Strömung steht, ist die Durchflusskapazität (K_v) geringer als bei den durchschlagenden Klappen.

Ausgekleidete Stellklappen
besitzen die besten Dichtungseigenschaften (gasdichter Abschluss). Das Gehäuse dieser Klappen wird mit einem Elastomer PTFE, NBR, PFA oder ähnlichem Material ausgekleidet und in diese wird die Drosselscheibe in Schließstellung hineingedrückt. Neben dem Gehäuse kann auch die Klappenscheibe mit einem Elastomer überzogen werden, so dass der Einsatz auch bei stark aggressiven Medien möglich ist.

Im Gegensatz zum ausgekleideten Ventil ist die Auskleidung von Klappen, aufgrund der glatten Oberfläche, relativ einfach. Durch die Verwindung von Elastomeren ist die Betriebstemperatur auf ca. 200 °C begrenzt.

Die ausgekleidete Klappe eignet sich insbesondere für den Auf/Zu-Betrieb, da im unteren Stellbereich 0 bis 15° Öffnungswinkel ein Regelbetrieb unmöglich ist. Beim Öffnen der Klappe ist das Losbrechmoment so hoch, dass die Klappenscheiben nach dem Lösen aus dem elastischen Auskleidungswerkstoff eine relativ große Öffnungsbewegung machen. Durch die Auskleidung ist auch die Durchflusskapazität kleiner als bei anderen Stellklappen.

Lagerung und Wellenabdichtung
Die Wellen der Stellklappen können sowohl innen als auch außen gelagert werden (Bild 9.24). Bei Außenlagern werden häufig Wälzlager eingesetzt, da sie eine sehr geringe Reibung aufweisen. Ein Nachteil der Außenlager ist, dass wegen des großen Abstandes der Lager große Biegemomente wirksam werden. Zur Abdichtung müssen beide Wellenenden eine Stopfbuchse haben. Der Vorteil ist, dass beide Lager nicht mit dem Medium in Berührung kommen.

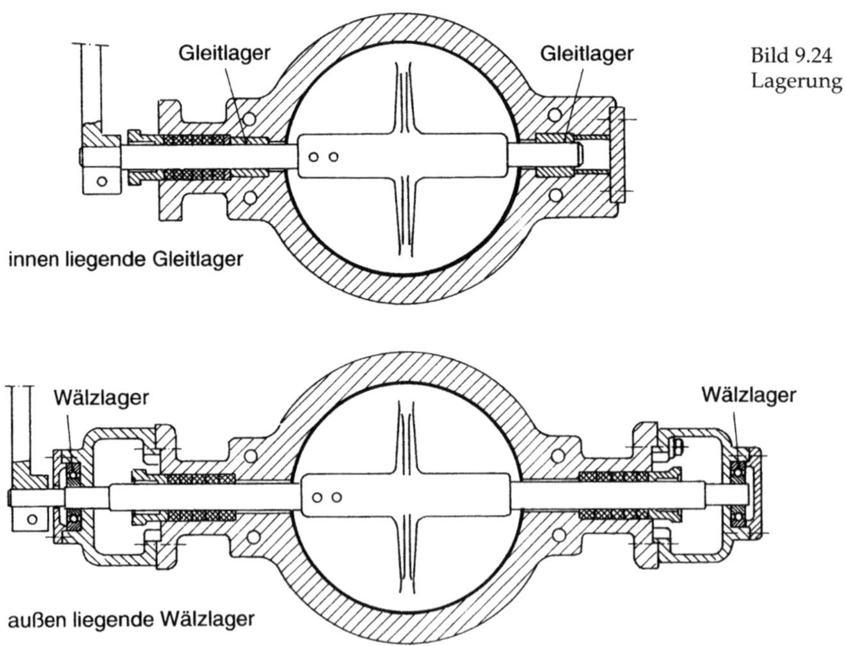

Bild 9.24
Lagerung

Die Innenlager liegen mediumberührt vor der Stopfbuchse. Bei dieser Anordnung muss unbedingt die Beständigkeit des Lagermaterials zum Medium beachtet werden. Als Wellenabdichtungen kommen nachstellbare oder selbstnachstellende PTFE-/Graphit-Stopfbuchsen oder aber auch Manschetten mit O-Ringen in Frage.

Klappenscheibe

Aus strömungstechnischen Gründen wurden Klappenscheiben mit strömungsgünstigen Formen entwickelt, z.B. bei der Fishtail-Regelklappe (Bild 9.25) hat die Klappenscheibe die Form eines Fisches. Die Form bewirkt, dass die Klappen einen höheren K_{vs}-Wert haben und durch den günstigen Verlauf des dynamischen Drehmoments des volle Stellwinkel von 90° ausgenutzt werden kann.

Neben der Veränderung der Scheibenform kann auch die Anordnung von Scheibe und Welle verändert werden. Man unterscheidet folgende Kriterien (Bild 9.26).

Bei *zentrischen Stellklappen* liegen Klappenscheibe und Klappenachse in der gleichen Ebene. Diese Anordnung ist einfach herzustellen, hat eine günstige Strömungsführung um die Klappenwelle und eine relativ kurze Baulänge. Probleme ergeben sich in der vollständigen Absperrung – besonders im Bereich der Wellendurchführung, da hier die Dichtkante unterbrochen wird.

Bei *exzentrischen Stellklappen* liegen Klappenscheibe und Klappenachse in unterschiedlichen Ebenen. Diese Klappe hat den Vorteil, dass die Dichtkante nicht unterbrochen ist. Mit zunehmender Exzentrizität vergrößern sich die Antriebsmomente, und die Kennlinienform verschlechtert sich, aber die Reibung zwischen Klappenscheibe und -sitz und damit die Gefahr des «Fressens» nehmen ab. Da die Welle sich horizontal verschiebt, muss die Klappenscheibe dicker ausgeführt werden, dadurch verschlechtert sich die Durchflusskapazität.

Die *doppelt-exzentrische Stellklappe* hat die Merkmale der exzentrischen Klappe. Aber die Klappenachse ist nicht nur horizontal, sondern auch vertikal verschoben. Das bedingt auf der Klappenscheibe eine andere Kraftverteilung durch den anstehenden Druck, und das Öffnungsverhalten ist dadurch positiv beeinflusst.

Die Verbindung zwischen Welle und Klappenscheibe kann eine form- oder kraftschlüssige Verbindung sein. Bei der formschlüssigen Verbindung sind Klappenscheibe und Welle, z.B. über eine Vielkeilverzahnung und Vierkant, miteinander verbunden oder Scheibe und Welle sind verstiftet. Bei der kraftschlüssigen Verbindung können Scheibe und Welle ineinander geschrumpft werden.

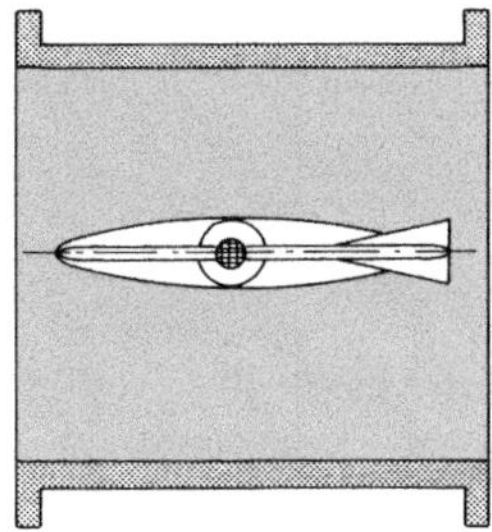

Bild 9.25 «Fishtail»-Klappe

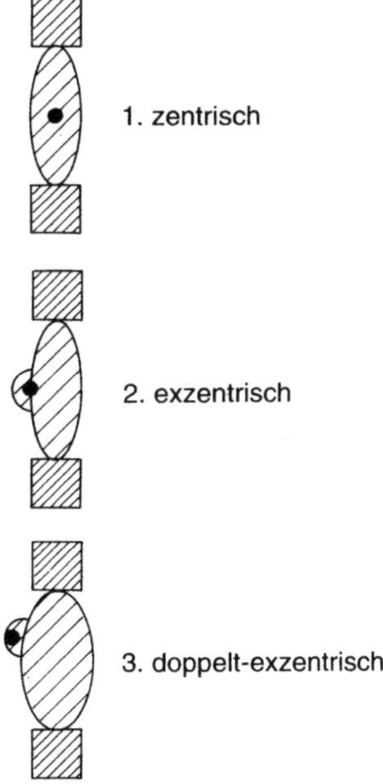

Bild 9.26 Scheibenausführungen

Kennlinien

Die bauartbedingten Kennlinien von Stellklappen liegen – wenn der Stellwinkel nicht voll ausgenutzt wird – zwischen einer linearen und einer gleichprozentigen Grundkennlinie, so dass sich mit Korrekturmöglichkeiten im Stellungsregler, durch so genannte Kurvenscheiben, eine der beiden Grundkennlinien erreichen lässt. Wie aus der Kennlinie zu sehen, ist der Verlauf bis ca. 70° Öffnungswinkel noch reproduzierbar. Sie liegt zwischen linear und gleichprozentig; darüber hinaus ist eine Zuordnung nicht mehr möglich (Bild 9.27).

In der VDI/VDE 2176 ist daher für Regelklappen der Nennstellwinkel φ_{100} bei 70° festgelegt. Auf den Nennstellwinkel ist auch der K_{v100} bezogen. Die K_v-Wert-Berechnungsgrundlage ist wie bei den Hubventilen die DIN-IEC 534.

Antriebsauswahl für Stellklappen

Je nach Erfordernissen können Klappen mit Handhebel oder pneumatischen oder elektrischen Antrieben ausgerüstet werden. Der Anbauflansch am Gehäuse ist nach DIN ISO 5211 standardisiert.

Zu unterscheiden sind beim Antriebsanbau folgende Möglichkeiten:

- manuell mit Handhebel,
- manuell mit selbsthemmendem Getriebe,
- elektrischer Schwenkantrieb,
- elektrischer Regelantrieb mit Getriebe,
- pneumatischer Schwenkantrieb mit oder ohne Federrückstellung,
- pneumatischer Hubantrieb mit Getriebe.

Die Auswahl hängt von den Anforderungen und den gegebenen Bedingungen vor Ort (Hilfsenergie) ab. Das erforderliche Drehmoment für den Antrieb ergibt sich aus dem statischen und dynamischen Moment der Klappe.

Dynamisches Drehmoment

Die dynamischen Momente sind natürlich für jede Klappenart unterschiedlich und müssen vom Klappenhersteller bestimmt und angegeben werden. Abhängig ist das dynamische Moment vom Öffnungswinkel der Klappenscheibe und vom anstehenden Differenzdruck.

Der in Bild 9.28 dargestellte Verlauf über den Öffnungswinkel ist jedoch typisch für alle Klappen.

Bei hohen Differenzdrücken über der Klappe und großem Klappendurchmesser kann das dynamische Drehmoment enorme Werte erreichen. Um zu verhindern, dass durch zu hohe Drehkräfte Bauteile der Klappe wie Welle, Stifte, Passfeder usw. zerstört werden, begrenzt jeder Klappenhersteller den zulässigen Differenzdruck über die Klappe.

Statisches Drehmoment

Das statische Drehmoment ergibt sich aufgrund der Reibungskräfte, die konstruktiv be-

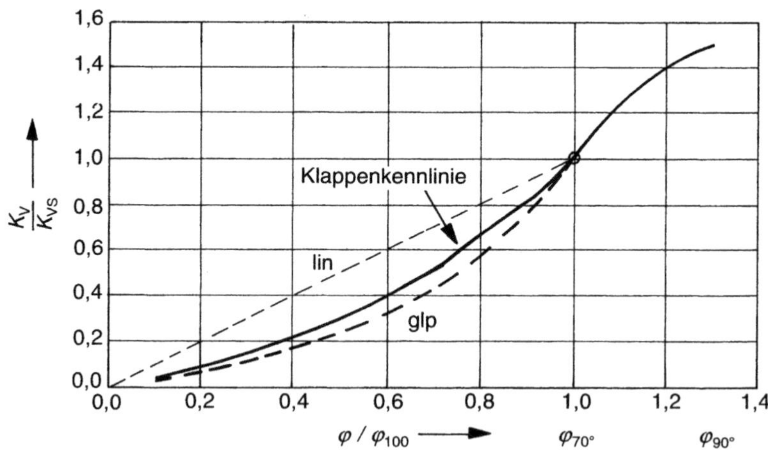

Bild 9.27
Klappenkennlinie

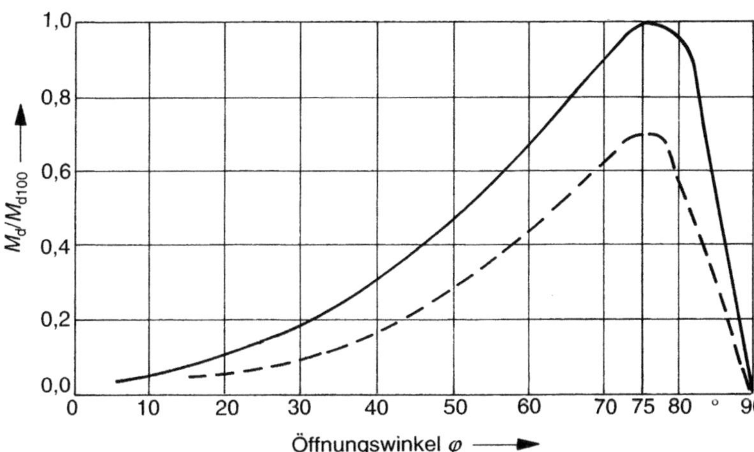

Bild 9.28
Dynamisches Drehmoment der Klappe

dingt sind. Insbesondere bei Klappen mit elastischen Dichtungen muss mit hohen statischen Momenten gerechnet werden, da die Dichtheit durch das Einpressen einer metallischen Scheibe in einen elastischen Sitzring oder durch das Einpressen eines elastischen Sitzrings in die Scheibe in das metallische Gehäuse erfolgt.

Torsionsmoment der Welle
Das Torsionsmoment ist ebenfalls entscheidend für die Auswahl des Antriebsmoments. Ist die Antriebskraft zu hoch, kann dies zum Abscheren der Welle führen. Das Torsionsmoment der Welle ist abhängig von der zulässigen Verdrehspannung des Wellenmaterials und dem Wellendurchmesser.

Antriebsmomente
Die erforderlichen Antriebsmomente werden im Vergleich zwischen Antriebs- und Klappenmoment nach folgendem Schema bestimmt:

Antriebsmoment	Klappenmoment
nutzbares Antriebsmoment >	statisches Moment
nutzbares Antriebsmoment >	dynamisches Moment
max. Antriebsmoment <	Torsionsmoment der Welle

> größer als / < kleiner als

Das nutzbare Antriebsmoment ist bei elektrischen Antrieben immer konstant, bei federbelasteten pneumatischen Antrieben hingegen abhängig vom Schwenkwinkel des Antriebs.

Da man zu dieser Betrachtung aber eine Vielzahl von technischen Informationen sowohl von der Klappe als auch vom Antrieb benötigt, wird die Antriebsauswahl in der Regel vom Klappenhersteller getroffen. Es gibt aber auch Hersteller, die die Klappe-/Antriebszuordnungen in Form von Differenzdrucktabellen in den technischen Datenblättern angeben.

9.4 Stellkraftberechnung

9.4.1 Stellkräfte am Ventil

Bei der Betätigung von Ventilen ist mit folgenden Kräften zu rechnen:

Reibungskräfte F_R in der Stopfbuchse, an den Führungen und bei druckentlasteten Ventilen in der Kolbendichtung;

Schließkraft F_S zwischen Drosselkörperkante und Sitzkante im Schließzustand;

Statische Kraft F_p auf den Drosselkörper (sofern er nicht vollkommen druckentlastet ist), auf die Ventilstange oder bei Faltenbalgabdichtung auf die Balgfläche durch p_1 und p_2 und eine Federkraft F_B, die bei vorhandener

Faltenbalgabdichtung aufgebracht werden muss.

Die Summe der maximalen Kräfte, die in Richtung der Ventilstangenachse an Drosselkörper und Ventilstange wirken, muss mit Sicherheit vom Stellantrieb aufgebracht werden:

$$F_A \geqq \sum F = F_R + F_S + F_p \qquad \text{(Gl. 9.1)}$$

Soll ein Ventil mit in Schließrichtung angeströmtem Lochdrosselkörper mit einem pneumatischen Antrieb betätigt werden, so muss mit folgenden, höheren Antriebskräften gerechnet werden:

$$F_A \geqq 1{,}2 \cdot (F_R + F_S + F_p)$$
bei Gasen und Dämpfen, (Gl. 9.2)

$$F_A \geqq 1{,}6 \cdot (F_R + F_S + F_p)$$
bei Flüssigkeiten. (Gl. 9.3)

Das ist erforderlich, um ein Zuschlagen nahe der Schließstellung zu vermeiden.

Reibungskräfte F_R

Die Reibungskräfte an den Führungen sind bei einem Stellventil im Betrieb vernachlässigbar. Die Stopfbuchsreibung zwischen Ventilstange und Stopfbuchspackung ist ganz allgemein von folgenden Einflüssen abhängig:

- Art der Packung (Polytetrafluorethylen (PTFE), Graphit, Schmierung, Zustand usw.),
- Reibungsverhalten (z.B. Haft- und Gleitreibung),
- Länge der Packung,
- Pressung der Packung,
- Temperatur der Packung,
- Durchmesser der Ventilstange in der Stopfbuchse,
- Rautiefe der Stangenoberfläche,
- Schmierfähigkeit des Stoffstroms,
- statischer Druck des Stoffstroms.

Wegen der Vielzahl der Einflüsse sind korrekte Angaben über die Reibung im Betrieb praktisch nicht möglich. Versuche haben jedoch gezeigt, dass sich die Stopfbuchsreibung einer handelsüblichen Packung auf PTFE oder Graphitfaser aus einem Festanteil und einem druckabhängigen Teil zusammensetzt. Beide Teile sind vom Ventilstangendurchmesser und der Rautiefe der Stangenoberfläche abhängig. Dabei ist vorausgesetzt, dass die Stopfbuchse nicht mehr als für ein sicheres Abdichten beim entsprechenden Druck erforderlich angezogen ist. Richtwerte für eine Stopfbuchspackung auf PTFE und eine Stange mit einer Rautiefe von $\leqq 1$ µm können nach folgender Faustformel ermittelt werden:

$$F_{RS} \approx 6 \cdot d + 0{,}1 \cdot d \cdot p' \quad \text{(N)} \qquad \text{(Gl. 9.4)}$$

F_{RS} Reibungskraft in der Stopfbuchs N
d Ventilstangendurchmesser mm
p' Druck unter der Stopfbuchse bar (gegen Atmosphäre)

Für eine Stopfbuchspackung aus Graphitfaser (bei gleichen Voraussetzungen):

$$F_{RS} \approx 11 \cdot d + 0{,}2 \cdot d \cdot p' \quad \text{(N)} \qquad \text{(Gl. 9.5)}$$

Schließkräfte F_S

Die Kraft, mit der die Dichtkanten von Drosselkörper und Sitzring im Schließzustand aufeinandergepresst werden, sei «Schließkraft» genannt.

Eine Schließkraft ist erforderlich, um entweder dichten Abschluss zu erreichen oder den Leckdurchfluss in den zulässigen Grenzen zu halten.

Als Richtwerte gelten:

$$F_S \approx 2{,}5 \cdot \pi \cdot S \quad \text{(N)} \qquad \text{(Gl. 9.6)}$$

S Sitzdurchmesser (mm)

bei Ventilen mit Weichdichtung:

$$F_S \approx 4 \cdot \pi \cdot S \quad \text{(N)} \qquad \text{(Gl. 9.7)}$$

Es kann damit gerechnet werden, dass sich die Reibungskräfte im Schließzustand abbauen. Die in der Stellkraft F_A des Antriebs berücksichtigten Reibungskräfte F_R stehen dann als Schließkräfte zur Verfügung.

Federkraft F_B

Sie tritt nur bei Verwendung von Faltenbälgen auf und wird erzeugt durch den in der Schließ-

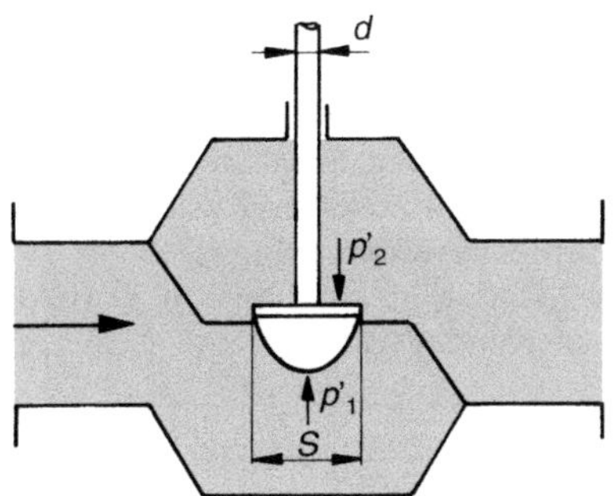

Bild 9.29 Einsitz-Durchgangsventil mit Paraboldrosselkörper

richtung zusammengedrückten Faltenbalg. Sie muss zur statischen Kraft F_p addiert werden.

Statische Kräfte F_p

Die statische Kraft F_p setzt sich zusammen aus einer Kraft, die aus den Drücken p_1 und p_2 auf den Drosselkörper und die Ventilstange im Schließzustand resultiert.

Drosselkörper gegen seine Schließrichtung angeströmt (Bild 9.29):
ohne Faltenbalg

$$F_p = \Delta p_0 \cdot A_S + p_2' \cdot A_d \quad \text{(N)} \qquad \text{(Gl. 9.8)}$$

mit Faltenbalg

$$F_p = \Delta p_0 \cdot A_S + p_2' \cdot A_B + F_B \quad \text{(N)} \qquad \text{(Gl. 9.9)}$$

Kraft F_p hilft öffnen.

Lochdrosselkörper in seiner Schließrichtung angeströmt (Bild 9.30):

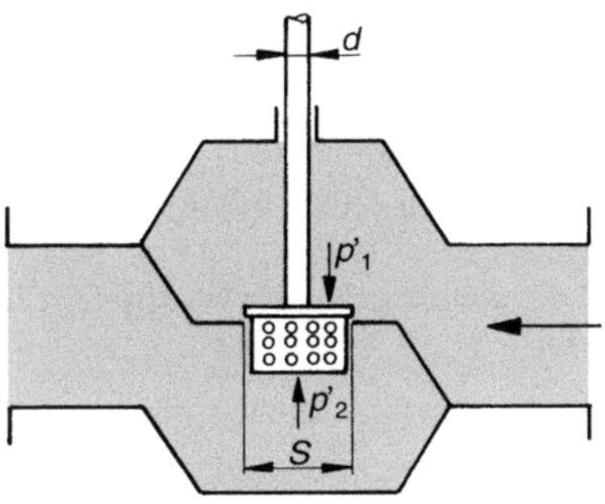

Bild 9.30 Einsitz-Durchgangsventil mit Lochdrosselkörper

ohne Faltenbalg

$$F_p = \Delta p_0 \cdot A_S - p_1' \cdot A_d \quad \text{(N)} \qquad \text{(Gl. 9.10)}$$

mit Faltenbalg

$$F_p = \Delta p_0 \cdot A_S - p_1' \cdot A_B + F_B \quad \text{(N)} \qquad \text{(Gl. 9.11)}$$

Kraft F_p hilft schließen oder öffnen (F_p negativ) je nach Durchmesser und Druckverhältnis.

Doppelsitz-Durchgangsventil (Bild 9.31):
Ein Drosselkörper wird gegen seine Schließrichtung (der obere), einer in seiner Schließrichtung (der untere) angeströmt.
ohne Faltenbalg

$$F_p = \Delta p_0 \, (A_{S1} - A_{s2}) + p_2' \cdot A_d \quad \text{(N)} \qquad \text{(Gl. 9.12)}$$

mit Faltenbalg

$$F_p = \Delta p_0 \, (A_{S1} - A_{S2}) + p_2' \cdot A_B + F_B \quad \text{(N)} \qquad \text{(Gl. 9.13)}$$

F_A Antriebskraft (siehe Antriebe) (N)
F_{RS} Stopfbuchsreibung (N)
F_S Schließkraft am Ventil (N)
F_p statische Kraft des Ventils (N)
F_B Federkraft des Faltenbalges (N)
S Sitzdurchmesser des Ventils (mm)
d Stangendurchmesser des Ventils (mm)
A_S wirksame Querschnittsfläche des Sitzes (cm^2)

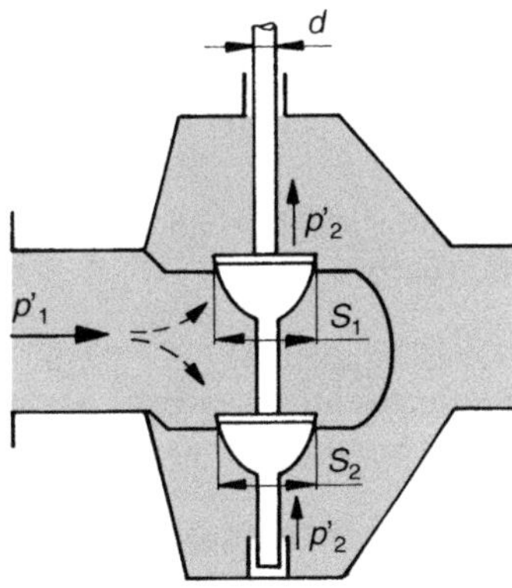

Bild 9.31 Doppelsitz-Durchgangsventil

A_d Querschnittsfläche der Ventilstände (cm^2)
A_B wirksame Querschnittsfläche des Faltenbalges (cm^2)
p'_1 Druck vor geschlossenem Ventil (gegen Atmosphäre) (bar)
p'_2 Druck hinter geschlossenem Ventil (gegen Atmosphäre) (bar)
Δp_0 Differenzdruck am geschlossenem Ventil ($p_1 - p_2$) (bar)

9.4.2 Stellmomente an Stellklappen

Bei Stellklappen wird durch Verdrehen des Klappenblattes der wirksame Querschnitt und damit der Durchfluss verändert. Dabei müssen Momente überwunden werden, die an der Klappenwelle angreifen. Diese sind hauptsächlich das Reibungsmoment M_R durch Stopfbuchsen und Lager sowie das dynamische Moment M_p, hervorgerufen durch den Differenzdruck $p_1 - p_2$.

Zentrisch gelagerte Stellklappen
Reibungsmoment M_R:
Im Gegensatz zu den Ventilen, bei denen die Reibung an den Führungen vernachlässigbar ist, tritt bei den Stellklappen eine zusätzliche Lagebelastung abhängig von Δp und dem Blattdurchmesser auf, die auch bei außenliegenden Lagern wegen der Wellendurchbiegung beachtliche Werte annehmen kann.

$$M_{RSt} = 28{,}75 \cdot p'_1 \cdot d_w^3 \cdot 10^{-5} \text{ (Nm)} \qquad \text{(Gl. 9.14)}$$

$$M_{RL} = 0{,}5 \cdot DN^2 \cdot \Delta p_0 \cdot d_w \cdot 10^{-5} \text{ (Nm)} \qquad \text{(Gl. 9.15)}$$

$$M_R = M_{RSt} + M_{RL}$$

$$M_R = d_w \cdot (28{,}75 \cdot p'_1 \cdot d_w^2 + 0{,}5 \cdot DN^2 \cdot \Delta p_0) \cdot 10^{-5} \text{ (Nm)} \qquad \text{(Gl. 9.16)}$$

Dynamisches Moment M_{dyn}:
Bei korrekter Symmetrieachse, genau durch die Mitte der Stellklappe, kann im Schließzustand kein Moment auftreten. Mit steigendem Stellwinkel jedoch nimmt das dynamische Moment bis etwa 80° zu und fällt anschließend steil auf 0 bei 90° ab. (Bild 9.28)

$$M_{dyn} = DN^3 \cdot \Delta p_{100} \cdot 10^{-5} \text{ (Nm)} \qquad \text{(Gl. 9.17)}$$

Durch besondere Betriebsverhältnisse wie höhere Temperaturen, Staubanfall oder ständige Regelung ist ein Zuschlag F zum dynamischen Stellmoment zweckmäßig.

Bis 300 °C können folgende Korrekturfaktoren verwendet werden:

Betriebsart	Faktor F
Regelbetrieb ohne Staubanfall	1,2
Regelbetrieb mit Staubanfall	1,6
Auf/Zu-Betrieb ohne Staubanfall	1,4
Auf/Zu-Betrieb mit Staubanfall	1,8

Als gesamtes erforderliches Stellmoment erhält man

$$M_{ges} = M_R + M_{dyn} \cdot F \quad \text{und} \qquad \text{(Gl. 9.18)}$$

$$M_A \geqq M_R + M_{dyn} \cdot F \qquad \text{(Gl. 9.19)}$$

Exzentrisch gelagerte Stellklappen
Die erforderlichen Mindeststellmomente für die Betätigung von exzentrisch gelagerten Stellklappen (Absperrklappen) sind durch Versuche zu ermitteln.

M_A Stellmoment des Antriebs (Nm)
M_{RSt} Reibungsmoment in der Stopfbuchse (Nm)
M_{RL} Reibungsmoment im Lager (Nm)
M_R Gesamtes Reibungsmoment (Nm)
M_{dyn} Dynamisches Stellmoment (Nm)
M_{dges} Gesamtes Stellmoment (Nm)
F Korrekturfaktor
DN Nennweite der Stellklappe (mm)
d_w Wellendurchmesser der Klappe (mm)
p'_1 Druck vor Klappe (gegen Atmosphäre) (bar)
Δp_0 Differenzdruck an geschlossener Klappe (bar)
Δp_{100} Differenzdruck an geöffneter Klappe (bar)

9.5 Antriebe

Der Antrieb hat die Aufgabe, das Ventil in jede gewünschte Position zu bringen. Es wird oft noch zusätzlich die Forderung gestellt, dass beim Ausfall der Hilfsenergie eine Sicherheitsstellung angefahren wird. Deshalb wird hier der pneumatische Antrieb mit Federrückstellung häufig eingesetzt.

Die richtige Auslegung des Antriebes ist für einen störungsfreien und sicheren Betriebsablauf notwendig. Dabei darf jedoch nicht der Antrieb sicherheitshalber überdimensioniert werden. Dies kostet nicht nur viel Geld, sondern auch Sicherheit. Bei einem zu großen Antrieb besteht die Gefahr, dass beim Festklemmen des Kegels, der Kugel oder der Klappenscheibe die Spindel an irgendeiner Stelle sich verformt oder bricht.

Die Anlage oder der Anlagenteil muss abgestellt und wieder angefahren werden. Es entstehen zusätzliche Folgekosten. Bei einem richtig dimensionierten Antrieb wäre das Ventil zwar auch nicht zugefahren, es hätte aber die Möglichkeit bestanden, dass durch mehrmaliges Öffnen und Schließen die Verstopfung zu beseitigen gewesen wäre oder dass durch Erwärmen der Rohrleitung der festgesessene Kegel sich gelöst hätte. Um den Antrieb richtig auslegen zu können, müssen jedoch die Kräfte, die das Ventil benötigt, bekannt sein.

Gegenüber dem pneumatischen Antrieb hat der elektrische den Vorteil, dass er ohne Steuersignal steht, während der pneumatische sich im Regelkreis des Stellungsreglers befindet und permanent positioniert wird. Der Umstand, dass der pneumatische Antrieb schneller als der elektrische ist, kommt nur bei entsprechend schnellen Regelstrecken zum Tragen. Bekanntlich diktiert der Regler die Schnelligkeit der Antriebsbewegung.

Andere Gründe wie: Ex-Schutz oder «ohne Hilfsenergie in Sicherheitsstellung» wird man fallweise bedenken.

9.5.1 Elektrischer Stellantrieb (Bild 9.32)

Qualitätsmerkmale des elektrischen Regelantriebes:

1. hohe zul. Schalthäufigkeit,
2. Trägheitslosigkeit,
3. kein Spiel,
4. kein Nachlauf,

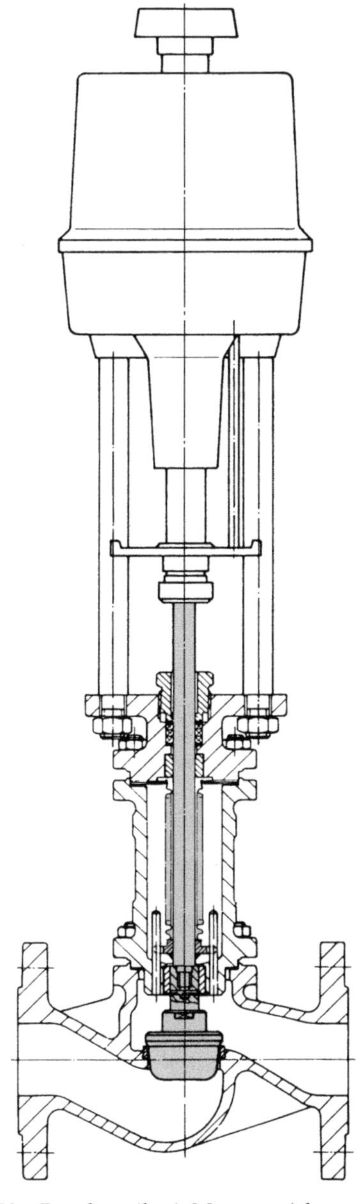

Bild 9.32 Regelventil mit Motorantrieb (Fabr. Richter)

5. linear,
6. selbsthemmend,
7. präzise Endabschaltung,
8. präzise Stellungsrückmeldung,
9. bequeme Handverstellung,
10. blockierfest,
11. hohe Schutzart.

Ein guter Kennwert zu 1. u. 2. ist der Wirkungsgrad, d.h. die Spindelleistung pro Watt Motorleistung. Ein schlechter Wert bedeutet große Motor-, also Schwungmasse.

Spielfrei ist ein Antrieb, wenn die Bremse des Motors das nicht völlig selbsthemmende Getriebe gegen die Kegelkraft (immer in gleicher Richtung) hält.

Nachlauffreie Motoren gibt es in unterschiedlichen Ausführungen. Besonders geeignet sind solche mit magnetischem Rotor, d.h. ohne äußere Bremse. Regelbetrieb im Schwachlastbereich ist nur dann gut, wenn keine Stellschritte ohne entsprechende Änderung der Regelgröße erfolgen.

Auch bei elektrischen Antrieben werden häufig Stellungsregler eingesetzt. Man unterscheidet dabei solche mit und ohne Rückführung. Stellungsregler ohne Rückführung verstellen den Antrieb so lange mit gleicher Geschwindigkeit, wie die Rückmeldung vom Eingangssignal abweicht, d.h., diese Regler haben I-Verhalten.

Stellungsregler mit PI-Verhalten arbeiten wie normale 3-Punkt-Schrittregler und bewerten auch die Größe und Geschwindigkeit einer Sollwertänderung. Ihr Fehlerintegral ist daher erheblich kleiner.

Die Steuerung von Motorventilen

Als Antriebsmotoren werden meist Wechselstrom- oder Drehstrommotoren verwendet, jedoch sind auch Gleichstrommotoren verbreitet.

Wechselstrommotoren sind einfach anzuschließen und in der Regel problemlos zu steuern. Gefährdet werden sie durch schnellen Drehrichtungswechsel. Steuergeräte mit zu geringem Halt in der neutralen Zone verursachen hohe Umladeströme der Motorkondensatoren, was zu nachlassender Kapazität und damit zu Drehmomentverlusten des Motors führt. Daraus resultiert der gelegentlich zu beobachtende Fehler: Das Ventil läuft in die falsche Richtung.

Weiter zu beachten ist die Störschutzbeschaltung der Steuerrelais, weil sie zu den häufig sehr kleinen Motorkondensatoren parallel liegen können.

Problematisch sind auch Wechselstrommotoren für Niederspannung. Die Motorströme und insbesondere die Motorkondensatoren werden groß. Bei starken Antrieben über etwa 2 kN sollte man darauf verzichten.

Drehstrommotoren werden über Steuerschütze angesteuert, die durch ihre Schaltspannungsspitzen üble Störer in einer Anlage sein können. Man sollte sie auf jeden Fall mit Entstörungsgliedern beschalten.

Zu beachten ist, dass übliche BI-Metallauslöser zum Schutz von Motoren in elektrischen Stellantrieben ungeeignet sind, da sie wegen des Schrittbetriebes auf den Kurzschlussstrom des Motors eingestellt werden müssen und somit keinen Schutz darstellen. Schutzschalter müssen im Motor eingewickelt sein.

Die Stellungsrückmeldung

In den meisten Fällen werden Potentiometer für die Stellungsrückmeldung verwendet. Qualitativ hochwertige Servopotentiometer sind problemlos und genügen allen Ansprüchen hinsichtlich Lebensdauer, Auflösung und Linearität. Ist im Antrieb gleichzeitig ein Messumformer eingebaut, so hat man eine gute und preiswerte Stellungssignalisierung.

Drehwinkelmessumformer sind aufwändiger und haben ihre Daseinsberechtigung dort, wo höchste Anforderungen an Auflösung und Mikrofeinheit erforderlich sind.

> **!** Antriebe lassen sich meist weiter verstellen, als es das Getriebe des Stellungsmelders zulässt. Deshalb verfügen sie entweder über eine Rutschkupplung (Nachteil: bei Handverstellung des Antriebes kann der Melder dejustiert werden) oder sind durchdrehbar (Nachteil: bei Handverstellung über den vorgesehenen Bereich Signalverlust, und die Justierung ist etwas komplizierter).

9.5.2 Pneumatischer Stellantrieb (Bild 9.33)

Als Stellorgane werden in der Verfahrenstechnik vorwiegend pneumatische Membranantriebe eingesetzt, da sie als federbelastete Ausführung bei Zuluftdruckausfall eine Hubendlage einnehmen.

Gegenüber elektromotorischen Antrieben besitzen sie die weiteren Vorteile, für den explosionsgefährdeten Bereich geeignet zu sein, außerdem können wesentlich kürzere Stellzeiten erreicht werden. So werden z.B. in Verbindung mit Zusatzverstärkern bei Antrieben von 1500 cm^2 wirksamer Membranfläche Stellgeschwindigkeiten von 25 mm erzielt. Dabei können durch die Federvorspannung bei Zuluft-Druckausfall Mediumskräfte bis zu 24 kN und durch Zuluft-Drucküberschuss Kräfte bis zu 45 kN überwunden werden.

Das Erfassen und Umformen der Messgröße in das pneumatische Einheitssignal, der Ist-Sollwert-Vergleich und das Bilden einer der Regelabweichung proportionalen Stellgröße erfolgen heute mit einer hochwertigen Gerätetechnik, die allen Anforderungen an Genauigkeit, Linearität und Reproduzierbarkeit genügt.

Es ist nur konsequent, dem Stellvorgang die gleiche Bedeutung beizumessen. Da ohne-

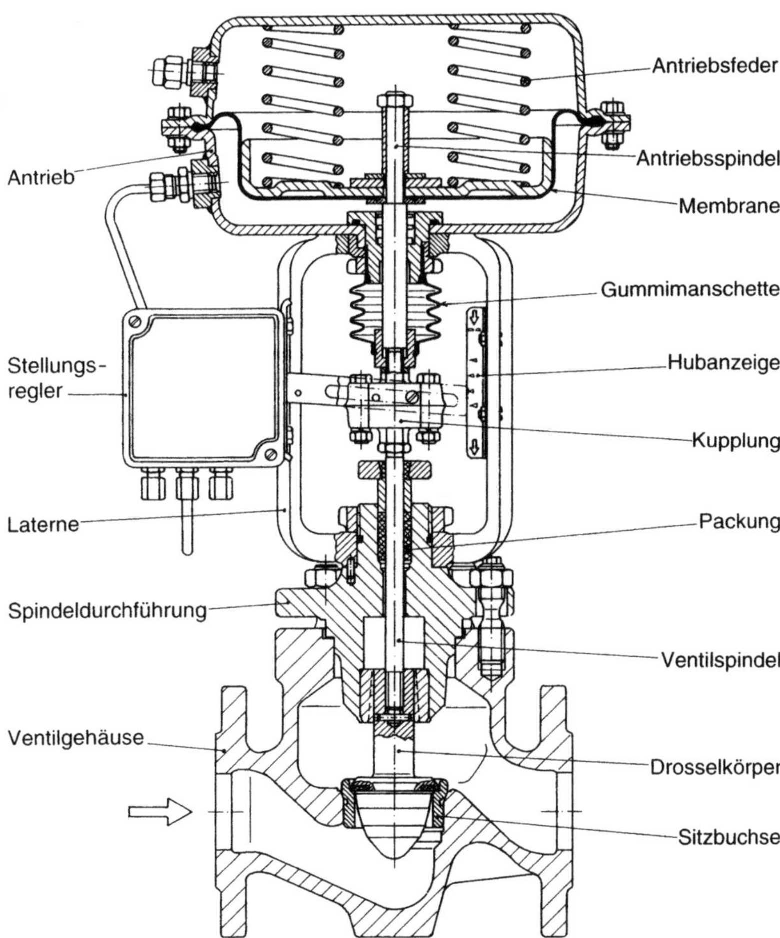

Bild 9.33
Regelventil mit pneumatischem Antrieb
(Fabr. Foxboro-Eckhardt)

hin über die Festlegung einer gleichprozentigen oder linearen Ventilgrundkennlinie nur annähernd ein linearer Zusammenhang zwischen Stellgrößen- und Produktstromänderung entsprechend einer konstanten Streckenverstärkung erreicht wird, ist zumindest eine fehlerfreie Zuordnung des Stellbefehles y zum Hub h anzustreben.

Störgrößen, wie Stopfbuchsenreibung an der Ventilspindel und Mediumskräfte am Drosselkörper, dürfen den durch die Stellgröße vorgeschriebenen Hub des Ventiles nicht beeinflussen. Eine zentrale Zuluftstation zeigt Bild 9.34.

Ventil und Stellantrieb bilden gerätetechnisch eine Einheit – das Stellgerät. Alle am Ventil wirkenden Kräfte müssen von der Antriebskraft überwunden werden, um einwandfreies Stellen im Hubbereich zu ermöglichen. Aus Sicherheitsgründen werden in der Verfahrenstechnik vorwiegend pneumatische Membranantriebe der Wirkungsweise – Federkraft schließt oder Federkraft öffnet bei Zuluftdruckausfall – eingesetzt.

Für den Sicherheitsfall – Ventil geschlossen – ist eine der Schließrichtung entgegenwirkende Mediumskraft F_p und eine durch die Spindelabdichtung erzeugte Reibungskraft F_R zu überwinden. Zusätzlich muss eine Dichtschließkraft $F_{S,min}$ aufgebracht werden. Diese erzeugt eine notwendige Flächenpressung zwischen Sitz und Ventilkegelumfang, um eine geforderte Mindestleckrate einzuhalten. $F_{S,min}$ wird daher nicht berücksichtigt bei der Berechnung des Kraftbedarfes für die Offenstellung, außer bei 3-Wege-Ventilen, da $F_{S,min}$ für beide Hubendlagen aufzubringen ist.

Ventile, die in Schließrichtung angeströmt werden, bedürfen besonders sorgfältiger Kraftüberprüfung, da der Stellungsregelkreis

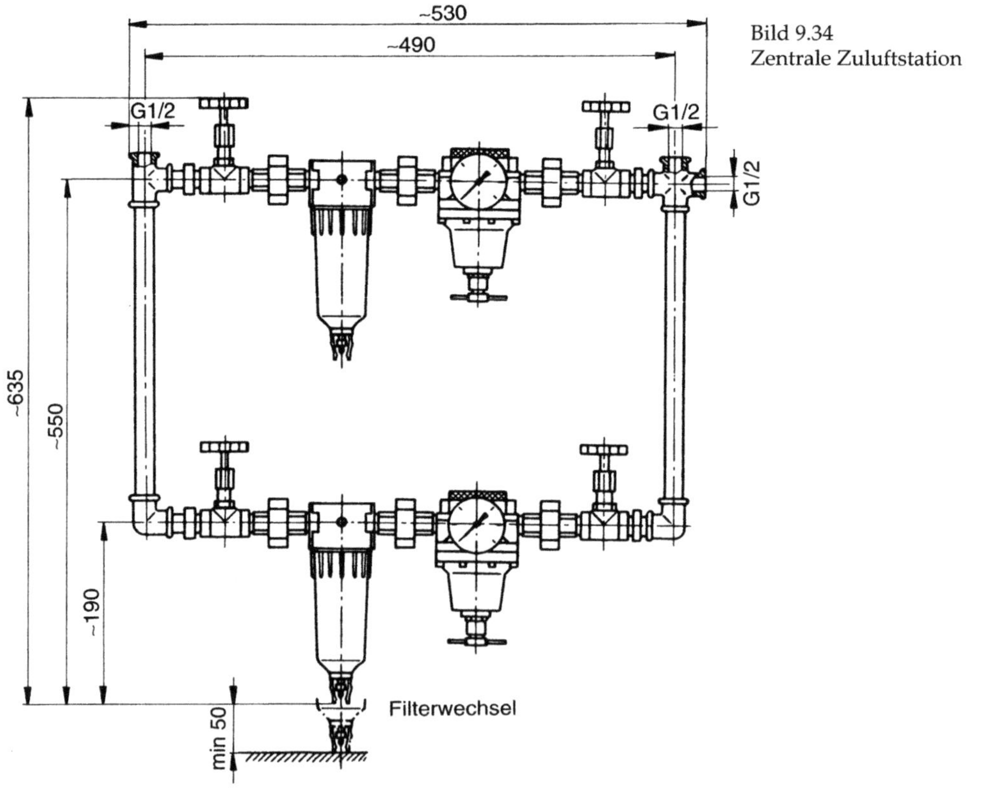

Bild 9.34
Zentrale Zuluftstation

instabil werden kann. Die Berechnung der Kraft für die beide Hubendlagen genügt nicht, zusätzlich muss die resultierende Streckenkennlinie auf Steigungsumkehr untersucht und vermieden werden.

9.6 Einbau von Regelventilen

Der Einbau von Regelventilgruppen soll möglichst nicht in langen, geraden Rohrtrassen erfolgen, um auftretende Dehnungsspannungen auf die Ventilgruppe zu vermeiden. Stattdessen sind Regelventilgruppen in Abgängen anzuordnen.

- Die Regelventile sind nach Möglichkeit so anzuordnen, dass sie ohne Leitern und Bühnen gut erreichbar sind (z.B. an Hauptbedienungswegen).
- Niveau-Regelventile sind so anzuordnen, dass vom Bedienungsstand aus die Flüssigkeitsstandanzeiger beobachtet werden können.
- Ebenso sind von Hand zu bedienende Drosselventile (Handregelung) so anzuordnen, dass von diesen Ventilen aus das örtliche Messgerät beobachtet werden kann.
- Regelventile sind normalerweise waagerecht mit dem Ventilaufsatz nach oben einzubauen. Ausnahmen sind Regelventile in Dampfleitungen; hier ist die Membrane nach unten einzubauen, um die Membrane vor dem Dampf zu schützen.
- Regelventile in Leitungen mit möglicher Verdampfung müssen nahe beim Abgang der Leitung liegen, um die Gasbildung in der Leitung auf ein Mindestmaß zu reduzieren.
- Ist das Regelventil kleiner als die anzuschließende Rohrleitung, so sind Reduzierungsstücke direkt vor und hinter dem Regelventil anzuordnen.
- Zur Entleerung und Druckentspannung sind vor und/oder hinter dem Regelventil Entleerungsstutzen DN $\leq$ 25 mit Armatur, Blindflansch und entsprechender Dichtung vorzusehen.
- Allgemein sind Regelventilgruppen beidseitig zu unterstützen (gegebenenfalls ein Festpunkt und ein Gleit- oder Führungslager).
- Die Blockarmaturen vor dem Regelventil sind normalerweise in der Rohrleitungs-Nennweite auszuführen, das Regelventil selbst eine Nennweite kleiner, die Bypass-Armatur in der Nennweite des Regelventils.
- Die Block- und Bypass-Armaturen für Drosselklappen-Regelarmaturen sind für jeden Fall speziell zu bestimmen. Die Angaben der Regelarmaturenhersteller sind zu beachten.
- Mindestabstände oberhalb des Ventils zur Abnahme des Oberteils bzw. der Membrane, sowie unterhalb des Ventils zum Herausnehmen der Innenteile, sind – abhängig von Fabrikat und Konstruktion – unbedingt einzuhalten.

Regelventile sollten üblicherweise stehend, d.h. mit dem Antrieb nach oben, eingebaut werden. Soll der Antrieb waagerecht liegen, so muss über die Aufnahme der Kräfte nachgedacht werden. Bei Säulenmontage müssen diese übereinander stehen. Jedes Drosselventil, insbesondere einstrahlige, benötigt eine Einlauf- und besonders eine Auslaufstrecke. Ein Krümmer unmittelbar hinter einem Drosselventil kann zu Geräuschen, Resonanzen oder Kegelrattern führen. Üblich für die Auslaufstrecke ist eine gerade Rohrleitung von min. 10 × DN. Besonders starke Schalleffekte erreicht man, wenn man die Rohrleitung unmittelbar hinter einem Drosselventil konisch erweitert. Deswegen sollten Erweiterungen hinter Drosselventilen entweder mit Strömungsgleichrichter oder zumindest mit glattem Boden durchgeführt werden.

Ventile in Dampfleitungen können bei dichtem Abschluss ein hohes Vakuum erzeugen, wodurch Kondensat im Ablauf gehindert und Luft eingesogen wird. Hier ist meist ein Druckausgleich über eine offene Kondensatleitung die beste Lösung. Für den Einbau im Freien müssen Vorkehrungen getroffen werden, die Eisansatz an der Spindel und Taupunktunterschreitung im Antrieb vermeiden. Ventile für tropische Länder mit hoher Umgebungsfeuchtigkeit sollten immer eine Heizung im Antrieb haben.

9.7 Auswahlkriterien für Stellgeräte

Bei der Auswahl von Stellgeräten spielen viele Einflussfaktoren eine Rolle. Neben den Prozessdaten wie Durchfluss Q, Eintritts- und Austrittsdruck p_1, p_2 oder Mediumstemperatur sind zur Auswahl eines Stellgerätes auch die thermodynamischen Daten des Mediums, wie kritischer Druck p_c oder Dampfdruck p_v, von Bedeutung. Diese Daten führen mit den entsprechenden Berechnungsgleichungen z.B. nach DIN IEC 534 zur rechnerischen Auslegung des Stellgerätes, also zur Dimensionierung. Bei der Auswahl der Bauform kommt zur rechnerischen Auslegung die Anwendungserfahrung sowohl beim Stellgeräthersteller als auch beim Anwender selbst hinzu.

Zunächst werden die Regelventile in die beiden Gruppen «Regler ohne Hilfsenergie» (ROH), d.h. eigenmediumgesteuerte Ventile, und in die so genannten «Stellventile» unterteilt (Bild 9.35). Bei den Reglern ohne Hilfsenergie handelt es sich um eine Kombination von Regler und Stellgerät, die überwiegend für einfachere Regelaufgaben eingesetzt wird. Diese Regler werden als Druckminderer, Temperaturregler, Differenzdruck- und Durchflussregler bzw. auch Kombinationen hiervon eingesetzt. Für die verfahrenstechnischen Prozesse werden meist Stellventile verwendet, die im Folgenden näher betrachtet werden.

Man unterscheidet hier Stellventile mit einer linearen Bewegung oder mit einer Schwenkbewegung des Drosselkörpers. Hubventile, Schieber und Membranventile führen eine lineare Bewegung des Drosselkörpers aus, wohingegen bei Stellklappen, Drehkegelventilen und Kugelhähnen der Drosselkörper durch eine Schwenkbewegung verstellt wird. Für Regelaufgaben werden vorwiegend Stellventile, Stellklappen und Drehkegelventile eingesetzt, im Gegensatz dazu eignen sich Membranventile, Schieber und Kugelhähne nur bedingt für eine Regelung.

Betrachtet man die Anwendungsbereiche der unterschiedlichen Bauformen (Bild 9.36), so stellt man fest, dass Stellventile sowohl kleine Nennweiten von DN 15 oder auch darunter bis zu großen Nennweiten bis DN 500 abdecken können. Die Nenndruckstufen von Stellventilen reichen hoch bis PN 400, wobei auch der volle Nenndruck als Differenzdruck beherrscht werden kann. Die Anwendungstemperaturen reichen von –196 °C bis 550 °C, bei Spezialkonstruktionen auch bis –250 °C. Die obere Temperaturgrenze ist durch die Verwendung von Gusswerkstoffen vorgegeben, die bei Temperaturen von größer 550 °C nur noch bedingt einsetzbar sind. Durch den

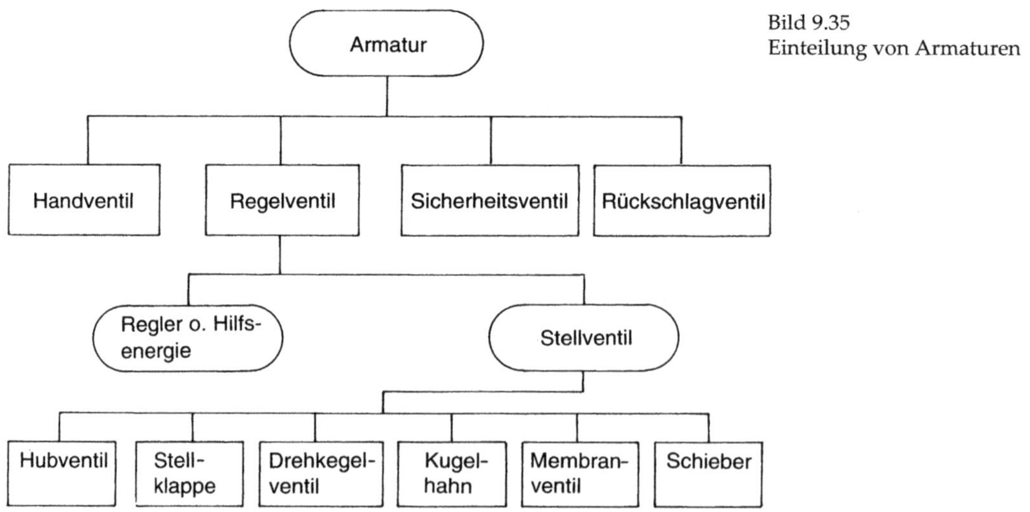

Bild 9.35
Einteilung von Armaturen

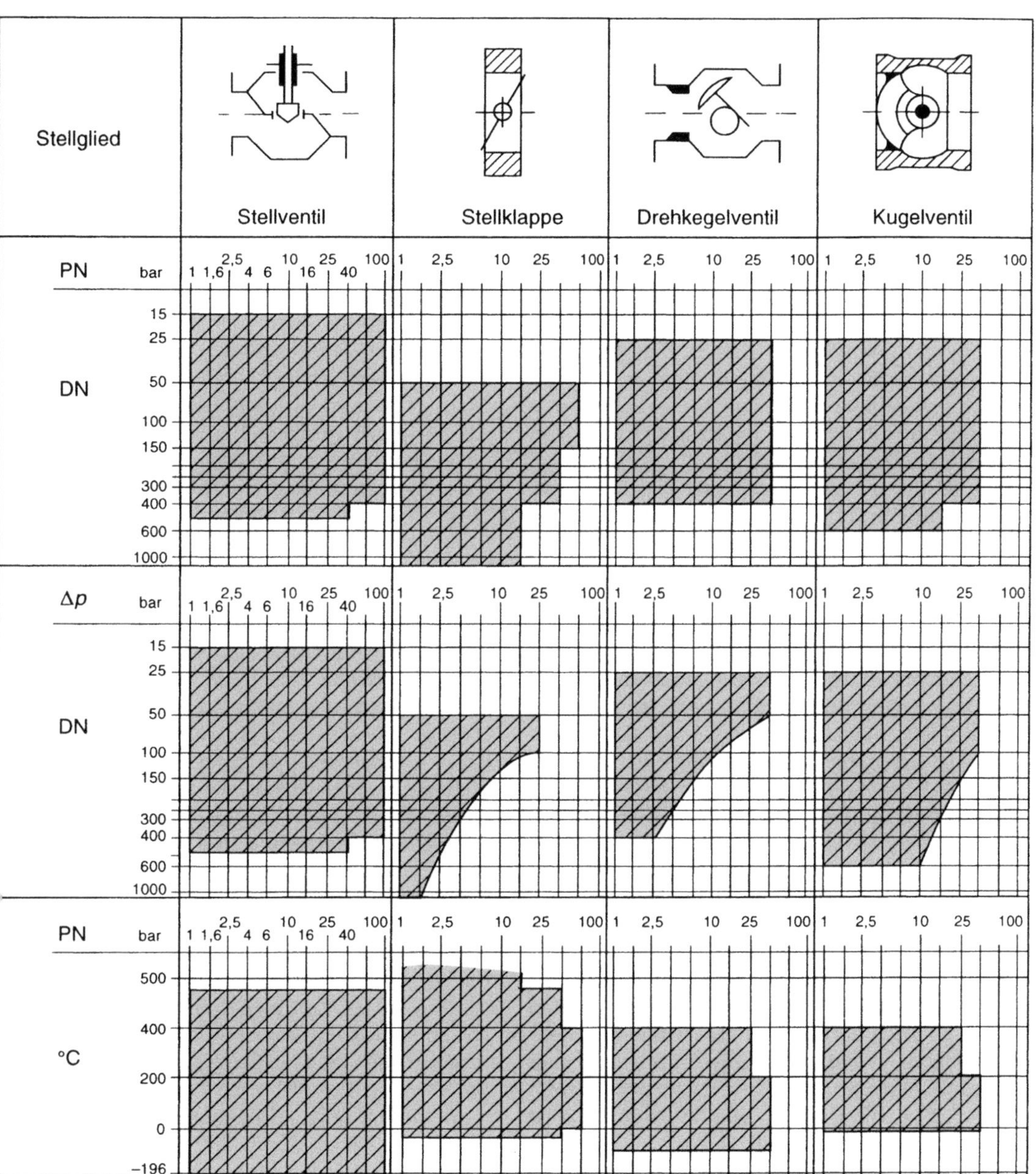

Bild 9.36 Bauartgrenzen (Übersicht)

Einsatz von entsprechenden Schmiedewerkstoffen lassen sich die Anwendungstemperaturen für spezielle Anwendungsfälle noch nach oben hin erweitern.

Stellklappen lassen durch die einfachere Bauform erheblich größere Nennweiten zu, wobei Nennweiten bis DN 1600 keine Seltenheit sind. Bedingt durch die Schwenkbewegung der Drosselscheibe und den damit verbundenen Lagerkräften sind bei Stellklappen die ausgeführten Nenndruckstufen deutlich niedriger als bei Stellventilen. Bei Nenndrücken von PN 100 sind hier in der Regel die Grenzen gesetzt. Auch die beherrschbaren Differenzdrücke werden bei Stellklappen durch die auftretenden Kräfte auf Drücke von 40 bar nach oben begrenzt.

Auf der anderen Seite lässt die einfachere Bewegung und damit auch die einfachere Abdichtung nach außen und die Verwendung von Schmiedewerkstoffen deutlich höhere Anwendungstemperaturen als bei Stellventilen zu. Die Grenzen liegen hier bei Temperaturen von >1000 °C, wobei allerdings hier nicht gleichzeitig die oben angegebenen Nenndruckgrenzen und Differenzdrücke gefahren werden können. Als Beispiel für solch eine Anwendung seien Rauchgasklappen genannt, die in Abmessungen von DN 1000 und darüber bei Temperaturen von ϑ = 1000 °C betrieben werden. Natürlich liegen hier die Differenzdrücke im Millibarbereich.

Als nächste Bauform sei das Drehkegelventil genannt, das von der Bewegung des Drosselkörpers zu den Schwenkstellgeräten zählt und dem Einsatz als Regelgerät mit den Hubstellventilen vergleichbar ist. Die Nennweiten decken etwa denselben Bereich wie die Stellventile ab, wobei jedoch die Nenndruckstufen und beherrschbaren Differenzdrücke durch die Schwenkbewegung ähnlich wie bei den Stellklappen bei PN 63 bzw. Δp von 40 bar begrenzt ist.

Als Drosselelement dient ein Kugelabschnitt, der exzentrisch auf der Welle gelagert ist und somit beim Öffnen schon nach einem kleinen Schwenkwinkel vom Sitz abhebt.

Die Anwendungstemperaturen liegen ähnlich wie bei Stellventilen, wobei allerdings die Grenzen enger gesetzt sind.

Die vierte Gruppe umfasst die Kugelventile oder auch Kugelhähne, bei denen das Drosselelement aus einer Kugel besteht, die entweder einen geraden Durchgang hat oder aber für Regelzwecke mit V-förmigen Schlitzen versehen sein kann. Kugelventile decken ähnliche Bereiche wie Drehkegelventile und Hubstellventile ab, eignen sich aber nur bedingt für Regelaufgaben. Der Vorteil von Kugelventilen liegt im geringen Strömungswiderstand bei voll geöffnetem Ventil und bei Kugeln mit voller Bohrung in der Molchfähigkeit der Leitung. Durch entsprechende Ausführung des Sitzringes erreichen Kugelventile eine hohe Dichtigkeit und werden deshalb häufig als Absperreinrichtungen eingesetzt.

Neben den rein technischen Kriterien spielen jedoch auch ökonomische Gesichtspunkte bei der Auswahl des Stellgerätes eine wichtige Rolle. In Bild 9.37 wurden einmal die relativen Kosten der verschiedenen Bauformen in Abhängigkeit der Nennweite dargestellt. Man erkennt, dass Stellventile und Kugelhähne am oberen Ende der Skala liegen und dass sich bei einer Nennweite von DN 150 ein Schnittpunkt mit den Drosselklappen ergibt. D.h., dass es etwa ab dieser Nennweite interessant werden kann, eine Stellklappe als Alternative für ein Stellventil einzusetzen. Weiterhin kann man erkennen, dass Drehkegelventile jeweils unterhalb der Stellventile und Kugelhähne liegen, wobei hinzukommt, dass der K_{vs}-Wert bei gleicher Nennweite höher liegt.

Am unteren Spektrum sind in einem schraffierten Bereich die so genannten Standardventile angeordnet. Unter Standardbereich versteht man Hubventile in den Nennweiten von DN 15 bis DN 150 oder DN 200 und im Nenndruckbereich bis PN 40. Dieser Bereich wurde vor etwa 15 bis 20 Jahren definiert, und alle namhaften Stellventilhersteller haben heute für diese Anwendungsfälle Ventilbaureihen geschaffen, die durch entsprechende Baukastenprinzipien hier preisgünstige Geräte anbieten. An Werkstoffen wird vom Grauguss über Stahlguss bis zu rostfreien Qualitäten und Sonderwerkstoffen wie Hastelloy eine breite Palette angeboten, die heute 90 bis 95% der Einsatzfälle für Stellventile in der Verfahrenstechnik abdecken.

Bild 9.37
Relative Aufwandskosten von verschiedenen Bauformen in Abhängigkeit von der Nennweite

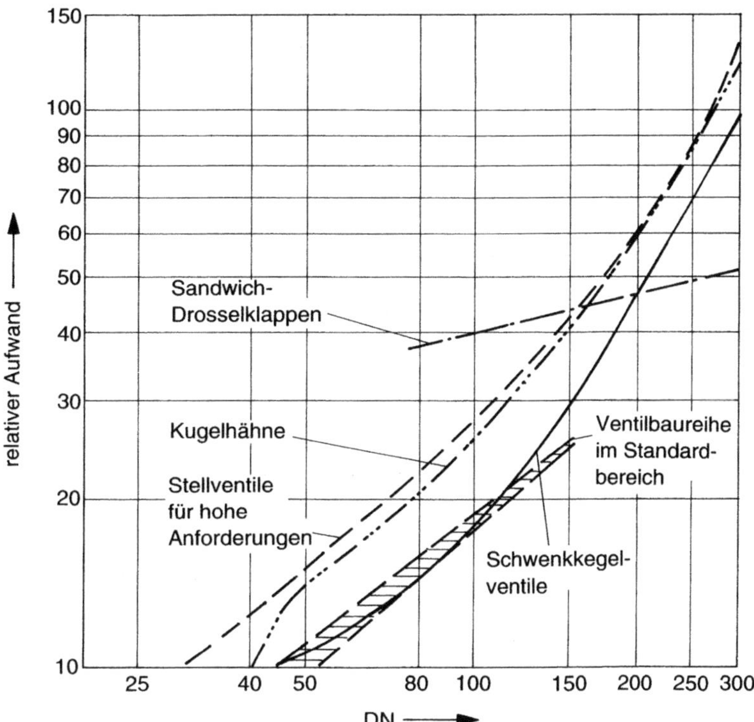

Eine wichtige Auslegungsgröße für Stellgeräte stellt der K_{vs}-Wert dar. Er gibt die Durchflusskapazität eines Ventiles an und wird aus den Prozessdaten bestimmt. Durch die konstruktiven Ausführungen der Stellgeräte erhält man beträchtliche Unterschiede in den K_{vs}-Werten bei vergleichbaren Nennweiten. In Bild 9.38 sind die oben aufgeführten Bauformen Stellventil, Stellklappe, Drehkegelventil und Kugelhahn wiederzufinden, wobei hier die Nennweite über dem K_{vs}-Wert aufgetragen wurde.

Der Faktor K_1 stellt das Verhältnis aus K_{vs}-Wert und der Austrittsfläche des Stellgerätes dar.

$$K_1 = \frac{K_{vs}}{d^2 \cdot \pi/4} \qquad \text{(Gl. 9.20)}$$

Man erkennt, dass der Kugelhahn mit einem K_1 = 4,84 den größten spezifischen K_{vs}-Wert von allen Bauformen aufweist. Vergleicht man z.B. Stellgeräte mit einer Nennweite DN 150 so sieht man, dass bei einem Stellventil der maximale K_{vs}-Wert bei 360 liegt, ein Drehkegelventil erreicht etwa 400, eine Stellklappe etwa 600 und ein Kugelhahn etwa 800. Hieraus ergibt sich, dass man bei einem vorgegebenen K_{vs}-Wert durch Wahl einer anderen Bauform u.U. mit einer kleineren Nennweite auskommen kann.

Zieht man jedoch zusätzlich noch den Druckrückgewinnfaktor F_L mit in die Betrachtungen ein, der stark von der Bauform abhängt, so sieht man, dass die Bandbreite deutlich dichter zusammen liegt. Der Druckrückgewinnfaktor gibt einen Aufschluss über den maximalen Differenzdruck, der in einem Stellgerät ohne Durchflussbegrenzung abgebaut werden kann.

$$\Delta p_{max} = F_L^2 \cdot (p_1 - F_F \cdot p_v)$$

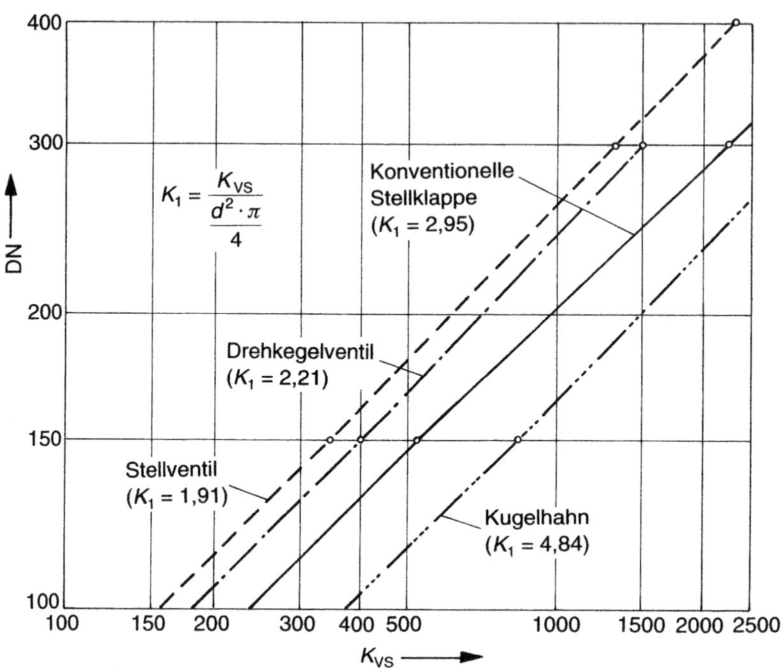

Bild 9.38
Vergleich K_{vs}-Wert/*DN* der verschiedenen Bauformen

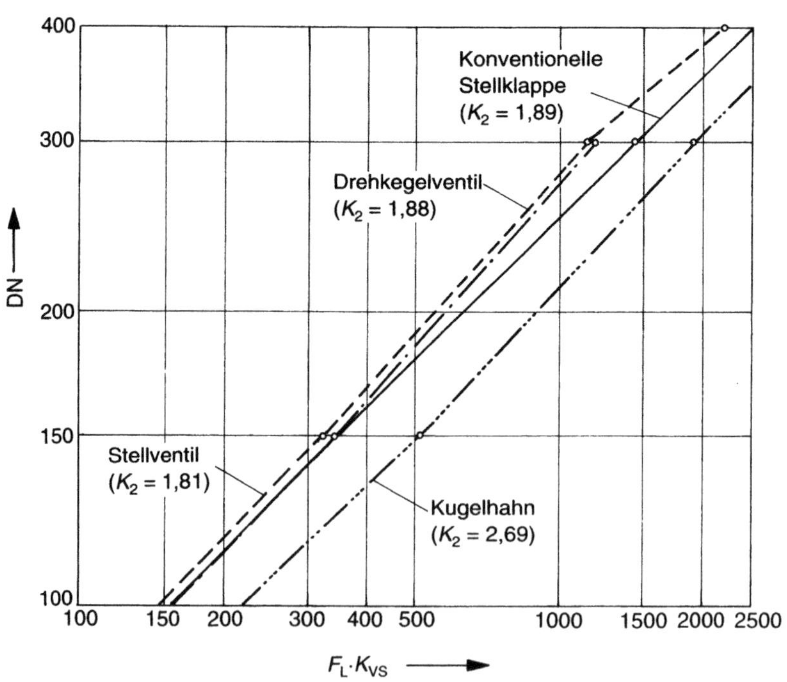

Bild 9.39
Vergleich $K_{vs} \cdot F_L$/*DN* der verschiedenen Bauformen

mit

$$F_F = 0{,}96 - 0{,}28 \cdot \sqrt{\frac{p_v}{p_c}}$$

In Bild 9.39 wurde der K_{vs}-Wert mit dem F_L-Wert multipliziert und über der Nennweite aufgetragen.

Der Faktor K_2 stellt das Produkt aus dem Faktor $K_1 \cdot F_L$ dar.

$$K_2 = F_L \cdot K_1 = \frac{F_L \cdot K_{vs}}{d^2 \cdot \pi/4} \qquad \text{(Gl. 9.21)}$$

Bezieht man also das Strömungsverhalten des Stellgerätes mit in die Betrachtungen ein, so sieht man, dass der Vorteil des großen spezifischen K_{vs}-Wertes abhängig vom Differenzdruck ist.

Eine weitere wichtige Auswahlgröße für Stellgeräte stellt der z-Wert dar, der als akustische Kenngröße eine Aussage über das Kavitationsverhalten eines Stellgerätes gibt. Der z-Wert gibt das Druckverhältnis x_F an, bei dem ein Stellgerät unter 75% Auslastung in Kavitation gerät und ein steiler Anstieg des Schalldruckpegels zu messen ist (Bild 7.25).

$$x_F = \frac{p_1 - p_2}{p_1 - p_2}$$

Aus Bild 7.25 ist ersichtlich, dass die z-Werte von Hubventilen deutlich über den Werten von Drehstellgeräten liegen und damit wesentlich höhere Differenzdrücke kavitationsfrei abbauen können. Während bei Hubventilen z-Werte von 0,2 bis 0,8 erreicht werden, liegen Klappen und Drehkegelventile bei Werten < 0,3, d.h., dass bei diesen Geräten früher Kavitation eintritt als bei Hubventilen. Dieses Verhalten ist bei der Auswahl der Bauform mit zu berücksichtigen, wenn alternativ zu Hubventilen Drehstellgeräte eingesetzt werden.

10 Abnahmeprüfungen und Normen für Armaturen

Wer Armaturen fertigt und vertreibt, muss sicherstellen, dass die aus amtlichen und nichtamtlichen Vorschriften, Technischen Regeln und ergänzenden Forderungen des Bestellers sich ergebenden Prüfungen fertigungsabhängig überwacht und dokumentiert werden können. Diese Forderung bedingt, dass die Qualitätssicherung (Bild 10.1) einen großen Raum in heutigen Firmen einnimmt. In der Regel arbeiten 5 bis 10% der Mitarbeiter einer Produktionsfirma in der Qualitätssicherung. Nur mit diesem Aufwand ist es möglich, die Produkte nach dem Stand der Technik zu fertigen.

> Eine Definition von Qualität:
> «Qualität ist die Erfüllung der Forderungen und Erwartungen, die der Kunde an ein Produkt oder eine Dienstleistung stellt.»

Der Ablauf der Produktprüfung unterteilt sich in zwei Gruppen. Wichtig ist der Hinweis, dass die Vorschriften, nach denen geprüft werden soll, und die Art der Bescheinigung spätestens bei der Bestellannahme vereinbart sein muss. Die Ausstellung von Bescheinigungen nach der Lieferung ist in der Regel nicht möglich oder sehr aufwändig. In der VDMA 24 421 «Abnahme und Prüfungen von Armaturen» sind die hier verwendeten Begriffe näher erläutert und definiert. Unter Abnahmen (technisch) versteht man nach der VDMA 24 421 die Prüfüberwachung durch einen Sachverständigen. Die Prüfüberwachungen können bei den verschiedensten Fertigungsstufen durch Sachverständige, werks- oder kundenbeauftragte (fertigungsunabhängige) Personen sein (Tabelle 10.1).

Die juristische Bedeutung von Abnahme ist die Übernahme der Lieferung nach Fertigstellung durch den Besteller oder seinen Beauftragten als stillschweigende oder ausdrückliche Billigung. Diese Definition ist in der Technik unüblich.

Prüfungen und Abnahmen von Armaturen werden in der Regel nach DIN 50 049 bestätigt.

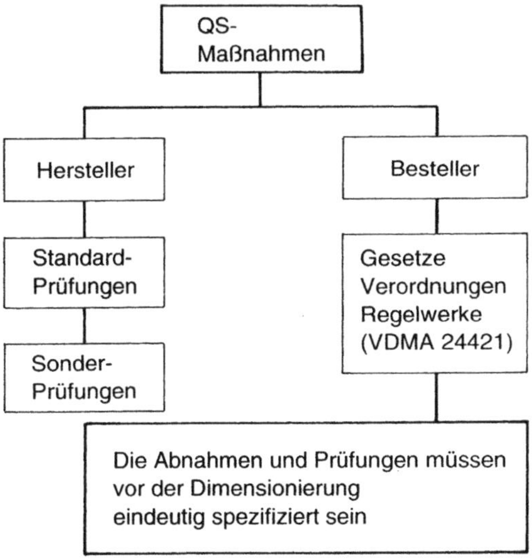

QS-Maßnahmen
Hersteller
Standard-Prüfungen
Sonder-Prüfungen
Besteller
Gesetze Verordnungen Regelwerke (VDMA 24421)
Die Abnahmen und Prüfungen müssen vor der Dimensionierung eindeutig spezifiziert sein

10.1 Qualitätssicherung

Die DIN 50 049 «Bescheinigung über Materialprüfung» enthält seit mehreren Jahrzehnten als

Tabelle 10.1 Sachverständigenabnahme

Amtliche Sachverständige	Arbeitsministerium, TÜA, AfA Hamburg
Amtlich anerkannte Sachverständige	TÜV, MPA, BAM, DVG
Ermächtigte Sachverständige	Eigenüberwachung in Großbetrieben (BASF, Bayer, Hüls AG, Hoechst usw.)
Beauftragte Sachverständige	TÜV, TÜA, Germanische Lloyd, Det Norske, Veritas, Bureau Veritas, ABS usw.
Werks-sachverständige	Fertigungsunabhängige Mitarbeiter (Sachverständige) des Herstellers bzw. Lieferwerkes

anerkannte Regel den organisatorischen Rahmen für Bescheinigungen über Materialprüfungen (Tabelle 10.2). Sie enthält keine Festlegung über die anzuwendenden Prüfverfahren und den Prüfumfang. Es ist deshalb unzureichend, in Bestellungen lediglich vorzuschreiben: «Werkszeugnisse nach DIN 50 049».

Zu ergänzen sind grundsätzlich:

- Art der gewünschten Bescheinigung,
- zu prüfende Einzelwerte oder Eigenschaften wie z.B. Härte, Festigkeit, Legierungsanteile usw.
- Prüfverfahren für die einzelnen Prüfwerte, soweit sie nicht durch den Hinweis auf Normen dort bereits festgelegt sind,
- Prüfumfang für die einzelnen Prüfungen.

Es wird in der VDMA 24 421 zwischen einer Material-(Werkstoff-) und einer Bauprüfung unterschieden (Tabelle 10.3).

Materialprüfungen dienen der Feststellung bestimmter Werkstoffeigenschaften und werden in der Regel nur an den abnahmepflichtigen Teilen der Armatur und des Vormaterials entsprechend den festgelegten Regeln/Normen durchgeführt.

Unterschieden wird die Prüfung des Materials:

- *Zerstörende Prüfungen* werden durchgeführt, um Materialkennwerte, wie Streckgrenze, Druck-/Biegefestigkeit usw., festzustellen. Dazu werden Vormaterialproben verwendet.
- *Zerstörungsfreie Prüfungen* werden durchgeführt, um Fehler im Innern (Durchstrahlungs- und Ultraschallprüfungen) und um Fehler an der Oberfläche (Magnetpulver- und Farbeindringprüfungen) festzustellen. Diese Prüfungen werden an der Einzelarmatur vorgenommen.

Materialprüfungen werden in der Regel vom Materiallieferanten (z.B. Gießerei) durchgeführt. In einem Zeugnis werden dann, je nach Prüfgrundlage, die Ergebnisse der physikalischen und chemischen Prüfungen bestätigt. Durch die zunehmenden Qualitätsanforderungen an Standardregelarmaturen, gerade in Bezug auf Werkstoffqualität, kommen erhöhte Prüfaufwendungen auf die Armaturenindustrie und die Anwender zu, wodurch sich die Kosten für Armaturen beträchtlich erhöhen. Eine Garantie für ein fehlerfreies Gussstück kann auch bei größtem Aufwand nicht gegeben werden.

Bei den Gussfehlern unterscheidet man in Oberflächenfehler – also Risse und Poren, die durch eine Farbeindringprüfung oder aber

Tabelle 10.2 Bescheinigungsarten nach DIN 50 049*

Bescheinigung nach DIN 50049	**Prüfverantwortung**	**Lieferbedingungen**	**Grundlage**
– 2.1 Werksbescheinigung	Hersteller	nach Angaben des Bestellers oder amtlichen Vorschriften und technischen Regeln	betriebliche Prüfungen und Fertigungskenntnisse
– 2.2 Werkszeugnis			
– 2.3 Werksprüfzeugnis			Ergebnisse aus Prüfungen
– 3.1 A Abnahmeprüfzeugnis A	in Vorschrift genannter Sachverständiger	amtlichen Vorschriften/Regeln	Ergebnisse aus Prüfungen an der Lieferung oder den angegebenen Prüfeinheiten
– 3.1 B Abnahmeprüfzeugnis B	Werkssachverständiger	Bestellerangaben amtl. Vorschrift/Regeln	
– 3.1 C Abnahmeprüfzeugnis C	vom Besteller beauftragter Sachverständiger	Bestellerangaben	
– 3.2 A Abnahmeprotokoll A	wie 3.1 A zusätzlicher Werkssachverständiger	wie 3.1 A	wie 3.1 A
– 3.2 C Abnahmeprüfprotokoll C	wie 3.1 C zusätzlicher Werkssachverständiger	wie 3.1 C	wie 3.1 C

* entspricht der DIN EN 10 204

Tabelle 10.3 Typische Standardprüfungen bei Armaturen

Prüfung	Vorschrift
des Ausgangsmaterials	
Zerstörungsfreie Werkstoffprüfung nach den Regeln der Technik	z.B. DIN 17 245
Einhaltung der Bestellangaben	DIN 3230 AA
am bearbeiteten Einzelteil	
Sichtprüfung	AD A4 6.1
Festigkeitsprüfung aller drucktragenden Teile mit Wasser 1,5 x PN	DIN 3230 BO, AD A4 6.2
an der kompletten Armatur	
Prüfung der Bestelldaten	DIN 3230 AA
Prüfung der Ausführung und Oberfläche	DIN 3230 AA, AE, AP
Prüfung der Kennzeichnung	DIN 3230 AC/AD A4 7.2
Dichtheitsprüfung mit 1 bar Luft nach der Bubble-Methode oder mit Schäummittel	DIN 3230 BF/AD A4 6.3
Dichtheit des Abschlusses mit 1 bar Luft	VDI 2174
Prüfung des Arbeitsbereichs vom Antrieb	DIN 3230 AG
Prüfung des Ventilhubs	DIN 3230 AG

Magnetpulverprüfung festgestellt werden können – und in Volumenfehler, die mit einer Durchstrahlungsprüfung oder Ultraschallprüfung nachzuweisen sind. All diese Verfahren sind mit erheblichen Kosten verbunden und haben nur eine begrenzte Aussagekraft. Um hier eine kostengünstigere Lösung zu schaffen, wurde ein Weg gewählt, der bislang nur im Kraftwerksbereich angewendet wurde, d.h., parallel zu den gegossenen Gehäusen werden geschmiedete Gehäuse im Bereich der Standardarmaturen eingesetzt.

Die Bauprüfungen werden in zwei Abschnitte aufgeteilt:

- *Begleitende Fertigungsprüfungen* werden während der Fertigung an den Bauteilen bzw. Baugruppen durchgeführt. Serienteile werden in der Regel nach Losgröße geprüft. Die zu prüfenden Merkmale werden in Prüfplänen festgelegt.
- *Endprüfungen* werden an der fertigen Armatur durchgeführt, z.B. Sichtprüfung, Druck- und Dichtheitsprüfungen.

Bei den Prüfgrundlagen wird unterschieden zwischen technischen Regeln, technischen Empfehlungen und Kundenspezifikationen. Die technischen Regeln (Tabelle 10.4) enthalten sowohl Prüffestlegungen nach amtlichen (gesetzlichen) Vorschriften als auch solche, deren Anwendung empfohlen wird. Technische Regeln werden von Fachleuten erstellt und laufend dem Stand der Technik angepasst. Die Regeln müssen sich in der Praxis bewähren, bevor sie dann zu anerkannten Regeln der Technik werden.

Die Regelwerkzuordnung hängt von den gesetzlichen Bestimmungen ab. Dazu gehören z.B.:

- Druckgeräte-Richtlinie,
- Verordnung über brennbare Flüssigkeiten (TRbF),
- Verordnung über Gashochdruckleitung (TRG).

Einige Regelwerke enthält Tabelle 10.5.

Zu den technischen Regeln kommen noch spezielle Prüfforderungen von Kunden hinzu. Dies sind vom Besteller ergänzende Anforderungen oder Prüfungen, deren Durchführung in der Regel in Kundenvorschriften festgelegt ist. Die ergänzenden Prüfungen müssen vom Hersteller entsprechend durchgeführt und dokumentiert werden. Bei der Durchführung von Prüfungen werden je nach Abnahmeart Werks- oder Fremdsachverständige teilnehmen und das richtige Vorgehen beachten und auf dem Abnahmezeugnis bestätigen. Die Kos-

Tabelle 10.4 Technische Regelwerke

Abkürzung	
DGRL	Druckgeräte-Richtlinie
RTRbF 301	Technische Regel für brennbare Flüssigkeiten
TRG	Technische Regel Druckgas
TRAC	Technische Regeln Acetylenanlagen
DVGW	Deutscher Verein des Gas-, Wasserfaches e. V.
AD-Merkblätter	Arbeitsgemeinschaft Druckblätter
DIN-Normen	Deutsches Institut für Normung e. V.
VdTÜV-Merkblätter	Verein der technischen Überwachungsvereine e. V.
VDE	Vereine Deutscher Elektrotechniker e. V.
VDI	Verein Deutscher Ingenieure
VDMA	Verein Deutscher Maschinen- und Anlagenbau e. V.
UVV	Unfallverhütungs-Vorschrift
ASME	The American Society of Mechanical Engineers
API	American Petroleum Institute
BS	British Standard
ISO-Normen	International Organization for Standardisation
IEC-Normen	International Electrotechnical Commission
EN-Normen	Europäische Norm
CEN	Comité Européen de Normalisation
JIS	Japanese Industrial Standard

Tabelle 10.5 Normen und Richtlinien

Stellventile für die Prozessregelung Begriffe und allgemeine Betrachtungen Identisch mit IEC 534-1: 1987	DIN IEC 534 Teil 1
Stellventile für die Prozessregelung Durchflusskapazität Hauptabschnitt 1: Bemessungsgleichung für Inkompressible Fluide unter Einbaubedingungen	DIN IEC 534 Teil 2-1
Stellventile für die Prozessregelung Durchflusskapazität Hauptabschnitt 2: Bemessungsgleichung für kompressible Fluide unter Einbaubedingungen	DIN IEC 534 Teil 2-2
Stellventile für die Prozessregelung Durchflusskapazität Prüfverfahren Identisch mit IEC 534-2-3 Ausgabe 1983	DIN IEC 534 Teil 2-3
Stellventile für die Prozessregelung Durchflusskapazität Inhärente Durchflusskennlinien und Stellverhältnis Identisch mit IEC 534-2-4: 1989	DIN IEC 534 Teil 2-4

Tabelle 10.5 (Fortsetzung)

Stellventile für die Prozessregelung Maße Einbaulängen von flanschlosen Stellventilen mit Ausnahme von Stellklappen Identisch mit IEC 534-3-2 Ausgabe 1984	DIN IEC 534 Teil 3-2
Stellventile für die Prozessregelung Abnahme und Prüfungen Identisch mit IEC 534-4: 1982 (Stand 1986)	DIN IEC 534 Teil 4
Stellventile für die Prozessregelung Kennzeichnung	DIN IEC 534 Teil 5
Stellventile für die Prozessregelung Befestigung von Stellungsreglern an Stellantrieben, Montageeinzelheiten Identisch mit IEC 534-6 Ausgabe 1985	DIN IEC 534 Teil 6
Stellventile für die Prozessregelung Datenblatt für Stellventile Identisch mit IEC 534-7: 1989	DIN IEC 534 Teil 7
Stellventile für die Prozessregelung Geräuschemission: Laboratoriumsmessungen von Geräuschen bei gasdurchströmten Stellventilen Identisch mit IEC 534-8-1: 1986	DIN IEC 534 Teil 8-1
Strömungstechnische Kenngrößen von Stellventilen und deren Bestimmung	VDI/VDE 2173
Mechanische Kenngrößen von Stellgeräten für strömende Stoffe und deren Bestimmung	VDI/VDE 2174
Strömungstechnische Kenngrößen von Stellklappen und deren Bestimmung	VDI/VDE 2176 Blatt 1
Beschreibung und Untersuchung von Stellungsreglern mit pneumatischen Ausgang	VDI/VDE 2177
Stellantriebe zur Betätigung von Stellgliedern Kenngrößen pneumatischer Stellantriebe	VDI/VDE 3844 Blatt 1
Stellantriebe zur Betätigung von Stellgliedern Kenngrößen elektrohydraulischer Stellantriebe	VDI/VDE 3844 Blatt 2
Stellgeräte für strömende Stoffe Verbindungsstellen Stellglied – Stellantrieb – Stellgeräte – Zubehör Industrial Process Control Valves Interfaces between Valves, Actuators and Auxiliary Equipment	VDI/VDE 3845 Ausg. deutsch/englisch Issue German/English
Armaturen Abnahme und Prüfung von Armaturen Begriffe, Aufwand, Kosten	VDMA 24421
Armaturen Richtlinien für die Geräuschberechnung Regel- und Absperrarmaturen	VDMA 24422
Armaturen Geräuschmessung an Ventilen Luftschallmessung, Hüllflächen-Verfahren	VDMA 24423

ten für Abnahmen und Prüfungen sind je nach Abnahmeart in den Herstellerpreisen mit enthalten oder werden nach Aufwand berechnet, oder sie werden mit pauschalen Abnahmekosten angegeben.

In den Herstellerpreisen sind in der Regel nur die Kosten für die Prüfungen nach dem Werksstandard mit enthalten und in diesem Rahmen übernimmt auch der Hersteller die Gewährleistung für die Qualität seines Produktes. Darüber hinausgehende Forderungen des Kunden müssen auch von diesem vergütet werden. Die Berechnung nach Aufwand erfolgt nach der durchgeführten Abnahme und enthält alle dabei entstandenen Kosten, wie z.B. Sachverständigenhonorar, Fahrtkosten usw. Vorsicht: Die Abnahmekosten für Stellgeräte können je nach Aufwand den Herstellungspreis des Stellgerätes überschreiten.

B Sicherheitsarmaturen

11 Einleitung

Sicherheitsarmaturen (Sicherheitsventile und Berstsicherungen) haben die Aufgabe, unzulässige Drucküberschreitungen in Rohrleitungssystemen, Druckbehältern und Kesseln zu verhindern, um Gefahren für Menschen, Anlagen und Umwelt auszuschalten. Sie sind höher eingestellt als der Betriebsdruck der abzusichernden Anlage (Bild 11.1).

Von den Sicherheitsventilen wird verlangt:

- bei Erreichen seines Ansprechdruckes muss das Sicherheitsventil öffnen,
- mit weiterem Druckanstieg muss das Sicherheitsventil den Massenstrom übernehmen und stabil abführen,
- nach Druckabsenkung im System muss das Sicherheitsventil wieder schließen.

Berstsicherungen werden für folgende Fälle eingesetzt:

- wenn der Druckanstieg so stark ist, dass das Sicherheitsventil nicht schnell genug ansprechen kann,
- wenn selbst eine minimale Undichtheit nicht zugelassen werden kann,
- wenn aufgrund der Betriebsbedingungen starke Ablagerungen oder Verklebungen entstehen, so dass ein Sicherheitsventil nicht mehr einwandfrei arbeiten kann,
- wenn infolge kalter Betriebsbedingungen die Funktion eines Sicherheitsventils gestört werden könnte.

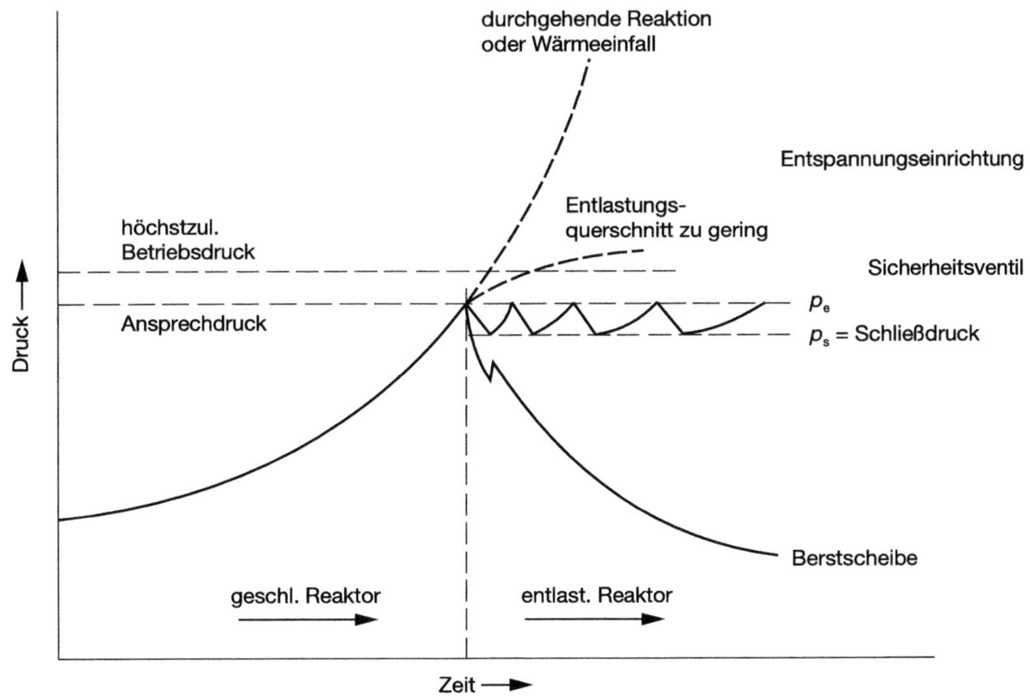

Bild 11.1 Zeitlicher Druckverlauf im Reaktor in Abhängigkeit der Entlastungseinrichtung

Grafische Symbole Form	Benennung, Bemerkung, Anwendungsbeispiel
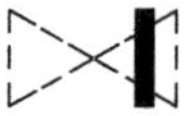	Absperrventil mit Sicherheitsfunktion
	Der breite Querstrich ist auf der Austrittseite anzuordnen, kombinierbar mit Symbolen für Absperrarmaturen. 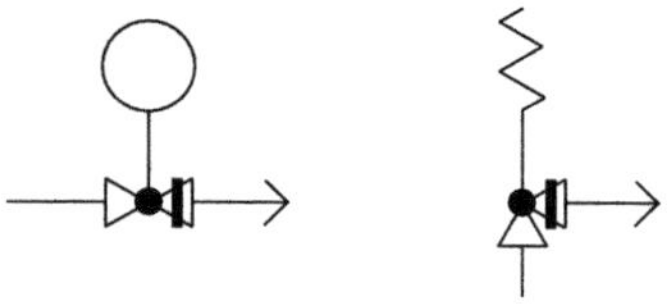
	Berstscheibe gewölbt
	Die Fließrichtung ist anzugeben

Bild 11.2
Bildzeichen für Armaturen mit Sicherheitsfunktion nach DIN 2429 T.2

Die genormten Bildzeichen für Sicherheitsarmaturen, Berstscheiben sowie für Flammensperren und Detonationssicherungen sind in den Bildern 11.2 und 11.3 dargestellt.

Grafische Symbole	
Form	Benennung, Bemerkung, Anwendungsbeispiel
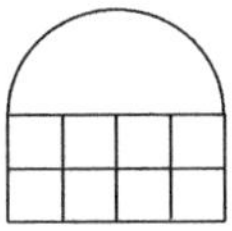	Dauerbrandsicherung Einsetzbar als Endsicherung. Die Flamme brennt auf der Seite des Halbkreises.
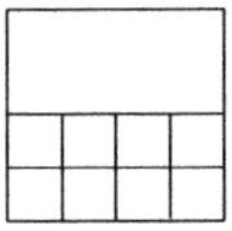	Explosionssichere Flammensperre Einsetzbar als Endsicherung (Raumsicherung) oder Rohrsicherung. Die Explosion tritt auf der Seite des Rechteckes auf.
	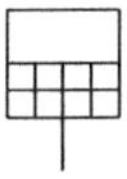 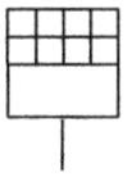 Explosions-Endsicherung 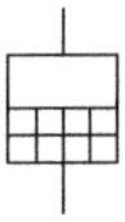 / Explosions-Rohrsicherung
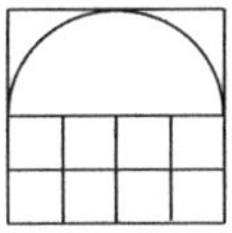	Explosionssichere Flammensperre in dauerbrandsicherer Ausführung. Einsetzbar als Endsicherung (Raumsicherung) oder Rohrsicherung. Die Explosion tritt auf der Seite des Rechteckes bzw. des Bogens auf.
	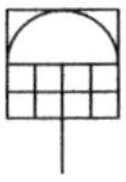 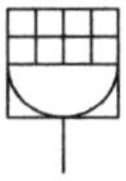 Explosions-Endsicherung 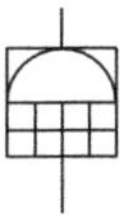 / Explosions-Rohrsicherung
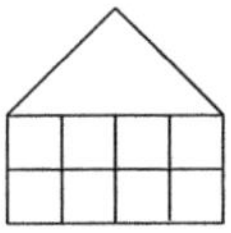	Detonationssicherung Nur als Rohrsicherung einsetzbar. Die Detonation tritt auf der Seite des Dreieckes auf.
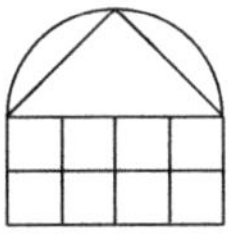	Detonationssicherung in dauerbrandsicherer Ausführung. Nur als Rohrsicherung einsetzbar.Die Detonation tritt auf der Seite des Dreieckes bzw. Bogens auf.

Bild 11.3 Bildzeichen für Flammensperren und Detonationssicherungen nach DIN 2429 T.2

12 Ermittlung des abzuleitenden Massenstroms

Der abzuleitende Massenstrom q_m muss so groß sein, dass der im Druckbehälter auftretende Druckanstieg den zulässigen Druck nicht um mehr als 10% überschreitet.

12.1 Berechnungsbeispiele

An typischen Beispielen wird die Berechnung dargestellt.

Beispiel 12.1
max. Massenstrom in Behälter 2 (Bild 12.1)

max. Fall:
- ❑ CV1 voll offen
- ❑ V1 voll offen
- ❑ p_1 entspricht Abblasedruck Y1

Der Massenstrom q_m ist mit Überströmgleichung zu berechnen.

Beispiel 12.2
Medienführung über einen Widerstand (Bild 12.2)

max. Fall: ❑ V1 geschlossen

Der Massenstrom q_m wird über $\Delta p_{1,2}$ ermittelt und über Y2 abgeführt.

Beispiel 12.3
Strömungsmaschine (Bild 12.3)

max. Fall:
- ❑ q_m ist der max. Förderstrom der Strömungsmaschine,
- ❑ Y2 hat niedrigeren Druck p_2 als der Druck für Y1,
- ❑ Beim Schließen von V2 muss Y2 den max. Förderstrom dann ableiten.

Pumpen: $q_m = q_v \cdot \rho_I$ (Bild 12.4)

Verdichter: $q_m = q_v \cdot \rho_G$ (Bild 12.5)

Anmerkung:
Wenn Y für den 0-Förderdruck ($q_v = 0$) bemessen ist, dann braucht der Massenstrom der Strömungsmaschine nicht berücksichtigt zu werden.

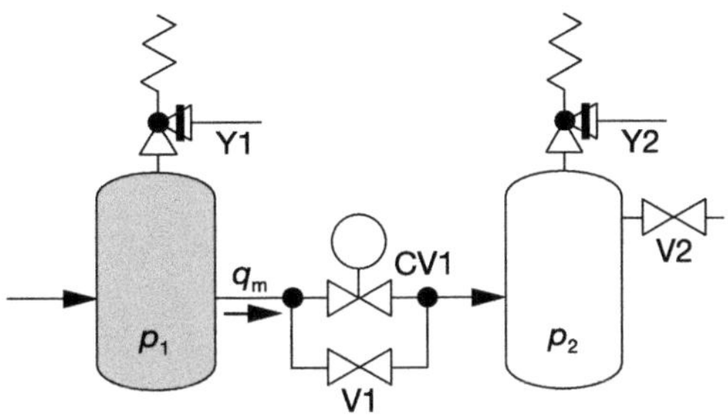

Bild 12.1 Maximaler Massenstrom q_m in Behälter 2

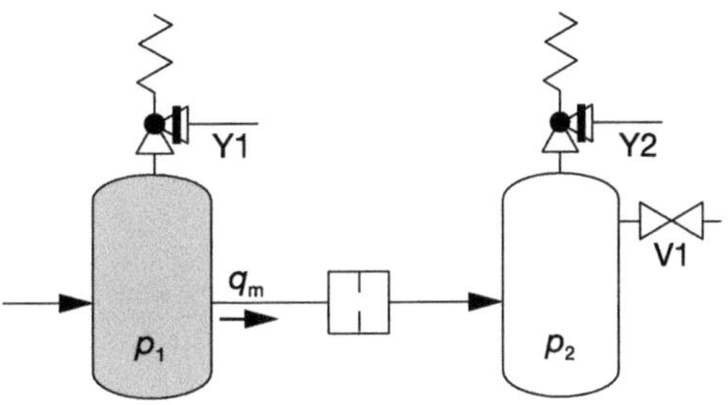

Bild 12.2 Medienführung über einen Widerstand

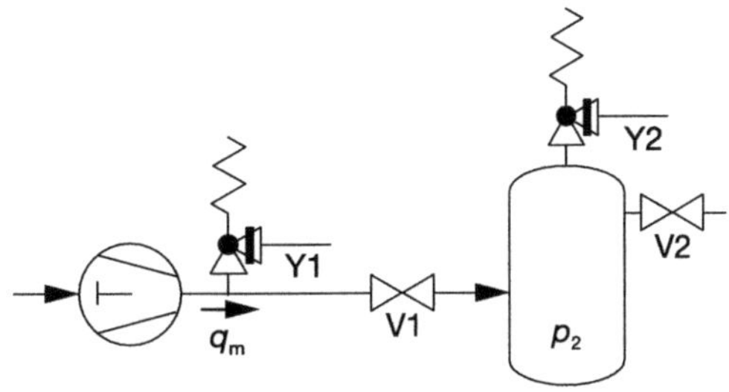

Bild 12.3 Strömungsmaschinen

Beispiel 12.4
Rohrbruch (Bild 12.6)

max. Fall: ❑ Rohrbruch mit Einströmung

Massenstrom q_m wird mit 2-fachem Rohrquerschnitt ermittelt, da bei einem Bruch des Rohres die Ausströmung an beiden Seiten erfolgt.

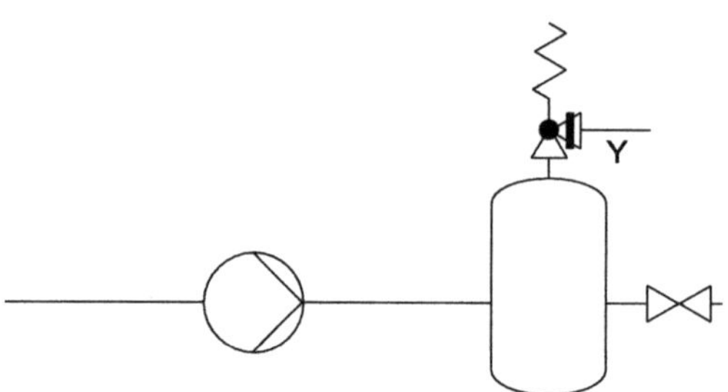

Bild 12.4 Pumpen

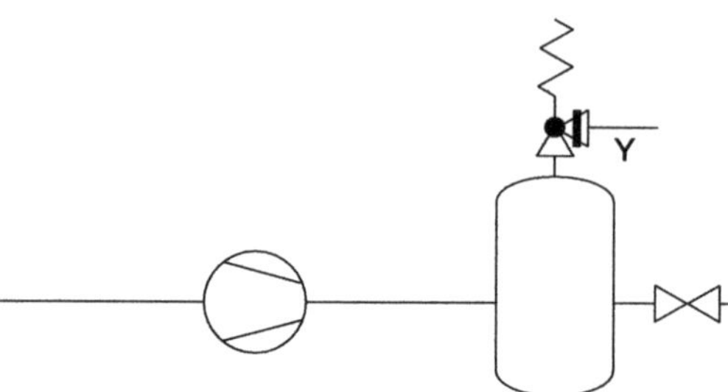

Bild 12.5 Verdichter

Beispiel 12.5
Behälter mit Beheizung (Bild 12.7)

max. Fall: ❑ V1 geschlossen

$$q_m = \frac{k \cdot A \cdot \Delta\vartheta_{a,i}}{\Delta h_v} \quad \text{(Gl. 12.1)}$$

mit: k Wärmedurchgangskoeffizient (k-Wert ohne Fouling).

Beispiel 12.6
Wärmeaustauscher (Bild 12.8)

max. Fall: ❑ Schließen von V1 und V2

bei Flüssigkeiten im Mantelraum:

$$q_F = \frac{\beta_l}{c_l} \cdot \dot{Q} \quad \text{(Gl. 12.2)}$$

bei Gasen im Mantelraum:

$$q_G = \frac{1}{c_p \cdot T} \cdot \dot{Q} \quad \text{(Gl. 12.3)}$$

$$\dot{Q} = k \cdot A \cdot \Delta\vartheta_m \quad \text{(Gl. 12.4)}$$

k-Wert ohne Fouling.

Beispiel 12.7
Wärmeeinwirkung von außen (Bild 12.9)

Es gibt verschiedene Arten der Wärmezufuhr auf einen Druckbehälter, die zu einem unzu-

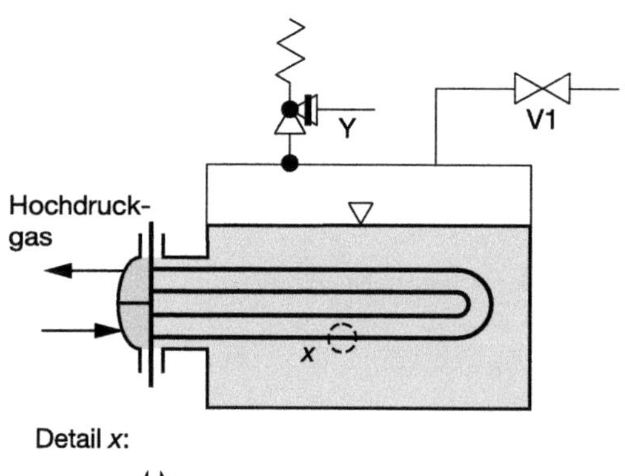

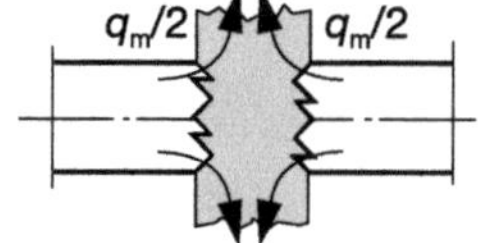

Bild 12.6 Rohrbruch

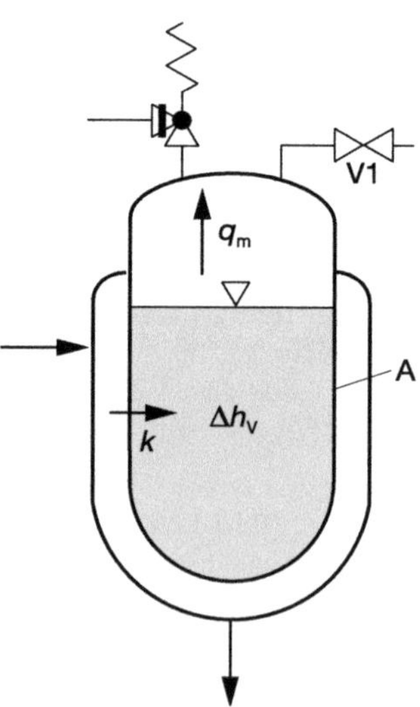

Bild 12.7 Behälter mit Beheizung

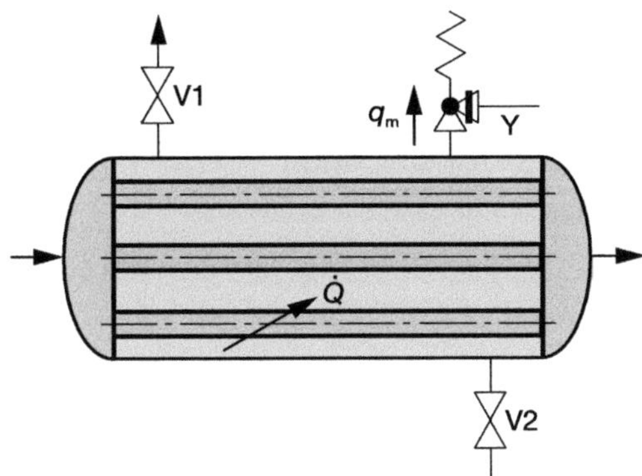

Bild 12.8 Wärmeaustauscher

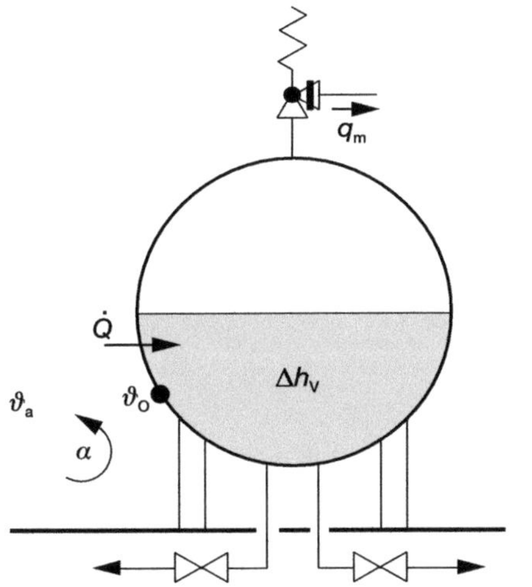

Bild 12.9 Wärmeeinwirkung von außen

lässig hohen Druckanstieg führen können. Eine Ursache für die Wärmezufuhr kann ein äußeres Feuer sein.

$$q_m = \frac{\dot{Q}}{\Delta h_v} \quad \text{(Gl. 12.5)}$$

$$\dot{Q} = \alpha \cdot A \cdot \Delta\vartheta_{a,0} \quad \text{(Gl. 12.6)}$$

Bei Strahlung:

$$\alpha_{Str} = \varepsilon_1 \cdot \varepsilon_2 \cdot \varphi_{1,2} \cdot C_S \cdot \frac{T_a^4 - T_0^4}{T_a - T_0} \quad \text{(Gl. 12.7)}$$

mit: A benetzte Fläche (bei Brand, bis in eine Höhe von 8 m).

Die Wärmeentwicklung kann bei äußerem Feuer je nach Brandursache stark abweichen; deshalb ist es notwendig, diese in einem «Standardfeuer» zu vereinheitlichen. Die durch ein solches «Standardfeuer» entstehende Wärmemenge lässt sich mit den Formeln der API-Richtlinien 520 und 521 berechnen.

Brand: ❑ Standardfeuer nach API-520/521

$$\dot{Q} = 43{,}2 \cdot F \cdot A^{0,82} \quad \text{[kW]} \quad \text{(Gl. 12.8)}$$

A in [m²]

bei:

$F = 1{,}0$ für nicht isolierte Behälter
$F = 0{,}3$ mit 25 mm Dämmdicke
$F = 0{,}15$ mit 50 mm Dämmdicke
$F = 0.075$ mit 100 mm Dämmdicke

Bei ungenügender Drainage und fehlenden Feuerbekämpfungsmaßnahmen ist die Gleichung in $Q = 71 \cdot F \cdot A^{0,82}$ zu ändern.

Beispiel 12.8
Chemische Reaktion

$$q_m = V_0 \cdot (1 - \varphi) \cdot \rho_G \cdot \frac{1}{p} \cdot \frac{dp}{dt} \quad \text{(Gl. 12.9)}$$

V_0 Behältervolumen
φ Füllungsgrad

Beispiel 12.9
Brand

Gasbehälter:

$$q_{mG} = \frac{50\,000 \cdot A_0^{0,82}}{1 + \frac{(c \cdot M)_{St}}{(c \cdot M)_G}} \cdot \frac{1}{c_p \cdot T} \quad \text{[kg/h]} \quad \text{(Gl. 12.10)}$$

Flüssigkeitsbehälter:

$$q_{mF} = 150\,000 \cdot A_0^{0,82} \cdot \frac{\beta_F}{c_F} \quad \text{[kg/h]} \quad \text{(Gl. 12.11)}$$

Siedende Flüssigkeit:

$$q_{mD} = \frac{150\,000 \cdot A_0^{0,82}}{\Delta h_v} \quad \text{[kg/h]} \quad \text{(Gl. 12.12)}$$

A_0 mit: $H \leq 8$ m
$H \geq D/2$

A_0 in [m²]
Δh_v in [kJ/kg]
c_F in [kJ/(kg · K)]
β_F in [1/K]

Bild 12.10 Ersatzsystem für Überströmung

12.2 Gleichungen für die Überströmung: (Bild 12.10)

$q_m = q_v \cdot \rho$ mit: $q_v = A_{Bez} \cdot w_{Bez}$

Flüssigkeit: $w_F = \alpha_F \cdot \sqrt{\dfrac{2 \cdot \Delta p_{1,2}}{\rho_F \cdot \Sigma\zeta}}$ (Gl. 12.13)

mit: $\Sigma\zeta = \lambda \cdot \dfrac{L}{d} + \zeta_i$

(auf Bezugsgrößen achten)

jeweils: λ und ζ für den ungünstigsten Fall (glatte Rohre und niedrigste ζ-Werte)

Gas: $$w_G = \alpha_G \cdot \sqrt{\frac{2 \cdot \Delta p_{1,2} \cdot \left(1 - \dfrac{\Delta p_{1,2}}{2 \cdot p_1}\right)}{\rho_G \cdot \left(\Sigma\zeta - \ln\left(1 - \dfrac{\Delta p_{1,2}}{p_1}\right)^2\right)}}$$ (Gl. 12.14)

wenn $w_G = c_{Schall}$

$$\frac{p_1}{p_1 - \Delta p_{1,2}} = \sqrt{1 + \kappa \cdot \left(\Sigma\zeta + 2 \cdot \ln \frac{p_1}{p_1 - \Delta p_{1,2}}\right)}$$ (Gl. 12.15)

2-Phasen-Strömung:

$$w_{Zph} = \frac{\alpha}{\sqrt{\Sigma\zeta}} \cdot \sqrt{\frac{\Delta p_{1,2}}{\rho_F \cdot (1 - n_G)} - \frac{n_G \cdot p_1}{\rho_G \cdot (1 - n_G)^2} \cdot \ln\left(\frac{1 - n_G + \dfrac{n_G}{q}}{(1 - n_G) \cdot \left(1 - \dfrac{\Delta p_{1,2}}{p_1}\right) + \dfrac{n_G}{q}}\right)}$$ (Gl. 12.16)

mit: n_G Gasanteil

$q = \dfrac{\rho_G}{\rho_F}$ (Dichteverhältnis)

$$\rho_{Zph} = \frac{1}{\dfrac{n_G}{\rho_G} + \dfrac{1 - n_G}{\rho_F}}$$ (Gl. 12.17)

α… Ausflussziffer

13 Sicherheitsventile

13.1 Bauarten

Es gibt folgende Bauarten von Sicherheitsventilen:

- *direkt wirkende Sicherheitsventile*
  Bei direkt wirkenden Sicherheitsventilen wirkt der Öffnungkraft unter dem Ventilkegel eine direkte mechanische Belastung (z.B. ein Gewicht, Gewicht mit Hebel, Feder) als Schließkraft entgegen;
- *gesteuerte Sicherheitsventile*
  Gesteuerte Sicherheitsventile bestehen aus Hauptventil und Steuereinrichtung. Hierunter fallen auch direkt wirkende Sicherheitsventile mit Zusatzbelastung, bei denen bis zum Erreichen des Ansprechdruckes eine zusätzliche Kraft die Schließkraft verstärkt.

Die Schließkraft bzw. zusätzliche Kraft kann mechanisch (z.B. durch Feder), durch Fremdenergie (z.B. pneumatisch, hydraulisch oder elektromagnetisch) und/oder durch Eigenmedium aufgebracht werden. Sie wird bei Überschreiten des Ansprechdruckes selbsttätig aufgehoben oder so weit verringert, dass das Hauptventil durch den auf den Ventilteller wirkenden Mediumdruck oder durch eine andere in Öffnungsrichtung wirkende Kraft öffnet. Hierbei kann das Hauptventil nach dem Be- oder Entlastungsprinzip betätigt werden, und Steuereinrichtungen können nach dem Ruhe- oder Arbeitsprinzip wirken.

Das *Belastungsprinzip* ist dadurch gekennzeichnet, dass das Hauptventil beim Aufbringen der Belastung öffnet.

Das *Entlastungsprinzip* ist dadurch gekennzeichnet, dass das Hauptventil bei Aufheben der Belastung öffnet.

Das *Ruheprinzip* der Steuerung ist dadurch gekennzeichnet, dass die Steuereinrichtung bei Ausfall der Steuerenergie die Be- oder Entlastung bewirkt. Steuereinrichtungen mit Eigenmedium werden dem Ruheprinzip zugeordnet.

Das *Arbeitsprinzip* der Steuerung ist dadurch gekennzeichnet, dass die Steuereinrichtung bei Ausfall der Steuerenergie keine Be- oder Entlastung bewirkt.

- **Membran-Sicherheitsventil**
  Ein Membran-Sicherheitsventil ist ein direkt belastetes Sicherheitsventil, bei dem gleitende und drehende Teile sowie Federn vor Einflüssen des Mediums durch eine Membran geschützt sind.
- **Faltenbalg-Sicherheitsventil**
  Ein Faltenbalg-Sicherheitsventil ist ein direkt belastetes Sicherheitsventil, bei dem gleitende und drehende Teile (teilweise oder vollständig) sowie Federn vor Einflüssen des Mediums durch einen Faltenbalg geschützt sind. Der Faltenbalg kann so ausgebildet sein, dass die Einflüsse von Gegendrücken weitgehend kompensiert sind.
- **Folien-Sicherheitsventil**
  Ein Folien-Sicherheitsventil ist ein direkt belastetes Sicherheitsventil mit einer am Sitz eingespannten Folie, die bis zum Ansprechen für extreme Dichtheit sorgt.
- **gewichtsbelastetes Sicherheitsventil**

13.1.1 Aufbau und Funktion des Sicherheitsventils (Bild 13.1)

- Der Eintrittsstutzen wird durch den Kegel geschlossen und steht mit dem abzusichernden Druckbehälter in Verbindung, während das Gehäuse mit dem Ausblasestutzen mit der Gegendruckseite verbunden ist.
- Sitzquerschnitt A_0 (Durchmesser d_0) ist eine charakteristische Größe des Sicherheitsventils.
- Der Kegel wird durch die Feder über die Spindel belastet. Der obere Federteller ist über die Spannschraube gegenüber dem Gehäuse abgestützt. An der Spannschraube wird die Einstellung der Federvorspan-

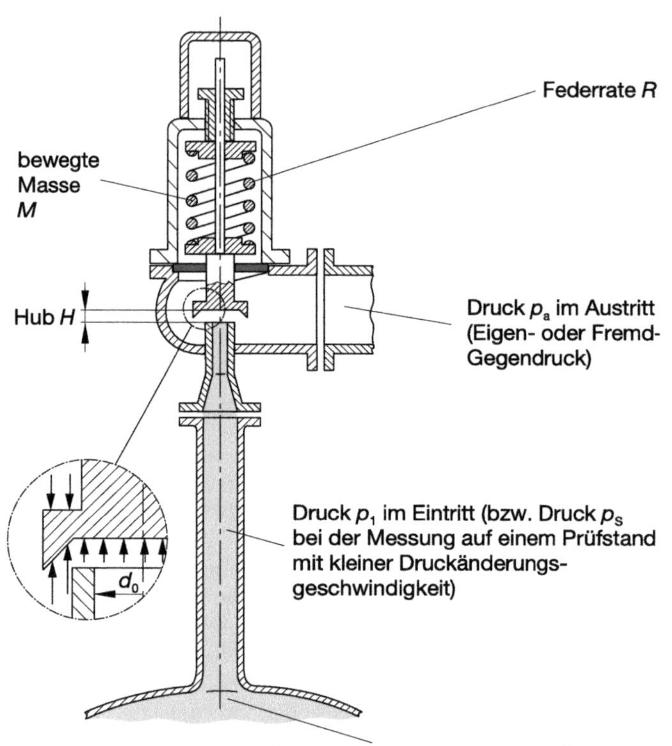

Bild 13.1
Grundaufbau und Funktion eines Sicherheitsventils

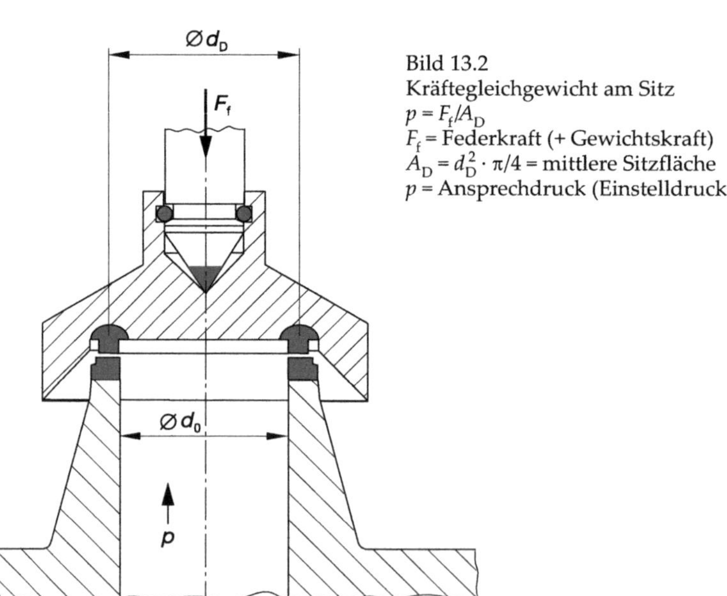

Bild 13.2
Kräftegleichgewicht am Sitz
$p = F_f/A_D$
F_f = Federkraft (+ Gewichtskraft)
$A_D = d_D^2 \cdot \pi/4$ = mittlere Sitzfläche
p = Ansprechdruck (Einstelldruck)

nung zur Einstellung des Ansprechdruckes vorgenommen.

Die Spindel muss leichtgängig gelagert sein, so dass die Führung mit genügendem Spiel und ohne Abdichtung ausgeführt wird, d.h., das Medium gelangt beim Abblasen durch die untere Führung in den Haubenraum.

Bei verklebendem oder verkokendem Medium ist allerdings dann eine Gefährdung der Ventilfunktion gegeben. Deshalb muss in diesen Fällen ein Faltenbalg vorgesehen

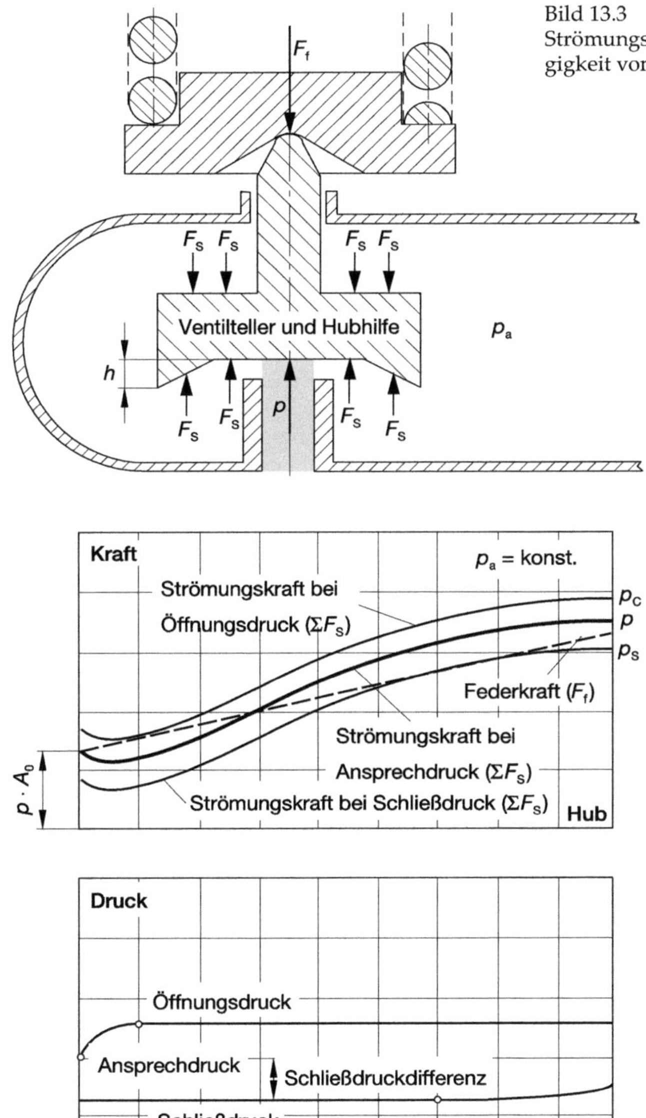

Bild 13.3
Strömungskräfte ($\sum F_s$) und Federkraft (F_f) in Abhängigkeit vom Hub

werden. Bei z.B. *organischem Wärmeträgeröl* als Medium sollte man einen *Faltenbalg* vorsehen, weil das heiße Wärmeträgeröl beim Abblasen mit Sauerstoff in Berührung kommt und durch Oxidation Polymerisationsprodukte entstehen.

- Eine Abdichtung nach außen ist durch eine *geschlossene* Haube mit Abdichtung am Haubenflansch und an der Anlüftkappe inkl. Abdichtung an der Anlüftwelle zum Anlüfthebel möglich. Als Dichtung wird üblicherweise Reingrafit verwendet.

> ! Der Anlüfthebel ist im Regelwerk als Prüfmöglichkeit vorgeschrieben. Es ist dringend abzuraten, durch den Anlüfthebel das Sicherheitsventil als «Entlüftungsventil» zu benutzen! Man riskiert die Verschmutzung des eingeläppten Sitzes mit der Folge von Undichtheit!

- Die *Funktion des Federsicherheitsventils* wird durch das Zusammenspiel von Strömungskraft und Federkraft (Bild 13.1) bestimmt:
  Der *Ansprechdruck p* wird über die Vorspannung der Feder festgelegt, so dass die Federkraft $F_f = p * A_D$ ist.
  A_D ist die druckbeaufschlagte Fläche am Kegel, die von einer Dichtlinie innerhalb der Sitzbreite begrenzt ist. A_D ist somit größer als der Sitzquerschnitt A_0 (Bild 13.2).
  Das Ventil öffnet bei einer Steigerung des Druckes über den Ansprechdruck sowie die Strömungskraft die Federkraft überschreitet. Dabei nimmt die Federkraft linear mit dem Hub zu. Durch geeignete Hubhilfen, die eine Hubglocke oder ein Umlenkkragen am Kegel sein kann, wird der gewünschte *Öffnungsdruck* erzielt, bei dem der maximale Hub erreicht wird.
  Bei richtiger Auflegung des Sicherheitsventils wird bei voller Öffnung ein so großer Massenstrom abgeblasen, dass der Druck im abzusichernden System wieder sinkt. Der Druck, bei dem das Sicherheitsventil wieder schließt, ist der *Schließdruck* (Bild 13.3).

13.1.2 Ausführungsarten und Funktionsunterschiede

Unterscheidung zwischen Öffnungscharakteristik und Bauart nach AD-Merkblatt A2:

- **Normal-Sicherheitsventile**
  Die Normal-Sicherheitsventile (Bild 13.4a) erreichen nach dem Ansprechen innerhalb eines Druckanstiegs von max. 10% den für den abzuführenden Massenstrom erforderlichen Hub. An die Öffnungscharakteristik werden keine weiteren Anforderungen gestellt.
- **Vollhub-Sicherheitsventile**
  Vollhub-Sicherheitsventile (Bild 13.4b) öffnen nach dem Ansprechen innerhalb von 5% Drucksteigerung schlagartig bis zum konstruktiv begrenzten Hub. Der Anteil des Hubes bis zum schlagartigen Öffnen (Proportionalbereich) darf nicht mehr als 20% des Gesamthubes betragen.
- **Proportional-Sicherheitsventile**
  Proportional-Sicherheitsventile (Bild 13.4c) öffnen in Abhängigkeit vom Druckanstieg nahezu stetig. Hierbei tritt ein plötzliches Öffnen ohne Drucksteigerung über einen Bereich von mehr als 10% des Hubes nicht auf. Diese Sicherheitsventile erreichen nach dem Ansprechen innerhalb eines Druckanstiegs von max. 10% den für den abzuführenden Massenstrom erforderlichen Hub.

Der Vorteil eines Vollhub-Sicherheitsventils, nämlich nach dem Ansprechen innerhalb einer geringen Drucksteigerung seinen vollen Hub zu erreichen, ist überall da angezeigt, wo innerhalb kürzester Zeit große Massenströme vom Sicherheitsventil abgeführt werden müssen (Bild 13.5).

Das Vollhub-Sicherheitsventil weist eine hohe Ausflussziffer auf. Nach Regelwerk AD-A2 soll diese den Mindestwert $\alpha_w = 0,5$ nicht unterschreiten. Üblicherweise beträgt die Ausflussziffer α, dem Verhältnis von gemessenem zu theoretischem Massenstrom, >0,7. Diese Ausflussziffer wird dann um 10% verringert und ergibt so die zuerkannte Ausflussziffer α_w.

Sowohl das Vollhub- als auch das Normal-Sicherheitsventil weisen in der Regel hohe

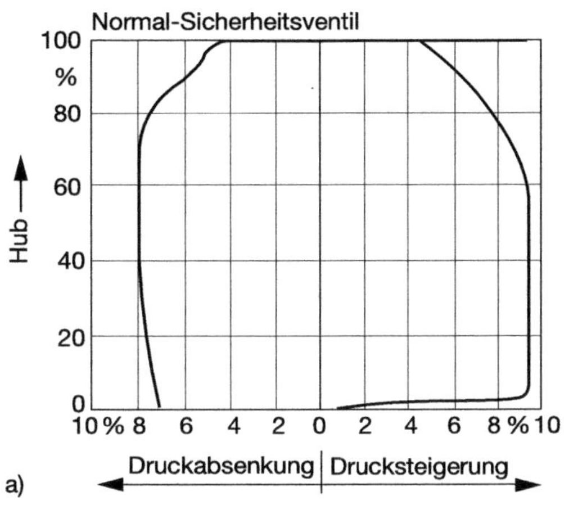

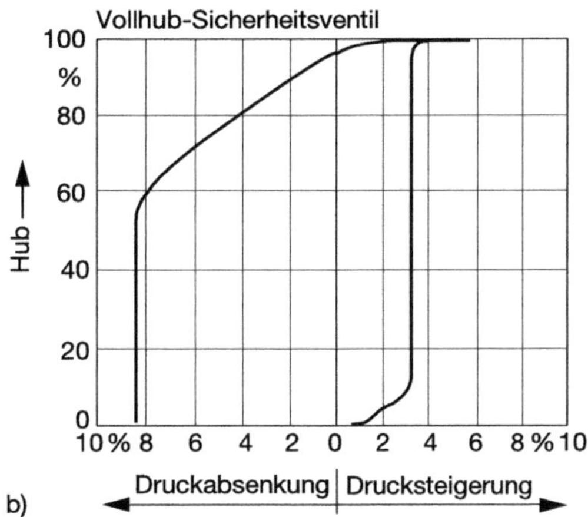

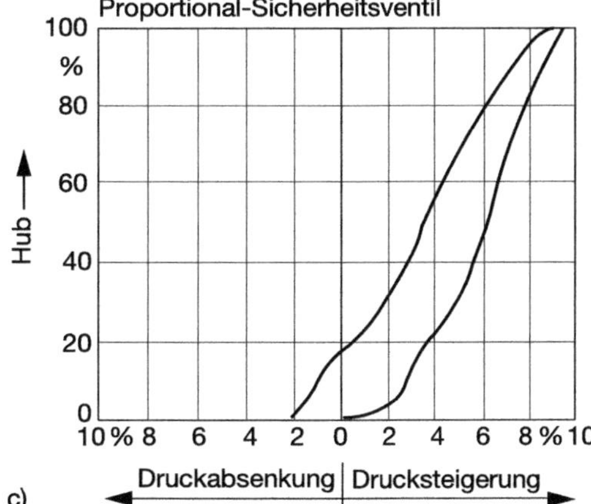

Bild 13.4 Ausführungsarten

Ausflussziffern aus. Der Unterschied besteht lediglich in der längeren Proportionalphase. Der lineare Hubanteil unterscheidet sich in der Regel nicht. D.h., ein Massenstrom ist diesem geringen Hub nicht zuzurechnen. Dieser Zustand entspricht vielmehr einer größeren Leckage.

Wenn Sicherheitsventile ansprechen müssen, sieht die tatsächliche Praxis vielmehr so aus, dass in der Mehrzahl der Fälle nur eine Teilmenge abzublasen ist. Vollhub-Sicherheitsventile, aber auch Normal-Sicherheitsventile öffnen, wenn sie die Proportional-Öffnungsphase durchlaufen haben, schlagartig und blasen dann auch den zum erreichten Hub gehörigen Massenstrom ab. Je nach Speichervolumen und Anlagenkonfiguration kann sich dann ein Öffnungs-/Schließvorgang einstellen, der sich in Abhängigkeit von Ventiltyp/Hersteller, zwischen stabil abblasend über pumpend bis flatternd oder schlagend bezeichnen lässt. Die letzten beiden beschriebenen Zustände sind absolut unerwünscht und können einen Gefahrenzustand für das Ventil, aber auch für die Anlage darstellen. Was ist zu tun, um eine einwandfreie Funktion des Ventils zu erreichen?

Auf der einen Seite muss das Sicherheitsventil für den «worst case» ausgelegt werden, auf der anderen Seite kommt dieser Fall (wie bereits geschildert) nur sehr selten vor.

Folgende Möglichkeiten gibt es:

- **Einsatz von 1 Proportional-Sicherheitsventil**
  Grundsätzlich ist ein Proportional-Sicherheitsventil geeignet, stabil abzublasen, wenn nicht zusätzlich von außen aufgezwungene Schwingungen, z.B. über Rückschlagklappen, das Ventil zum Schwingen anregen.
  Nachteil: Proportional-Sicherheitsventile weisen i.d.R. bezogen auf die Nennweite, eine geringe Leistung auf, d.h., es müssen große Nennweiten oder mehrere Ventile, parallel angeordnet, vorgesehen werden.
- **Aufbau von 2 Sicherheitsventilen**
  das eine als «Stand-by-Ventil» für den «worst case» und das andere als Arbeitsven-

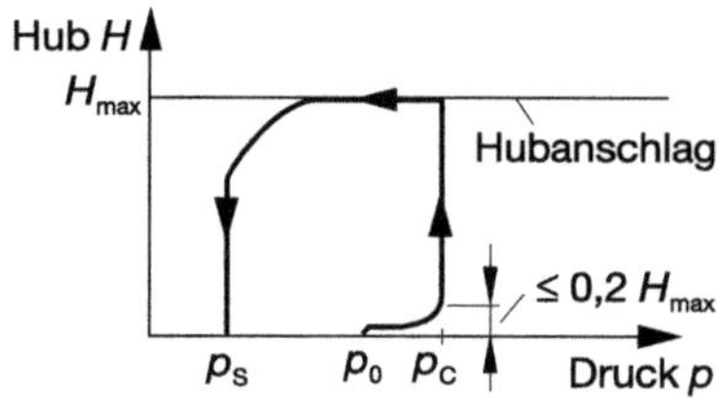

Vollhubventil

$p_C \leq p_0 + 5\%$
$p_S \geq p_0 - 10\%$

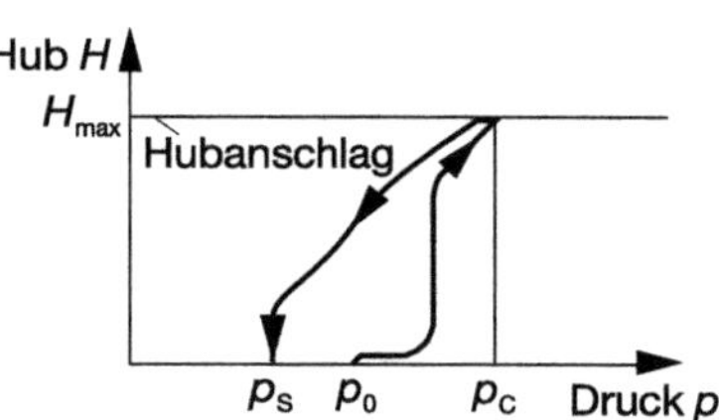

Normalventil

$p_C \leq p_0 + 10\%$
$p_S \geq p_0 - 10\%$

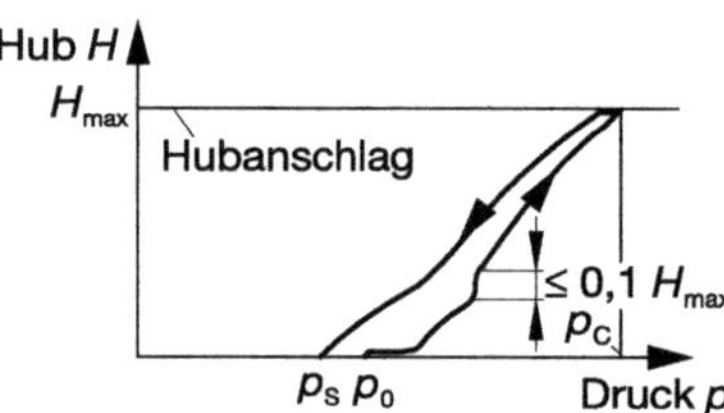

Proportionalventil

$p_C \leq p_0 + 10\%$
$p_S \geq p_0 - 10\%$

Bild 13.5 Druckverhältnisse bei den verschiedenen Ausführungsarten
- Schließdruckdifferenz:
- 10 % für Gase/Dämpfe bzw. 0,3 bar bei $p \leq 3$ bar
- 20 % für Flüssigkeiten bzw. 0,6 bar bei $p \leq 3$ bar

til, Letzteres auf einem geringeren Ansprechdruck eingestellt – so, dass das Hauptventil gar nicht erst anspricht. Die Aufteilung der engsten Strömungsquerschnitte könnte z. B. wie 4 : 1 vorgesehen werden.
Nachteil: Es besteht ein erhöhter Installations- und Investitionsaufwand.

❑ **Modifizieren eines Vollhub-Sicherheitsventils**
so, dass es unter normalen Arbeitsbedingungen stabil abbläst und dennoch bei Anforderung den vollen notwendigen Massenstrom abblasen kann.

In Bild 13.6 sind Auswahlkriterien für Sicherheitsventile dargestellt.

13.2 Durchfluss am Ventilsitz

Bei der Berechnung vom Durchfluss am Sicherheitsventil ist gemäß Bild 13.7 zu beachten, dass in der Zuleitung und Abblaseleitung noch Druckverluste entstehen.

13.2.1 Flüssigkeiten

Aus der Energiegleichung erhält man für Flüssigkeiten (inkompressible Medien; ρ = konst.):

$$p_1 + \frac{\rho}{2} \cdot w_1^2 = p_2 + \frac{\rho}{2} \cdot w_2^2 \qquad \text{(Gl. 13.1)}$$

mit: $w_1 \ll w_2$

sowie: $\Delta p = p_1 - p_2$

wird: $$w_2 = \sqrt{\frac{2 \cdot \Delta p}{\rho}} \qquad \text{(Gl. 13.2)}$$

Der Volumenstrom wird damit:

$$q_{v\,th} = A \cdot w = A \cdot \sqrt{\frac{2 \cdot \Delta p}{\rho}} \qquad \text{(Gl. 13.3)}$$

Die wirkliche Durchflussmenge stimmt mit der theoretischen infolge Strahleneinschnürung und sonstiger Abweichungen (Verluste) nicht überein. Man berücksichtigt diese Abweichungen durch Einführung der Ausflussziffer α und erhält für den wirklichen ausströmenden Volumenstrom:

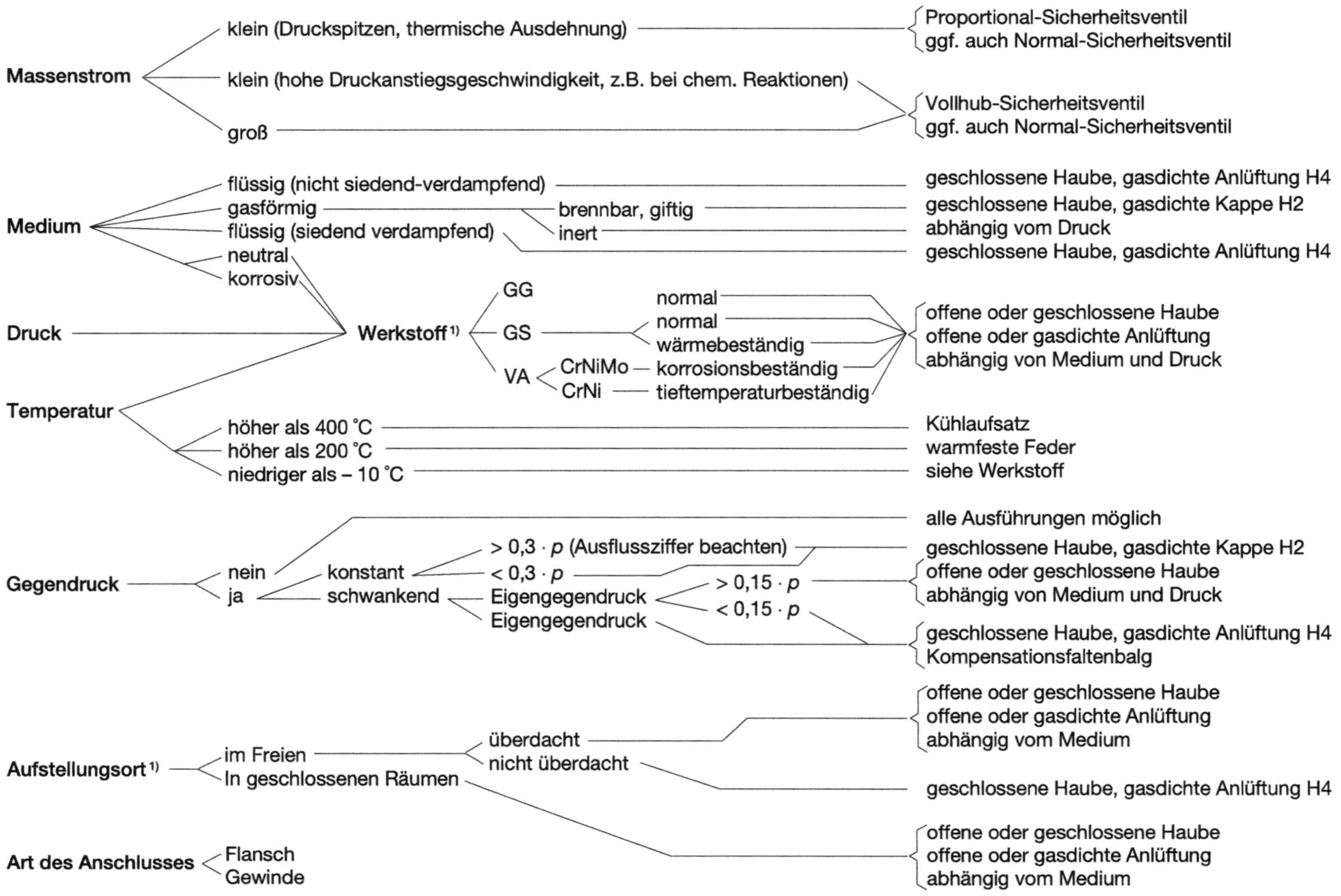

Massenstrom
- klein (Druckspitzen, thermische Ausdehnung) — Proportional-Sicherheitsventil, ggf. auch Normal-Sicherheitsventil
- klein (hohe Druckanstiegsgeschwindigkeit, z.B. bei chem. Reaktionen) — Vollhub-Sicherheitsventil, ggf. auch Normal-Sicherheitsventil
- groß — Vollhub-Sicherheitsventil, ggf. auch Normal-Sicherheitsventil

Medium
- flüssig (nicht siedend-verdampfend) — geschlossene Haube, gasdichte Anlüftung H4
- gasförmig
  - brennbar, giftig — geschlossene Haube, gasdichte Kappe H2
  - inert — abhängig vom Druck
- flüssig (siedend verdampfend) — geschlossene Haube, gasdichte Anlüftung H4
- neutral — Werkstoff[1)]
- korrosiv — Werkstoff[1)]

Druck — Werkstoff[1)]

Werkstoff[1)]
- GG — normal
- GS — normal, wärmebeständig
- VA
  - CrNiMo — korrosionsbeständig
  - CrNi — tieftemperaturbeständig

→ offene oder geschlossene Haube, offene oder gasdichte Anlüftung, abhängig von Medium und Druck

Temperatur — Werkstoff[1)]
- höher als 400 °C — Kühlaufsatz
- höher als 200 °C — warmfeste Feder
- niedriger als – 10 °C — siehe Werkstoff

Gegendruck
- nein — alle Ausführungen möglich
- ja
  - konstant
    - > 0,3 · p (Ausflussziffer beachten) — geschlossene Haube, gasdichte Kappe H2
    - < 0,3 · p — offene oder geschlossene Haube, abhängig von Medium und Druck
  - schwankend
    - Eigengegendruck
      - > 0,15 · p — offene oder geschlossene Haube, abhängig von Medium und Druck
      - < 0,15 · p — geschlossene Haube, gasdichte Anlüftung H4, Kompensationsfaltenbalg
    - Eigengegendruck — geschlossene Haube, gasdichte Anlüftung H4, Kompensationsfaltenbalg

Aufstellungsort[1)]
- im Freien
  - überdacht — offene oder geschlossene Haube, offene oder gasdichte Anlüftung, abhängig vom Medium
  - nicht überdacht — geschlossene Haube, gasdichte Anlüftung H4
- In geschlossenen Räumen — offene oder geschlossene Haube, offene oder gasdichte Anlüftung, abhängig vom Medium

Art des Anschlusses
- Flansch
- Gewinde

[1)]Herrscht am Aufstellungsort korrosive Atmosphäre, ist diese bei der Werkstoffauswahl zu berücksichtigen, auch wenn aufgrund des Mediums kein korrosionsfester Werkstoff notwendig wäre.

Bild 13.6 Auswahlkriterien für ein Sicherheitsventil (Fa. LESER)

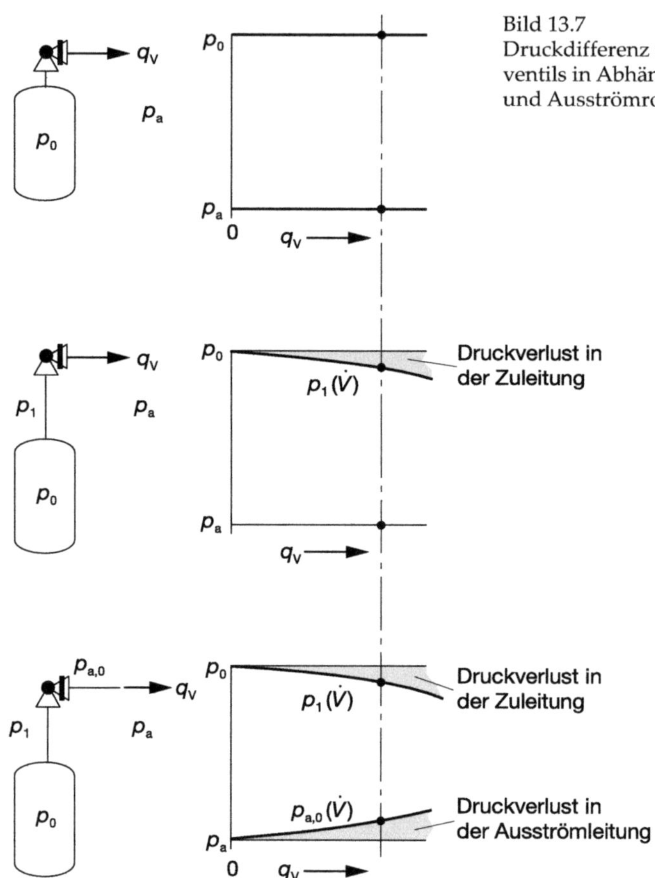

Bild 13.7
Druckdifferenz am Ein- und Austritt des Sicherheitsventils in Abhängigkeit der Druckverluste in der Zu- und Ausströmrohrleitung

$$q_v = \alpha \cdot A \cdot \sqrt{\frac{2 \cdot \Delta p}{\rho}} \qquad \text{(Gl. 13.4)}$$

Damit ist die Ausflussziffer definiert:

$$\alpha = \frac{q_{v,\,\text{gemessen}}}{q_{v,\,\text{ideal}}} \qquad \text{(Gl. 13.5)}$$

oder als Massenstrom:

$$q_m = q_v \cdot \rho$$

$$q_m = \alpha \cdot A \cdot \sqrt{2 \cdot \rho \cdot \Delta p} \qquad \text{(Gl. 13.6)}$$

und hieraus der engste Strömungsquerschnitt:

$$A = \frac{q_m}{\alpha \cdot \sqrt{2 \cdot \rho \cdot \Delta p}} \qquad \text{(Gl. 13.7)}$$

Mit den üblichen Einheiten und Festlegungen:

A A_0 engster Strömungsquerschnitt [mm²]
q_m abzuführender Massenstrom [kg/h]
Δp $p_0 - p_{a,0}$ Druckdifferenz [bar]
ρ Dichte [kg/m³]
α α_W, zuerkannte Ausflussziffer [–]

erhält man:

$$A_0 = \frac{q_m \cdot 10^6}{3600 \cdot \alpha_W \cdot \sqrt{2} \cdot \sqrt{10^5} \cdot \sqrt{\rho \cdot \Delta p}}$$

$$A_0 = 0{,}6211 \cdot \frac{q_m}{\alpha_W \cdot \sqrt{\rho \cdot \Delta p}} \quad [mm^2] \quad \text{(Gl. 13.8)}$$

und schließlich den Zulaufdurchmesser:

$$d_0 = \sqrt{\frac{4 \cdot A_0}{\pi}} \quad [mm] \quad \text{(Gl. 13.9)}$$

13.2.2 Besondere Flüssigkeiten

13.2.2.1 Siedende Flüssigkeiten

Bei der Größenbestimmung von Sicherheitsventilen für siedende Flüssigkeiten (z.B. Heißwasser, Flüssiggas) muss ein Verdampfungsanteil berücksichtigt werden. Dabei wird von der Flüssigphase des Mediums vor dem Strömungsquerschnitt A_0 ausgegangen. Bei Ventilöffnung dampft dann, bedingt durch den im Ventil auftretenden Druckabfall, eine Teilmenge aus. Der Strömungsquerschnitt A_0 ist somit für das 2-Phasen-Gemisch Flüssigkeit und Dampf/Gas zu bemessen. Die Grundlage der Berechnung ist das VdTÜV-Merkblatt – Sicherheitsventile 100/2 – «Bemessungsvorschlag für Sicherheitsventile für Gase in flüssigem Zustand».

Zur Ermittlung der Einzelströmungsquerschnitte ist die Kenntnis der Teilmassenströme erforderlich:

$$q_{m,\,ges} = q_{m,\,F} + q_{m,D} \quad \text{(Gl. 13.10)}$$

mit Index: F Flüssigkeit
D Dampf

Den Dampfstrom erhält man mit dem Verdampfungsanteil n:

$$q_{m,D} = n \cdot q_{m,\,ges} \quad \text{(Gl. 13.11)}$$

n Verdampfungsanteil

$$n = \frac{h'_0 - h'_{a,0}}{\Delta h_{V\,(a,0)}} \quad \text{(Gl. 13.12)}$$

h'_0 Enthalpie der siedenden Flüssigkeit vor dem Ventil bei p_0

$h'_{a,0}$ Enthalpie der siedenden Flüssigkeit bezogen auf $p_{a,0}$ (meist bei Atmosphärendruck)

$\Delta h_{V\,(a,0)}$ Verdampfungs-Enthalpie bezogen auf $p_{a,\,0}$

Mit diesen Massenstromanteilen werden die Teilquerschnitte A_{0F} und A_{0D} mit den Formeln nach AD-Merkblatt A2, DIN 3320 bzw. TRD 421 ermittelt, siehe a. Gl. 13.8 und Gl. 13.41.

Die Rechnung berücksichtigt jeweils die zuerkannten Ausflussziffern für Dämpfe/Gase und Flüssigkeiten. Die berechneten Teilquerschnitte werden zum Gesamtquerschnitt addiert und mit dem Faktor 1,2 multipliziert. Der Faktor 1,2, im VdTÜV-Merkblatt 100-2 empfohlen, berücksichtigt mögliche Abweichungen zwischen den theoretischen Verhältnissen entsprechend dem Rechnungsansatz und der tatsächlich sich einstellenden Strömung und soll Unterdimensionieruengen vermeiden.

Gesamtströmungsquerschnitt:

$$A_0 = (A_{0,\,F} + A_{0,\,D}) \cdot f_A \quad \text{(Gl. 13.13)}$$

$f_A \approx 1{,}2$

Im VdTÜV-Merkblatt Sicherheitsventil 100/2 wird für Zweiphasenströmung der Einsatz von Sicherheitsventilen mit einer Zulassung für Dämpfe/Gase **und** Flüssigkeiten (D/G/F) empfohlen.

13.2.2.2 Zähe Flüssigkeiten

Ein Sicherheitsventil zum Abblasen von Flüssigkeiten wird zunächst einmal so berechnet, als wenn es sich um eine «normale» Flüssigkeit von der Viskosität z.B. für Wasser handelt.

Die Bestimmung eines Korrekturfaktors K_v, der die vom Wasser abweichende Zähigkeit berücksichtigt, ist nicht erforderlich für Medien, deren Viskosität $< 10 \cdot 10^{-6}\ m^2/s$ ist. In diesen Fällen ist $K_v = 1{,}0$. Der Korrekturfaktor K_v kann entweder aus Bild 13.10 entnommen oder berechnet werden.

Nach Bestimmung der Reynoldszahl (s. Formel) unter Einbezug des vorher errechneten A_0 bzw. A und der vorliegenden Viskosität kann entsprechend der Formel der Faktor K_v zur Berücksichtigung der Viskosität bestimmt werden.

Das bereits errechnete A_0 bzw. A wird durch den Korrekturfaktor K_v dividiert und ergibt den neuen gegenüber der ersten Rech-

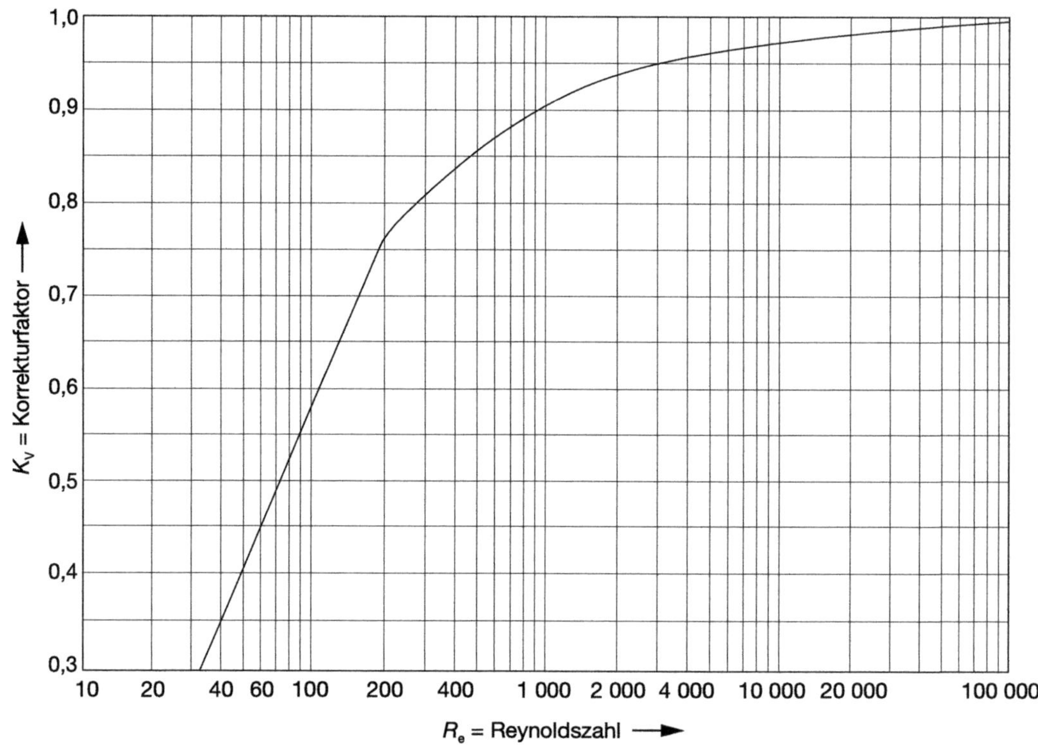

Bild 13.8 Korrekturfaktor für zähe Flüssigkeiten

nung vergrößerten engsten Strömungsquerschnitt A_0 bzw. A.

Berechnung der Reynoldszahl für Rohrreibung:

$$Re = 0{,}3134 \cdot 10^{-3} \cdot \frac{q_v}{\nu \cdot \sqrt{A_0}} \; (-)$$

ν kinematische Viskosität in (m^2/s)
A_0 in (m^2)
q_v in (m^3/h)

Berechnung des Korrekturfaktors K_v:

$34 \leq Re \leq 200$

$$K_v = -0{,}6413 + 0{,}2669 \cdot \ln(Re)$$

$200 < Re \leq 60\,000$

$$K_v = -0{,}5735 + 0{,}4343 \cdot \ln(Re) - 0{,}04093 \cdot \ln^2(Re) + 0{,}001308 \cdot \ln^3(Re)$$

$Re > 60\,000$

$$K_v = 1$$

13.2.3 Gase

Energiegleichung für Gase

Druckenergie: $E_p = p \cdot V = \frac{M}{\rho} \cdot p$

Kinetische Energie: $E_{kin} = M \cdot \frac{w^2}{2}$

Innere Energie: $E_\vartheta = M \cdot u = M \cdot c_v \cdot T$

Bezieht man die Energie auf die Masse $M = 1$ kg, ergibt sich:

$$\frac{p_1}{\rho_1} + \frac{w_1^2}{2} + c_{v,1} \cdot T_1 = \frac{p_2}{\rho_2} + \frac{w_2^2}{2} + c_{v,2} \cdot T_2 \quad \text{(Gl. 13.14)}$$

Aus dem allgemeinen Gasgesetz:

$$\frac{p}{\rho} = R_1 \cdot T \qquad \text{(Gl. 13.15)}$$

mit: $R_1 = c_p - c_v$ (Gl. 13.16)

wird: $\frac{p}{\rho} = (c_p - c_v) \cdot T$ (Gl. 13.17)

setzt man diesen Ausdruck in die Energiegleichung ein, folgt:

mit: $c_p \cdot T = h$ (spezifische Enthalpie) (Gl. 13.18)

$$h_1 + \frac{w_1^2}{2} = h_2 + \frac{w_2^2}{2} \qquad \text{(Gl. 13.19)}$$

und daraus die gesuchte Geschwindigkeit:

$$w_2 = \sqrt{2 \cdot (h_1 - h_2) + w_1^2}$$

mit: $\Delta h_{1,2} = h_1 - h_2$

und: $w_1 \ll w_2$

wird: $w = w_2 = \sqrt{2 \cdot \Delta h_{1,2}}$ (Gl. 13.20)

Bei idealen Gasen kann die isentrope Enthalpiedifferenz $\Delta h_{1,2}$ mit der Temperaturdifferenz $\Delta T_{1,2}$ berechnet werden.

$$\Delta h_{1,2} = c_p \cdot \Delta T_{1,2} \qquad \text{(Gl. 13.21)}$$

Für isentrope Expansion gilt nach den Gasgesetzen:

$$T_2 = T_1 \cdot \left(\frac{p_2}{p_1}\right)^{\frac{k-1}{k}} \qquad \text{(Gl. 13.22)}$$

mit: $k = \frac{c_p}{c_v}$ (Gl. 13.23)

Damit wird:

$$\Delta h_{1,2} = c_p \cdot T_1 \cdot \left(1 - \left(\frac{p_2}{p_1}\right)^{\frac{k-1}{k}}\right) \qquad \text{(Gl. 13.24)}$$

Eingesetzt in die Geschwindigkeitsgleichung (Gl. 13.20):

$$w = \sqrt{2 \cdot c_p \cdot T_1 \cdot \left(1 - \left(\frac{p_2}{p_1}\right)^{\frac{k-1}{k}}\right)} \qquad \text{(Gl. 13.25)}$$

mit den Gasgesetzen umgeformt:

$$c_p = R_i \cdot \frac{k}{k-1} \quad \text{und} \quad R_i = \frac{p_i}{T_i \cdot \rho_i}$$

erhält man auch:

$$w = \sqrt{2 \cdot \frac{k}{k-1} \cdot \frac{p_1}{\rho_1} \cdot \left(1 - \left(\frac{p_2}{p_1}\right)^{\frac{k-1}{k}}\right)} \qquad \text{(Gl. 13.26)}$$

Der Massenstrom wird damit zu:

$$q_{m,th} = \rho_2 \cdot w \cdot A \qquad \text{(Gl. 13.27)}$$

mit: $\rho_2 = \rho_1 \cdot \left(\frac{p_2}{p_1}\right)^{\frac{1}{k}}$ (Gl. 13.28)

eingesetzt und umgeformt:

$$q_{m,th} = A \cdot \sqrt{2 \cdot \rho_1 \cdot p_1} \cdot \sqrt{\frac{k}{k-1} \cdot \left(\left(\frac{p_2}{\rho_i}\right)^{\frac{2}{k}} - \left(\frac{p_2}{p_1}\right)^{\frac{k+1}{k}}\right)} \qquad \text{(Gl. 13.29)}$$

Den 2. Wurzelausdruck bezeichnet man als Ausflussfunktion ψ (siehe Bild 13.9).

Der wirkliche Massenstrom wird durch Strahleinschnürung und Reibung reduziert, und man erhält:

$$q_m = \alpha \cdot A \cdot \psi \cdot \sqrt{2 \cdot \rho_1 \cdot p_1} \qquad \text{(Gl. 13.30)}$$

mit: α Ausflussziffer

Bis zu einem Druckverhältnis

$$\frac{p_2}{p_1} \geq 0{,}5\ldots0{,}6$$

steigt der Wert der Ausflussfunktion ψ auf den Wert von $\psi = 0{,}45\ldots0{,}50$ an. Bei weiterer Druckabsenkung bleibt $\psi =$ konst.

$\left(\frac{p_2}{p_1}\right) \approx 0{,}5$ bezeichnet man als kritisches Druckverhältnis und berechnet es mit:

$$\left(\frac{p_2}{p_1}\right)_{krit} = \left(\frac{2}{k+1}\right)^{\frac{k}{k-1}} \qquad \text{(Gl. 13.31)}$$

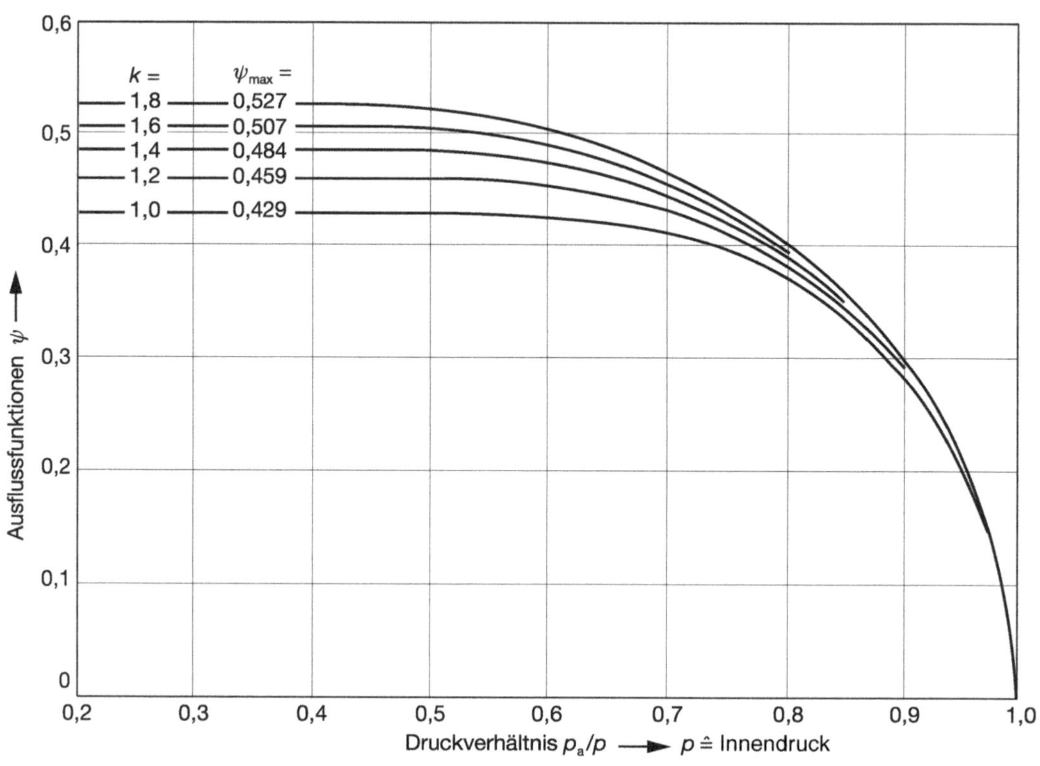

unterkritisches Druckverhältnis	überkritisches Druckverhältnis
$\frac{p_a}{p} > \left(\frac{2}{k+1}\right)^{\frac{k}{k-1}}$	$\frac{p_a}{p} \leq \left(\frac{2}{k+1}\right)^{\frac{k}{k-1}}$
$\psi = \sqrt{\frac{k}{k-1}} \cdot \sqrt{\left(\frac{p_a}{p}\right)^{2/k} - \left(\frac{p_a}{p}\right)^{(k+1)/k}}$	$\psi \mathrel{\hat{=}} \psi_{max} = \sqrt{\frac{k}{k+1}} \cdot \left(\frac{2}{k+1}\right)^{1/(k-1)}$
ψ; $k = \dots$; 0; $\left(\frac{p_a}{p}\right)$; 1; $\frac{p_a}{p}$	ψ; ψ_{max}; 0; $\left(\frac{p_a}{p}\right)$; 1; $\frac{p_a}{p}$

Bild 13.9 Ausflussfunktion

Setzt man dieses Druckverhältnis in die Geschwindigkeitsgleichung ein, so erhält man mit den Gasgesetzen und durch Umformen die max. Geschwindigkeit, die mit der Schallgeschwindigkeit a identisch ist.

Man bezeichnet diese Geschwindigkeit auch als Lavalgeschwindigkeit:

$$w_{\text{max}} = w_{\text{krit}} = a = \sqrt{k \cdot R_i \cdot T_2} \qquad \text{(Gl. 13.32)}$$

Soll die Geschwindigkeit des Gases noch höher gesteigert werden, muss sich der Querschnitt der Düse von der engsten Stelle an wieder erweitern (Lavaldüse).

Ausflussfunktion: unterkritische Druckverhältnisse:

$$\psi = \sqrt{\frac{k}{k-1}} \cdot \sqrt{\left(\frac{p_{a,0}}{p_0}\right)^{\frac{2}{k}} - \left(\frac{p_{a,0}}{p_0}\right)^{\frac{k+1}{k}}} \qquad \text{(Gl. 13.33)}$$

bei: $\frac{p_{a,0}}{p_0} > \left(\frac{2}{k+1}\right)^{\frac{k}{k-1}}$

Ausflussfunktion: überkritische Druckverhältnisse:

$$\psi = \psi_{\text{max}} = \sqrt{\frac{k}{k+1} \cdot \left(\frac{2}{k+1}\right)^{\frac{k}{k-1}}} \qquad \text{(Gl. 13.34)}$$

bei: $\frac{p_{a,0}}{p_0} \leq \left(\frac{2}{k+1}\right)^{\frac{k}{k-1}}$

Engster Strömungsquerschnitt:

$$A = \frac{q_m}{\psi \cdot \alpha \cdot \sqrt{2 \cdot \rho_0 \cdot p_0}}$$

Mit den üblichen Einheiten und Festlegungen, wie bei Gl. 13.8, ergibt sich:

$$A_0 = \frac{q_m \cdot 10^6}{3600 \cdot \psi \cdot \alpha_W \cdot \sqrt{2} \cdot \sqrt{10^5} \cdot \sqrt{\rho_0 \cdot p_0}}$$

$$A_0 = 0{,}6211 \cdot \frac{q_m}{\psi \cdot \alpha_W \cdot \sqrt{\rho_0 \cdot p_0}} \ [\text{mm}^2] \qquad \text{(Gl. 13.35)}$$

Eine weitere Umformung ergibt sich mit den Gasgesetzen:

$$\rho_0 = \frac{p_0}{R_0 \cdot T_0 \cdot Z_0} \qquad \text{(Gl. 13.36)}$$

Zur Bestimmung des Strömungsquerschnittes:

$$A_0 = \frac{q_m}{\psi \cdot \alpha_W \cdot p_0} \cdot \sqrt{\frac{R_0 \cdot T_0 \cdot Z_0}{2}} \qquad \text{(Gl. 13.37)}$$

Mit den in der Praxis üblichen Einheiten:

q_m in [kg/h] und
p_0 in [bar, absolut]

erhält man:

$$A_0 = \frac{q_m \cdot 10^6 \cdot \sqrt{R_0 \cdot T_0 \cdot Z_0}}{3600 \cdot \psi \cdot \alpha_W \cdot p_0 \cdot \sqrt{2} \cdot \sqrt{10^5}} \ [\text{mm}^2]$$

Durch Einsetzen der Gaskonstanten gemäß:

mit: $R_0 = \frac{R_{\text{univ.}}}{\tilde{M}}$ und: $R_{\text{univ.}} = 8314{,}3 \frac{\text{J}}{\text{kmol} \cdot \text{K}}$

und schließlich:

$$A_0 = 0{,}1791 \cdot \frac{q_m}{\psi \cdot \alpha_W \cdot p_0} \cdot \sqrt{\frac{T_0 \cdot Z_0}{\tilde{M}}} \ [\text{mm}^2] \qquad \text{(Gl. 13.38)}$$

$\tilde{M}$ = molare Masse in $\frac{\text{kg}}{\text{kmol}}$

und daraus der Zulaufdurchmesser:

$$d_0 = \sqrt{\frac{4 \cdot A_0}{\pi}} \ [\text{mm}] \qquad \text{(Gl. 13.39)}$$

Eine weitere Darstellungsmöglichkeit erhält man dadurch, dass die *stoffabhängigen Größen* auch zusammengefasst werden können:

$$A_0 = \frac{q_m}{\psi \cdot \alpha_W \cdot \sqrt{2 \cdot \frac{p_0}{v_0}}} = \frac{q_m \cdot \sqrt{p_0 \cdot v_0}}{\psi \cdot \alpha_W \cdot p_0 \cdot \sqrt{2}} \qquad \text{(Gl. 13.40)}$$

$$A_0 = x \cdot \frac{q_m}{\alpha_W \cdot p_0} \ [\text{mm}^2] \qquad \text{(Gl. 13.41)}$$

q_m [kg/h]
p_0 [bar, absolut]

mit dem Druckmittelbeiwert x:

$$x = 0{,}6211 \cdot \frac{\sqrt{p_0 \cdot v_0}}{\psi} \left(\frac{\text{mm}^2 \cdot \text{bar}}{\text{kg/h}}\right) \quad \text{(Gl. 13.42)}$$

Der Druckmittelbeiwert x für Wasserdampf ist in Bild 13.10 dargestellt.

Für die Medien Wasser, Wasserdampf und Luft sind in Tabelle 13.1 die Massenströme, in Abhängigkeit von der Nennweite DN (bzw. von d_0) und dem Ansprechüberdruck, dargestellt.

13.2.4 Ausflussziffer

13.2.4.1 Definition von α- und α_W-Wert

Die Ausflussziffer α für einen Sicherheitsventiltyp wird durch Versuche ermittelt. Diese beziehen sich auf Medien (Gase/Dämpfe/ Flüssigkeiten) sowie den Druck- und Nennweitenbereich der Ventilbauart. Der von der prüfenden Stelle ermittelte Messwert berücksichtigt mehrere Messreihen mit entsprechenden Toleranzen.

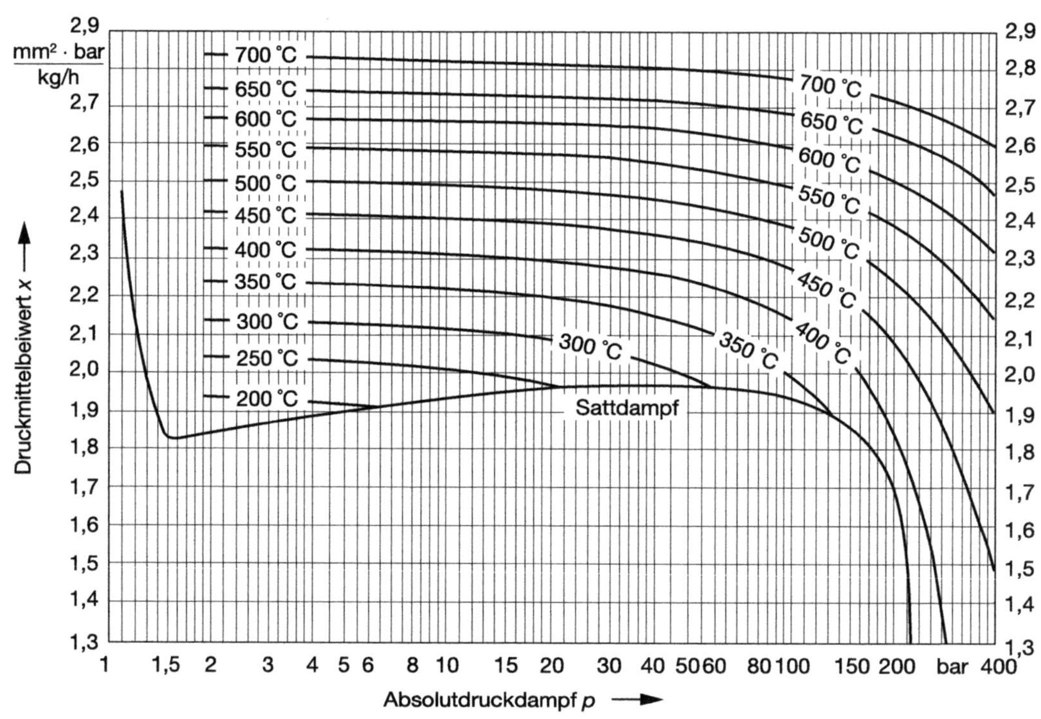

Druckmittelbeiwert x im Absolutdruckbereich p von 1,1 … 2,0 bar (für gesättigten Wasserdampf)

Dampfdruck p (absolut) bar	1,1	1,2	1,3	1,4	1,5	1,6	1,7	1,8	1,9	2,0
Druckmttelbeiwert $x \left(\frac{\text{mm}^2 \cdot \text{bar}}{\text{kg/h}}\right)$	2,4731	2,2477	2,0203	1,9125	1,8591	1,8345	1,8279	1,8302	1,8333	1,8361

Bild 13.10 **Druckmittelbeiwert** x für Wasserdampf nach AD-Merkblatt A2 (Die hier aufgezeigte Sattdampflinie dient zur Ermittlung des x-Wertes und nicht zur Bestimmung der Sattdampftemperatur)

$x \approx 2 \frac{\text{mm}^2 \cdot \text{bar}}{\text{kg/h}}$ im Bereich: $1{,}3 < p < 150$ bar

Tabelle 13.1 Leistungstabelle. Berechnung entsprechend DIN 3320, AD-Merkblatt A2, TRD 421

DN	20			25			32			40			50			65		
d_0 (mm)	18			23			29			37			46			60		
p bar	I	II	III	I	II	III	I	II	III	I	II	III	I	II	III	I	II	III
0,2	72	87	2,6	119	142	4,3	189	225	6,8	309	368	11,0	475	570	17,0	811	969	29,0
0,5	116	143	4,2	189	232	6,8	300	369	10,8	490	602	17,6	757	930	27,2	1290	1583	46,3
1	173	220	5,9	282	358	9,6	449	570	15,3	731	928	24,9	1130	1430	38,4	1920	2440	65,4
2	281	361	8,3	458	589	13,6	729	937	21,6	1190	1530	35,2	1830	2360	54,4	3120	4010	92,5
3	371	481	10,2	606	786	16,6	964	1250	26,5	1570	2030	43,1	2430	3140	66,6	4130	5350	113,3
4	468	610	11,8	763	996	19,2	1210	1580	30,6	1980	2580	49,8	3060	3990	76,9	5200	6780	130,8
5	558	733	13,2	911	1200	21,5	1450	1900	34,2	2360	3100	55,6	3650	4780	86,0	6200	8140	146,3
6	649	855	14,4	1060	1400	23,5	1680	2220	37,4	2740	3610	60,9	4240	5580	94,2	7200	9500	160,2
7	738	977	15,8	1210	1590	25,4	1920	2540	40,4	3120	4130	65,8	4820	6380	101,7	8200	10900	173,1
8	828	1100	16,7	1350	1790	27,2	2150	2850	43,2	3500	4640	70,4	5410	7180	108,7	9200	12200	185,0
9	918	1220	17,7	1500	1990	28,8	2380	3170	45,8	3880	5160	74,6	5990	7970	115,3	10200	13600	196,2
10	1010	1340	18,6	1640	2190	30,4	2610	3490	48,3	4250	5680	78,7	6580	8770	121,6	11200	15000	206,9
12	1190	1590	20,4	1940	2590	33,3	3080	4120	52,9	5010	6710	86,2	7740	10400	133,2	13200	17600	226,6
14	1360	1830	22,0	2220	2990	36,0	3540	4750	57,2	5750	7740	93,1	8890	12000	143,9	15100	20300	244,8
16	1540	2080	23,6	2510	3390	38,4	3990	5390	61,1	6500	8770	99,5	10000	13600	153,8	17100	23100	261,7
18	1720	2320	25,0	2800	3790	40,8	4450	6020	64,8	7250	9800	105,5	11200	15200	163,1	19100	25800	272,5
20	1890	2560	26,3	3090	4190	43,0	4910	6660	68,3	8000	10800	111,2	12400	16700	171,9	21000	28500	292,5
22	2070	2810	27,6	3370	4590	45,1	5370	7290	71,7	8730	11900	116,7	13500	18300	180,3	23000	31200	306,8
24	2250	3050	28,8	3670	4990	47,1	5830	7920	74,9	9490	12900	121,9	14700	20000	188,4	25000	33900	320,5
26	2430	3300	30,0	3960	5380	49,0	6290	8560	77,9	10200	14000	126,8	15800	21500	196,0	26900	36600	333,5
28	2600	3540	31,2	4240	5780	50,9	6750	9190	80,7	11000	15000	131,6	17000	23100	203,4	28900	39300	342,4
30	2780	3790	32,2	4530	6180	52,6	7210	9830	83,7	11700	16000	136,2	18100	24700	210,6	30800	42100	354,5
32	2960	4030	33,3	4820	6580	54,4	7670	10500	86,4	12490	17000	140,7	19300	26300	217,5	32800	44800	366,1
34	–	4270	34,3	–	6980	56,0	–	11100	89,1	–	18000	145,0	–	27900	224,2	–	47500	377,3
36	–	4520	35,3	–	7380	57,7	–	11700	91,7	–	19100	149,3	–	29500	230,7			
38	–	4760	36,3	–	7770	59,3	–	12400	94,2	–	20100	153,3	–	31100	237,0			
40	–	5010	37,2	–	8170	60,8	–	13000	96,6	–	21200	157,3	–	32700	243,2			

p Ansprechüberdruck; I Sattdampf (kg/h); II Luft 0 °C und 1013 mbar (m^3n/h); III Wasser bei 20 °C ($\cdot 10^3$ kg/h).

Tabelle 13.1 (Fortsetzung)

DN	80			100			125			150								
d_0 (mm)	74			92			98			125								
p bar	I	II	III	I	II	III	I	II	III	I	II	III	I	II	III	I	II	III
0,2	1230	1470	44,0	1910	2280	68	2170	2590	77	3540	4180	125						
0,5	1960	2410	70,4	3030	3720	109	3440	4220	123	5570	6770	201						
1	2920	3710	99,5	4520	5740	154	5130	6510	175	8510	10700	284						
2	4750	6100	140,7	7340	9430	218	8330	10700	247	13500	17200	402						
3	6280	8140	172,3	9700	12600	266	11000	14300	302	18200	23500	492						
4	7910	10300	199,0	12200	15900	308	13900	18100	349	22600	29300	568						
5	9440	12400	222,5	14600	19100	344	16600	21700	390	27000	35200	635						
6	11000	14500	243,7	16900	22300	377	19200	25300	427	31400	41000	696						
7	12500	16500	263,3	19300	25500	407	21900	29000	462	35700	46900	751						
8	14000	18600	281,4	21600	28700	435	24500	32600	494	40100	52700	803						
9	15500	20600	298,5	24000	31900	461	27200	36200	5234	44400	58600	852						
10	17000	22700	314,6	26300	35100	486	29800	39800	552	48700	64400	898						
12	20000	26800	344,7	31000	41500	533	35100	47000	605	57400	76100	984						
14	23000	31000	372,3	35600	47800	575	40400	54300	653	66000	87800	1060						
16	26000	35000	398,0	40200	54200	608	45600	61500	690	74700	99500	1140						
18	29000	39200	422,1	44800	60600	646	50900	68800	732									
20	32000	43300	445,0	49400	67000	680	56100	76000	772									
22	34900	47500	461,7	54000	73400	714	61300	83200	810									
24	38000	51600	482,2	58700	79700	745												
26	41000	55700	501,9															
28	43900	59800	520,9															
30	46900	64000	539,2															
32	49900	68100	556,8															

p Ansprechüberdruck; I Sattdampf (kg/h); II Luft 0 °C und 1013 mbar (m^3n/h); III Wasser bei 20 °C (· 10^3 kg/h) (Fabr. LESER, Typ: 441/442).

$$\alpha = \frac{\text{gemessener Massenstrom}}{\text{theoretischer Massenstrom}}$$

> ! Theoretischer Massenstrom = tatsächlicher Massenstrom einer vollkommenen Düse.

Der gemessene α-Wert wird aus sicherheitstechnischen Gründen um 10 % vermindert.

Daraus erhält man die zuerkannte Ausflussziffer: $\alpha_W = \dfrac{\alpha}{1{,}1}$ (Gl. 13.43)

Als Beispiel kann aus Tabelle 13.2 sowie aus Bild 13.11 die zuerkannte Ausflussziffer von einem ausgeführten Sicherheitsventil entnommen werden.

Eine Veränderung des Verhältnisses

$$\frac{h}{d_0} = \frac{\text{Ventilhub [mm]}}{\text{Sitzdurchmesser [mm]}}$$

führt zur α_W-Wert-Verminderung.

Ein eventueller Gegendruck oder Ansprechdrücke mit $p_{a0}/p_0 > 0{,}2$ können ebenfalls zur Verringerung der Ausflussziffer führen. Diese Zusammenhänge müssen bei der Auslegung der Ventile berücksichtigt werden. Dazu können die Ausflussziffern für den Anwendungsfall aus Diagrammen oder Tabellen entnommen werden.

13.2.4.2 Hubbegrenzung

Die abgestuften Sitzdurchmesser der Sicherheitsventile erlauben eine gute Anpassung an die jeweiligen Betriebsverhältnisse. Darüber hinaus ist es möglich, durch Hubverkürzung den Massenstrom anzupassen.

Eine Verringerung des Verhältnisses h/d_0 ergibt aus den Kurven der zugehörigen α_W-Werte einen entsprechenden verminderten α_W-Wert.

Durch diese Massenstromanpassung kann der Druckverlust in der Zuführungsleitung und der Eigengegendruck im Ventilaustritt, bei Vorhandensein einer längeren Ausblaseleitung, verringert werden.

Eine Überdimensionierung des Ventiles kann zu instabilem Öffnen und Schließen führen, so dass das Ventil «flattert». Die Anpassung an den abzuführenden Massenstrom kann in diesem Fall durch Verringerung der Ventilabblaseleistung erreicht werden.

Eine Limitierung des Ventilhubes mittels mechanischer Hubbegrenzung reduziert den α_W-Wert und stabilisiert Öffnungs- und Schließverhalten. Die Forderung nach AD-Merkblatt A2:

> «Konstruktive Hubbegrenzungen müssen einen Hub von mindestens 1 mm zulassen.
> Die Ausflussziffer darf den Wert
> $\alpha_W = 0{,}08$ für Dämpfe/Gase bzw. den Wert
> $\alpha_W = 0{,}05$ für Flüssigkeiten
> nicht unterschreiten»,

ist jedoch bei der Hubbegrenzung einzuhalten.

13.2.4.3 Berechnungsbeispiele

Beispiel 13.1

Medium:		Wasser
Temperatur	t:	50 °C
Massenstrom	q_m:	12 000 kg/h
Ansprechdruck, abs.	p:	6 bar
Gegendruck, abs.	p_a:	2 bar
Druckdifferenz	$\Delta p = p - p_a$:	4 bar
Ausflussziffer	α_w:	0,25
Dichte	ρ:	988 kg/m³ (aus Tabelle «Wasserwerte»)

$$A_0 = 0{,}6211 \cdot \frac{12\,000}{0{,}25 \cdot \sqrt{4 \cdot 988}} = 474 \text{ mm}^2$$

Beispiel 13.2
Größenbestimmung mit Berechnung der Ausflussfunktion

Medium:		Methan (CH_4)
Temperatur	t:	+ 100 °C = 100 + 273 = 373 K
Massenstrom	q_m:	4500 kg/h
Ansprechdruck, abs.	p:	1,7 bar
Gegendruck	p_a:	Atmosphäre

Tabelle 13.2 Bauteilprüfblatt eines Sicherheitsventils (Fabr. ARI)

VdTÜV	Bauteilgeprüftes Sicherheitsventil Bauteilprüfnummer 92-663	Sicherheits- ventil 663 03.92

– Auf das VdTÜB-Merkblatt 001 wird hingewiesen –

1	*Hersteller*	ARI-Armaturen Albert Richter GmbH & Co KG Postfach 13 80 33758 Schloss Holte-Stukenbrock
2	*Bauart*	Direkt wirkendes Sicherheitsventil, federbelastet
3	*Öffnungscharakteristik*	Vollhub-Sicherheitsventil für den Druckbereich > 0,5 bar Normal-Sicherheitsventile für den Druckbereich 0,2 bis 0,5 bar
4	*Typbezeichnung*	Fig. 901 – geschlossene Federhaube Fig. 902 – offene Federhaube
5	*Anforderung*	AD-Merkblatt A2; TRD 421 VdTÜV-Merkblatt Sicherheitsventil 100
6	*Prüfmedium*	Luft
7	*Werkstoff*	entsprechend den einschlägigen Regel- werken (TRD, TRB, AD-Merkblatt, VdTV-Werkstoffblätter)
8	*Bauteilkennzeichen* darin bedeuten	TÜV · SV · 92-663 · $d_0 \cdot D/G \cdot \alpha_w \cdot p$

d_0 = engster Strömungsdurchmesser in mm gemäß Tabelle 1, Spalte 2

D/G = vorgesehen zum Abblasen von Dämpfen und Gasen aus Druckbehältern und Dampfkesseln

α_w = Ausflussziffer

p = Einstellüberdruck in bar
Die Werte für d_0, α_w und p sind vom Hersteller entsprechend der Tabelle 1 einzusetzen.

Ersatz für Ausg. 02.87	Nach Prüfbericht des TÜV Rheinland vom 26.03.1992

Tabelle 13.2 (Fortsetzung)

VdTÜB-Merkblatt Sicherheitsventil 663 03.92 Seite 2

Für Sicherheitsventile, die durch Verkleinerung des Ventilhubes dem Massenstrom angepasst werden sollen, können die Ausflussziffern α_w aus dem Diagramm entnommen werden. Die entsprechenden Werte für α_w sind vom Hersteller in das Bauteilkennzeichen einzutragen.

9. *Gültigkeit des Bauteilkennzeichens*:
Das Bauteilkennzeichen wird verlängert bis März 1997.

10. *Bemerkung*:

10.1 Bei Ausführung des Ventiltellers mit Weichdichtung und/oder des Ventils mit Elastomerfaltenbalg ist der Einsatz auf Temperaturen gem. Angaben des Herstellers eingeschränkt.

10.2 Die Sicherung gegen Verstellen erfolgt durch Plombieren der Anlüftkappe mit der Federhaube.

10.3 Wegen der annähernd gleich großen konstruktiven Ausführung des Eintrittsquerschnittes und des engsten Strömungsquerschnittes kann der Druckverlust in der Zuleitung das Funktionsverhalten des Sicherheitsventils beeinflussen.
Die Zuleitung muss dem zulässigen Druckverlust von 3% angepasst und ggf. entsprechend vergrößert werden.

10.4 Die strömungstechnischen Untersuchungen für die Ventilgrößen DN 125 und DN 150 entsprechen den Bedingungen gemäß Nr. 4.2.1, Bild 2, aus VdTÜV-Merkblatt SV 100, Ausg. 10.91.
Der Druckverlust für den scharfkantigen Einlauf ist berücksichtigt.

Tabelle 1

<table>
<tr><td>1</td><td>2</td><td>3</td><td>4</td><td>5</td><td>6</td><td>7</td><td>8</td><td>9</td><td>10</td><td>11</td><td>12</td><td>13</td></tr>
<tr><td rowspan="3">Eintritts-nenn-weite DN</td><td rowspan="3">Sitz Δ d_0 mm</td><td colspan="11">Druckbereich (bar)</td></tr>
<tr><td colspan="3">0,2…1,5</td><td colspan="3">1,5…3,5</td><td colspan="4">von</td><td>bis</td></tr>
<tr><td>$\frac{h}{d_0}=$</td><td>$\frac{pa_0}{p}$</td><td>α_w</td><td>$\frac{h}{d_0}=$</td><td>$\frac{pa_0}{p}$</td><td>α_w</td><td>$\frac{h}{d_0}=$</td><td>$\frac{pa_0}{p}$</td><td>α_w</td><td></td><td></td></tr>
<tr><td>20</td><td>18</td><td>0,32</td><td rowspan="8">0,4…0,83</td><td rowspan="8">aus Diagramm</td><td>0,25</td><td rowspan="8">0,22…0,4</td><td rowspan="8">aus Diagramm</td><td>0,25</td><td rowspan="8">0,22</td><td rowspan="8">0,74</td><td rowspan="8">3,6</td><td>40</td></tr>
<tr><td>25</td><td>22,5</td><td rowspan="7">0,3</td><td rowspan="2">0,23</td><td rowspan="2">0,23</td><td rowspan="4">34</td></tr>
<tr><td>32</td><td>29</td></tr>
<tr><td>40</td><td>36</td><td rowspan="5">0,25</td><td rowspan="5">0,25</td></tr>
<tr><td>50</td><td>45</td></tr>
<tr><td>65</td><td>58,5</td><td>28</td></tr>
<tr><td>80</td><td>72</td><td rowspan="2">19</td></tr>
<tr><td>100</td><td>90</td></tr>
<tr><td>125</td><td>106</td><td colspan="6">$h/d_0 = 0,274$ $p_{a0}/p = 0,2…0,83$</td><td rowspan="2"></td><td rowspan="2">0,2</td><td rowspan="2">0,7</td><td rowspan="2">4</td><td>27</td></tr>
<tr><td>150</td><td>125</td><td colspan="6">α_w aus Diagramm</td><td>26</td></tr>
</table>

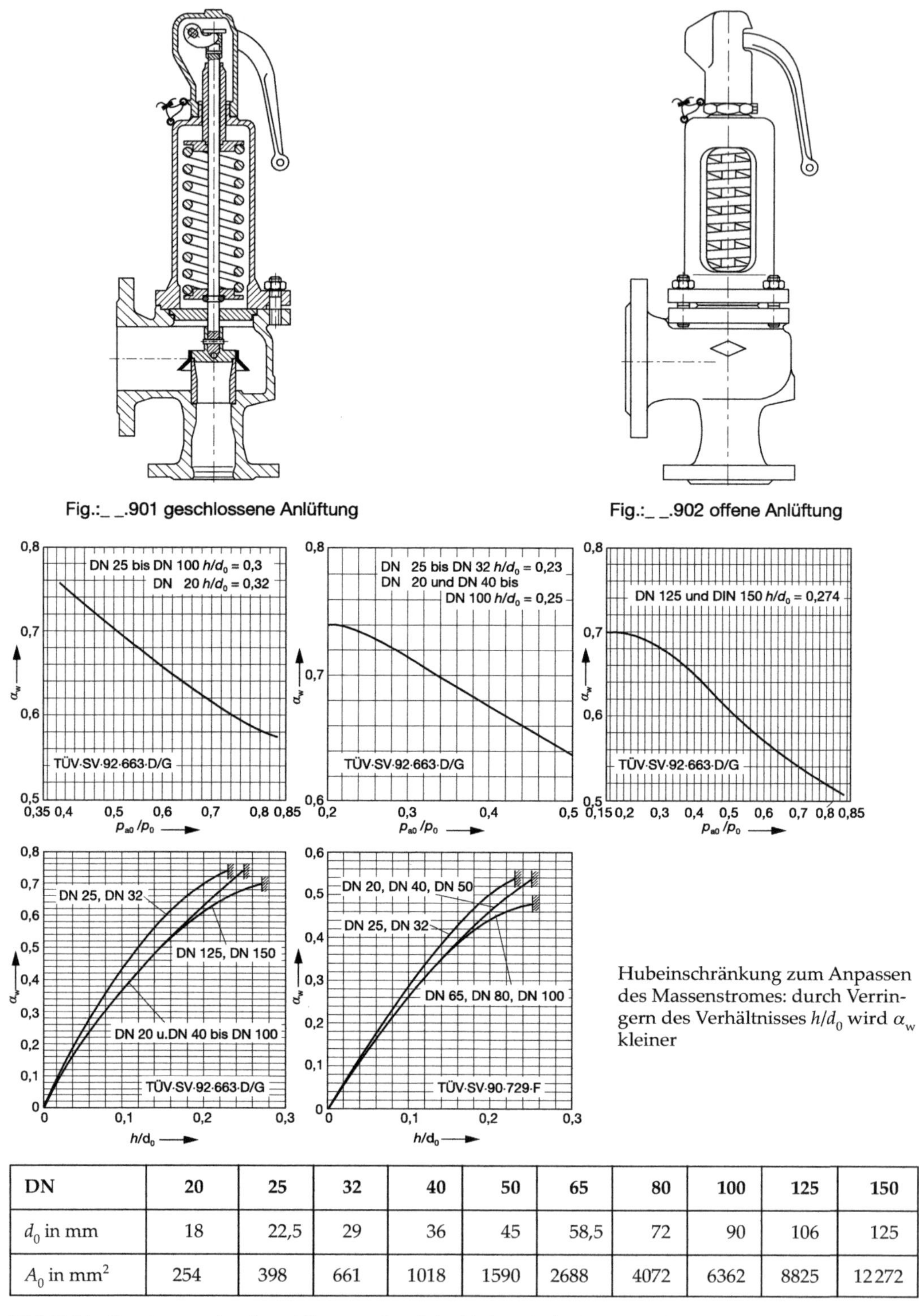

Hubeinschränkung zum Anpassen des Massenstromes: durch Verringern des Verhältnisses h/d_0 wird α_w kleiner

DN	20	25	32	40	50	65	80	100	125	150
d_0 in mm	18	22,5	29	36	45	58,5	72	90	106	125
A_0 in mm^2	254	398	661	1018	1590	2688	4072	6362	8825	12272

Bild 13.11 Zuerkannte Ausflussziffer eines handelsüblichen Sicherheitsventils (Fabr. ARI)

Isentropenexponent k: 1,31 (aus Tabelle «Stoffwerte für Gase und Dämpfe»)

$$\frac{p_a}{p} = \frac{1}{1,7} = 0,588 > 0,544 \left(\frac{p_a}{p}\right)_{Kr}$$

aus Tabelle «Stoffwerte für Gase und Dämpfe»

damit unterkritisch und ψ unterkritisch ist zu berechnen

$$\psi = \sqrt{\frac{1,31}{1,31-1}} \cdot \sqrt{\left(\frac{1,0}{1,7}\right)^{\frac{2}{1,31}} - \left(\frac{1,0}{1,7}\right)^{\frac{1,31+1}{1,31}}}$$
$$= 0,471$$

Molare Masse M: 16 (aus Tabelle «Stoffwerte für Gase und Dämpfe»)

Realgasfaktor Z: 1,0 (aus VDI 2040, Blatt 4)

Ausflussziffer α_w: 0,65

$$A_0 = 0,1791 \cdot \frac{4500}{0,471 \cdot 0,65 \cdot 1,7} \cdot \sqrt{\frac{373 \cdot 1,0}{16}}$$
$$= 7477 \text{ mm}^2$$

Beispiel 13.3
Größenbestimmung nach Tabellenwerten

Medium:		H_2-Gas (Wasserstoffgas)
Temperatur	t:	+ 45 °C
Massenstrom	q_m:	12 000 kg/h
Ansprechdruck, abs.	p:	26 bar
Gegendruck	p_a:	Atmosphäre
Isentropenexponent	k:	1.41 (aus Tabelle «Stoffwerte für Gase und Dämpfe»)

$$\left(\frac{p_a}{p}\right) = \frac{1}{26} = 0,038 < 0,528 \left(\frac{p_a}{p}\right)_{Kr}$$

damit Ausfluss-Funktion	$\psi = \psi_{max}$:	0,485 (aus Tabelle «Stoffwerte für Gase und Dämpfe»)
molare Masse	M:	2 (aus Tabelle «Stoffwerte für Gase und Dämpfe»)
Realgasfaktor	Z:	1,023 (aus VDI 2040, Blatt 4)
Ausflussziffer	α_w:	0,78

$$A_0 = 0,1791 \cdot \frac{12\,000}{0,485 \cdot 0,78 \cdot 26} \cdot \sqrt{\frac{(273+45) \cdot 1,023}{2}} = 2787 \text{ mm}^2$$

Beispiel 13.4
Größenbestimmung nach der rechnerischen Ermittlung

Medium:		Sattdampf
Massenstrom	q_m:	2500 kg/h
Ansprechdruck, abs.	p:	4,0 bar
Gegendruck, abs.	p_a:	2,5 bar variabel
Ausflussziffer	α_w:	0,63
Isentropenexponent	k:	1,14 (aus Tabelle)

$$\frac{p_a}{p} = \frac{2,5}{4} = 0,625 > 0,576 = \left(\frac{p_a}{p}\right)$$
$$= \left(\frac{2}{1,14+1}\right)^{\frac{1,14}{1,14-1}}$$

damit unterkritisch und ψ unterkritisch ist zu berechnen

$$\psi = \sqrt{\frac{1,14}{1,14-1}} \cdot \sqrt{\left(\frac{2,5}{4}\right)^{\frac{2}{1,14}} - \left(\frac{2,5}{4}\right)^{\frac{1,14+1}{1,14}}}$$
$$= 0,4475$$

Spezifisches Volumen aus Tabelle
$v = 0,4622$ kg/m^3;
damit errechnet sich der Druckmittelbeiwert

$$x = \frac{0,6211}{0,4475} \cdot \sqrt{4 \cdot 0,4622} = 1,887$$

$$A_0 = \frac{1,887 \cdot 2500}{0,63 \cdot 4} = 1872 \text{ mm}^2$$

Beispiel 13.5
Größenbestimmung nach Diagrammwert

Medium:		Sattdampf
Massenstrom	q_m:	2500 kg/h
Ansprechdruck, abs.	p:	4,0 bar
Gegendruck, abs.	p_a:	Atmosphäre
Ausflussziffer	α_w:	0,78
Druckmittelbeiwert	x:	1,88 (aus x-Wert-Diagramm, Bild 13.2)

$$A_0 = \frac{1,88 \cdot 2500}{0,78 \cdot 4,0} = 1506 \text{ mm}^2$$

Beispiel 13.6
Größenbestimmung nach Diagrammwert

Medium:		überhitzter Dampf
Temperatur	t:	300 °C
Massenstrom	q_m:	10 000 kg/h
Ansprechdruck, abs.	p:	16 bar
Gegendruck	p_a:	Atmosphäre
Ausflussziffer	α_w:	0,78
Druckmittelbeiwert	x:	2,10 (aus x-Wert-Diagramm, Bild 13.2)

$$A_0 = \frac{2{,}10 \cdot 10\,000}{0{,}78 \cdot 16} = 1683 \text{ mm}^2$$

Beispiel 13.7
Größenbestimmung eines Sicherheitsventils für ausdampfende Flüssigkeit, am Beispiel des Mediums Heißwasser:

Medium:	Heißwasser
Temperatur:	$\vartheta = 200\,°C$
Massenstrom	$q_m = 100\,000$ kg/h
Ansprechdruck, abs.	$p_0 = 20$ bar
Gegendruck:	$p_{a,0}$ = Atmosphäre

$h'_0 = 852$ kJ/kg
Enthalpie des Wassers vor dem Ventil, bezogen auf die Temperatur 200 °C

$h'_{a,0} = 417$ kJ/kg
Enthalpie des Wassers hinter dem Ventil, bezogen auf den Sättigungszustand des Gegendrucks 1 bar absolut

$\Delta h_{v\,(a,0)} = 2258$ kJ/kg
Verdampfungsenthalpie, bezogen auf den Sättigungszustand hinter dem Ventil

$$n = \frac{852 - 417}{2258} = 0{,}1926$$

(d.h. 19,3 % Dampfanteil)

Dampfmengenanteil damit:
$q_{m,D} = 100\,000 \text{ kg/h} \cdot 0{,}1926 = 19\,260 \text{ kg/h}$

Flüssigkeitsmengenanteil:
$q_{m,F} = 100\,000 \text{ kg/h} - 19\,260 \text{ kg/h} = 80\,740 \text{ kg/h}$
Mit diesen Massenstromanteilen sind die Teil-Strömungsquerschnitte zu berechnen und dann zu addieren:

Ausflussziffer für Dämpfe und Gase:

$\alpha_w = 0{,}78$ (aus Katalog)

Ausflussziffer für Flüssigkeiten:

$\alpha_w = 0{,}60$ (aus Katalog)

Dichte der Flüssigkeit (200 °C/20 bar):

$\rho = 865 \text{ kg/m}^3$

Druckdifferenz:

$\Delta p = 20 \text{ bar} - 1 \text{ bar} = 19 \text{ bar}$

Druckmittelbeiwert (20 bar/Sattdampftemperatur):

$x = 1{,}96$ (Bild 13.2)

Flüssigkeits-Teilquerschnitt:

$$A_{0,F} = 0{,}6211 \cdot \frac{q_{m,F}}{\alpha_w \cdot \sqrt{\Delta p \cdot \rho}}$$

$$A_{0,F} = 0{,}6211 \cdot \frac{80\,740}{0{,}6 \cdot \sqrt{19 \cdot 865}} = 652 \text{ mm}^2$$

Dampf-Teilquerschnitt:

$$A_{0,D} = x \cdot \frac{q_{m,D}}{\alpha_w \cdot p}$$

$$A_{0,D} = 1{,}96 \cdot \frac{19\,260}{0{,}78 \cdot 20} = 2420 \text{ mm}^2$$

Gesamtquerschnitt:

$A_0 = (A_{0,F} + A_{0,D}) \cdot f_A$

$A_0 = (652 \text{ mm}^2 + 2420 \text{ mm}^2) \cdot 1{,}2 = 3686 \text{ mm}^2$

Strömungsdurchmesser:

$d_0 = 68{,}5$ mm

13.3 Ventilzuleitung

Die einwandfreie Funktion eines Sicherheitsventils ist u.a. abhängig vom Druckverlust zwischen dem abzusichernden Druckraum und dem Eintritt in das Ventil (Bild 13.12).

Daraus leitet sich die grundsätzliche Forderung ab, das Ventil möglichst direkt an das ab-

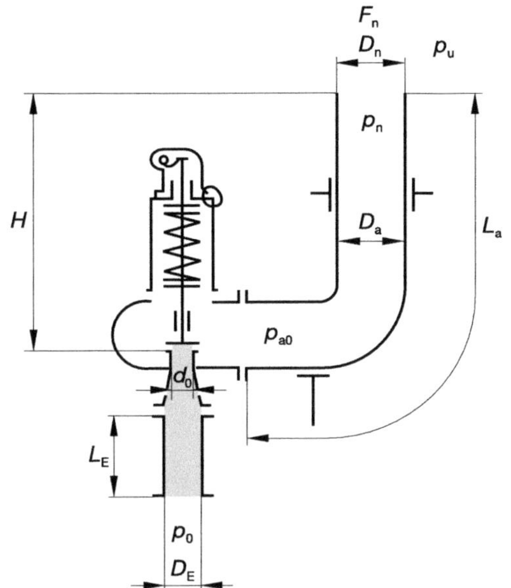

Bild 13.12 Schematische Darstellung eines Sicherheitsventils zur Zuführ- und Abblaseleitung

zusichernde System zu installieren. Ist dies aus anlagentechnischen Gründen nicht möglich, muss der Druckverlust der Zuleitung ermittelt werden. Widerstände von Einlaufstutzen, Krümmern, Rohrleitungen und sonstigen Einbauten bestimmen den Druckverlust in der Zuleitung.

Zur Vermeidung von Ventilschwingungen muß der Druckverlust in der Zuleitung kleiner sein als die Schließdruckdifferenz des Sicherheitsventils.

Der zulässige Druckverlust in der Zuleitung ist nach AD-Merkblatt A2 Abschnitt 6.2.2 bei größtem abzuführenden Massenstrom auf 3% der Druckdifferenz zwischen Ansprechdruck und Fremdgegendruck begrenzt.

Voraussetzung für eine ungestörte Funktion bei diesem Druckverlust ist, dass die Schließdruckdifferenz des eingebauten Sicherheitsventils mindestens 5% beträgt.

Bei kleinerer Schließdruckdifferenz als 5% muss der Unterschied zwischen Druckverlust in der Zuleitung und Schließdruckdifferenz mindestens 2% des Ansprechdruckes betragen.

Sind anlagenbedingt längere Zuleitungen erforderlich, so ist der Druckverlust zwischen abzusicherndem Druckraum und Eintritt zum Sicherheitsventil zu ermitteln. Nach AD-A2 (und TRD 421, CEN) muss der Druckverlust auf 3% des Ansprechüberdruckes (genauer: Einstellüberdruckes) bei dem tatsächlichen Abblasemassenstrom des Sicherheitsventils (also nicht dem um 10% reduzierten) begrenzt werden.

Für das Verhältnis Leitungsquerschnitt A_E zu «effektivem tatsächlichen» Abblasequerschnitt $1{,}1 \cdot \alpha_w \cdot A_0$ des Sicherheitsventils kann aus dem Diagramm lt. AD-A2 der zulässige gesamte Widerstandsbeiwert ζ_Z entnommen werden, der gerade einen Druckverlust von 3% erzeugt.

Für Gase/Dämpfe ist dieser Widerstandsbeiwert vom Druckverhältnis $p_{a,0}/p_0$ und vom Isentropenexponenten k abhängig.

Grundgleichungen:
verbleibende Druckdifferenz:

$$\Delta p' = 0{,}97 \cdot \Delta p \qquad \text{(Gl. 13.44)}$$

Strömungsgeschwindigkeit in d_0:

$$w_0 = \alpha \cdot \sqrt{\frac{2 \cdot \Delta p'}{\rho_0}} \qquad \text{(Gl. 13.45)}$$

Strömungsgeschwindigkeit in D_E:

$$w_E = w_0 \cdot \frac{A_0}{A_E} \quad \text{und } w_0 \text{ eingesetzt}$$

$$w_E^2 = \left(\frac{\alpha \cdot A_0}{A_E}\right)^2 \cdot \frac{2 \cdot \Delta p'}{\rho_0} \qquad \text{(Gl. 13.46)}$$

Basisgleichung für den Druckverlust in der Zuleitung:

$$\Delta p_R = \zeta_Z \cdot \frac{\rho_0}{2} \cdot w_E^2 \qquad \text{(Gl. 13.47)}$$

damit:

$$\zeta_Z = \frac{0{,}03}{0{,}97} \cdot \left(\frac{A_E}{1{,}1 \cdot \alpha_w \cdot A_0}\right)^2 \qquad \text{(Gl. 13.48)}$$

13.3.1 Zuleitung von Flüssigkeiten

Für *Flüssigkeiten* (Grenzfall $p_{a,0}/p_0 \to 1{,}0$) gilt der einfache Zusammenhang:

$$\Delta p_R = 0{,}03 \cdot (p_0 - p_{a,0})$$

$$\frac{\Delta p_R}{p_0} = 0{,}03 \cdot \left(1 - \frac{p_{a,0}}{p_0}\right)$$

$$\Delta p_R = \zeta_Z \cdot \frac{\rho_0}{2} \cdot w_E^2$$

Hierin ist der Widerstandsbeiwert der Zuleitung:

$\zeta_Z = \zeta_\lambda + \sum\zeta_i$ mit: $\zeta_\lambda = \lambda \cdot \frac{L_E}{D_E}$, Widerstandsbeiwert durch Rohrreibung $\sum\zeta_i$, die Summe der Widerstandsbeiwerte der Leitungs- und Einbauteile (s. Bild 13.13).

Hieraus lässt sich die zulässige Leitungslänge L_E berechnen:

$$L_E = (\zeta_Z - \sum\zeta_i) \cdot \frac{D_E}{\lambda} \qquad \text{(Gl. 13.49)}$$

13.3.2 Zuleitung von Gasen und Dämpfen

Für *Gase und Dämpfe* erhält man den zulässigen Widerstandsbeiwert mit:

$$\zeta_Z = \frac{1}{k} \cdot \left(C \cdot \left(\frac{A_E}{1{,}1 \cdot \alpha_w \cdot A_0}\right)^2 - 1\right) \cdot \frac{\Delta p_R}{p_0} \cdot \left(1 + \frac{3}{2} \cdot \frac{\Delta p_R}{p_0} + 2 \cdot \left(\frac{\Delta p_R}{p_0}\right)^2\right) \qquad \text{(Gl. 13.50)}$$

mit: $$\frac{\Delta p_R}{p_0} = 0{,}03 \cdot \left(1 - \frac{p_{a,0}}{p_0}\right) \qquad \text{(Gl. 13.51)}$$

und: $$C = 2 \cdot \left(\frac{k+1}{2}\right)^{\frac{k+1}{k-1}} \qquad \text{(Gl. 13.52)}$$

für: $$\frac{\frac{p_{a,0}}{p_0}}{1 - \frac{\Delta p_R}{p_0}} \le \left(\frac{2}{k+1}\right)^{\frac{k}{k-1}} \qquad \text{(Gl. 13.53)}$$

bzw.: $$C = \frac{k-1}{\left(\frac{\frac{p_{a,0}}{p_0}}{1 - \frac{\Delta p_R}{p_0}}\right)^{\frac{2}{k}} - \left(\frac{\frac{p_{a,0}}{p_0}}{1 - \frac{\Delta p_R}{p_0}}\right)^{\frac{k+1}{k}}} \qquad \text{(Gl. 13.54)}$$

für: $$\frac{\frac{p_{a,0}}{p_0}}{1 - \frac{\Delta p_R}{p_0}} > \left(\frac{2}{k+1}\right)^{\frac{k+1}{k}} \qquad \text{(Gl. 13.55)}$$

$\frac{\Delta p_R}{p_0}$ Verhältnis vom Druckverlust zum absoluten Druck vor dem Einlauf im abzusichernden System;

$\frac{p_{a,0}}{p_0}$ Verhältnis des absoluten Fremdgegendruckes zum abs. Druck vor dem Einlauf im abzusichernden System.

In Bild 13.14 ist der zulässige Widerstandsbeiwert für die Zuleitung zum Sicherheitsventil dargestellt.

Die Leitungslänge erhält man ebenfalls aus Gleichung 13.49.

Beispiel 13.8
Luft, $p = 100$ bar, $k = 1{,}4$;
DN 80 × 125, $d_0 = 50$ mm, $\alpha_w = 0{,}78$

$$\frac{A_E}{1{,}1 \cdot \alpha_w \cdot A_0} = \frac{80^2}{1{,}1 \cdot 0{,}78 \cdot 50^2} = 2{,}98$$

aus Diagramm zulässiger Widerstandsbeiwert $\zeta_z = 1{,}2$.

Die zulässige Leitungslänge ergibt sich bei Berücksichtigung des scharfkantigen Eintrittsstutzens mit $\zeta = 0{,}5$:

$$L_E = (1{,}2 - 0{,}5) \cdot \frac{80}{0{,}02} = 2800 \text{ mm}$$

a) Reibungsbeiwerte von Rohrleitungen für $k = 70\ \mu m$ (Richtwerte)

D_E [mm]	20	50	100	200	500
λ	0,027	0,021	0,018	0,015	0,013

b) Verlustbeiwerte ζ_i (Richtwerte) von Formstücken

<table>
<tr><td>Rohrbogen</td><td colspan="6">Umlenkverluste für $\delta = 90°$ und $k = 70\ \mu m$</td></tr>
<tr><td rowspan="12">Für $\delta \neq 90°$
$\zeta_{u\delta} = \zeta_{u90} \cdot \sqrt{\frac{\delta}{90}}$</td><td>$R/D_E$ \ D_E</td><td>20</td><td>50</td><td>100</td><td>200</td><td>500</td></tr>
<tr><td>1,0</td><td>0,42</td><td>0,33</td><td>0,27</td><td>0,24</td><td>0,19</td></tr>
<tr><td>1,25</td><td>0,35</td><td>0,28</td><td>0,23</td><td>0,20</td><td>0,16</td></tr>
<tr><td>1,6</td><td>0,29</td><td>0,23</td><td>0,19</td><td>0,17</td><td>0,14</td></tr>
<tr><td>2</td><td>0,25</td><td>0,19</td><td>0,16</td><td>0,14</td><td>0,12</td></tr>
<tr><td>2,5</td><td>0,22</td><td>0,17</td><td>0,15</td><td>0,13</td><td>0,10</td></tr>
<tr><td>3,15</td><td>0,20</td><td>0,15</td><td>0,13</td><td>0,11</td><td>0,10</td></tr>
<tr><td>4</td><td>0,18</td><td>0,14</td><td>0,12</td><td>0,10</td><td>0,10</td></tr>
<tr><td>5</td><td>0,16</td><td>0,12</td><td>0,10</td><td>0,10</td><td>0,10</td></tr>
<tr><td>6,3</td><td>0,14</td><td>0,11</td><td>0,10</td><td>0,10</td><td>0,10</td></tr>
<tr><td>8</td><td>0,12</td><td>0,10</td><td>0,10</td><td>0,10</td><td>0,10</td></tr>
<tr><td>10</td><td>0,14</td><td>0,11</td><td>0,10</td><td>0,10</td><td>0,10</td></tr>
<tr><td></td><td colspan="5"></td><td>ζ_i</td></tr>
<tr><td rowspan="3">Zuleitungsstutzen</td><td colspan="5">gut gerundet</td><td>0,1</td></tr>
<tr><td colspan="5">Kante normal gebrochen</td><td>0,25</td></tr>
<tr><td colspan="5">Kante scharf oder durchgestecktes Rohr</td><td>0,50</td></tr>
<tr><td>stetige Querschnittsverengung</td><td colspan="5">bezogen auf den verengten Querschnitt</td><td>0,1</td></tr>
<tr><td rowspan="4">rechtwinklige T-Stücke</td><td colspan="3" rowspan="2">Stutzen scharfkantig eingesetzt</td><td colspan="2">im Durchgang</td><td>0,35[3])</td></tr>
<tr><td colspan="2">im Abzweig</td><td>1,28[3])</td></tr>
<tr><td colspan="3" rowspan="2">Stutzen ausgehalst oder ausgesetzt, Einlauf abgerundet[1])</td><td colspan="2">im Durchgang</td><td>0,2[3])</td></tr>
<tr><td colspan="2">im Abzweig</td><td>0,75[3])</td></tr>
<tr><td colspan="6">Wechselventil/Verblockungseinrichtungen</td><td>[2])</td></tr>
</table>

[1]) Für die Hochdruckleitungen üblich erweiterte T-Stücke.
[2]) ζ-Wert-Bestimmung erforderlich.
[3]) Bezogen auf den Staudruck in der zum Sicherheitsventil abgehenden Leitung.

[2])

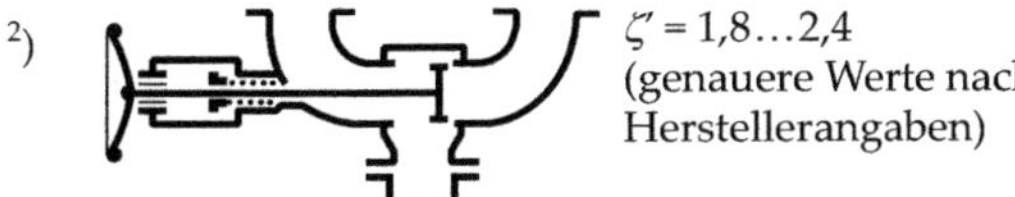

Bild 13.13 Reibungs- und Verlustbeiwerte

Zul. Widerstandsbeiwert ζ_z (bei k = 1,3) für 3% Druckverlust (durchgezogene Linie: Dämpfe und Gase; gestrichelte Linie: gilt auch für Flüssigkeiten, unabhängig vom Druckverhältnis)

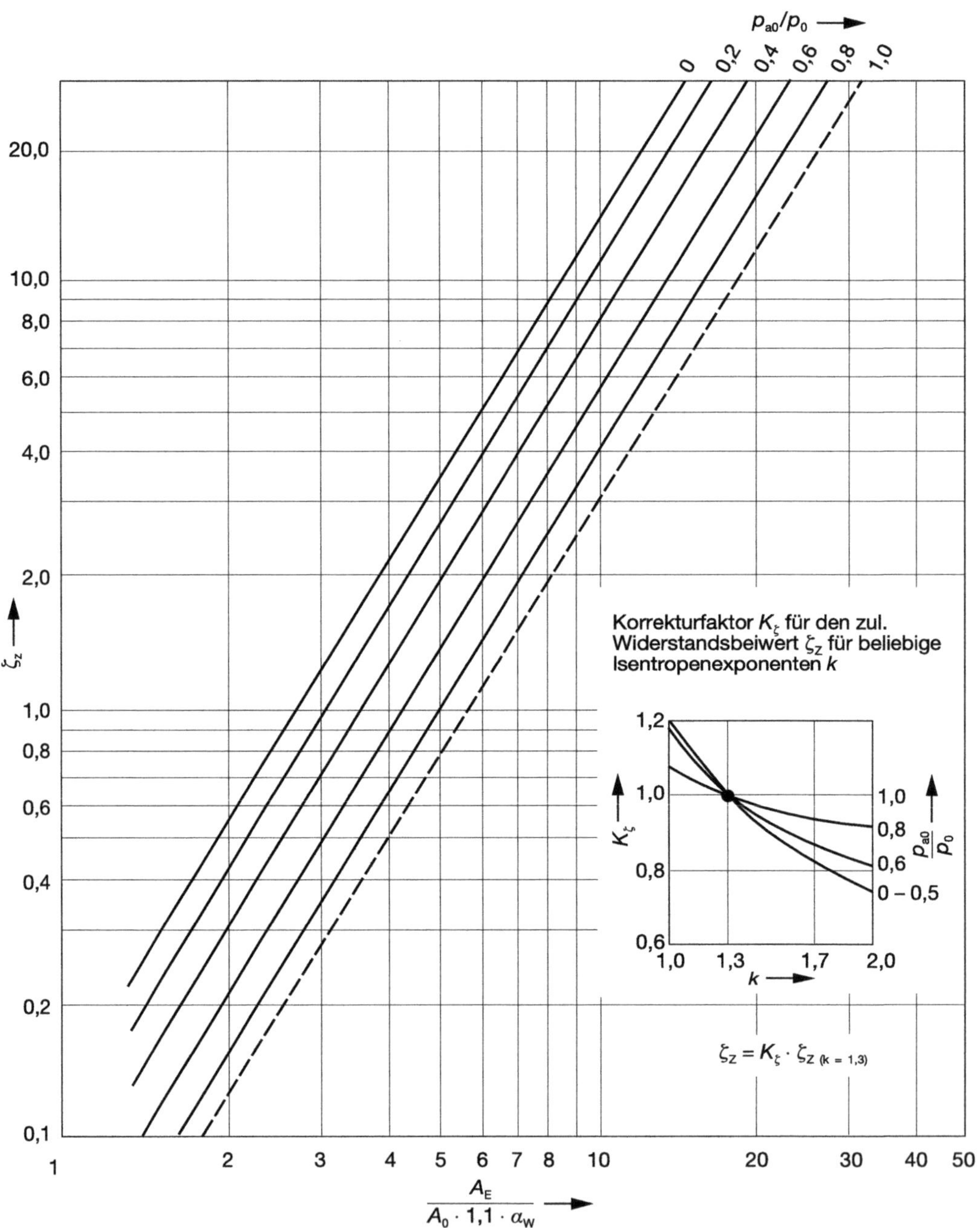

Bild 13.14 Zulässiger Widerstandsbeiwert in der Zuleitung

13.3.2.1 Berechnungsbeispiel

Beispiel 13.9

Aufgabenstellung

Zu dem in der Skizze dargestellten Wasserdampferzeuger soll das Sicherheitsventil ausgelegt werden.
Zulässiger Betriebsüberdruck: 10 bar
Speisewassereintrittstemperatur: $\vartheta = 170\ °C$
Laut Aufgabenstellung beträgt der Wärmestrom $\dot{Q} = 4\ MW = 4000\ kW$

Aufgabenlösung

Enthalpie des eintretenden Wassers:
$h_w = 718{,}8\ kJ/kg$
Enthalpie des Sattdampfes bei 11 bar absolut:
$h_D = 278{,}3\ kJ/kg$
Aus der Energiebilanz kann der bei Ansprechen des Sicherheitsventils austretende Dampfmassenstrom q_m bestimmt werden mit:

$$\dot{Q} = q_m \cdot (h_D - h_w)$$

zu:

$$q_m = \frac{\dot{Q}}{h_D - h_w}$$

$$q_m = \frac{4000}{2781{,}3 - 718{,}8} = 1{,}94\ kg/s$$

$$q_m = 6982\ kg/h$$

Den engsten Querschnitt A_0 vor dem Ventilsitz bestimmt man nach Gleichung 13.37:

$$A_0 = \frac{x \cdot q_m}{\alpha_w \cdot p_0}$$

Beiwert $x = 1{,}94$ nach Bild 13.9
$q_m = 6982\ kg/h$
$p_0 = 11\ bar$

Annahme:
a) $\alpha_w = 0{,}8$

damit:

$$A_0 = \frac{1{,}94 \cdot 6982}{0{,}8 \cdot 11}$$

$A_0 = 1539{,}2\ mm^2$
$d_0 = 44{,}3\ mm$

b) $\alpha_w = 0{,}7$

damit:

$$A_0 = \frac{1{,}94 \cdot 6982}{0{,}7 \cdot 11}$$

$A_0 = 1759{,}1\ mm^2$
$d_0 = 47{,}3\ mm$

Ausgewählte Ventile:

Firma «L» Ventil Typ 541 – DN 50
$d_0 = 50\ mm$
$DN = 80$

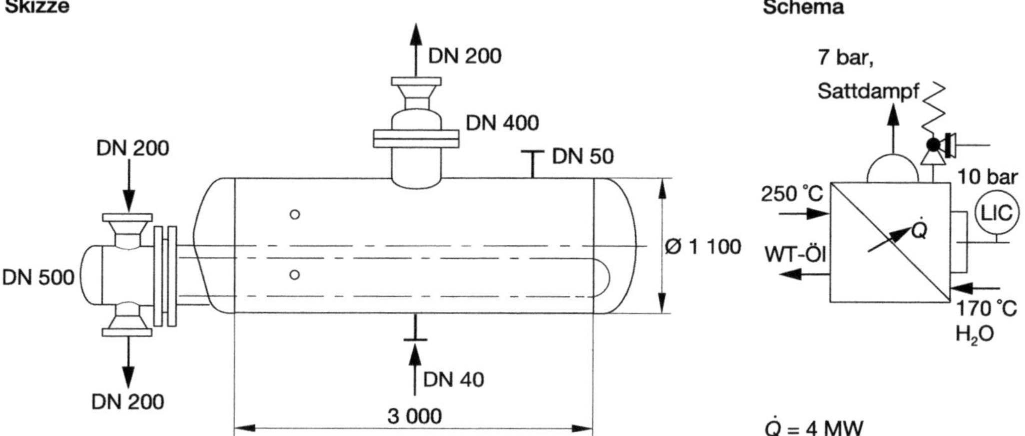

Bild zu Beispiel 13.9

oder Ventil Typ 441 – DN 50
d_0 = 46 mm
DN = 80

Firma «S» Ventil des Typs VSE oder VSR der Sitzgruppe J bzw. K (α_w = 0,82)
Sitzgruppe J: A_0 = 1521 mm², DN_E = 80, DN_A = 150
Sitzgruppe K: A_0 = 2043 mm², DN_E = 100, DN_A = 150

Firma «B» Ventil des Typs Si 61 oder Si 63
Ventilgröße 65 ×100, d.h.
DN_E = 65, DN_A = 100
A_0 = 1964 mm², α_w = 0,78

Für die Länge L_E der Zuleitung ergibt sich nach Gl. 13.50 und Bild 13.14 je nach gewähltem Ventil:

Ventiltyp	Fabrikat				Einheit
	Firma «L»		Firma «S»	Firma «B»	
	Typ 541	Typ 441	Typ Sitzgruppe J	Typ 65 × 100	
D_E	50	50	80	65	
A_E	1963	1963	5027	3318	mm²
A_0	1963	1662	1521	1964	mm²
α_w	0,7	0,7	0,82	0,78	
$\frac{A_E}{1{,}1 \cdot \alpha_w \cdot A_0}$	1,3	1,52	3,66	1,97	
ξ_z	0,22	0,35	1,7	0,45	
$\sum\xi_i$	0,05	0,05	0,5	0,2	
$L_E = (\xi_z - \xi_i) \cdot \frac{D_E}{\lambda}$	404	714	4800	812	mm

13.4 Ausblaseleitung

Sicherheitsventile können das abzuführende Medium ausblasen:

a) direkt in die Atmosphäre,
b) über Ausblaseleitungen in die Atmosphäre,
c) über Schalldämpfer in die Atmosphäre,
d) in ein System niedrigeren Druckes (z.B. Fackelleitungen).

Die Kenntnis vom Zustand des Mediums hinter dem Ventil ist sehr wichtig bezüglich der Ventilfunktion, Ventilleistung sowie in den Auswirkungen auf Reaktionskräfte, Lärm und Wärmespannungen. Entsprechend dieser Anforderungen müssen Ausblaseleitungen dimensioniert, verlegt und befestigt werden.

Um den Zustand des Mediums im Ausblas zu erfassen, ist es notwendig, bei gegebenem Massenstrom und Ausblasquerschnitt den Druck am Ventilaustritt bzw. in den verschiedensten Leitungsteilen zu bestimmen.

Im Gegensatz zu den Eintrittsleitungen ist hier bei Gasen und Dämpfen die Kompressibilität zu beachten.

Am Austritt in die Atmosphäre oder in ein anderes Drucksystem wird die Schallgeschwindigkeit oft erreicht.

Die damit verbundenen hohen Strömungsgeschwindigkeiten verursachen einen hohen und von der Entfernung zum Austritt abhängigen Druckverlust. Weil aber kein konstanter Bezugsstaudruck besteht, wird daher verzichtet, den Druckverlust wie auf der Eintrittsseite über Druckverlustziffern zu berechnen.

Um die Funktion eines Sicherheitsventils zu gewährleisten, ist u.a. auch die richtige Auslegung der Abblaseleitung von Bedeutung. Bei falsch ausgelegten Abblaseleitungen kann es zu Ventilschwingungen kommen und möglicherweise gar zu einer erheblichen Verminderung der Abblaseleistung mit der Folge einer unzulässigen Druckerhöhung im System.

Die Abblaseleitung darf niemals kleiner als die Austrittsnennweite des Sicherheitsventils ausgeführt werden. Sie muss gegen Einfrieren gesichert sein. Bei ausgasenden und verdampfenden Flüssigkeiten müssen in unmittelbarer Nähe des Ventils Entspannungseinrichtungen ausreichender Größe angeordnet werden.

Maßgeblich für die Dimensionierung der Rohrleitung sind die Gegendrücke auf der Austrittsseite des Ventils. Man unterscheidet 2 Arten von Gegendrücken:

- *Eigengegendruck*
  Der Eigengegendruck ist der auf der Austrittsseite durch das Abblasen aufgebaute Überdruck. Ursache dieses Eigengegendrucks ist der Strömungswiderstand des Abblaseleitungssystems.
- *Fremdgegendruck*
  Der Fremdgegendruck ist der Überdruck auf der Austrittsseite bei geschlossenem Ventil. Fremdgegendrücke können konstant oder variabel sein.

Bei der Auslegung der Abblaseleitung werden alle Gegendrücke ermittelt. An welchen spezifischen Stellen die Berechnung dabei erfolgen muss, ist von der Gestaltung der Rohrleitung abhängig und muss im Einzelfall festgelegt werden.

Die Abblaseleitung sollte so dimensioniert werden, dass der Gegendruck p_{a0} direkt hinter dem Sicherheitsventil die Summe aus Schließdruckdifferenz und Öffnungsdruckdifferenz nicht überschreitet, damit ein Ventilflattern vermieden wird. Bei Faltenbalg-Sicherheitsventilen darf der Gegendruck $p_{a0\,zul}$ bei größtem abzuführenden Massenstrom maximal 30% des Ansprechdruckes, nicht jedoch mehr als 3 bar Überdruck, betragen.

Der Eigengegendruck $p_{a,e}$ im Ventilaustritt entsteht beim Abblasen des Ventils infolge des Widerstandes ζ_A der Ausblaseleitung mit Krümmern, Schalldämpfer und evtl. anderen Einbauten.

13.4.1 Ausblaseleitung für Flüssigkeiten (Bild 13.15)

Der sich einstellende Überdruck am Sicherheitsventilaustritt $(p_{a,e} - p_u)$ bezogen auf den Differenzdruck $(p_0 - p_{a,e})$ am Sicherheitsventil ist:

$$\frac{p_{a,e} - p_u}{p_0 - p_{a,e}} = \zeta_A \cdot \left(\frac{1{,}1 \cdot \alpha_W \cdot A_0}{A_A} \right)^2 \qquad \text{(Gl. 13.56)}$$

p_u atmospärischer Umgebungsdruck im Leistungsende
p_0 Behälterdruck

Mit steigendem Eigengegendruck wird bei Flüssigkeiten die Druckdifferenz $(p_0 - p_{a,e})$ und damit der Massenstrom verringert.

Anmerkung:
Durch den Faktor 1,1 wird berücksichtigt, dass der α_W-Wert um 10% reduziert ist. Eine Massenstromzunahme durch die Drucksteigerung wird durch den Gegendruck eher kompensiert. Soll der Eigengegenüberdruck auf 15% des Ansprechüberdruckes begrenzt werden, so gilt:

$$\frac{p_{a,e} - p_u}{p_{sich} - p_u} = 0{,}15 \qquad \text{(Gl. 13.57)}$$

Daraus folgt als Bedingung für den zulässigen Widerstandsbeiwert der Ausblaseleitung $\zeta_{A,zul}$:

$$\zeta_{A,zul} = \frac{0{,}15}{1 - 0{,}15} \cdot \left(\frac{A_A}{1{,}1 \cdot \alpha_W \cdot A_0} \right)^2 \qquad \text{(Gl. 13.58)}$$

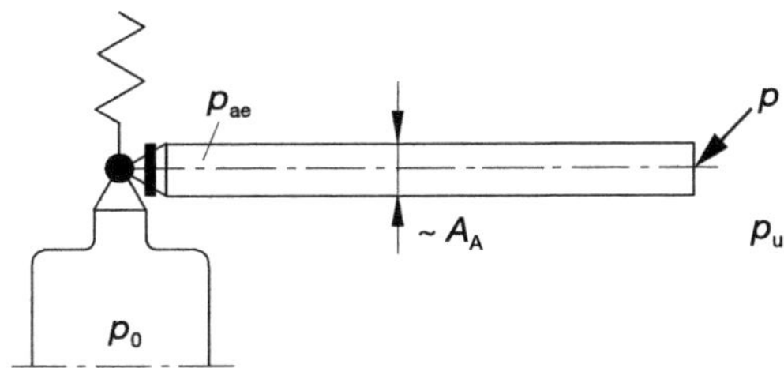

Bild 13.15 Mündungsdruck der Abblaseleitung bei Flüssigkeiten

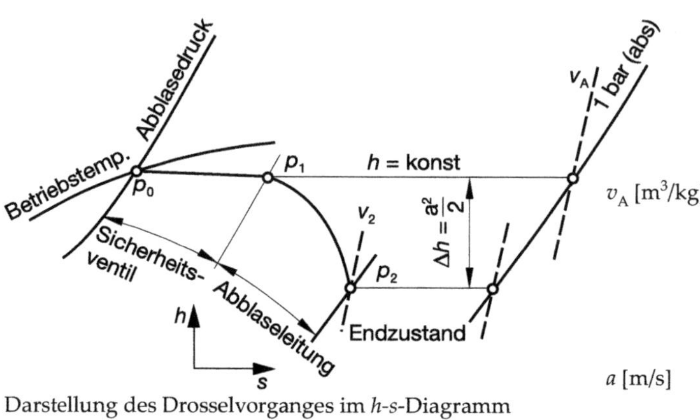

Darstellung des Drosselvorganges im h-s-Diagramm

p_{ae} p^* $\sim A_A$ p_u p_0

Bild 13.16
Mündungsdruck der Abblaseleitung bei Gasen und Dämpfen

v_A [m³/kg] Das spezifische Volumen des abzublasenden Fluids an der Mündung. Für Wasserdampf lässt es sich aus dem h-s-Diagramm mit ausreichender Genauigkeit als Schnittpunkt von h = konst. und $p = 1$ bar bestimmen.

a [m/s] Schallgeschwindigkeit des abzublasenden Fluids.

$a = C \cdot \sqrt{v_A}$ für Wasserdampf, mit $C = 333$ für Heißdampf und $C = 323$ für Sattdampf.

$a = 18{,}3 \cdot \sqrt{T_0}$ für Luft, mit T_0 als Absoluttemperatur der Luft vor dem Sicherheitsventil.

13.4.2 Ausblaseleitung für Gase und Dämpfe (Bild 13.16)

Hier muss bei genügend starker Expansion des Mediums im Ventilaustritt davon ausgegangen werden, dass sich am Leitungsende ein zweiter kritischer Strömungszustand mit einem «kritischen» Mündungsdruck p^* einstellt, der größer ist als der Umgebungsdruck p_u.

Der Begriff «kritischer» Zustand bedeutet, dass die Machzahl Ma = 1 ist, d.h. Strömungsgeschwindigkeit gleich Schallgeschwindigkeit.

Dieser Fall liegt dann vor, wenn im Austrittsquerschnitt bei der Dichte unter Umgebungsdruck p_u und mit der maximal möglichen Geschwindigkeit – nämlich der Schallgeschwindigkeit ($a = \sqrt{k \cdot R_i \cdot T}$) – der Massenstrom q_m des Sicherheitsventils nicht erreicht werden kann (s. Bild 13.17).

Den sich dann einstellenden Mündungsdruck $p^* > p_u$ berechnet man mit:

$$\frac{p^*}{p_0} = \left(\frac{2}{k+1}\right)^{\frac{k}{k-1}} \cdot \left(\frac{1{,}1 \cdot \alpha_W \cdot A_0}{A_A}\right) \geq p_u \qquad \text{(Gl. 13.59)}$$

p^* Mündungsdruck, absolut
p_0 Ansprechdruck, absolut

A_A ist der Strömungsquerschnitt der Ausblaseleitung, der größer oder gleich dem Ventilaustrittsquerschnitt sein kann.

Aus der obigen Gleichung kann mit Kenntnis des absoluten Ansprechdruckes der absolute Mündungsdruck am Leitungsende berechnet werden.

Wenn der errechnete Zahlenwert des Mündungsdruckes kleiner ist als der atmosphärische Druck 1 bar, liegt kein «kritisches» Ausströmen vor und der Mündungsdruck ist natürlich gleich 1 bar!

> ! Der atmosphärische Umgebungsdruck p_u ist beim Einmünden in ein Gegendrucksystem gleich dem Fremdgegendruck $p_{a,f}$ zu setzen!

Um die Höhe des Eigengegendruckes in einer gegebenen Ausblaseleitung bestimmen zu können, müssen folgende Kriterien bekannt sein:

- Länge und Durchmesser der vorgesehenen Ausblaseleitung
- Anzahl und Angabe über die evtl. vorhandenen Einbauten, z.B. Bögen usw.

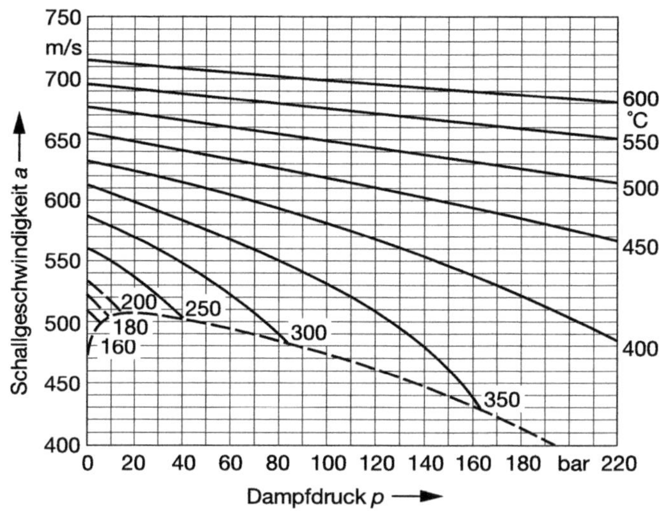

Bild 13.17
Schallgeschwindigkeiten für Wasserdampf

- Ansprechdruck des Sicherheitsventils
- Medium
- max. möglicher, von dem Sicherheitsventil abgeführter Massenstrom

Mit Gleichung 13.61 kann der Gegendruck im Abblasefall bestimmt werden:

$$p_{n0} = p_0 \cdot \frac{2 \cdot \psi \cdot \alpha}{\sqrt{k \cdot (k+1)}} \cdot \left(\frac{d_0}{d_A}\right)^2 \qquad \text{(Gl. 13.60)}$$

Es gilt: $p_{n0} = p_u + p_{af}$
$p_{a0} = p_{ae} + p_{af}$

$$\frac{p_{ao}}{p_0} = \sqrt{\left(\frac{p_{n0}}{p_0}\right)^2 + 2 \cdot \left(\lambda \cdot \frac{L_A}{d_A} + \sum\zeta + 2 \cdot \ln\frac{p_{a0}}{p_{n0}}\right) \cdot \psi^2 \cdot \alpha^2 \cdot \left(\frac{d_0}{d_A}\right)^4} \qquad \text{(Gl. 13.61)}$$

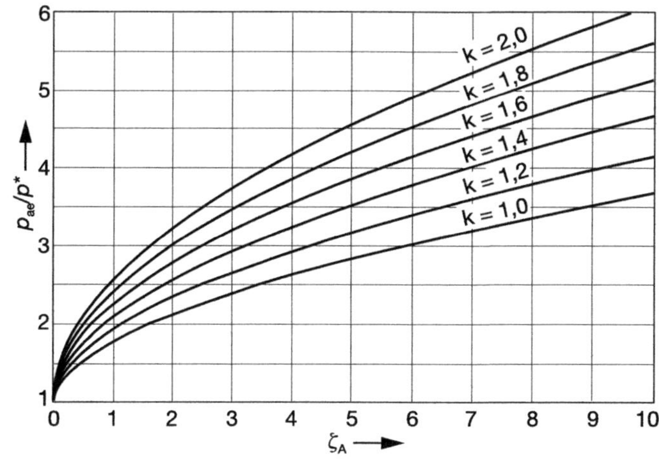

Bild 13.18
Eigengegendruck p_{ae} im Ventilaustritt zum «kritischen» Druck p^* am Leitungsende in Abhängigkeit vom ζ-Wert der Ausblaseleitung

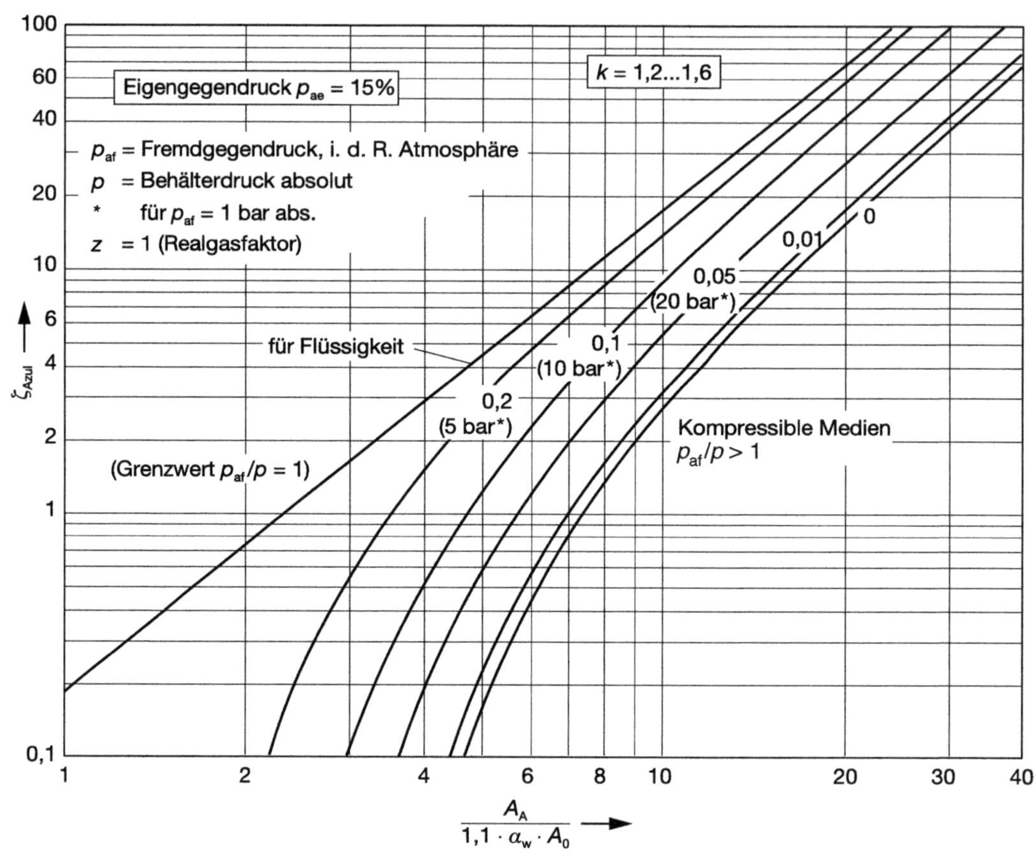

Beispiel zum Diagramm:
gewähltes Sicherheitsventil
Si 6302 DN 80 × 150
$d_0 = 63$ mm, $\alpha_w = 0{,}78$
Medium: Luft
Ansprechdruck abs: $p = 40$ bar
Gegendruck $p_{af} = 1$ bar
ohne Faltenbalg, d.h.
zul. Eigengegendruck $p_{ae} = 15\%$
Durchmesser der Austrittsleitung: 150 mm

gesucht:
zul. Widerstandsbeiwert ζ_{Azul} der Ausblaseleitung

Lösung:

$$\frac{A_A}{1{,}1 \cdot \alpha_w \cdot A_0} = \frac{150^2}{1{,}1 \cdot 0{,}78 \cdot 63^2} = 6{,}6$$

$$\frac{p_{af}}{p} = \frac{1}{40} = 0{,}025$$

aus Diagramm: $\xi_{Azul} = 1$

Bild 13.19 Ausblaseleitung: Zulässiger Widerstandsbeiwert $\zeta_{A\,zul}$ für einen Eigengegendruck von 15%

Zur Vermeidung aufwendiger Iterationen und wegen ausreichender Genauigkeit wird in den

Term $\ln \frac{p_{a0}}{p_{n0}}$ der zulässige Gegendruck p_{a0} eingesetzt.

Mindestens muss jedoch $\frac{p_{a0}}{p_{n0}} \geq 1{,}0$ sein.

In Bild 13.18 kann für den gegebenen Widerstandsbeiwert ζ_A der Ausblaseleitung das Verhältnis p_{ae}/p^* als Verhältnis absoluter Drücke entnommen werden.

Somit kann der Gegendruck p_{ae} ermittelt werden mit Kenntnis von p^* aus Gleichung 13.59.

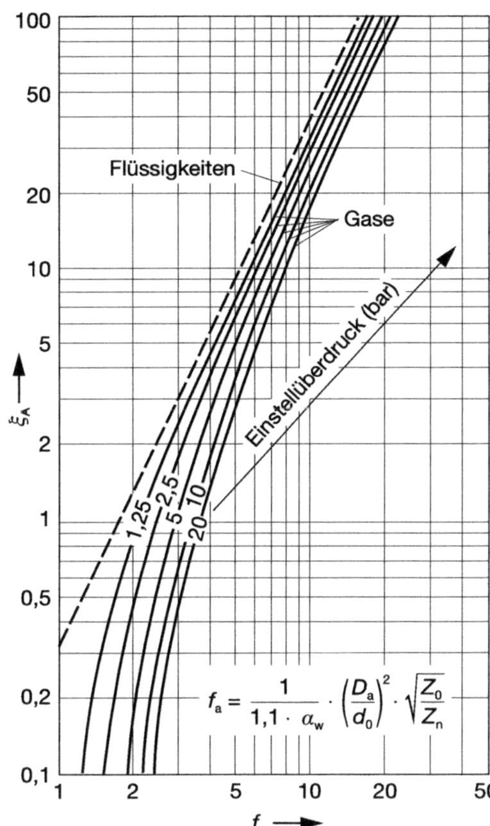

Bild 13.20 Zulässiger Widerstandsbeiwert ξ_a für einen Druckverlust der Abblaseleitung von 30% ($1{,}2 \le k \le 1{,}6$)

Für einen Eigengegendruck von 15% kann der ξ_A-Widerstandsbeiwert aus Bild 13.19 und für 30% Eigengegendruck (Faltenbalgausführung) aus Bild 13.20 entnommen werden.

13.4.2.1 Berechnungsbeispiel

Beispiel 13.10
Medium: Luft
Temperatur: 50 °C
Massenstrom: 50 000 kg/h
Ansprechdruck *abs*: 40 bar
Gegendruck hinter der Ausblaseleitung p_u: Atmosphäre
Isentropenexponent *k*: 1,4
Länge der Austrittsleitung L_A: 7,5 m
Durchmesser der Austrittsleitung: 150 mm

gewähltes Sicherheitsventil
Si 6302 DN 80 × 150;
d_0 = 63 mm, α_w = 0,78
ohne Faltenbalg

gesucht:
Eigengegendruck p_{ae}
im Ventilaustritt

Rechnung:

$$\frac{p^*}{p} = 0{,}528 \cdot \frac{1{,}1 \cdot 0{,}78 \cdot 63^2}{150^2} = 0{,}08$$

d.h. $p^* = 0{,}08 \cdot 40 = 3{,}2$ bar *abs*

Die Ausblaseleitung hat einen Widerstandsbeiwert

$$\zeta_A = \lambda \cdot \frac{L_A}{d_A} = 0{,}02 \cdot \frac{7500}{150} = 1{,}0$$

Aus dem Diagramm erhält man für $k = 1{,}4$ und $\xi_A = 1{,}0$

$$\frac{p_{ae}}{p^*} = 2{,}1$$

daraus folgt als absoluter Druck im Ventilaustritt

$p_{ae} = 2{,}1 \cdot 3{,}2 = 6{,}72$ bar abs

der Eigengegendruck $p_{ae} - p_u$ bezogen auf den Ansprechüberdruck $p - p_u$

$$\frac{p_{ae} - p_u}{p - p_u} = \frac{6{,}72 - 1}{40 - 1} = 0{,}147 \text{ oder } 14{,}7\%$$

Dieser Beitrag ist kleiner als der zulässige Eigengegendruck für Federsicherheitsventile ohne Faltenbalg von 15%.

13.5 Druckstoß in der Zuleitung

Bei schnellem Öffnen des Sicherheitsventils mit langer Zuführungsleitung sinkt der Druck im Ventileintritt entsprechend der Strömungsgeschwindigkeit *w* (m/s), auf die das Medium im Ventileintritt entsprechend dem Öffnungsgrad des Ventils beschleunigt wird.

Dieser Druckeinbruch beträgt für Flüssigkeiten nach der Druckstoßbeziehung von JOUKOWSKI:

$\Delta p_{\text{Jouk}} = a \cdot w \cdot \rho \cdot 10^{-5}$ (in bar). (Gl. 13.62)

a Schallgeschwindigkeit (m/s)
ρ Dichte (kg/m³).
w Geschwindigkeit (m/s)

Wendet man diese Formel auch für gasförmige Medien an, so ist der Fehler relativ klein, solange der Einfluss der Kompressibilität gering ist, was bedeutet, solange die Mach-Zahl in der Zuführungsleitung kleiner als 0,3 ist. Diese Bedingung für die Mach-Zahl kann als erfüllt betrachtet werden, wenn bei den hier betrachteten längeren Leitungen das Kriterium Druckverlust < 3 % eingehalten worden ist!

Bei Vollhub- und Normal-Federsicherheitsventilen für Gase und Dämpfe mit einer Schließdruckdifferenz von 10 % wird davon ausgegangen, dass ein momentaner Druckeinbruch mit dem Spitzenwert von 20 % aus Gründen der Massenträgheit keine Umkehr der Hubbewegung bewirkt, so dass eine Schwingungsanregung bis hin zum Flattern nicht ausgelöst wird.

Der maximale Druckeinbruch nach Gleichung 13.62 bei voll geöffnetem Ventil kommt nur dann zum Tragen, wenn die doppelte Wellenlaufzeit mindestens gleich der Öffnungszeit des Ventils ist. Denn die am Ventileintritt wieder eintreffende vom Leitungsende am Behälter reflektierte Druckwelle vergrößert den Ruhedruck im Ventileintritt, verringert also den Druckeinbruch.

Ist die doppelte Wellenlaufzeit kleiner als die Öffnungszeit des Ventils, erreicht die reflektierte Druckwelle den Ventileintritt bei teilgeöffnetem Ventil, und der Druckeinbruch beträgt einen dem Öffnungsgrad des Ventils entsprechenden Anteil des maximalen Druckstoßes nach JOUKOWSKI.

Somit erhält man mit der Linearisierung zwischen Öffnung des Ventils und Geschwindigkeit im Eintritt das *Druckstoßkriterium für Federsicherheitsventile:*

$$\frac{\Delta p_{\text{Jouk}}}{p - p_a} \cdot \frac{2 \cdot T_w}{T_ö} < 0{,}2 \quad \text{für Gase/Dämpfe,} \qquad \text{(Gl. 13.63)}$$

das aussagt, dass der Einfluss der Druckstöße, die durch das schnelle Öffnen des Sicherheitsventils in der langen Zuführungsleitung hervorgerufen wird, die Funktion des Sicherheitsventils nicht gefährdet.

> ! Für $T_w/T_ö > 0{,}5$ ist der max. Druckeinbruch Δp_{Jouk} nicht ein momentaner Spitzenwert, sondern mit zunehmendem Verhältnis $T_w/T_ö$ vergrößert sich die Zeitspanne, in der der Druckeinbruch vor dem Ventil ansteht und die Funktion beeinflussen kann.

13.5.1 Druckstoßvorgänge in langen Zuleitungen

Nicht nur unzulässig hoher Druckverlust in der Zuführungsleitung kann das Flattern eines Federsicherheitsventils verursachen, sondern auch unzulässige «Druckstoßvorgänge» in der Zuführungsleitung.

Durch das schnelle Öffnen des Sicherheitsventils wird die Strömung in einer langen Zustromleitung gestartet: Die Beschleunigung des Mediums beginnt am Ventil und pflanzt sich mit nahezu Schallgeschwindigkeit in die Leitung fort, indem eine Verdünnungswelle («Saugwelle») die Leitung zum offenen Ende am Behälter hin durchläuft. Dort wird die Verdünnungswelle als Druckwelle reflektiert und trifft nach der doppelten Wellenlaufzeit $2 \cdot L_E/a$ am Ventil wieder ein. Bis zum Eintreffen der reflektierten Druckwelle sinkt der Ruhedruck im Ventileintritt entsprechend der Strömungsgeschwindigkeit, auf die das Medium im Ventileintritt beschleunigt wird. Die im weiteren Verlauf hin und her laufenden Saug- und Druckwellen haben Ruhedruckänderungen im Ventileintritt zur Folge, die den Ventilteller zu Schwingungen anregen können. Wenn der Ventilteller erst einmal mit einer schwingenden Bewegung beginnt, so entstehen durch die Durchflussschwankungen Wechselwirkungen auf die Druckstoßvorgänge, die die Tellerschwingungen verstärken und schnell zum gefürchteten Flattern aufschaukeln.

Eine genauere Beurteilung der Auswirkungen der Druckstoßvorgänge in der Zuführungsleitung auf die Funktion des Sicherheitsventils erfordert eine Betrachtung der Strömungsvorgänge in Kopplung des schwingungsfähigen Feder-Masse-Systems des Ventils. Man muss die jeweils vorliegenden Gegebenheiten (Betriebsbedingungen, Rohrleitung und Sicherheitsventil) in einer Simulationsrechnung abbilden.

Hier soll nun ein vereinfachtes Verfahren angegeben werden, mit dem beurteilt werden soll, ob es zu einer Schwingungsanregung des Ventiltellers kommen kann, oder ob die kritische Phase des Öffnungsvorganges einigermaßen stabil überstanden wird und die Druckstoßvorgänge dann ohne Anregung des Ventiltellers abklingen können.

Bei Federsicherheitsventilen für Flüssigkeiten mit einer Schließdruckdifferenz von 20% wird davon ausgegangen, dass ein momentaner Druckeinbruch mit dem Spitzenwert von 40% keine Umkehr der Hubbewegung bewirkt, so dass eine Schwingungsanregung bis hin zum Flattern nicht ausgelöst wird. Daraus folgt analog das Druckstoßkriterium für Federsicherheitsventile

$$\frac{\Delta p_{\text{Jouk}}}{p-p_{\text{a}}} \cdot \frac{2 \cdot T_{\text{w}}}{T_{\ddot{\text{o}}}} < 0{,}4 \quad \text{für Flüssigkeiten} \qquad \text{(Gl. 13.64)}$$

Die in den Gleichungen verwendeten Formelzeichen bedeuten:

a Schallgeschwindigkeit in (m/s)

(Anmerkung: Für Flüssigkeiten ist die Wellenausbreitungsgeschwindigkeit durch die Elastizität «dünner» Rohrwände ca. 10% bis 20% kleiner als die Schallgeschwindigkeit, kann aber auch genau berechnet werden.)

w Geschwindigkeit in der Eintrittsleitung vor dem Ventil in (m/s)

ρ Dichte des Mediums in (kg/m^3) für Druck p

p absoluter Druck im Druckraum (Ansprechdruck) in (bar)

p_{a} absoluter Gegendruck in (bar)

$T_{\text{w}} \frac{L}{a}$ = 1-fache Wellenlaufzeit in (ms)

L Länge der Zuführungsleitung in (m)

$T_{\ddot{\text{o}}} \frac{ZF}{\sqrt{p-p_{\text{a}}}}$ = Öffnungszeit in (ms)

ZF Zeitfaktor in $[\text{ms} \cdot \sqrt{\text{bar}}]$ abhängig von Nennweite und Bauart des Sicherheitsventils.

Die Auflösung der Gleichung für *Gase/Dämpfe* nach der zulässigen Leitungslänge ergibt

$$L_{\text{zul.}} < \frac{0{,}0224}{\psi} \cdot \frac{A_{\text{E}}}{1{,}1 \cdot \alpha_{\text{w}} \cdot A_0} \cdot ZF \cdot \frac{1}{\sqrt{\rho}} \cdot \sqrt{1-\frac{p_{\text{a}}}{p}} \qquad \text{(Gl. 13.65)}$$

mit: ψ Ausflussfunktion abhängig von $\frac{p_{\text{a}}}{p}$

A_{E} Querschnitt der Zuführungsleitung

A_0 engster nomineller Strömungsquerschnitt des Ventils

Die Auflösung der Gleichung für *Flüssigkeiten* nach der zulässigen Leitungslänge ergibt

$$L_{\text{zul.}} < 0{,}045 \cdot \frac{A_{\text{E}}}{1{,}1 \cdot \alpha_{\text{w}} \cdot A_0} \cdot \frac{ZF}{\sqrt{\rho}} \qquad \text{(Gl. 13.66)}$$

Auf diese Weise kann schnell überprüft werden, ob die Länge der Zuführungsleitung für Gase/Dämpfe oder für Flüssigkeiten größer ist als die ermittelte zulässige Leitungslänge $L_{\text{zul.}}$. Größere Leitungslängen gefährden die Funktion des Sicherheitsventils, indem ein Aufschwingen mit der Folge des Flatterns entstehen kann.

Maßnahmen, die getroffen werden können, um diese Gefährdung zu vermeiden, sind

- Verkürzung der ausgeführten Leitungslänge,
- Vergrößerung des Querschnitts A_{E},
- Vermeidung von zu großer Überdimensionierung durch Leistungsanpassung mittels Hubbegrenzung, d.h. entsprechende Verringerung des a_{w}-Wertes in den Gleichungen,
- Einsatz eines Schwingungsdämpfers.

Für Hochdruck-Sicherheitsventile bewegt sich der Zeitfaktor des Ventils bei ZF = 180 bis 220 ms $\cdot \sqrt{\text{bar}}$. Bei einem Ansprechdruck von 100 bar ist die Öffnungszeit dann ca. 20 ms.

13.5.2 Berechnungsbeispiel

Beispiel 13.11
Luft mit 100 bar und einem Sicherheitsventil DN 80 × 125, d_0 = 50 mm; Si 6305 (s. Tabelle zum Beispiel):

$$L_{\text{zul.}} < \frac{0{,}0224}{0{,}484} \cdot 2{,}98 \cdot 218 \cdot \frac{1}{\sqrt{120}} = 2{,}7 \text{ m}$$

oder **für Wasser mit 100 bar** und Sicherheitsventil DN 80 × 126 mm, d_0 = 50 mm, Si 6305:

$$L_{\text{zul.}} < 0{,}045 \cdot 6{,}5 \cdot \frac{119}{\sqrt{1000}} = 1{,}1 \text{ m}$$

Für dieses Beispiel ergibt die Probe auf zul. Widerstandsbeiwert für Druckverlust gleich 3%:

Beispiel Luft:

$$\xi_{\text{zul.}} = 1{,}2 \text{ für } \frac{A_E}{1{,}1 \cdot \alpha_w \cdot A_0} = 2{,}98$$

gerades Rohrstück:

$$\zeta = \lambda \cdot \frac{l}{D} = 0{,}02 \cdot \frac{2700}{80} \qquad = 0{,}675$$

$$+ \text{ Einlaufwiderstand} \quad \zeta_E = 0{,}5$$

$$\text{ergibt die Summe} \quad \zeta_{\text{ges.}} = 1{,}175$$

D.h., bei der Leitungslänge von 2,7 m ist gerade auch die Grenze für den zul. Druckverlust von 3% erreicht.

Beispiel Wasser:

$$\zeta_{\text{zul.}} = 1{,}3 \text{ für } \frac{A_E}{1{,}1 \cdot \alpha_w \cdot A_0} = 6{,}5 \text{ mit } \alpha_w = 0{,}36$$

gerades Rohrstück 3,2 m:

$$\lambda = 0{,}02 \cdot \frac{3200}{80} \qquad = 0{,}8$$

$$+ \text{ Einlaufwiderstand} \quad \zeta_E = 0{,}5$$

$$\text{ergibt die Summe} \quad \zeta_{\text{ges.}} = 1{,}175$$

D.h., in diesem Beispiel ergibt die Bedingung Druckverlust < 3% eine zulässige Leitungslänge von 3,2 m, dagegen fordert das Druckstoßkriterium Leitungslänge < 1,1 m!

Eine Überprüfung der Leitungslänge auf das Druckstoßkriterium ist also bei «längerer» Zuführungsleitung unabhängig vom Druckverlustkriterium durchzuführen, insbesondere für Flüssigkeiten.

Tabelle zum Beispiel 13.11

d_0 (mm)	Zeitfaktor ZF (ms * $\sqrt{\text{bar}}$)							
	Flüssigkeiten mit (α_w = 0,36)				Gase/Dämpfe			
	Si 6305	Si 6304	Si 6303	Si 6301/02	Si 6305	Si 6304	Si 6303	Si 6301/02
12			38	30				
16	92	52	41	33	170	89	70	60
20	99	56	45	35	183	98	76	65
25	109	61	49	39	200	110	82	73
32	115	69	54	44	213	125	91	81
40	120	76	61	49	220	141	102	93
50	119	84	67	56	218	154	116	105
63	116	89	74	63	212	163	131	118
77	115	93	81	69	210	172	141	127
93	113	98	85	74	207	180	151	136
110	113	101	87	79	208	186	160	144
125	114	103	89	82	211	193	168	150
155					216	203	180	160
180					221	211	187	
220					228		198	
255					235		207	
280					240		211	

13.6 Reaktionskraft beim Ausströmen

13.6.1 Stationäre Kräfte

Reaktionskraft in der Eintrittsachse
Senkrecht nach oben wirken die Druckkraft $p_e \cdot A_e$ und die Strömungskraft $q_m \cdot w_e$ (Dies ist leicht einzusehen, wenn man sich vorstellt, das Fluid würde im Eintritt auf die Strömungsgeschwindigkeit 0 verzögert. Die wirklichen inneren Vorgänge, wie z.B. die Beschleunigung des Fluids am Ventilsitz, verursachen keine äußeren Kräfte, da sie innerhalb des Kontrollraums stattfinden).

Somit gilt: $F_e = p_e \cdot A_e + q_m \cdot w_e$

Reaktionskraft in der Austrittsachse
Die Druckkraft $p_a \cdot A_a$ und die Strömungskraft $q_m \cdot w_a$ wirken nach links (man muss sich vorstellen, das Fluid würde im Austritt von 0 auf w_a beschleunigt), also

$F_a = p_a \cdot A_a + q_m \cdot w_a$

Beim Abblasen eines Sicherheitsventils entstehen somit (s. Bild 13.21) Reaktionskräfte, die vom Ventil selbst, den angeschlossenen Leitungen und den Festpunkten aufgenommen werden müssen. Die Größe der Reaktionskraft ist vor allem für die Auslegung der Festpunkte von Bedeutung.

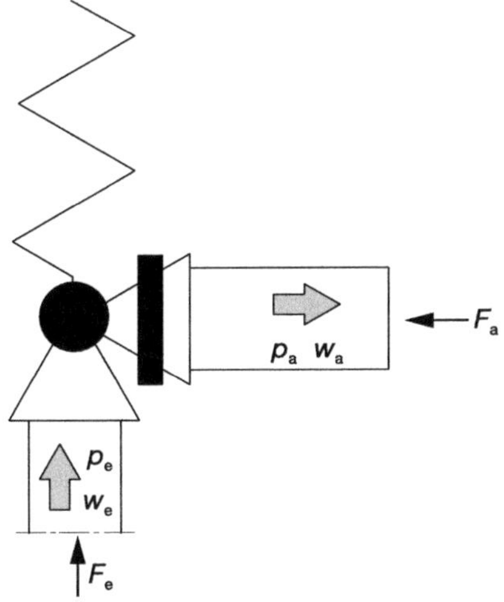

Bild 13.21 Sicherheitsventil mit Ausblasestutzen

Es ist dabei zu beachten, dass keine statischen, dynamischen oder thermischen Beanspruchungen aus den zu- und abführenden Rohrleitungen auf das Sicherheitsventil übertragen werden.

Die Richtung der Reaktionskraft ist der Ausströmrichtung des Mediums entgegengerichtet.

Die Rohrleitungen zur Massenstromabführung und ihre Halterungen müssen alle auftretenden Druck-, Beschleunigungs- und Impulskräfte sowie deren Biegemomente auch noch bis zu einem drohenden Behälterbruch ohne Abknicken und damit verbundener Massenstromdrosselung zuverlässig aufnehmen können.

Die Reaktionskraft, die im Ausblasequerschnitt eines Sicherheitsventils entsteht, setzt sich zusammen aus der Impulskraft «Rückstoß» des austretenden Stoffes und dem Überdruck im Ausblasequerschnitt gegenüber dem Umgebungsdruck. Beim Abblasen in die Atmosphäre ist der Umgebungsdruck 1 bar, er kann aber beim Abblasen in geschlossene Systeme, z.B. Niederdruckleitungen, höher sein.

$$F = q_m \cdot w_a + (p_n - p_a) \cdot A_a \text{ (N)} \qquad \text{(Gl. 13.67)}$$

Hierin sind:

- q_m Massenstrom kg/s, auch «Ausblaseleistung» des Ventils genannt
- w_a Geschwindigkeit im Ausblasequerschnitt m/s
- p_n Absolutdruck im Ausblasequerschnitt N/m²
- p_a Umgebungsdruck N/m²
- A_a Ausblasequerschnitt m²

Die so berechnete Kraft tritt am Ausblasequerschnitt auf, darüber hinaus entstehen im Ventilkörper und den anschließenden Rohrleitungen Reaktionskräfte durch Beschleunigung und Umlenkung des Ausblasestromes. Beim schlagartigen Öffnen, zum Beispiel von Vollhubsicherheitsventilen, ist außerdem mit erheblichen Massenkräften zu rechnen. Besondere Beachtung verdienen die durch die Reaktionskräfte entstehenden Biegemomente.

Die Gesamtkraft F an einer Ausblasemündung mit dem Strömungsquerschnitt A_a be-

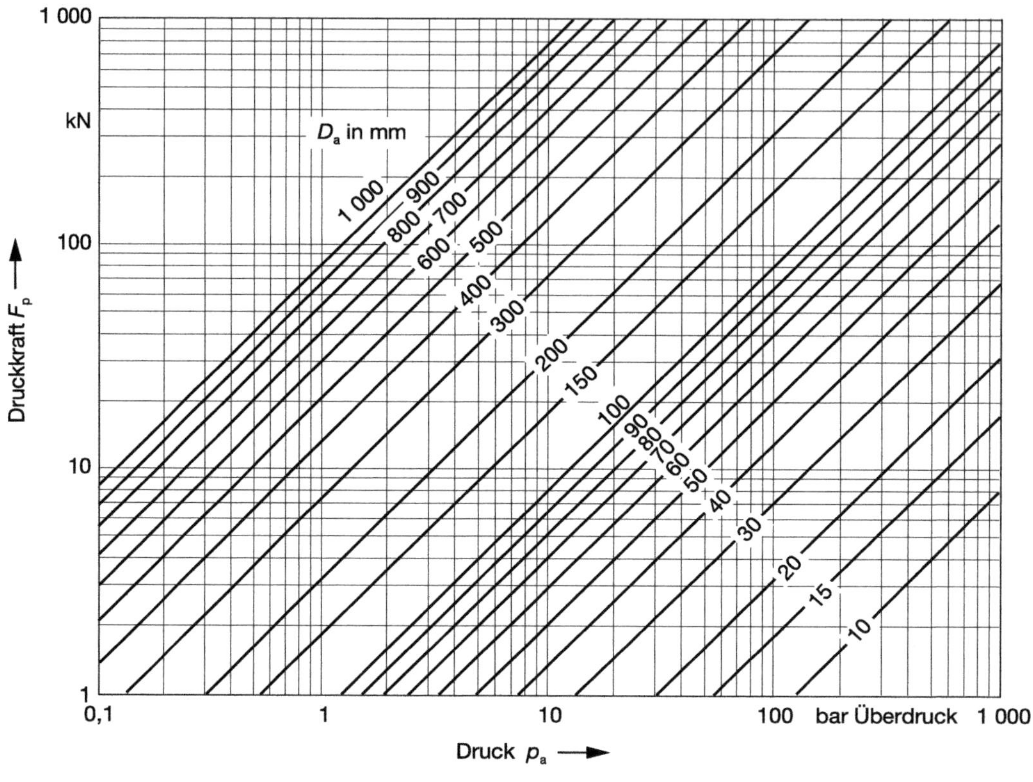

Bild 13.22 Druckkraft am Ausblasende

steht aus der Druckkraft $F_p = p_a \cdot A_a$ und aus der Strömungskraft $F_s = q_m \cdot w_a$.

Mit Hilfe der Bilder 13.22 und 13.23 können die Druck- und Strömungskräfte grafisch ermittelt werden.

Um die Berechnung der Geschwindigkeit zu umgehen, kann die Strömungs-Reaktionskraft F_R aus den Ventildaten ermittelt werden zu (Bild 13.24):

Für Flüssigkeiten:

$$F_R = \frac{\pi}{20} \cdot \alpha^2 \cdot \frac{d_0^4}{d_n^2} \cdot (p_0 - p_u) \qquad \text{(Gl. 13.68)}$$

Für Dämpfe und Gase:

$$p_n = p_0 \cdot \frac{2 \cdot \psi \cdot \alpha}{\sqrt{k \cdot (k+1)}} \cdot \left(\frac{d_0}{d_n}\right)^2 \qquad \text{(Gl. 13.69)}$$

für $p_n > p_u$ gilt:

$$F_R = \frac{\pi}{40} \cdot \left(\psi \cdot \alpha \cdot d_0^2 \cdot p_0 \cdot \left(\sqrt{2 \cdot k} + \sqrt{\frac{2}{k}}\right) - d_n^2 \cdot p_u\right) \qquad \text{(Gl. 13.70)}$$

für von $p_n > p_u$ abweichende Verhältnisse gilt:

$$F_R = \frac{\pi}{20} \cdot \psi^2 \cdot \alpha^2 \cdot \frac{d_0^4}{d_n^2} \cdot p_0^2 \qquad \text{(Gl. 13.71)}$$

Wenn nicht in die Umgebung mit dem Umgebungsdruck p_u abgeblasen wird, wird der Umgebungsdruck p_u durch den Fremdgegendruck p_{af} in den obigen Formeln ersetzt.

d_0	engster Strömungsdurchmesser	mm
d_n	Innendurchmesser der Ausblaseleitung	mm

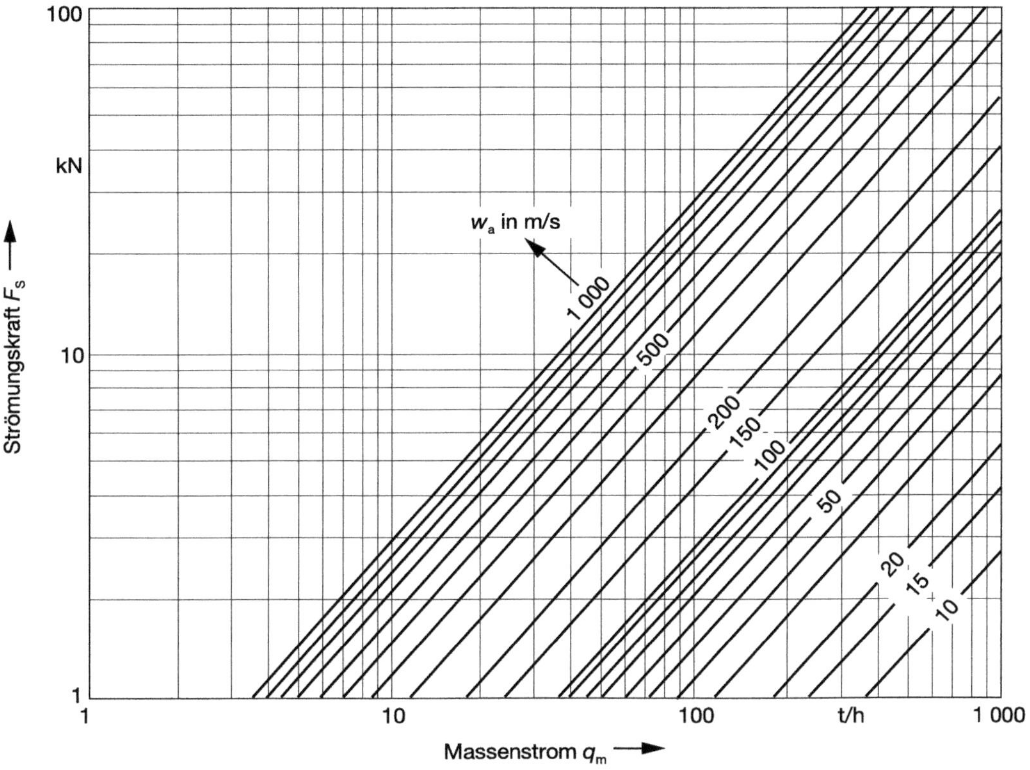

Bild 13.23 Strömungskraft am Ausblasende

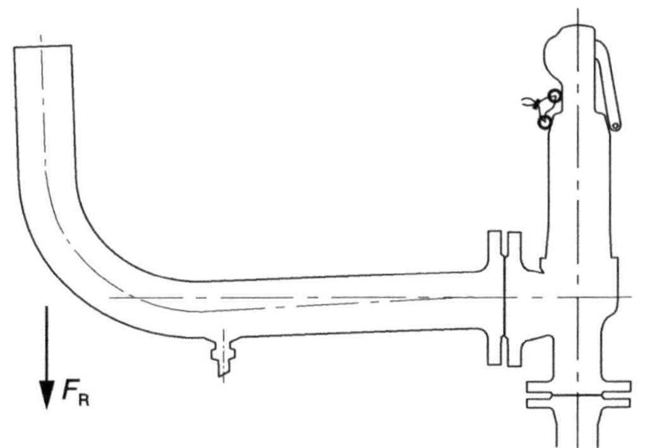

Bild 13.24 Strömungs-Reaktionskraft

F_R	Reaktionskraft	N
k	Isentropenexponent	–
p	Ansprechdruck als Überdruck	bar/*bar* g
p_0	absoluter Öffnungsdruck $= p \cdot 1{,}1 + p_u$	bar
p_{af}	absoluter Gegendruck	bar
p_n	absoluter Druck in der Ausblaseöffnung	bar
p_u	absoluter Umgebungsdruck	bar
α	Ausflussziffer	–
α_w	$= \alpha \cdot 0{,}9$ zuerkannte Ausflussziffer	–
ψ	Ausflussfunktion	–

Das tatsächliche Abblasen mag durchaus nicht isotherm verlaufen, was die Berechnungsergebnisse nur unwesentlich verändert. Bei Abkühlung ist einer Leitungsschrumpfung bzw. einer Werkstoffversprödung Rechnung zu tragen. Bei Erwärmung der Rohrleitung muss ihre Ausdehnung ohne unzulässige Spannungen auf Armaturengehäuse, Rohrleitungskrümmer und in der Leitungswand erfolgen können.

Z.B. werden sich Druckgasleitungen auf die zum Umgebungsdruck p_u gehörige Siedetemperatur abkühlen. Ideale Gase beziehen ihre Beschleunigungsenergie aus der Gasabkühlung bis auf:

$$\frac{T_n}{T} \approx \frac{2}{k+1} \qquad \text{(Gl. 13.72)}$$

bei Erreichen der Schallgeschwindigkeit im Austritt mit D_n.

Bei Entspannung heißer Flüssigkeiten ist eine Erwärmung auf Behältertemperaturen zu berücksichtigen.

Aus den errechneten Reaktionskräften erhält man die Knick- und/oder Biegebeanspruchungen der Rohrleitungen, die mit den elementaren Grundlagen der Mechanik ermittelt werden können.

13.6.2 Instationäre Kräfte

Instationäre Kräfte sind hauptsächlich von der Öffnungs- bzw. Schließgeschwindigkeit des Sicherheitsventils, d.h. von der Stellzeit abhängig (veränderlicher Ausfluss q_m). Stellzeiten sind meist eine Funktion der Druckänderungsgeschwindigkeit im abzusichernden System.

Infolge von kurzen Stellzeiten oder strömungstechnisch ungünstigen Verhältnissen können Druckwellen entstehen oder sogar periodische Druckänderungen (Pulsationen) angeregt werden, die mit erheblicher Beanspruchung der Anlage einhergehen. Wegen der Kompliziertheit dieser Vorgänge kann keine einfache Berechnungsmethode angegeben werden.

Wesentlich einfacher sind stetige Öffnungs- oder Schließvorgänge mit annähernd konstanter Stellgeschwindigkeit zu berechnen. Das Verhältnis der instationären Kräfte zu den stationären Kräften nach Abschnitt 13.6.1 ist abhängig von Produkt Stellzeit t und Eigenfrequenz f des die Strömungskräfte abfangenden Systems (Bild 13.25 für Faktor C).

Die Eigenfrequenz ist:

$$f = 16\ \text{Hz}/\sqrt{y} \qquad \text{(Gl. 13.73)}$$

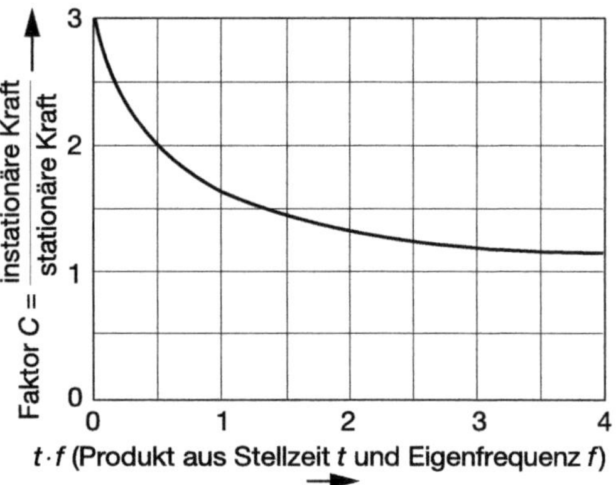

Bild 13.25 Faktor für die instationäre Kräfte

(y in mm ist die Auslenkung der Ausblaseöffnung unter der Wirkung der nach Abschnitt 13.6.1 berechneten Kraftänderung).

Dies ist die Näherungsformel ohne Berücksichtigung des Masseneinflusses.

Beispiel: Bei einem Sicherheitsventil mit Standrohr beträgt die Stellzeit t = 0,2 s. Die Auslenkung des Standrohres unter der Belastung von F_a = 2000 N, y = 4 mm. Die Eigenfrequenz ist dann:

$$f = \frac{16\ \text{Hz}}{\sqrt{4}} = 8\ \text{Hz}$$

Für das Produkt $t \cdot f$ = 1,6 ergibt das Diagramm einen Faktor C = 1,4, d.h., die instationäre Belastung ist

$$F = C \cdot F_a = 1{,}4 \cdot 2000\ \text{N} = 2800\ \text{N}.$$

In dieser Berechnung sind jedoch 2 Einflüsse noch nicht berücksichtigt:

a) Im stationären Fall wird der in das Standrohr gerichtete Freistrahl auf eine Horizontalgeschwindigkeit nahezu 0 abgebremst. Die Beschleunigungs- und Verzögerungskräfte heben sich auf. Nimmt aber z.B. der Massenstrom schnell zu (schnelles Öffnen des Sicherheitsventils), dann ist infolge der Laufzeit die Beschleunigungskraft größer als die gleichzeitige Verzögerungskraft.
b) In der Austrittsleitung liegende Strömungswiderstände wie z.B. ein Schalldämpfer verursachen den sog. Eigengegendruck.

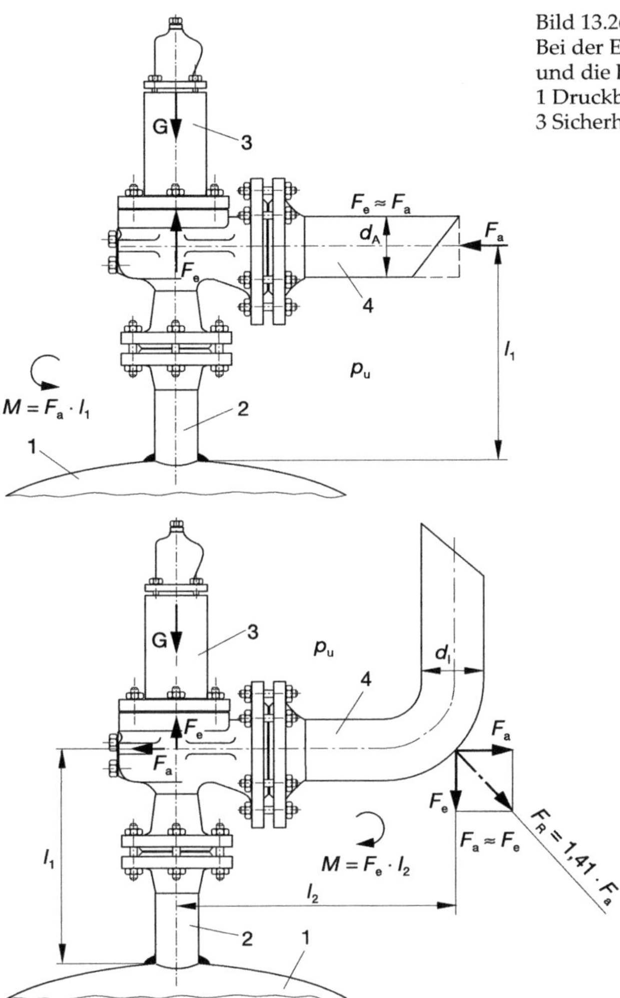

Bild 13.26
Bei der Entspannung auftretende Reaktionskräfte und die Belastung des Anschlussstutzens.
1 Druckbehälter; 2 Anschlussstutzen;
3 Sicherheitsventil; 4 lokales Abblasrohr

13.6.3 Biegemomente bei Sicherheitsventilen

Das vorhandene Biegemoment ergibt sich aus der Summe von Reaktions-, Gewichts- und Temperatureinflüssen.

Aus Bild 13.26 können die entsprechenden Gleichungen und Abhängigkeiten entnommen werden.

13.6.3.1 Berechnungsbeispiele

Beispiel 13.12
Sicherheitsventil mit Ausblasstutzen (Bild 13.21)

$q_m = 36\,000$ kg/h = 10 kg/s,
$p_a = 0{,}5$ bar = 50 000 N/m²
$A_a = 0{,}02$ m², $w_a = 400$ m/s
$F_a = p_a \cdot A_a + q_m \cdot w_a$
$= 50\,999 \text{ N/m}^2 \cdot 0{,}02 \text{ m}^2 + 10 \text{ kg/s} \cdot 400 \text{ m/s}$
$= 1000 \text{ N} + 4000 \text{ N} = 5000 \text{ N}$

Diese Kräfte müssen über die Rohrwandungen und mit Stützpunkten aufgefangen werden. Theoretisch könnten in diesem Beispiel die Kräfte F_e und F_a zu einer resultierenden Gesamtkraft zusammengefasst werden (Parallelogramm der Kräfte).

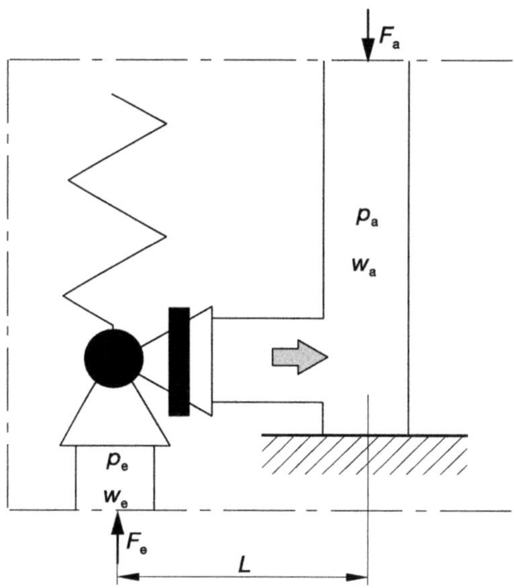

Bild 13.27 Sicherheitsventil mit Standrohr

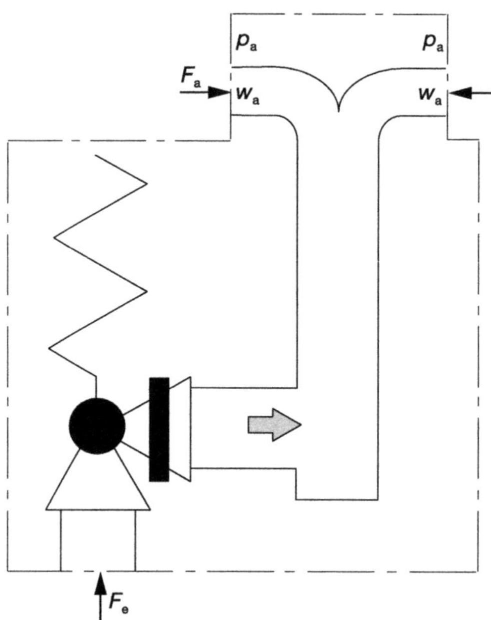

Bild 13.28 Sicherheitsventil mit rotationssymmetrischer Ausblaseöffnung

Da sich die Richtung der Resultierenden mit den Betriebsverhältnissen ändert, ist es jedoch besser, die Kräfte F_e und F_a getrennt aufzufangen.

Beispiel 13.13
Sicherheitsventil mit Standrohr (Bild 13.27)
Austrittsfläche A_a = 0,4 m², Mündungsüberdruck p_a = 0 bar, Austrittsgeschwindigkeit w_a = 200 m/s, sonstige Daten wie Beispiel 13.12:

$$F_a = p_a \cdot A_a + q_m \cdot w_a$$
$$= 0\ \text{N/m}^2 \cdot 0{,}4\ \text{m}^2 + 10\ \text{kg/s} \cdot 200\ \text{m/s}$$
$$= 2000\ \text{N}$$

Die Kraft F_a ergibt – bezogen auf die Eintrittsachse – ein rechtsdrehendes Moment $M_a = F_a \cdot L$.

Beispiel 13.14 (Bild 13.28)
Sicherheitsventil mit rotationssymmetrischer Ausblasöffnung. Eintrittsdaten, wie in Beispiel 13.12:
Bei rotationssymmetrischer Abströmung heben sich die zum Zentrum gerichteten Kräfte F_a gegenseitig auf (dies gilt ebenso für z.B. 2 gegenüberliegende Ausblasöffnungen oder für einen mit radialen Bohrungen versehenen Korb).

13.7 Lärmbelastung

13.7.1 Geräuschursachen

Ventilgeräusche
Bei Gasen und Dämpfen ist der Entspannungsvorgang die wesentliche Geräuschursache: Die Geräusche entstehen in der Mischungszone hinter dem engsten Strömungsquerschnitt des Ventils. Bei Flüssigkeiten ist Kavitation die wichtigste Geräuschursache.

Strömungsgeräusche
Die turbulente Strömung von Gasen und Dämpfen in Rohrleitungen kann bei hoher Strömungsgeschwindigkeit eine beachtliche Schallemission verursachen. Hohe Strömungsgeschwindigkeit von Flüssigkeiten kann Kavitation hervorrufen.

Ausblasgeräusche
Das eigentliche Ausblasgeräusch entsteht bei ausströmenden Gasen und Dämpfen in der

Mischungszone mit der umgebenden Luft. Aber auch die Ventil- und Strömungsgeräusche können über die Ausblaseöffnung ins Freie austreten. Je nach Strömungsgeschwindigkeit überwiegt eine dieser Geräuschursachen.

13.7.2 Schallpegel

Schalldruckpegel
Die Schallwechseldrücke (Effektivwerte) an einem Messpunkt *M* (Mikrofon oder Ohr), bezogen auf den Basiswert 20 μN/m² und logarithmiert, ergeben den Schalldruckpegel als Maß für die Schallintensität.

Schallleistungspegel
Die Schallleistung einer Schallquelle, bezogen auf 10^{-12} Watt und umgerechnet in das logarithmische Maß Dezibel (dB), kennzeichnet die gesamte Schallemission einer Schallquelle.

A-Bewertung
Eine Methode zur Umwandlung von linearen Schallpegeln (dB) in A-bewertete Schallpegel dB (A) zur Angleichung an die Eigenschaften des menschlichen Ohres.

Innenpegel
A-Schalldruckpegel L_A; oder Schallleistungspegel L_{wi} im Innern eines Ventils oder einer Rohrleitung.

Außenpegel
A-Schalldruckpegel L an einem Punkt der Messfläche (Umgebung) oder Schallleistungspegel L_w als Maß für die durch die Messfläche hindurchgehende Schallleistung.

13.7.3 Schallausbreitung

Ventil- und Strömungsgeräusche sind zuerst Druckschwingungen im Medium (Innenpegel). Die Begrenzungswände werden von den Druckschwingungen zum Schwingen gebracht und strahlen damit Schall an die Umgebungsluft ab.

Bei Ausblasöffnungen kann die im Rohrinneren bereits vorhandene Schallleistung nahezu ungedämpft ins Freie austreten. In der näheren Umgebung von Schallquellen kann man von konstanter Schallleistung ausgehen, womit sich für die Berechnung der Schalldruckpegel für verschiedene Abstände (Radien) von der Schallquelle recht einfache Gleichungen ergeben. Sind mehrere Schallquellen vorhanden, dann müssen die Pegelanteile zu einem Gesamtpegel zusammengefasst werden.

13.7.4 Berechnung

Bei der Beurteilung der «Lautstärke» (charakterisiert durch den Schallleistungspegel) eines Sicherheitsventils sind nur die physikalischen Größen (Massenstrom, Temperatur usw.) bei der Anwendung der für den Schallleistungspegel zugrunde zu legenden Formel ausschlaggebend. Ventilspezifische Gegebenheiten, z.B. Form- bzw. Ausblasegeometrie des Sicherheitsventils, bleiben derzeit unberücksichtigt.

Eine Möglichkeit zur Abschätzung des Schallleistungspegels von Sicherheitsventilen bieten z.B. die VDMA-Richtlinie 24422, die VDI-Richtlinie 2713, DIN EN 60534 Teil 8-4 sowie eine Reihe von empirisch ermittelten Formeln.

13.7.4.1 Vereinfachte Berechnung nach VDI 2713

$$L_w = 17 \cdot \lg\left(\frac{q_m}{1000}\right) + 50 \lg T - 15 \quad \text{(Gl. 13.74)}$$

L_w Schallleistungspegel [dB (A)]
q_m max. Massenstrom Dampf [kg/h]
T Temperatur [K]

Der entfernungsabhängige Schalldruckpegel lässt sich wie folgt berechnen:

$$L_A = L_w - [10 \cdot \lg A] \quad \text{(Gl. 13.75)}$$

L_A Schalldruckpegel in r Meter Abstand [dB (A)]
A Oberfläche der «gedachten Halbkugel» mit dem Radius r [m] als Messabstand von der Schallquelle [m²]

13.7.4.2 Berechnung nach VDMA 24 422

Schalldruckpegel (außen) in 1 m Abstand von der Rohrleitung ohne Berücksichtigung von eventuellen Ausblasgeräuschen

❑ Ventilgeräusche

$L_{A1} = 14 \cdot \lg K_v + 18 \cdot \lg p_1 + 5 \cdot \lg T_1 - 5 \lg \rho_n + 20 \cdot \lg \lg (p_1/p_2) + 52 \text{ dB (A)} + \Delta L_G$ in dB (A) (Gl. 13.76)

jedoch:

$L_{A1} \leqq 70 \text{ dB (A)} + 20 \cdot \lg (p_2 \cdot D_a)$ in dB (A) (Gl. 13.77)

K_v Durchflusskenngröße nach VDI/VDE 2173 in m^3/h ($K_v = 0{,}0509 \cdot \alpha \cdot A_0$)
p_1 ($= p_e$) Absolutdruck vor der Armatur in bar
p_2 ($= p_a$) Absolutdruck hinter der Armatur in bar
T_1 Temperatur des Mediums vor der Armatur in K
ρ_n Normdichte des Mediums in kg/m^3 (bei Wasserdampf $\rho_n \approx 0{,}8$)
ΔL_G Ventilspezifisches Korrekturglied in dB (A)
D_a Rohrinnendurchmesser (Austritt) in mm

❑ Strömungsgeräusche

$L_{A2} = 10 \cdot \lg q_m + 20 \cdot \lg w - 4 \text{ dB (A)}$ in dB (A) (Gl. 13.78)

q_m Massenstrom in kg/h
w Strömungsgeschwindigkeit in m/s in der Rohrleitung.

❑ Wanddickenkorrektur

$\Delta R_m = 10 \cdot \lg (S_{40}/S)$ in dB (A) (Gl. 13.79)
(Additionsglied nach VDMA 24 422)

S_{40} Rohrwanddicke von Rohren der Druckstufe PN 40 in mm
S Rohrwanddicke in mm

Schallleistungspegel (innen) für Ventil- und Strömungsgeräusche

$L_{wi} = L_{A3} + 49 \text{ dB (A)}$ (Gl. 13.80)
(L_{A3} = Größtwert von L_{A1} und L_{A2})

Schallleistungspegel (außen)

❑ Ventil- und Strömungsgeräusche, die von Begrenzungswänden abgestrahlt werden:

$L_{w1} = L_{A3} + \Delta R_m + 10 \cdot \lg A$ (Gl. 13.81)

L_{A3} Größtwert von L_{A1} und L_{A2} dB (A)
A Messfläche (in 1 m Abstand) m^2

❑ Ausblasöffnungen ohne Schalldämpfer, Ventil- und Strömungsgeräusche, die aus Ausblasöffnungen austreten:

$L_{w2} \approx L_{wi}$ (Gl. 13.82)

Ausblasgeräusche vom Gas- oder Dampf-Freistrahl:

$L_{w3} = 10 \cdot \lg q_m + 60 \cdot \lg w_a + 10 \cdot \lg (p_a/p_u) - 59 \text{ dB (A)}$ (Gl. 13.83)

p_a Mündungsdruck in bar
p_u Umgebungsdruck in bar

❑ Ausblasöffnungen mit Schalldämpfer

$L_{w4} = L_{wi} - \Delta L$ (Gl. 13.84)
(ΔL = Einfügungsdämmung des Schalldämpfers)

Schalldruckpegel (außen) im Abstand *R* von der Schallquelle

❑ Ventil- und Strömungsgeräusche, die von Begrenzungswänden abgestrahlt werden

$L_{A4} = L_{A3} + \Delta R_m - 10 \cdot \lg [r/(1 \text{ m} + 0{,}5 \cdot D_a)]$ (Gl. 13.85)

L_{A3} Größtwert von L_{A1} und L_{A2} dB (A)
r Abstand von Mitte Rohr bis Mikrofon in m
D_a Außendurchmesser der Rohrleitung in m

❑ Ausblasgeräusche

1) Schallquellen ohne Richtwirkung (Punktschallquellen):

$L_{A5} = L_{wi} - 31 \text{ dB (A)} - 20 \cdot \lg [r/10 \text{ m}]$ (Gl. 13.86)

2) Ventil- und Strömungsgeräusche, die aus Ausblasöffnungen austreten:

$L_{A6} = [L_{w2} - 100 \text{ dB (A)}] + L_{p2} - 20 \cdot \lg [r/10 \text{ m}]$ (Gl. 13.87)

3) Gas- oder Dampf-Freistrahlen:

$L_{A7} = [L_{w3} - 100 \text{ dB (A)}] + L_{p1} - 20 \cdot \lg [r/10 \text{ m}]$ (Gl. 13.88)

L_{wi}, L_{w2}, L_{w3} Schallleistungspegel in dB (A)
L_{p1}, L_{p2} Schalldruckpegel nach Bild 13.29
r Abstand von Schallquelle bis Mikrofon in m

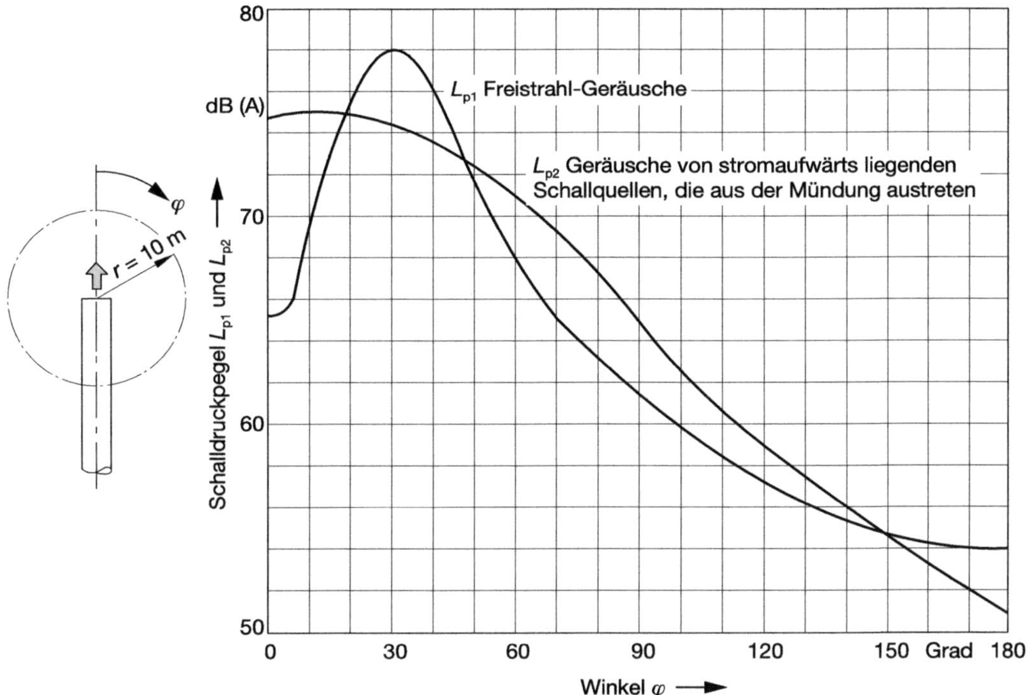

Bild 13.29 Schalldruckpegel im Abstand und im Winkel vom Ausblas

Zusammenfassung von Schallpegeln

- Gesamt-Schallleistungspegel

$L_w = 10 \cdot \lg\,(10^{L_{w1}/10} + 10^{L_{w2}/10} + \ldots)$ (Gl. 13.89)

L_{w1}, L_{w2} Schallleistungspegel der verschiedenen Schallquellen

- Gesamt-Schalldruckpegel

$L_A = 10 \cdot \lg\,(10^{L_{A4}/10} + 10^{L_{A5}/10} + \ldots)$ (Gl. 13.90)

L_{A4}, L_{A5} Schalldruckpegel der verschiedenen Schallquellen

13.7.5 Schalldämpferauslegung

Für die Schalldämpferauslegung ist nicht die nominelle, sondern die effektive Abblaseleistung der Sicherheitsventile zugrunde zu legen. Diese Leistung (q_m = Massenstrom in kg/h) ist entweder mit dem Faktor 1,15 oder mit dem Faktor 1,05 zu multiplizieren.

Der Faktor 1,15 enthält eine 10%ige Leistungsreserve für die Ausflussziffer der Sicherheitsventile

$$\alpha_w = \frac{\alpha}{1{,}1}$$

und eine 5%ige Reserve für den zulässigen Druckanstieg.

Der Faktor 1,05 berücksichtigt hier nur den zulässigen Druckanstieg bei 5%. Hierbei wurde vorausgesetzt, dass bei der Größenbestimmung des Sicherheitsventils mit dem tatsächlichen α-Wert gerechnet wurde.

Zulässige Schallwerte nach TA Lärm siehe Tabelle 13.3.

13.7.5.1 Berechnung nach VDI 2173

Beispiel 13.15

Ansprechüberdruck 10 bar

Sattdampf/Massenstrom q_m = 17 000 kg/h (Katalogangabe entspricht dem zuerkannten Massenstrom)

Sattdampf/maximaler Massenstrom q_m = 20 754 kg/h

Tabelle 13.3 Immissionsrichtwerte nach TA Lärm

Einwirkungsort gemäß		**Immissionsrichtwert in dB (A)**	
TA Lärm	Baunutzungsverordnung	Tag	Nacht
ausschließlich gewerbliche Anlagen	Industriegebiet (GI)	70	
vorwiegend gewerbliche Anlagen	Gewerbegebiet (GE)	65	50
weder vorwiegend gewerbliche Anlagen noch vorwiegend Wohnungen	Kerngebiet (MK); Mischgebiet (MI); Dorfgebiet (MD)	60	45
vorwiegend Wohnungen	allgemeine Wohngebiete (WA); Kleinsiedlungsgebiete (WS)	55	40
ausschließlich Wohnungen	reines Wohngebiet (WR)	50	35
Kurgebiete, Krankenhäuser, Pflegeanstalten	–	45	35
Kurzzeitige Spitzen sind tags bis zu 30 dB(A), nachts bis 20 dB(A) als Überschreitung zulässig.			

Tatsächliche Sattdampfleistung (unter Berücksichtigung des α-Wertes sowie einer 10%igen Drucksteigerung. Die erhöhte Sattdampftemperatur wird hierbei vernachlässigt.

Temperatur 184 °C = 457 K

Schallleistungspegel L_w

$$L_w = 17 \lg\left(\frac{20\,754}{1000}\right) + 50 \lg 457 - 15$$

$L_w = 140{,}4$ dB (A)

Schalldruckpegel L_A in 1 m Entfernung

$L_A = L_w - [10 \lg A]$
Oberfläche A der Halbkugel mit $r = 1$ m
$A = 2 \cdot \pi \cdot r^2$
$A = 6{,}3 \text{ m}^2$.

$L_A = 140{,}4 - [10 \lg 6{,}3]$
$L_A = 132{,}4$ dB (A) in 1 m Entfernung

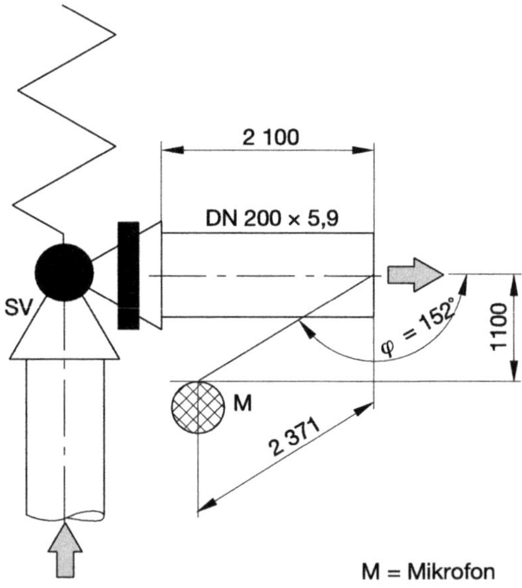

Bild zu Beispiel 13.16

13.7.5.2 Berechnung nach VDMA 24 422

Beispiel 13.16
SV = Vollhub-Sicherheitsventil
M = Messstelle (Mikrofon)

Betriebsdaten:
Heißdampf $T_1 = 450\,°C = 723$ K
$p_1 = 111$ bar
$q_m = 60\,000$ kg/h
$\alpha \cdot A_0 = 1233 \text{ mm}^2$

Berechnungsbeispiel	Ergebnis
a) Druck und Strömungsgeschwindigkeit in der Ausblasemündung	$p_a = 2{,}5$ bar $w = 560$ m/s
b) Schalldruckpegel des Sicherheitsventils für eine Entspannung von	L_{A1} max. = 133 dB (A)
für eine Entspannung von 111 auf 2,5 bar jedoch unter der Annahme $\Delta L_G = 0$	$L_{A1} < 124$ dB (A)
Der niedrigere Wert ist gültig, somit	$L_{A1} = 124$ dB (A)
Die Wanddicke eines Rohres nach PN 40 wäre $S_{40} = 6{,}3$ mm, für die tatsächliche Wanddicke $S = 5{,}9$ mm ergibt sich der Korrekturwert (dieser Wert ist vernachlässigbar)	$\Delta R_m = 0{,}3$ dB (A)
c) Schalldruckpegel aus dem Strömungsgeräusch im Rohr DN 200 × 5,9	$L_{A2} = 99$ dB (A)
d) Schallleistungspegel (innen) für Ventilgeräusche	$L_{wi} = 173$ dB (A)
e) Schallleistungspegel (außen) Die Ausblaseöffnung ist die stärkste Schallquelle	$L_{w2} = 173$ dB (A) $L_{w3} = 158$ dB (A)
f) Schalldruckpegel der Ausblaseöffnung ($r = 2{,}371$ m, $\varphi = 152°$)	$L_{A6} = 141$ dB (A)
g) Gesamt-Schalldruckpegel an der Messstelle M (Anteil der Eintrittsleitung, der Begrenzungswände und des Dampffreistrahls vernachlässigt)	$L_A = 141$ dB (A)

13.8 Seismische Belastungen

Die Grundlage der Eigenfrequenzberechnung ist das Feder- oder Biegependel.

Das Schwingungsverhalten eines Sicherheitsventils während des Erdbebens wird im Wesentlichen bestimmt durch seine Massenverteilung und Steifigkeit. Kompakte Bauweise ist günstiger als eine Konstruktion mit weit ausladender Masse.

Grundformeln (Bild 13.30):
Eigenfrequenz:

$$f = \frac{\omega}{2 \cdot \pi} \quad \text{(Gl. 13.91)}$$

Eigenkreisfrequenz:

$$\omega = \sqrt{\frac{c}{M}} \quad \text{(Gl. 13.92)}$$

Biegesteifigkeit:

$$c = \frac{F}{y} \quad \text{(Gl. 13.93)}$$

Biegekraft:

$$F = M \cdot a \quad \text{(Gl. 13.94)}$$

- f Eigenfrequenz der Armatur oder des Bauteils [Hz]
- ω Eigenkreisfrequenz [1/s]
- c Biegesteifigkeit [N/m] ist eine Funktion der Geometrie und des Werkstoffs
- F Biegekraft, hier Massenkraft [N]
- y Amplitude [m]
- a Beschleunigungswert des Erdbebens, z.B. $a = 0{,}1 \cdot g = 0{,}981$ m/s^2
- M Masse [kg]

Praktischer Nachweis (statisch)

In manchen Spezifikationen (USA, Kanada usw.) wird zusätzlich zum rechnerischen Nachweis – Eigenfrequenz > 33 Hz – auch ein Test verlangt. Hierfür wird über das Verhältnis der Massen M_u/M_0 eine Beschleunigung a_n ermittelt, mit der eine seismische Querkraft F_S errechnet wird. Diese Kraft greift im Schwer-

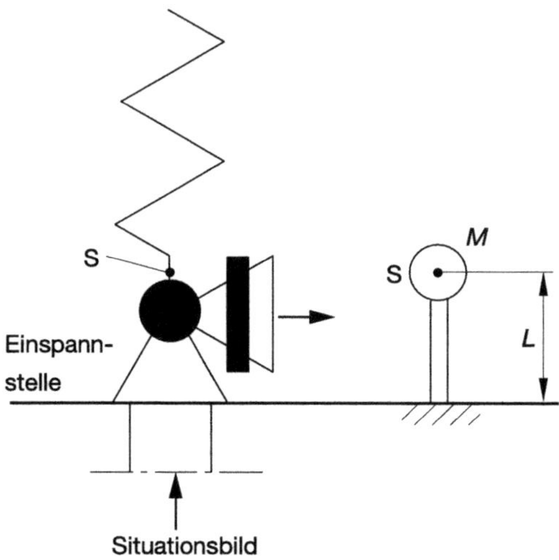

Bild 13.30 Ersatzsystem für die Bestimmung der seismischen Belastung

punkt des Oberteils an und ist während der Prüfung wirksam.

$$F_S = M_0 \cdot a_n$$

a_n fiktive Beschleunigung in $\frac{m}{s^2}$ (aus Tabelle)
M_u Masse des Ventilgehäuses in kg
M_0 Masse der Gehäuseaufbauten in kg

M_u/M_0	a_n
0,5	30
1	40
2	50
3	70

13.9 Zündfähige Höhe des Ausblasefreistrahls

Die Druckentlastung ist die letzte Notmaßnahme in einer Kette von Sicherheitsschritten zum Vermeiden des Berstens eines Druckbehälters. Sie wird also nur in den seltensten Fällen eintreten. Es ist deshalb statthaft, das Entspannungsmedium ins Freie abzuleiten, sofern dort keine Gefahr oder unzumutbare Belästigung eintritt.

Beim Entspannen von schweren Gasen [4] ist die Situation am ungünstigsten, wenn bei Windstille der Strahl kulminiert, wie es in Bild 13.31 dargestellt ist. Die Konzentration $C_k(H_k)$ im Kulminationspunkt muss dann möglichst kleiner sein als die relevante Grenzkonzentration, z.B. die untere Explosionsgrenze (UEG).

$$C_k \cong \frac{0{,}01}{M_g} \cdot \frac{\sqrt{\left[1-\frac{\rho_u}{\rho_{nu}}\right]}}{\sqrt[4]{\rho_u}} \cdot \frac{q_m^{1,5}}{R_g^{1,25}}$$

$$\cong \cdot \frac{0{,}014}{M_g} \cdot \frac{\sqrt{\left[1-\frac{\rho_u}{\rho_{nu}}\right]}}{\sqrt[4]{\rho_u}} \cdot \frac{\left(\psi \cdot \alpha \cdot d_0^2 \cdot \sqrt{p_0 \cdot \rho_0}\right)^{1,5}}{R_g^{1,25}} \qquad \text{(Gl. 13.95)}$$

Für den Bereich der Unterschallgeschwindigkeit in der Endöffnung mit Durchmesser d_n lässt sich darstellen, dass die Kulminationskonzentration C_k proportional $d_n^{2,5}$ wird. Ein möglichst kleiner Durchmesser d_n mit Schallgeschwindigkeit w_s im Abblasequerschnitt ist daher anzustreben, jedoch ohne dass der Gegendruck p_a zu groß wird.

Für die Höhe H^*, bis der das notentspannte Gas im Freistrahlbereich zündfähig ist, erhält man:

$$H^* = \frac{1{,}5 \cdot q_m}{\text{UEG} \cdot M_g \cdot \sqrt{\rho_u \cdot R_g}} \qquad \text{(Gl. 13.96)}$$

$$= \frac{1{,}9}{\text{UEG} \cdot M_g} \cdot \sqrt{\frac{\rho_0 \cdot p_0}{\rho_u \cdot R_g}} \cdot \psi \cdot \alpha \cdot d_0^2$$

d in mm, q_m in kg/h, p in bar abs., ρ in kg/m^3, UEG in Vol.-%, mit der Sicherheit $S = 1$ und der Reaktionskraft R_g in daN, M in kg/kmol, ρ_{nu} Gasdichte bei p_u, T_n.

Hier ergibt sich für den Bereich der Unterschallgeschwindigkeit im Ausblasequerschnitt mit Durchmesser d_n, dass die Höhe H^* dem Durchmesser d_n proportional ist. Es ist also ebenso ein möglichst kleiner Durchmesser d_n

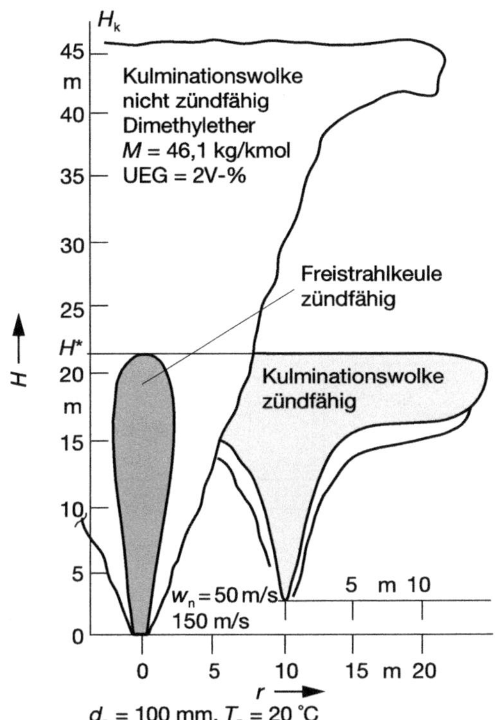

Das Bild verdeutlicht die Vorteile einer «schallschnellen» Notentspannung, wie sie z.B. durch Vollhubventile ausgeprägter Schließdruckdifferenz $\Delta p_y \geq 0{,}05 \cdot p_a$ auch bei deren Überdimensionierung und daher «pumpendem» Abblasen eher gegeben ist als bei den Proportionalventilen.

Bild 13.31 Einfluss der Austrittsgeschwindigkeit w_n auf den zündfähigen Bereich eines senkrechten Freistrahls [5]

anzustreben, jedoch ebenso wieder unter Einhaltung eines zulässigen Gegendruckes p_a.

Beispiel 13.17

Als Anwendungsbeispiel sollen die Versuchsergebnisse von Bild 13.31 nachgerechnet werden:

$$q_m = \frac{\pi}{4} \cdot d_n^2 \cdot w_n \cdot \rho_g$$

$$= \frac{\pi}{4} \cdot 0{,}1^2 \cdot 150 \cdot 1{,}75 \cdot 3600 = 7429 \text{ kg/h};$$

$$R_g = q_m \cdot w_n = 7429 \cdot 150/3600 = 310 \text{ N}$$

da $w_n < w_s$ bzw. $p_n = p_u$.

Für die Höhe H^*, bis zu der der Freistrahl zündfähig ist, erhält man mit Gleichung 13.96:

$$H^* \cong \frac{1{,}5 \cdot 7429}{2 \cdot 46{,}1 \cdot \sqrt{31}} = 21{,}7 \text{ m},$$

wie in etwa auch gemessen.

Die rechte Seite von Gleichung 13.96 verdeutlicht den Einfluss der Armaturendaten. Im Unterschallbereich für d_n wird die Höhe H^* geschwindigkeitsunabhängig.

Für die Konzentration C_k in der Kulminationshöhe H_k erhält man nach Gleichung 13.95:

$$C_k = \frac{0{,}01}{46{,}1} \cdot \frac{\sqrt{1 - 1{,}1/1{,}75}}{\sqrt[4]{1{,}1}} \cdot \frac{7429^{1{,}5}}{31^{1{,}25}} = 1{,}13 \text{ Vol.-\%}$$

$$\leq \text{UEG} = 2\,\%$$

Bei nur 50 m/s Austrittsgeschwindigkeit w_n, also einem Drittel von 150 m/s, erhält man die 3-fache Kulminationskonzentration C_k und erreicht dann die untere Explosionsgrenze (UEG) = 2 Vol.-%.

Falls dieser Abblasezustand umgangen werden muss, so bietet sich ein zusätzliches Abblasen von Wasserdampf als so genannte «Dampfsperre» an.

Zur Ableitung der Gleichungen siehe [5].

13.10 Konstruktion und Anwendung

13.10.1 Gewichtsbelastete Sicherheitsventile

Diese älteste Bauart von Sicherheitsventilen (Bild 13.32) wird noch bei entsprechenden Vorschriften und insbesondere bei niedrigen Drücken angewendet. Bei den neueren Konstruktionen wird das Gewicht an der Spindel befestigt (Bild 13.33, direkte Gewichtsbelastung).

13.10.2 Federbelastete Sicherheitsventile

Bedingt durch die Vielfalt der Anwendungsmöglichkeiten ist diese Bauart zur Zeit die am meisten angewendete (Bild 13.34).

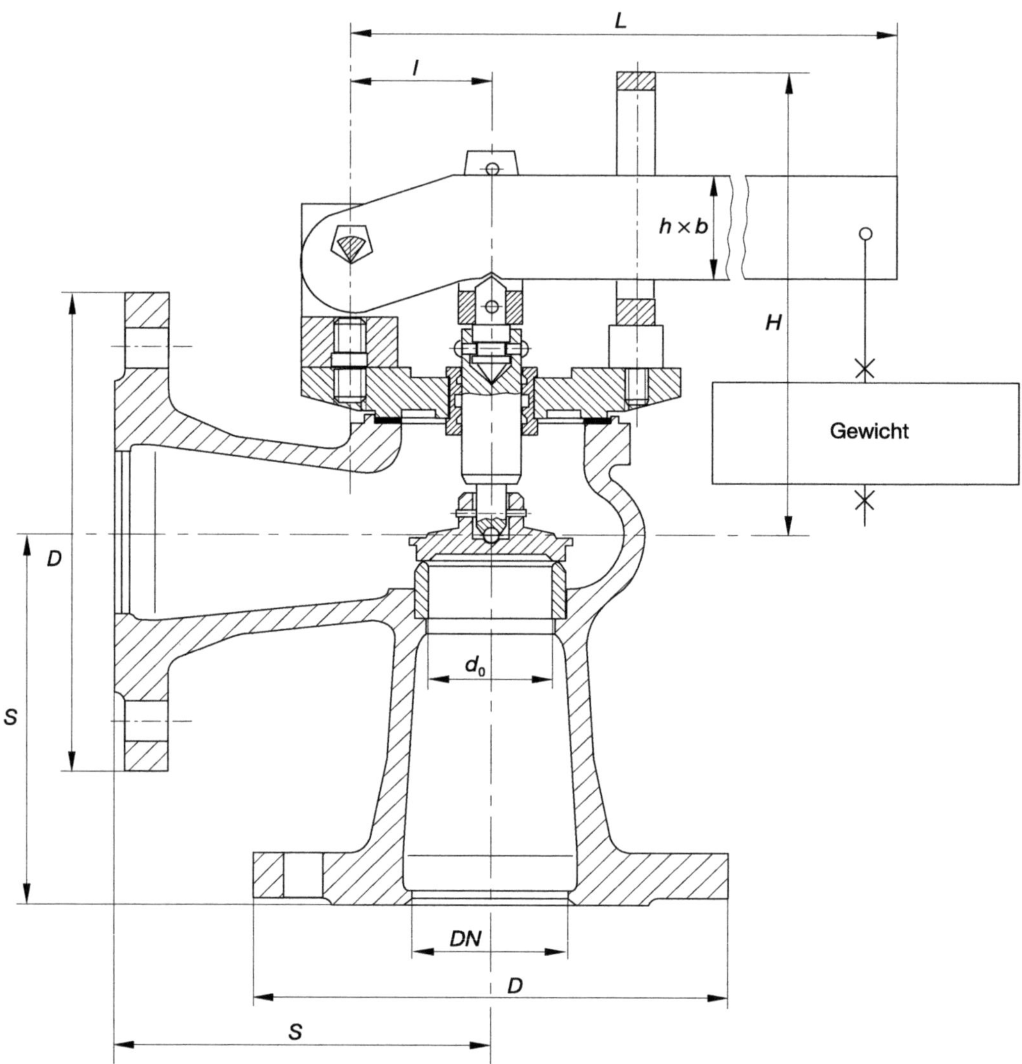

Bild 13.32 Sicherheitsventil mit Hebel (und Gewicht)

Die Höhe des Ansprechdruckes
Bei kleineren Ansprechdrücken soll die Arbeitsdruckdifferenz in der Regel höher sein als bei großen Ansprechdrücken (Bild 13.35).

Äußere Einflüsse
Äußere Einflüsse wie z.B. mechanische Schwingungen, zeitlich wechselnde Temperaturbeaufschlagungen, pulsierende Strömung (wie bei Kolbenkompressoren) würden auch eine höhere Arbeitsdruckdifferenz nötig machen.

Festigkeitsmäßige Dimensionierung der austrittsseitigen Bauteile
Die Austrittsseite eines Sicherheitsventiles (Gehäuseteile, Schrauben und der Faltenbalg) ist festigkeitsmäßig abhängig von Werkstoff,

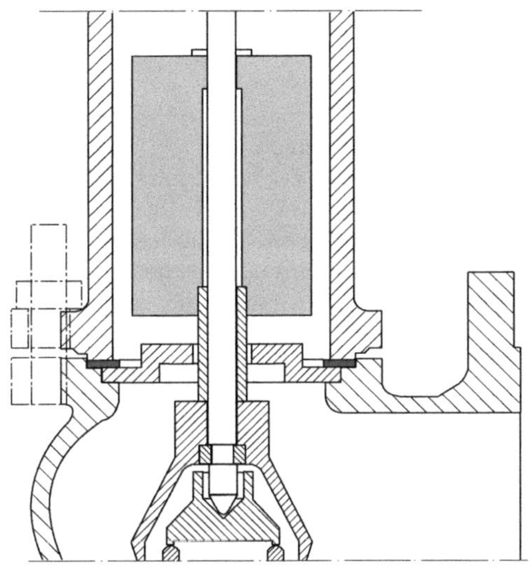

Bild 13.33 Gewichtsbelastung

Bild 13.35 Arbeitsdruckdifferenz in Abhängigkeit vom Ansprechdruck

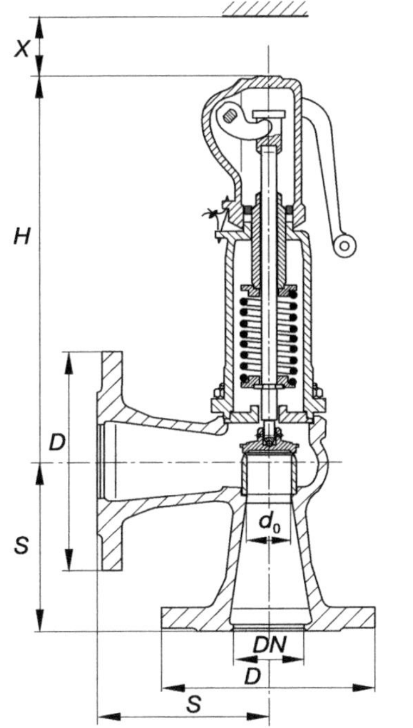

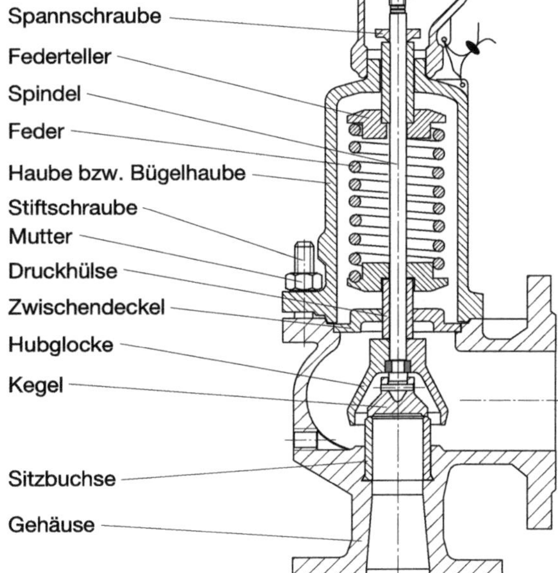

Bild 13.34 Federbelastete Sicherheitsventile

Druck und Temperatur. Der Hersteller berücksichtigt dies entsprechend dem Gegendruck, gegebenenfalls kommt eine Sonderbauart zur Ausführung.

Der Einsatz von 1- oder mehrwandigen Faltenbälgen richtet sich nach der Höhe von Gegendruck und Temperatur sowie Faltenbalggröße und Werkstoff.

Flanschnenndruckstufe am Austritt
Ein erhöhter Gegendruck kann die Änderung der Standardflanschausführung zur Folge haben. Festlegung ist nach DIN EN 1092-1, ANSI u.a. zu treffen.

Konstruktionselemente

❑ Spindelraum-Abdichtung
Der Faltenbalg (Bild 13.36) soll bei Sicherheitsventilen

- die Feder vor schädlichen Einflüssen des Mediums schützen,
- eine sehr hohe Dichtheit nach außen gewährleisten,
- den Fremdgegendruck oder zu hohen Eigengegendruck ausgleichen.

Der mittlere Durchmesser des Faltenbalges entspricht dem mittleren Durchmesser des Sicherheitsventilsitzes. Die Verbindung des Balginnenraumes mit der Atmosphäre bei vorliegender Flächengleichheit bewirkt, dass der vorhandene Gegendruck ausgeglichen wird.

Der Ansprechdruck bleibt daher immer gleich dem durch die Feder eingestellten Druck.

Zum alleinigen Abdichten von Federraum und Spindelführung kann auch eine Membranabdichtung (Bild 13.37) eingesetzt werden.

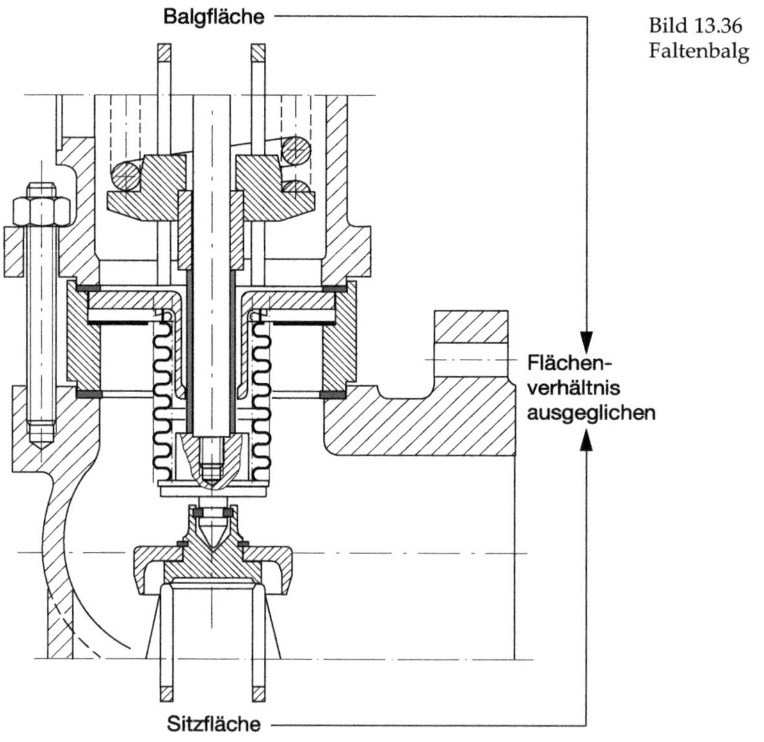

Bild 13.36
Faltenbalg

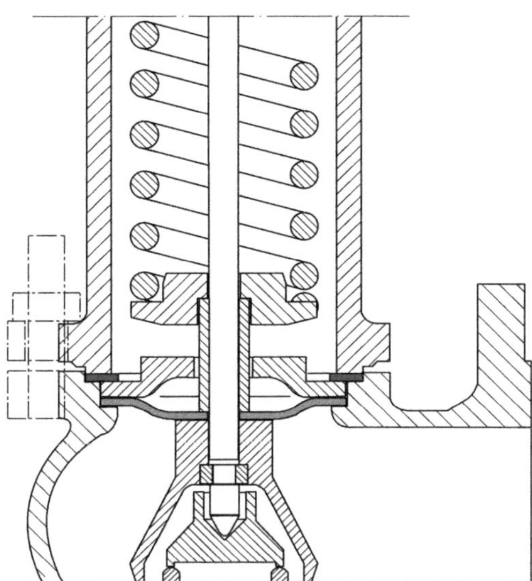

Bild 13.37 Membranabdichtung

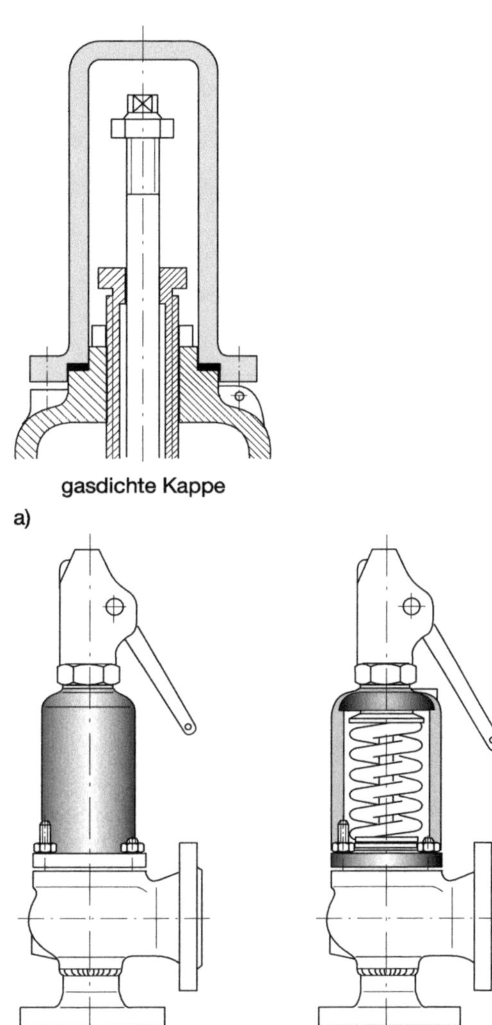

Bild 13.38 Kappen- und Haubenausführung

- Oberteilausführung
  Hier liegen die Unterschiede im Wesentlichen in der Hauben- und Kappenausführung (Bild 13.38).
  Zur Signalisierung der Betätigung von Sicherheitsarmaturen werden immer mehr Kontaktgeber (Bild 13.39) eingesetzt.

- Schwingungsdämpfer
  Extreme anlagentechnische Bedingungen und Betriebszustände können ein mechanisch arbeitendes Feder-Sicherheitsventil zu Schwingungen anregen und so kann es zum «Flattern oder Hämmern» kommen.
  Außer der Beschädigung der Armatur sind Folgeschäden im System und damit eine Minderung der Sicherheit nicht ausgeschlossen.
  Ein Beispiel zur Lösung des Problems zeigt Bild 13.40 mit einem Schwingungsdämpfer.

13.10.3 Gesteuerte Sicherheitsventile

Entsprechend den Auslegungsrichtlinien wären bei großen Abblaseleistungen eine Vielzahl von direkt wirkenden Sicherheitsventilen erforderlich. Um das zu vermeiden, wurden gesteuerte Sicherheitsventile entwickelt. Sie bestehen aus einem Hauptventil und einer Steuereinrichtung für das Hauptventil (Bild 13.41). Die Steuereinrichtung kann mechanisch, durch Eigenmedium oder durch eine Fremdenergie das Hauptventil betätigen. Sie kann nach dem Ruhe- oder Arbeitsprinzip wirken:

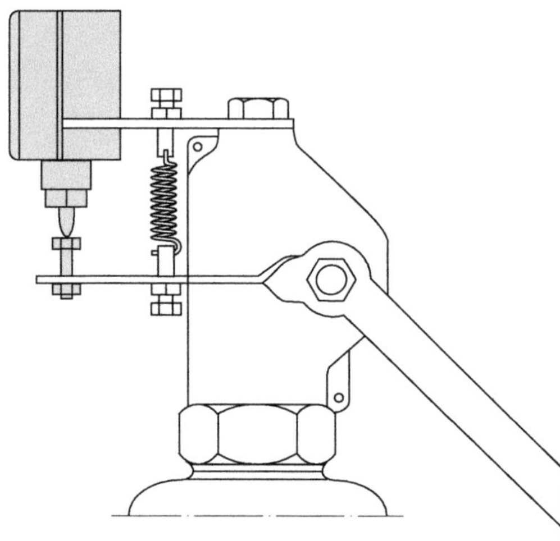

Bild 13.39 Kontaktgeber

- Ruheprinzip
  Es ist dadurch gekennzeichnet, dass die Steuereinrichtung bei Ausfall der Steuerenergie die Be- oder Entlastung (je nach Konstruktion) bewirkt.
- Arbeitsprinzip
  Es ist dadurch gekennzeichnet, dass die Steuereinrichtung bei Ausfall der Steuerenergie keine Be- oder Entlastung bewirkt.

Eine vollständige Einteilung gemäß Entwurf der DIN EN 1268-5 enthält Tabelle 13.4.

Als Fremdenergie für gesteuerte Sicherheitsventile dienen je nach Verfügbarkeit der Medien und je nach Einsatzbereich pneumatische, elektrische oder hydraulische Antriebe, die von den Steuereinrichtungen betätigt werden. Aus Sicherheitsgründen müssen mindestens 3 getrennte Steuerstränge funktionstüchtig sein, was einen gewissen Aufwand erfordert. Beim Ansprechen des Steuerventils wird über die Steuerleitung mit dem Eigenmedium der Hubkolben des Hauptventils (Bilder 13.42 und 13.43) betätigt. Reduziereinrichtungen, die bei z.B. Lastabwurf der Turbine HD- und ND-seitig die Turbine umgehen (Umleitstationen), können als gesteuerte Sicherheitseinrichtungen ausgebildet sein. In diesem Fall sind keine gesonderten Sicherheitsventile erforderlich, die ins Freie abblasen.

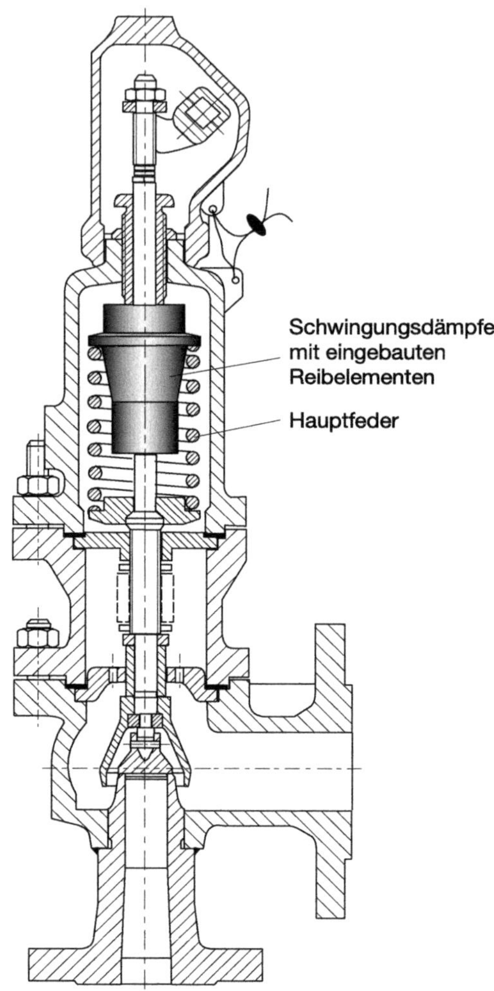

Bild 13.40 Sicherheitsventil mit Schwingungsdämpfer

13.10.4 Überströmventile

Zur Verhinderung des unzulässigen Druckaufbaus in einem mit Flüssigkeit gefülltem Rohrleitungsabschnitt zwischen 2 geschlossenen Armaturen genügt ein Sicherheitsventil mit sehr kleinem Ausflussmassenstrom oder eine andere Überdrucksicherung.

Im Gegensatz dazu muss die Absicherung von Rohrleitungen, in denen sich während des Betriebes ein unzulässiger Druck aufbauen

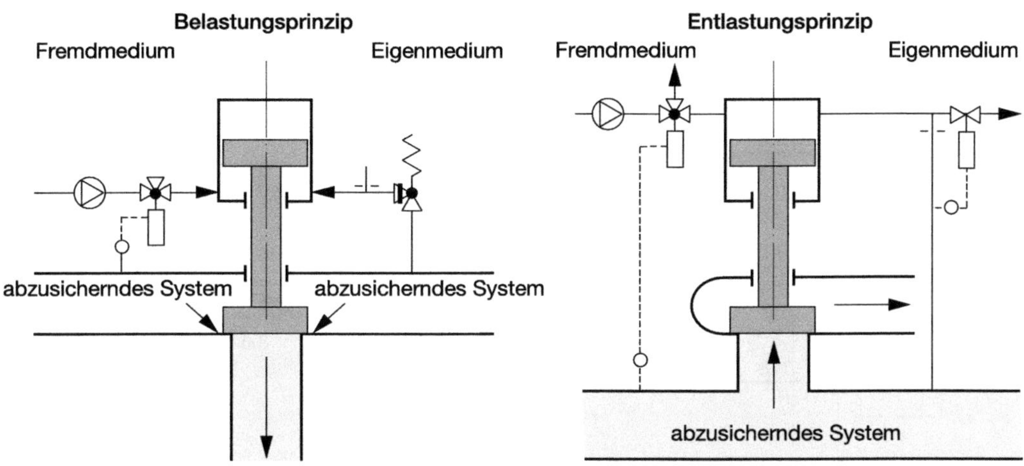

Bild 13.41 Funktionsprinzipien von gesteuerten Sicherheitsventilen

Tabelle 13.4 Einteilung gesteuerter Sicherheitseinrichtungen nach DIN EN 1268-5 (Entwurf)

Hauptarmatur			**Steuereinrichtung**		**Bemerkung**
Arbeitsprinzip	Typbezeichnung	Antrieb	Art der Steuerung	Bezeichnung	
Entlastungs-prinzip	Typ 1	durch Eigen-medium	mechanisch	S 1.1	entspricht pilot-gesteuertem Sicherheitsventil nach DIN EN 1268-4
			elektrisch	S 1.2	
			elektronisch	S 1.3	
		pneumatisch	mechanisch	P 1.1	Entlastungs-prinzip: Hauptarmatur öffnet, wenn die Belastung auf-gehoben oder verringert wird
			elektrisch	P 1.2	
			elektronisch	P 1.3	
		hydraulisch	mechanisch	H 1.1	
			elektrisch	H 1.2	
			elektronisch	H 1.3	
		elektrisch	mechanisch	E 1.1	
			elektrisch	E 1.2	
			elektronisch	E 1.3	
Belastungs-prinzip	Typ 2	durch Eigen-medium	mechanisch	S 2.1	Belastungs-prinzip: Hauptarmatur öffnet, wenn Belastung auf-gebracht wird
			elektrisch	S 2.2	
			elektronisch	S 2.3	

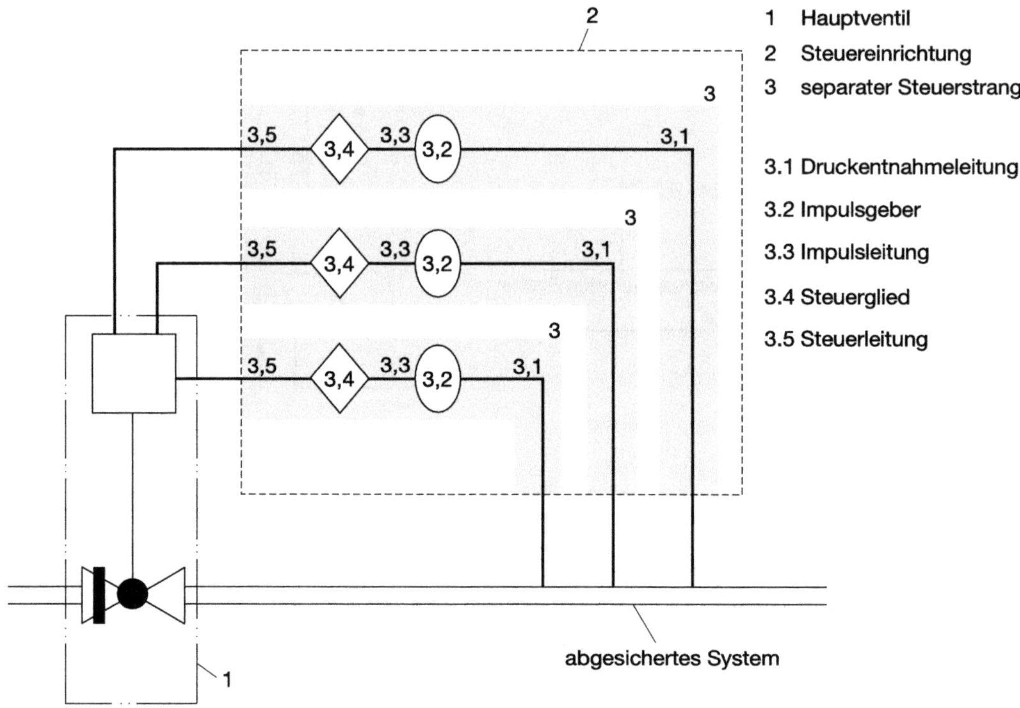

Bild 13.42 Prinzipieller Aufbau eines gesteuerten Sicherheitsventils

kann, z.B. nach Druckreduziereinrichtungen, für den vollen Massenstrom erfolgen, gleichgültig ob es sich um gasförmige oder flüssige Stoffe handelt.

13.10.5 Dichtheit

In Abhängigkeit von Medium und Umweltschutzbestimmungen können sich besondere Anforderungen an die Dichtheit des Ausblaseteils und regelmäßige Überprüfung dieser Dichtheit ergeben.

Bestimmung von Leckraten

Die Leckrate ist ein Maß für die Dichtheit eines Sicherheitsventils (z.B. am Sitz oder nach außen) und wird in

mbar · l/s

bestimmt.

1 mbar l/s entspricht der Leckage, die in einem evakuierten Gefäß von 1 l in 1 Sekunde einen Druckanstieg von 1 mbar bewirkt. Der atmosphärische Druck außerhalb des Behälters ist dabei 1 bar (Druckanstiegsmethode).

Bei erhöhter Anforderung an die Dichtheit können statt der üblichen Metallsitze auch Kegel mit Weichdichtung (Bild 13.44) verwendet werden.

Vorteile der Weichdichtung am Sitz

- geringere Leckrate
  Weichdichtung bis zu 10^{-5} mbar l/s,
  Metallsitz im Allg. 10^{-3} mbar l/s;
- unempfindlicher gegen Verschmutzung der Ventilsitze, Festkörper (Schmutzpartikel) auf der Sitzfläche werden vom Weichdichtungswerkstoff umschlossen;
- gasdichter Abschluss auch nach mehrmaligem Öffnen,

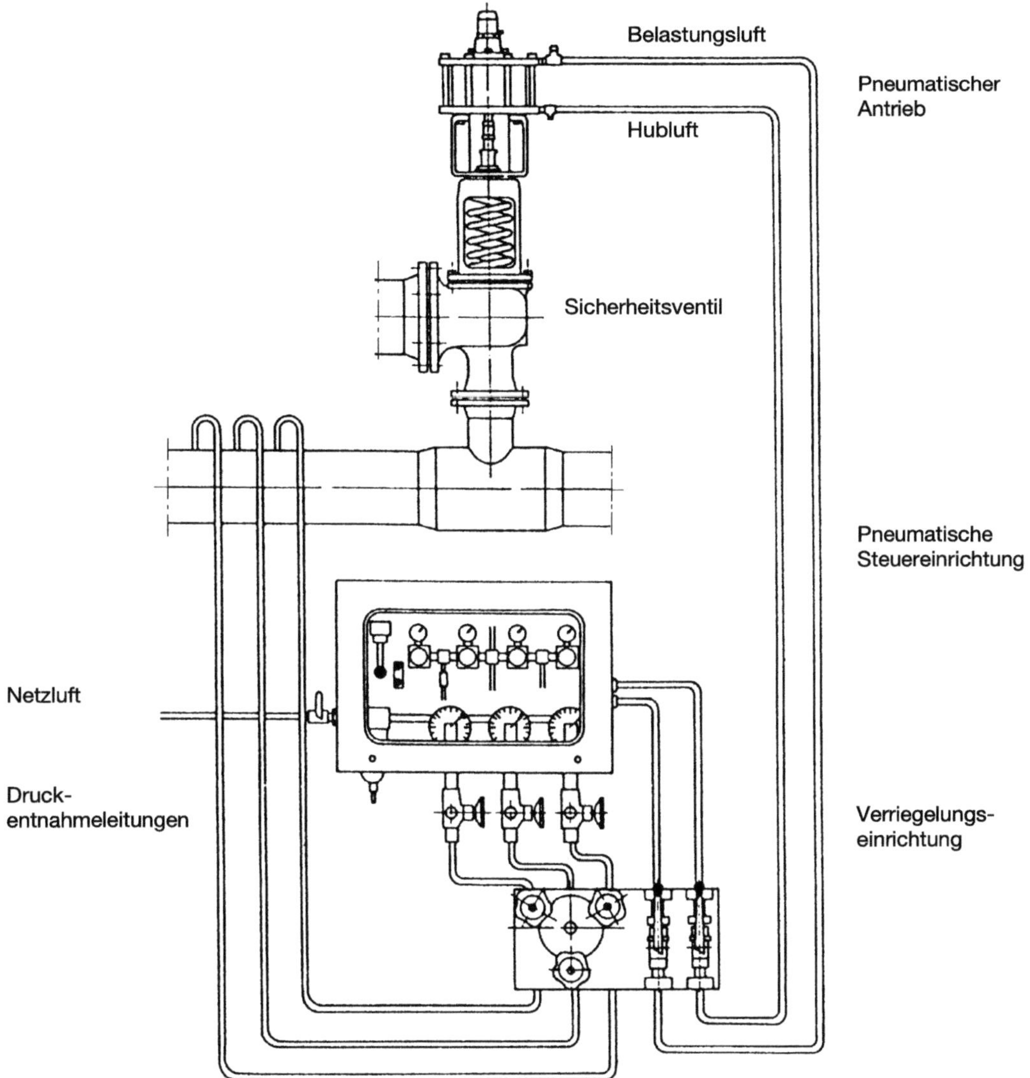

Bild 13.43 Praktischer Aufbau eines gesteuerten Sicherheitsventils

geringe Sitzbeschädigungen werden von der Weichdichtung kompensiert;

- erhöhter Wirkungsgrad
  Betriebsdruck der Anlage kann näher am Ansprechdruck des Sicherheitsventils liegen;
- metallische Abstützung verhindert eine Überbeanspruchung des Weichdichtungswerkstoffs,
  Weichdichtung hat nur Dichtfunktion.

In Tabelle 13.5 sind die verschiedenen Weichdichtungswerkstoffe den verschiedenen Medien zugeordnet.

13.10.6 Datenblatt für Sicherheitsventile

Bild 13.45 gibt ein Form-Datenblatt für Sicherheitsventile wieder.

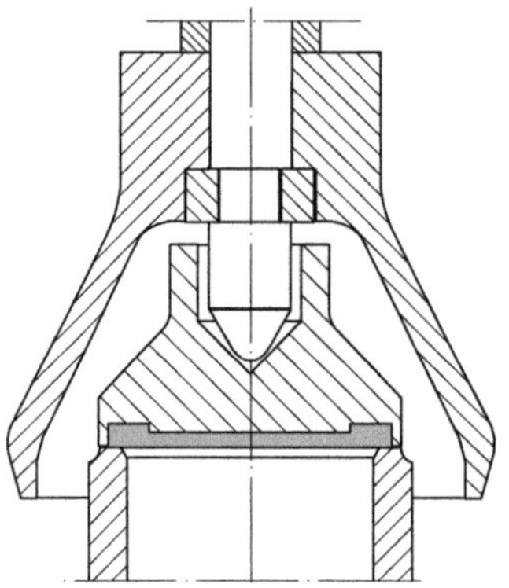

Bild 13.44 Weich dichtender Kegel

13.10.7 Anwendungen

Druckabsicherung von Kraftwerksanlagen
Für die Absicherung des Dampferzeugers und des Zwischenüberhitzers werden heute zumeist gesteuerte Sicherheitsventile verwendet, da diese erhöhte Dichtkraft bei hohem Druck und großen abzuführenden Mengenströmen gewährleisten.

Bild 13.46 zeigt ein vereinfachtes Schema eines Kraftwerksblockes. Im Sicherheitsfall, z. B. Turbinenschnellschluss, strömt der Dampf über die HD-Reduzierstation in den Zwischenüberhitzer und wird von den ZÜ-Sicherheitsventilen (ZÜ-SV) ins Freie abgeblasen. Vielfach fehlen die Sicherheitsventile (HD-SV) auf dem HD-Teil, so dass die HD-Reduzierstation zusätzlich zur Funktion der Druckregelung in der Absicherung gegen Drucküberschreitung wahrzunehmen hat.

13.11 Installation

Feder-Sicherheitsventile sind mit senkrecht nach oben stehender Federhaube einzubauen. Bei Hebel-Sicherheitsventilen muss der Hebel waagerecht liegen.

Jedes Sicherheitsventil muss so montiert sein, dass seine einwandfreie Funktion gewährleistet ist, d.h., es dürfen z.B. keine unzulässigen statischen, dynamischen oder thermischen Beanspruchungen aus den zu- und abführenden Rohrleitungen auf das Sicherheitsventil übertragen werden.

Gegebenenfalls müssen Dehnmöglichkeiten vorgesehen werden. Spannungen durch fehlerhafte Montage müssen vermieden werden.

Das Einfrieren oder Erstarren von Medium oder Kondensat im Ventilgehäuse ist durch geeignete Maßnahmen zu verhindern.

- *Kondensatableitung*
  Um Schmutz und Fremdkörper aller Art von dem Sicherheitsventil fernzuhalten,

Tabelle 13.5 Weichdichtungswerkstoff nach Art des Mediums

Werkstoffbasis	Temperaturbereich	Medium
Ethylen-Propylen-Terpolymer (ca. 85 shore A)	– 40/+ 130 °C	Kalt- und Heißwasser, Luft, Helium, Stickstoff Wasserdampf
Chlor-Butadien-Kautschuk (ca. 70 shore A)	– 30/+ 60 °C	Kältemittel (z.B. Frigen)
Fluor-Kautschuk (ca. 83 shore A)	– 8/+ 150 °C	Flüssiggase (z.B. Propan, Butan, Propylen, Methan); Erdgas, Stadtgas, Heizöl, Dieselöl; Benzin, Benzol, Petroleum, Flugkraftstoff; Sauerstoff, Wasserstoff

Sicherheitsventile Datenblatt

Kunde:
Kennwort:
Blatt: von:

Nr.	Gruppe	Merkmal		Einheit			
1		Anfrage/Angebot/Auftrag					
2							
3		Positions-Nr.					
4		Stückzahl					
5							
6		Vorschrift					
7	Betriebsverhältnisse	Medium					
8		Berechnungstemperatur		°C			
9		Zustand b. Abblasen	f = flüss. d = dampff., g = gasf.		f ☐ d ☐ g ☐	f ☐ d ☐ g ☐	f ☐ d ☐ g ☐
10		Molekulare Masse		kg/kmol			
11		Adiabatenexponent k	Realgasfaktor	Z			
12		Dichte beim Abblasen		kg/m^3			
13		Hilfsgrößen max.	X				
14		Viskosität					
15		Arbeitsdruck abs		bar			
16		Ansprechdruck abs		bar			
17		Fremdgegendruck abs		bar			
		konstant	variabel				
18		Einstellüberdruck p_e		bar			
19		Abblasemenge	erforderlich	kg/h			
		je Ventil	möglich[1])	kg/h			
20	Ventilausführung	Art: Vollhub-, Normal- oder Proportional-Ventil					
21		Hersteller-Typ					
22		federbelastet	gewichtsbelastet				
23		Werkstoffe	Gehäuse				
			Abdichtung				
			Feder				
24		Anlüftung		ja/nein			
25		Haube		geschlossen/offen			
26		Faltenbalg		ja/nein			
27		Gehäuse mit Entwässerung		ja/nein			
28		Engster Strömungsdurchmesser		d_0 mm			
29		Engster Strömungsquerschnitt A_0	erforderlich	mm^2			
			gewählt	mm^2			
30		Ausflussziffer		α_w			
31	Anschlüsse	Eintritts-/Austritts-Flansch	DN				
			PN				
			Dichtfläche (DIN 2526)				
32		Schweißende	Ein-/Austritt				
33	Bemerkg.	Stückgewicht		ca. kg			
34							
35							
36							
37							
38	Preis	Stückpreis[2])		DM			
39		Gesamtpreis[2])		DM			
40		Werkstoffprüfung Gehäuse/Eintrittsstutzen					
41	Abnahme						
42		Endabnahmeprüfung					

Datum: Abteilung/Name:

[1]) Berechnung entsprechend AD-Merkblatt A2/TRD 421; [2]) ohne Abnahmekosten.

DIN 3320 Begriffe für Sicherheitsventile; DIN 3230 Technische Lieferbedingungen.

Bild 13.45 Datenblatt für Sicherheitsventile

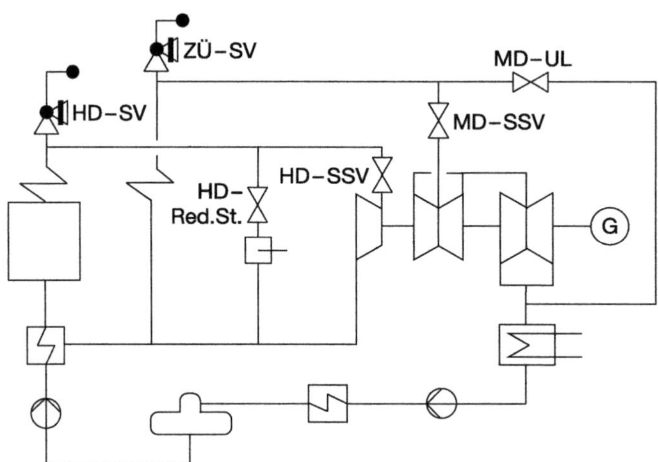

Bild 13.46
Vereinfachtes Schema eines Kraftwerksblockes

muss eine Entwässerung der Ausblaseleitung **und** des Sicherheitsventils über die Ausblaseleitung erfolgen. Das in Ausblasleitungen anfallende Kondensat muss zuverlässig abgeführt werden. Kondensatansammlungen können beim Abblasen explosionsartig verdampfen und dadurch schwere Schäden hervorrufen. Abblasleitungen sind gegen Einfrieren zu schützen. Gemäß den geltenden Regelwerken muss die Ausblaseleitung an ihrem tiefsten Punkt mit einer ausreichend groß bemessenen Kondensatableitung versehen werden. Grundsätzlich muss der tiefste Punkt in der Ausblaseleitung liegen, d.h., es darf sich an dem Sicherheitsventilaustritt nicht ein nach oben gerichteter Bogen anschließen, sondern es muss zunächst ein mit Gefälle verlegtes Rohrstück auf das Sicherheitsventil folgen. In diesem Stück muss dann die mit ausreichend großem Querschnitt ausgeführte Entwässerungsleitung angebracht werden (Bild 13.47).

- *Wechselventil und 2 Sicherheitsventile*
  Für Wartung, Kontrolle und Reparatur von Sicherheitsventilen hat es sich bewährt, in Betrieben mit langen Produktionszeiten, 2 Sicherheitsventile zu installieren, die über ein Wechselventil angeschlossen werden können. Das Wechselventil muss immer auf

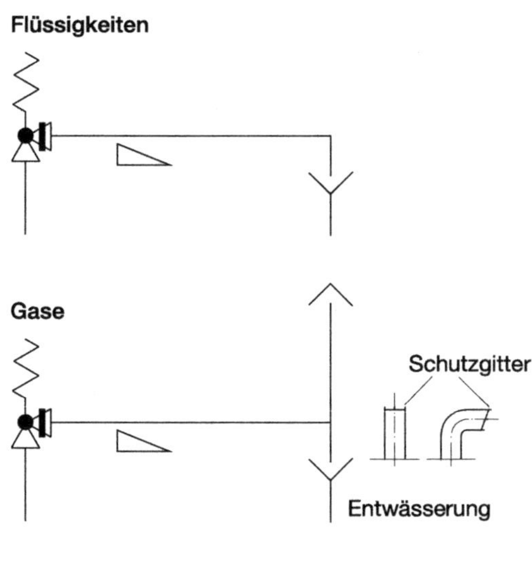

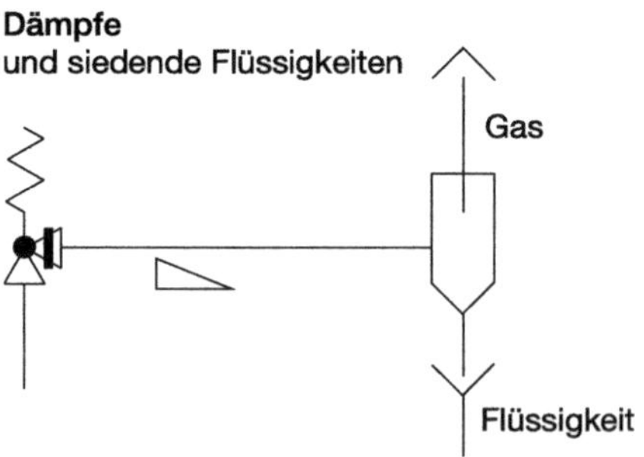

Bild 13.47 Gefahrlose Ableitung des Massenstromes

Absicherung eines Behälters mit einem Wechselventil am Eintritt von 2 Sicherheitsventilen
Sicherheitsventile direkt an Wechselventil (W) angeflanscht.
Betriebsablauf wird nicht beeinflusst, wenn von einem auf das andere Sicherheitsventil umgeschaltet wird.

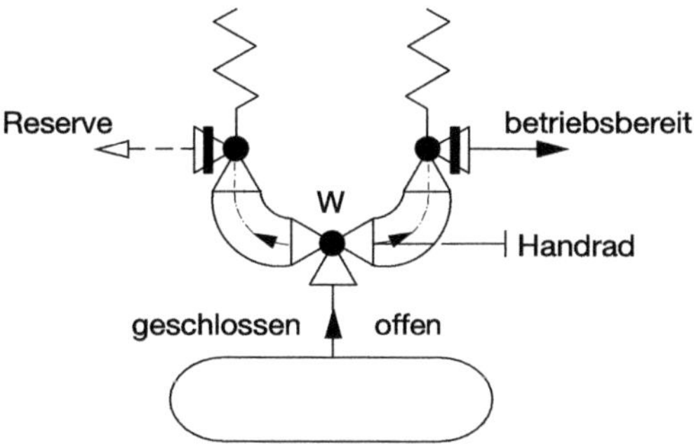

Absicherung eines Behälters über 2 Wechselventile zur Ein- und Austrittsverriegelung von 2 Sicherheitsventilen
Wechselseitig können Eintritt und Austritt gemeinsam geschlossen bzw. geöffnet werden.

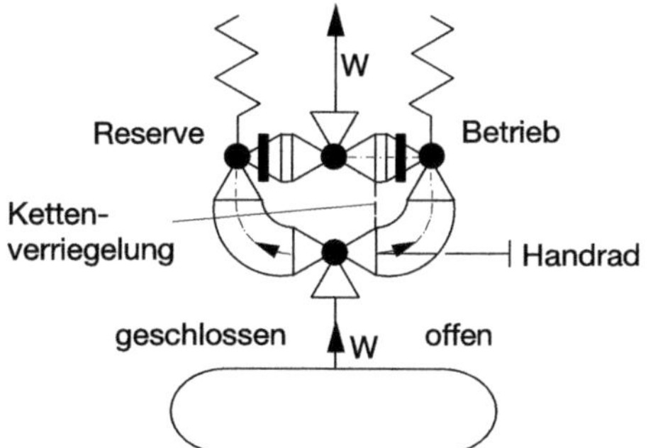

Bild 13.48 Absicherung mit 2 Sicherheitsventilen und Wechselventil

das «Betriebs»-Sicherheitsventil hin, voll geöffnet sein (Bilder 13.48 und 13.49).
Der Widerstandsbeiwert dieses Wechselventils muss jedoch bei den zulässigen Druckverlusten in der Sicherheitszuleitung mit berücksichtigt werden.

- *Entspannungstöpfe bei Ausblasung von siedenden Flüssigkeiten*
  Als Richtwert für die Dimensionierung von Ausblastöpfen können die Daten der Heißwasserausführungen (gemäß DIN 4751 T.4) zugrunde gelegt werden (Bild 13.50).

- *Prüfung und Einbau*
  - Die Prüfung auf richtige Funktionsweise der Sicherheitsventile ist, sofern keine Prüfung durch eine benannte Stelle vorgenommen wurde, auf einem Baustellen-Prüfstand durch geschultes Personal (befähigte Person) vorzunehmen.
  - Sicherheitsarmaturen sind in der Regel mit rotem Farbanstrich zu versehen. Dies gilt insbesondere auch für Absperrhähne mit Entlastungsbohrung für thermischen Druckabbau. Diese «Sicherheitsarmaturen» sind ebenfalls mit rotem Farbanstrich zu versehen. Ausgenommen davon werden CrNi-Ausführungen in pharmazeutischen Anlagen.
  - Sicherheitsventile sollten möglichst nahe an den abzusichernden Aggregaten angeordnet werden.

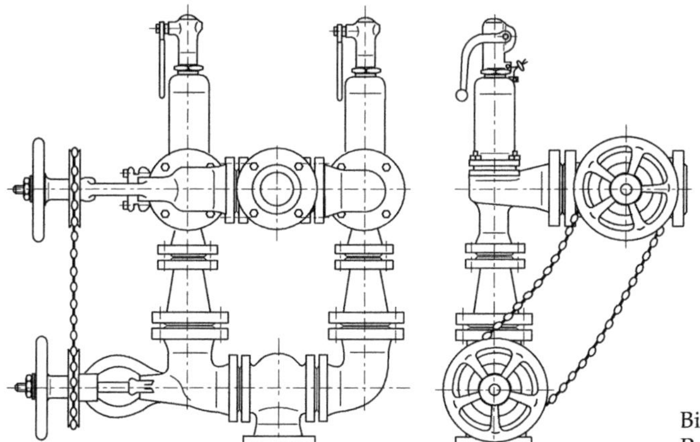

Bild 13.49
Praktische Ausführung von Bild 13.48

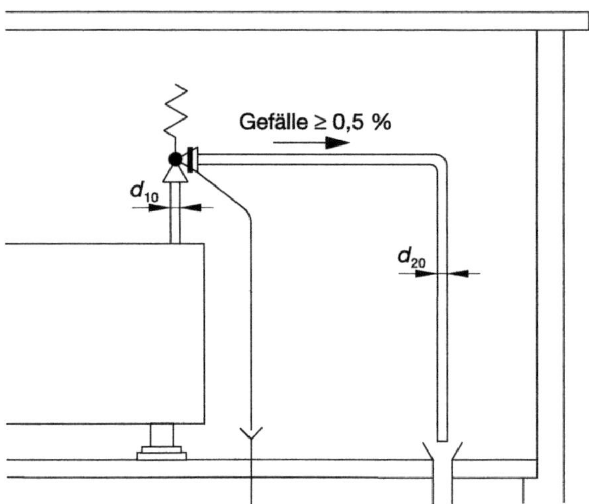

Ausblaseleitung mit Ventilentwässerung
(nur bei Hochhub-Sicherheitsventilen)

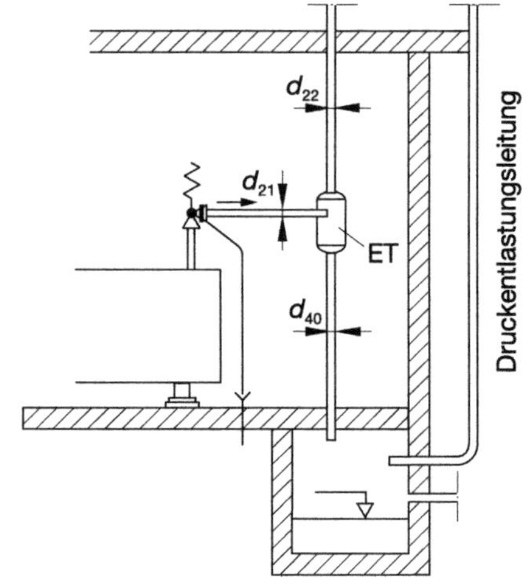

Ausblaseleitung mit Entspannungstopf
(für Wärmeerzeuger mit einer
Nennwärmeleistung von mehr als 350 kW)

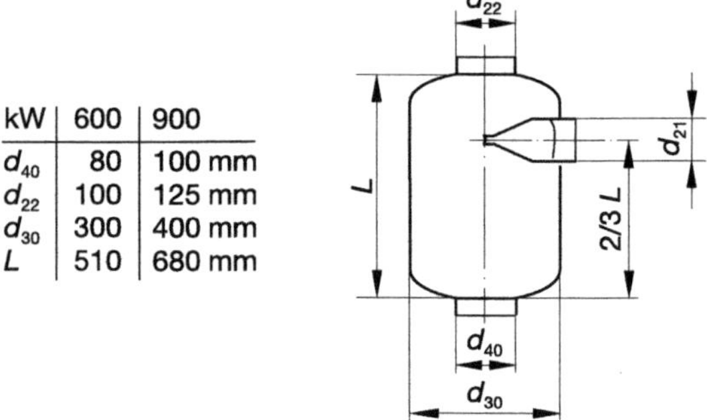

kW	600	900
d_{40}	80	100 mm
d_{22}	100	125 mm
d_{30}	300	400 mm
L	510	680 mm

Entspannungstopf ET mit tangentialer Einführung

Bild 13.50 Abmessung der Zuleitungen, Ausblaseleitungen, Wasserabflussleitungen und der Entspannungstöpfe für andere federbelastete Sicherheitsventile nach DIN 4751 Teil 4

- Sicherheitsventile, die ins Freie abblasen, sind bei der Druckprobe der anschließenden Rohrleitungen bzw. Behälter/Apparate am Eintrittsstutzen mit einer Rohrsperrscheibe abzustecken, da der Prüfdruck in der Regel höher ist als der Auslegungsdruck. Blasen Sicherheitsventile in geschlossene Systeme ab, so sind Ein- und Austrittsstutzen bei der Druckprobe abzustecken.
- Transportsicherungen sind nach Montage und vor Inbetriebnahme zu entfernen.
- Beim Einbau von Sicherheitsventilen sind die eventuell auftretenden Rückstoßkräfte beim Ansprechen zu berücksichtigen. Hier sind gegebenenfalls entsprechende Halterungen vorzusehen.
- Sicherheitsventile sollen erreichbar angeordnet werden. Die Ventilnummer muss lesbar sein.

Zuleitung und Ausblaseleitung dürfen nicht absperrbar sein und keine Schmutzfänger oder Formstücke enthalten, die den vorgeschriebenen Querschnitt verengen

	Leitungen	Abblasdruck	Länge	Anzahl der Bögen	Mindestdurchmesser
1	Zuleitung d_{10}	für alle Werte	$\leqq 0{,}2$ m	$\leqq 1$	$\triangleq d_1$
2		für alle Werte	$\leqq 1$ m	$\leqq 1$	$\triangleq d_1 + 1$ DNSt**)
3	Ausblaseleitung ohne Entspannungstopf (ET) d_{20}	$\leqq 5$ bar	$\leqq 5$ m	$\leqq 2$	$\triangleq d_1 + 2$ DNSt**)
4		5 bar $< p \leqq$ 10 bar	$\leqq 7{,}5$ m	$\leqq 3$	$\triangleq d_1 + 3$ DNSt**)
5	Ausblaseleitung zwischen Sicherheitsventil und ET d_{21}	$\leqq 5$ bar	$\leqq 5$ m	$\leqq 2$	$\triangleq d_1 + 2$ DNSt**)
6		5 bar $< p \leqq$ 10 bar	$\leqq 5$ m	$\leqq 2$	$\triangleq d_1 + 3$ DNSt**)
7	Ausblaseleitung zwischen ET und Ausblasöffnung d_{22}	$\leqq 5$ bar	$\leqq 10$ m	$\leqq 3$	$\triangleq d_1 + 3$ DNSt**)
8		5 bar $< p \leqq$ 10 bar	$\leqq 10$ m	$\leqq 3$	$\triangleq d_1 + 4$ DNSt**)
9	ET d_{30}	$\leqq 10$ bar	$\approx 5 \times d_{21}$	0	$\geqq 3 \times d_{21}$
10	Wasserabflussleitung des ET d_{40}	$\leqq 5$ bar	*)	*)	$\triangleq d_1 + 3$ DNSt**)
11		5 bar $< p \leqq$ 10 bar	*)	*)	$\triangleq d_1 + 4$ DNSt**)

*) Keine Anforderungen
**) DNSt = Nennweitenstufe

Bild 13.50 (Fortsetzung)

- Ausblasöffnungen sollen nicht in Kopfhöhe angeordnet werden, sondern z.B. in Auffangwannen, ins Freie oder in Bodennähe (gegebenenfalls mit Erweiterung der Nennweite am Austritt) gerichtet sein.
- Die Abblaseleitung darf nicht gegen Gebäude, Apparate, Luftansaugungen o.Ä. gerichtet sein.
- Die Abblasleitungen sind so zu befestigen und abzustützen, dass die Sicherheitsventile nicht durch Rohrgewicht, Wärmeausdehnung und Schwingungen belastet werden. Die Enden waagerechter Abblasleitungen sind unter 45° zur Abblasleitung abzuschneiden und mit einem Drahtgeflecht (Vogelschutz) zu sichern.

14 Sicherheitsstandrohre

Das Standrohr ist ein nach dem Prinzip der miteinander verbundenen, kommunizierenden Gefäße arbeitendes, senkrecht angeordnetes U-förmiges Rohr, dessen einer Schenkel länger ausgeführt ist. Der kürzere (Fall-) Schenkel ist am Dampfraum des zu schützenden Behälters angeschlossen. Der längere (Steig-)Schenkel steht mit der Atmosphäre in nicht absperrbarer Verbindung.

Wenn der U-förmige Teil des Rohres mit ausreichender Menge Flüssigkeit aufgefüllt wird und im Behälter noch kein Druck vorhanden ist, stellt sich in beiden Schenkeln der gleiche Flüssigkeitsspiegel ein (Bild 14.1 a). Sobald aber in dem Behälter Druck entsteht, wirkt dieser auf die Flüssigkeitssäule im kürzeren Schenkel und drückt sie nach unten, wodurch der Flüssigkeitsspiegel in dem anderen Schenkel ansteigt (Bild 14.1 b). Die Flüssigkeitssäule befindet sich im Gleichgewicht, wenn der Druck in der durch den unteren Flüssigkeitsspiegel bestimmten Höhe in beiden Schenkeln des Rohres gleich ist, d. h.:

$$\Delta p = \rho \cdot g \cdot h \qquad \text{(Gl. 14.1)}$$

Da sich die Flüssigkeitssäule im Gleichgewicht befindet, muss auch in der geschützten Anlage der durch Gleichung 14.1 bestimmte Druck herrschen.

Der größte Niveauunterschied (die Höhe) der Flüssigkeitssäule wird von der Höhe H der Flüssigkeit im Rohr (Bild 14.1 c oder von der Länge des Standrohres (Bild 14.2 d) bestimmt. So kann der in der Anlage herrschende Druck durch die Menge der in das Standrohr gegossenen Sperrflüssigkeit oder durch die Veränderung der Länge des Standrohres eindeutig begrenzt werden. Bei Druckanstieg beginnt die Flüssigkeit am oberen Ende des Standrohres auszulaufen (Bild 14.1 d). Die restliche Flüssigkeitssäule – und deren Druck – wird immer kleiner, so dass der innere Überdruck die Flüssigkeit aus dem Standrohr ganz hinausdrängt. Durch das derart frei gewordene Rohr entweicht der Dampf aus der Anlage, und der Druck fällt ab.

In Bild 14.2 ist die praktische Ausführung eines Standrohres dargestellt.

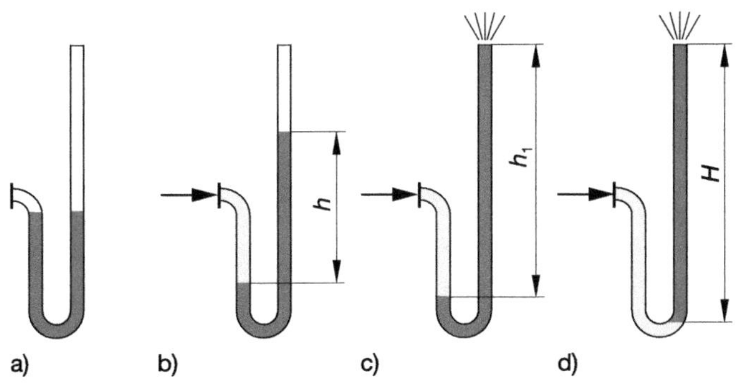

Bild 14.1
Arbeitsweise des Standrohres. Überdruckbegrenzung durch die Länge des Steigschenkels des Rohres
a) $p = 0$;
b) $p = p_{ü} = h \cdot \rho \cdot g$;
c) $p = p_{ü} = h_1 \cdot \rho \cdot g$;
d) $p = p_1 = H \cdot \rho \cdot g$

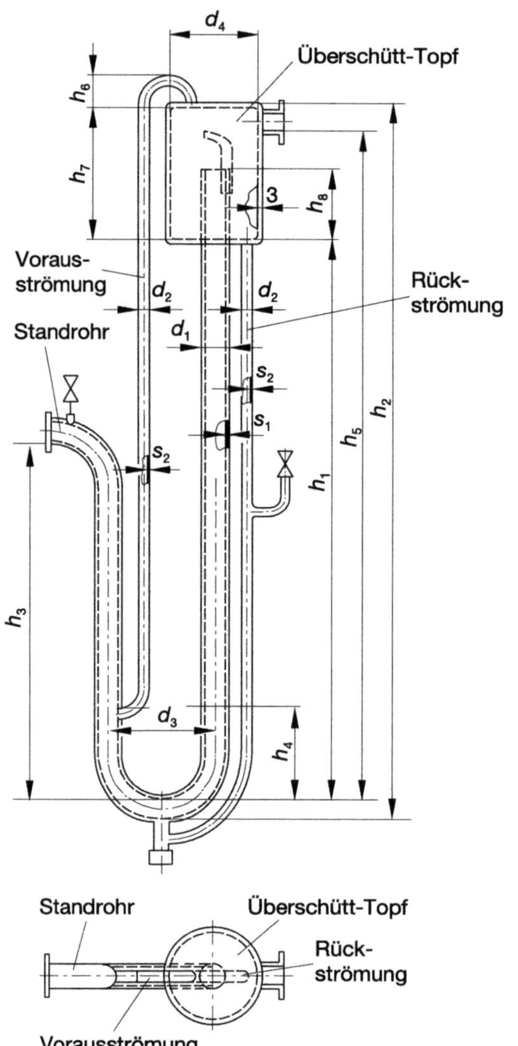

Bild 14.2 Standrohr mit Voraus- und Rückströmleitung n. DIN 4750

15 Emissionsvermeidung von gefährlichen Stoffen über Druckentlastungseinrichtungen

Zu Beginn der systematischen Einzelfallbetrachtung ist das stoffliche Gefahrenpotential zu beurteilen (Bild 15.1). Sofern gefährliche Stoffe (z. B. nach Störfall-Verordnung) in der Anlage vorhanden sind oder entstehen können, muss eine detaillierte Betrachtung der Gefahrenquellen durchgeführt werden. Kann das Ansprechen von Druckentlastungseinrichtungen nicht zuverlässig verhindert werden, ist ein gefahrloses Ableiten zu gewährleisten. Diesbezüglich sind auch die Anforderungen z. B. der TRB 600 zu berücksichtigen. Danach dürfen nur solche Stoffe und Zubereitungen in die Atmosphäre gelangen, die entweder keine Eigenschaftsmerkmale nach der Gefahrstoff-Verordnung aufweisen oder durch die eine Gefährdung von Personen durch Überschreitung anerkannter Grenzwerte bezüglich Toxizität oder Explosionsgefährdung wie z. B. ERPG-2-Wert oder untere Explosionsgrenze ausgeschlossen ist.

Ist ein unzulässiger Druckanstieg möglich, und kann es dadurch zum Ansprechen von Druckentlastungseinrichtungen kommen, ist ein gefahrloses Ableiten zu gewährleisten. Mit Hilfe einer Ausbreitungsbetrachtung können die nach Ansprechen der Druckentlastungseinrichtungen entstehenden Immissionskonzentrationen in der Umgebung berechnet und bewertet werden. Kann durch die Ausbreitungsbetrachtung ein gefahrloses Ableiten nicht nachgewiesen werden, sind entsprechende Auffang- und Behandlungssysteme erforderlich.

Alternativ gibt es die Möglichkeit, einen unzulässigen Druckanstieg und damit das

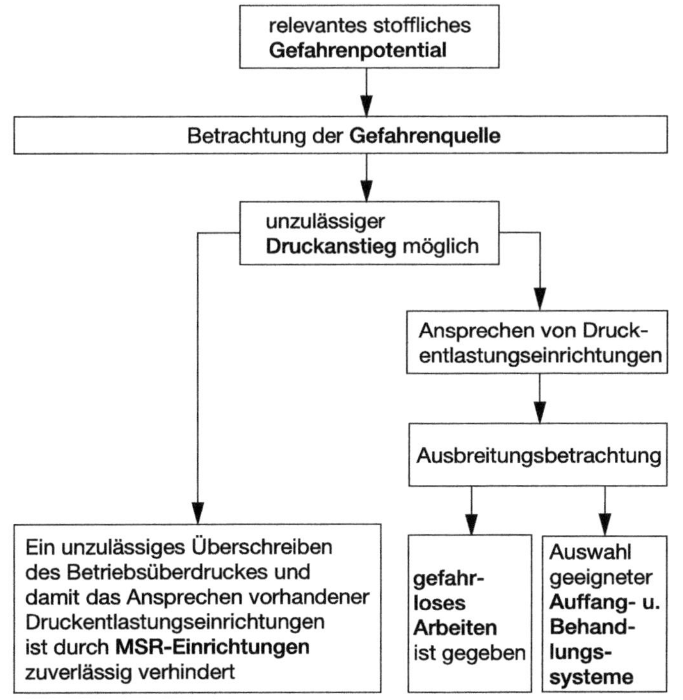

Bild 15.1
Vermeidung gefährlicher Emissionen aus Druckentlastungseinrichtungen

Ansprechen vorhandener Druckentlastungseinrichtungen durch MSR-Einrichtungen zuverlässig zu verhindern. Die MSR-technische Absicherung bietet gegenüber Auffang- und Behandlungssystemen den Vorteil, dass bei einer Störung direkt am Ort der Entstehung wirkungsvoll eingegriffen werden kann und somit das Entstehen kritischer Zustände von vornherein verhindert wird. Hinzu kommt, dass auch bei der Installation eines Auffang- und Behandlungssystems eine entsprechende MSR-Technik erforderlich sein kann.

Sowohl die Absicherung über Druckentlastungseinrichtungen als auch die MSR-technischen Schutzmaßnahmen setzen eine umfassende Analyse des Verfahrensablaufes unter Beachtung einer möglichen Abweichung eines Verfahrensschrittes vom Sollzustand voraus. Daraus resultieren entweder die maximal über die Druckentlastungseinrichtung abzuführenden Massenströme oder die von MSR-Einrichtungen auszuführenden Schutzmaßnahmen zur Verhinderung eines unzulässigen Überdruckes. Zur sicherheitstechnischen Bewertung von chemischen Reaktionen sind eine Reihe von physikalisch-chemischen Kenngrößen der beteiligten Stoffe und apparative Kenngrößen erforderlich.

Sofern die Absicherung der Reaktionsbehälter durch MSR-Schutzeinrichtungen erfolgt, gilt es, die Anforderungen an diese zu bestimmen. Dies kann durch eine Abschätzung des abzudeckenden Risikos z.B. auf der Basis der DIN 19250 «Grundlegende Sicherheitsbetrachtungen für MSR-Schutzeinrichtungen» oder der NAMUR-Empfehlung NE 31 («Anlagensicherung mit Mitteln der Prozessleittechnik») erfolgen. Daneben sind auch die Anforderungen aus dem Technischen Regelwerk (z.B. TRB 403) zu berücksichtigen. In Bild 15.2 ist eine MSR-Schutzeinrichtung nach Anforderungsklasse AK 5 gemäß DIN V 19250 vereinfacht dargestellt. Ein unzulässiger Druckaufbau wird mit Hilfe redundanter Kontaktmanometer detektiert. Über eine sicherheitsgerichtete speicherprogrammierbare Steuerung unterbrechen redundante Stellglieder die exothermiebestimmende Stoffzufuhr.

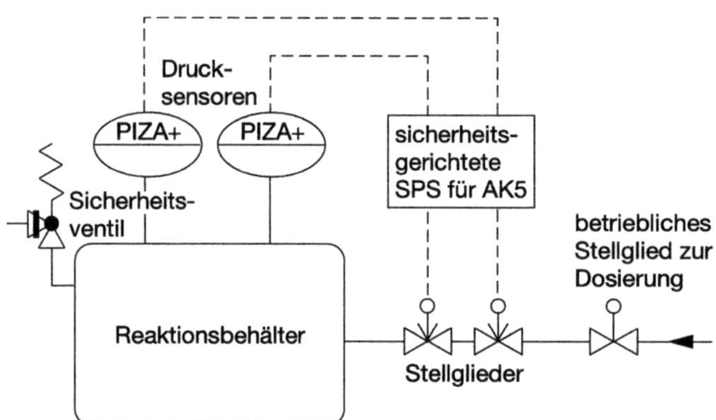

Bild 15.2
MSR-Schutzeinrichtung

16 Berstsicherungen

Berstscheiben sind wartungsfrei, eignen sich für Gase, Flüssigkeiten und Mehrphasenströmungen, sind wirtschaftlich bei korrosiven und toxischen Medien, bieten minimale Leckagewerte und sind heute in Kombination mit Sicherheitsventilen eine sich ergänzende Technologie zur Überdruckabsicherung von Anlagen (Bild 16.1).

Man unterscheidet allgemein zwischen konventionellen Berstscheiben, die unter Zugspannung stehen und Umkehrberstscheiben, die unter Druckspannung stehen (Bild 16.2).

Bei der Auswahl der richtigen Berstsicherung ist der Temperatureinfluss besonders zu berücksichtigen. Der jeweilige Ansprechdruck wird in der Regel bei einer Temperatur von 20 °C definiert. Im normalen Betriebstemperaturbereich ist der Temperatureinfluss auf den Ansprechdruck vernachlässigbar gering (Bild 16.3). Falls erforderlich, werden die Ansprechdrücke sowohl bei Betriebs- als auch bei Raumtemperatur in Prüfzeugnissen spezifiziert.

Bild 16.1 Berstsicherungs-Bauarten (Fabr. STRIKO)

Tabelle 16.1 Berstsicherungstypen und Betriebstemperatur

Berstscheibentyp	max. Betriebstemperatur
Grafit-Berstscheiben	180 °C
Metall-Berstscheiben	485 °C
aus Edelstahl	
– Nickel	400 °C
– Aluminium	120 °C
– Inconel	485 °C
– Teflon (Dichtmembrane)	260 °C

16.1 Berstscheibenarten

16.1.1 Zugbelastete konkav gewölbte Berstscheiben

Konkav gewölbte Berstscheiben (Bild 16.4) sind zugbelastet und öffnen bei Erreichen der Zugfestigkeit der Berstfolie. Ein sauberes splitterfreies Öffnen wird durch Vorkerbung oder Schlitzung der Berstmembran erzielt. Im normalen Betrieb muss die Zugspannung unterhalb der Streck- bzw. Dehngrenze des Werkstoffes liegen. Daher liegt der empfohlene Arbeitsdruck bei Berstscheiben dieser Wirkungsweise gewöhnlich bei 80% des nominellen Berstdruckes.

❑ *konkav gewölbt*
ist die ursprüngliche Berstscheibenart, vorgewölbt mit 90% des Ansprechdruckes.

Vorteile:
1. in sehr vielen Materialen erhältlich,
2. Ganzmetallberstscheibe mit geringer Diffusion,
3. preiswert.

Nachteile:
1. können beim Ansprechen splittern,
2. geringe Dauerbelastbarkeit bei Druckwechsel und Pulsation,
3. bei niedrigen Drücken sehr fragil.

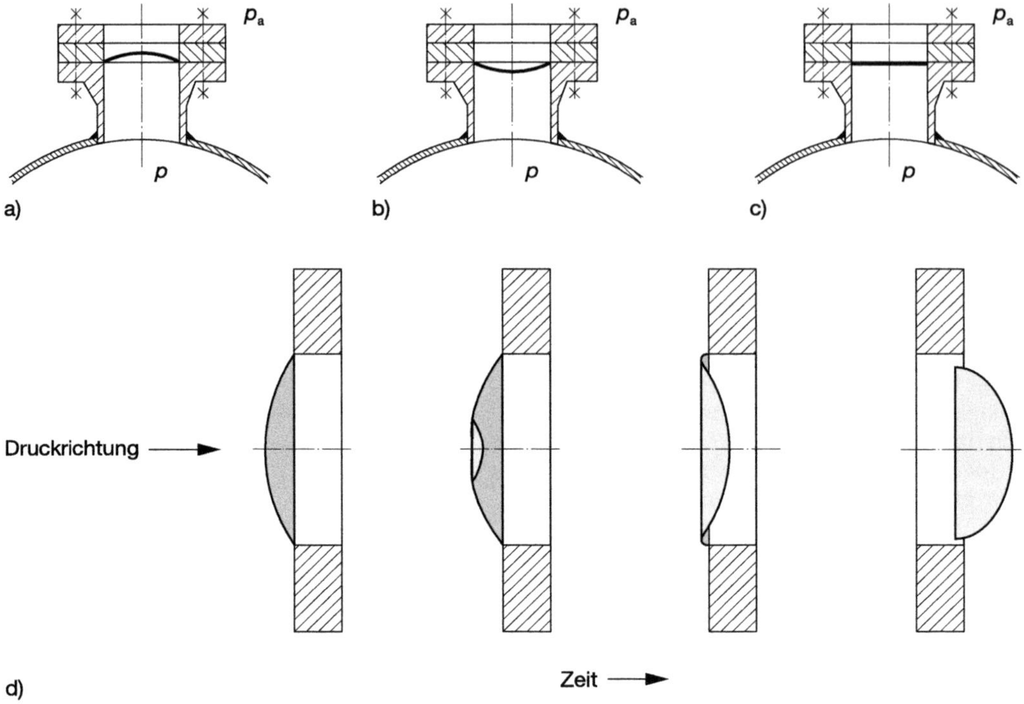

p_a p_a p_a

p p p

a) b) c)

Druckrichtung

d) Zeit

Formen von Berstscheiben
d) Phasen der Öffnungsmechanik für Form b)

Ausflussziffern nach AD-Merkblatt A1:

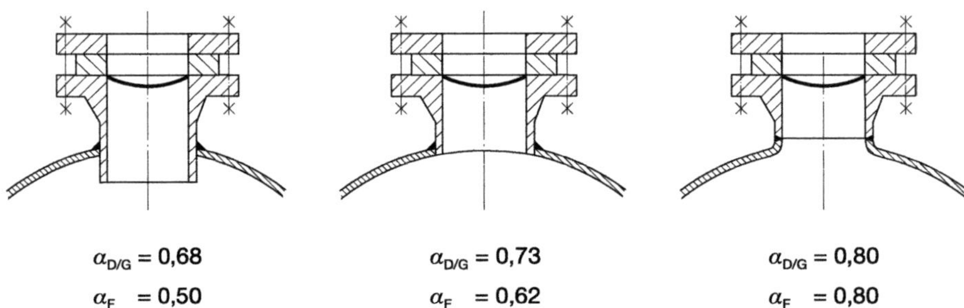

Kombinationsmöglichkeiten

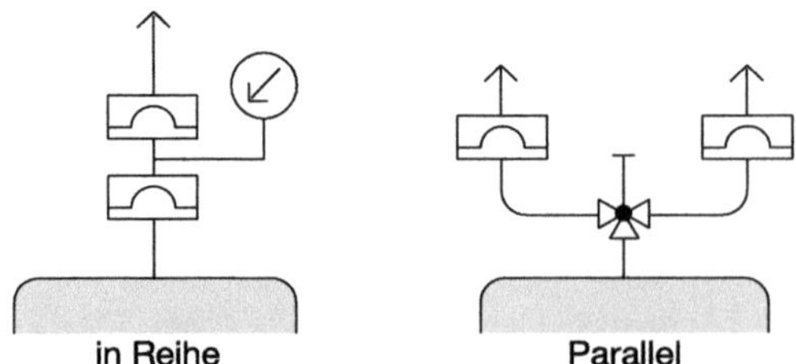

Bild 16.2 Berstsicherungen

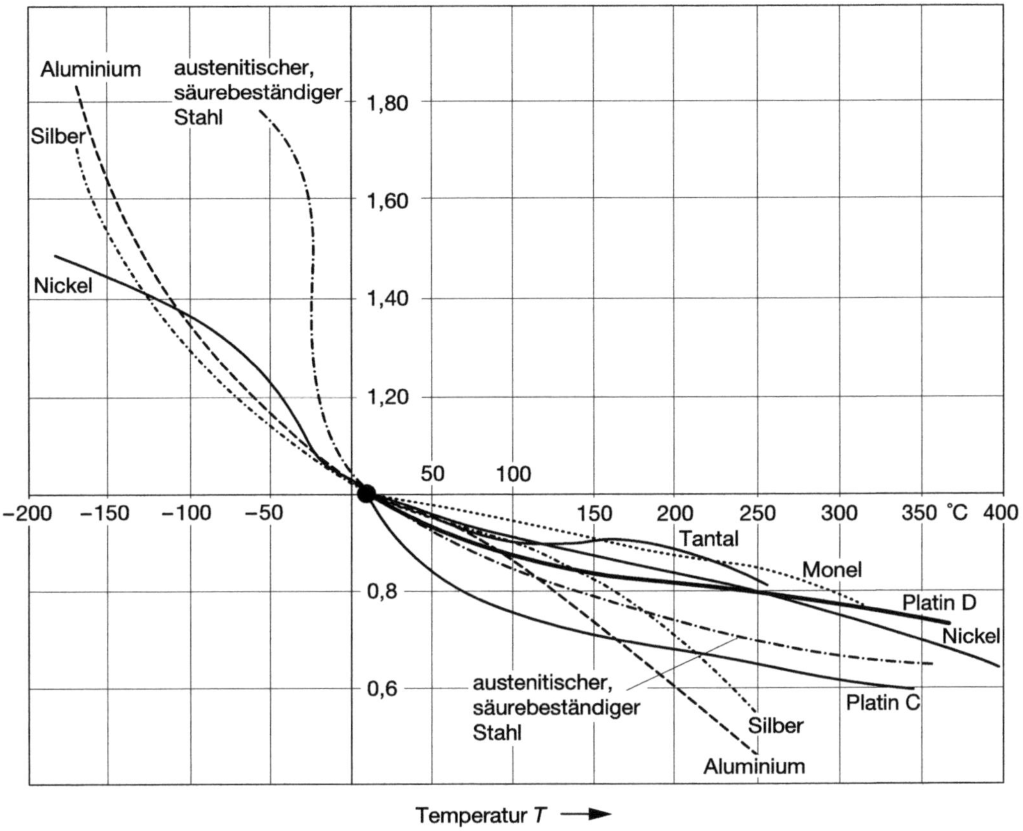

Aluminium
austenitischer, säurebeständiger Stahl
Silber
Nickel
1,80
1,60
1,40
1,20
50
100
-200
-150
-100
-50
150
200
250
300
350 °C
400
Tantal
Monel
Platin D
Nickel
0,8
0,6
austenitischer, säurebeständiger Stahl
Silber
Platin C
Aluminium
Temperatur T

Bild 16.3 Ansprechdruckänderung der aus verschiedenen Werkstoffen hergestellten, vorgewölbten Berstscheiben in Abhängigkeit von der Scheibentemperatur

Wirkungsweise
örtliche Schwächung durch Kerbung, Schlitz

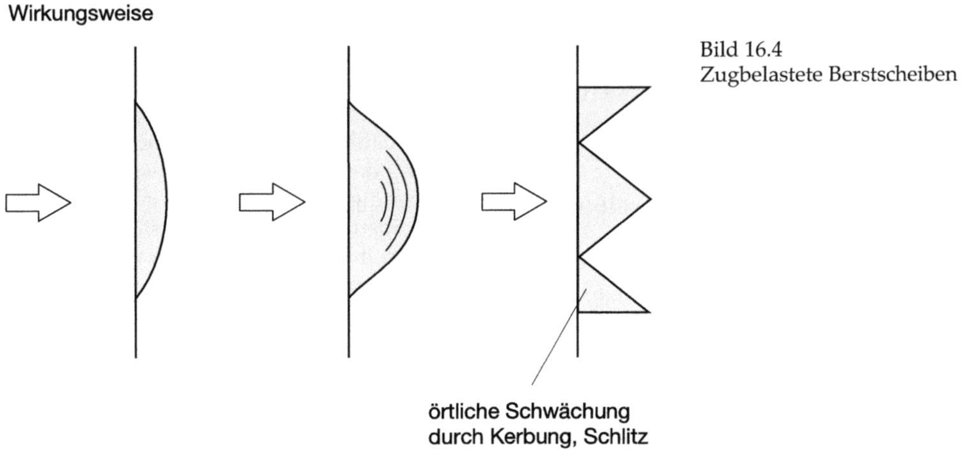

Bild 16.4
Zugbelastete Berstscheiben

- *zusammengesetzt (mehrteilig)*
  So bezeichnet man einen verschweißten Verbund aus üblicherweise geschlitzten Folien mit Abdichtmembran aus Fluorpolymerfolie, vorgewölbt und funkenerosiv- oder lasergeschlitzt; die Vakuumstützen sind fotochemisch geätzt.

  Vorteile:
  1. niedrige Berstdrücke möglich,
  2. nicht splitternd,
  3. große Korrosionsfestigkeit durch Auswahl von Materialien.

  Nachteile:
  1. Leckrate durchschnittlich wegen Abdichtmembran,
  2. Produktseite nur mit Schutzfolien aus Fluorpolymer glatt,
  3. bei Vakuumfestigkeit im unteren Berstdruckbereich Querschnittsreduzierung.

- *gekerbte Berstscheiben*
  Das sind vorgewölbte und mit Prägestempel gekerbte Metallfolien. Die Kerbung wird üblicherweise über Kreuz angebracht. Beim Ansprechen öffnet die Scheibe entlang der Sollbruchstellen; sie werden teilweise spannungsarm geglüht (Bild 16.5).

  Vorteile:
  1. hohe Arbeitsfaktoren (90%),
  2. gute Eignung bei Druckwechsel und Pulsationen,
  3. glatte produktberührte Oberfläche,
  4. splitterfrei,
  5. üblicherweise vakuumfest ohne Stütze.

  Nachteile:
  1. begrenzter Ansprechdruckbereich,
  2. nicht alle Materialien eignen sich zur Kerbtechnologie.

16.1.2 Druckbelastete konvex gewölbte Berstscheiben

Konvex gewölbte Berstscheiben (Bild 16.6) sind druckbelastet. Beim Ansprechdruck knickt die Wölbung ein und kehrt sich um, daher auch Umkehrberstscheibe. Beim Umschlagen der Berstmembran reißt sie an der Vorkerbung auf oder wird an einem Messer aufgeschlagen. Bei weniger energiereichen, inkompressiblen Systemen, wie z.B. Flüssigkeiten, werden teilweise Spannungsspitzen durch besondere Vorkehrungen wie z.B. ein Punktierungssporn erzeugt.

Die konvexe Berstscheibe erfährt vor dem Umschlagen praktisch keine plastische Verformung und kann daher bei bis zu 90% des Ansprechdruckes betrieben werden.

- *Umkehrberstscheibe mit Messersatz*
  Sie ist prinzipiell eine verdrehte vorgewölbte Membran. Kalibriert wird der Umschlagpunkt, das Erreichen der Knickspannung. Durch die Wucht des Umkehrens wird die Membran an einem Messer aufgeschlitzt. Impulsabsorber vermeiden das Abscheren der reversierenden Membran.

  Vorteile:
  1. hoher Arbeitsfaktor,
  2. sehr gute Eignung bei Pulsationen,
  3. große Materialauswahl.

  Nachteile:
  1. nicht für Flüssigkeiten geeignet (nur mit Gaspolster),
  2. Messersatz rückseitiger Korrosion ausgesetzt,
  3. Messersatz stellt strömungstechnische «Versperrung» dar (Druckverlust, Querschnittsreduzierung),
  4. Drehmomentempfindlichkeit.

- *gekerbte Umkehrberstscheiben*
  Auch hier wird die Membran auf eine kritische Knickspannung geeicht. Kompliziert wird die Eichung durch den Einfluss der Kerbung auf die Festigkeit. Die Kerbung kann über Kreuz oder am Umfang erfolgen. Gekerbt wird vor oder nach der Wölbung. Glühen der Berstscheibe zur Verminderung des Umkehrverhältnisses ist immer notwendig. Bei am Umfang gekerbten Berstscheiben sind für Flüssigkeitsanwendungen Impulsabsorber in Form von Schanieren notwendig.

  Vorteile:
  1. hoher Arbeitsfaktor,
  2. sehr gute Eignung bei Pulsationen,
  3. geringe Druckverluste,
  4. glatte produktberührte Oberflächen,

Bild 16.5
Berstscheibenarten
(Fabr. ELFAB)

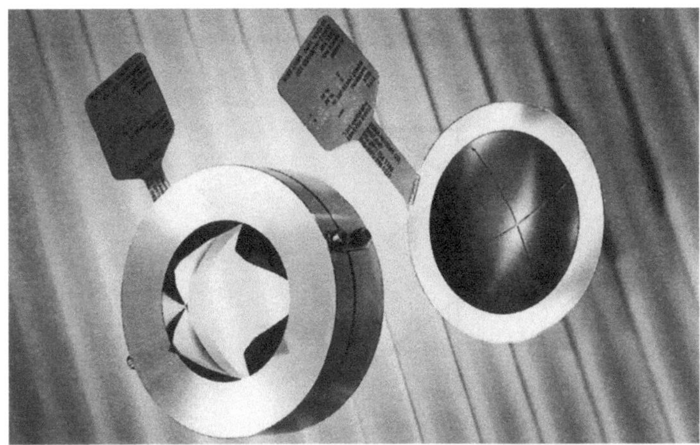

a) gekerbte Umkehrberstscheibe für Gase und Dämpfe

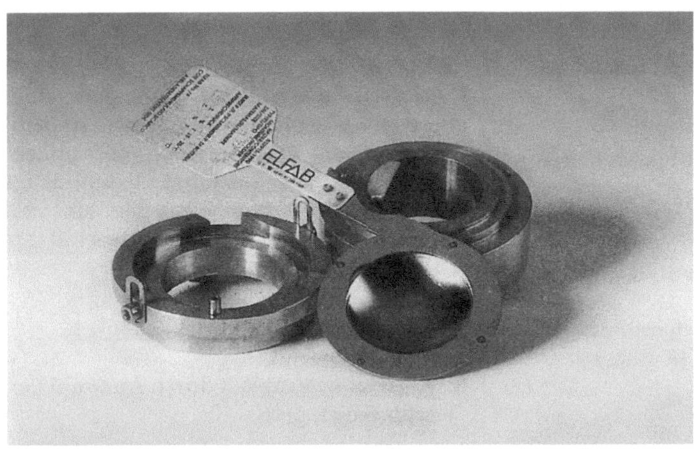

b) gekerbte Umkehrberstscheibe für Gase, Dämpfe und Flüssigkeiten

c) Berstalarmierung in der Dichtung

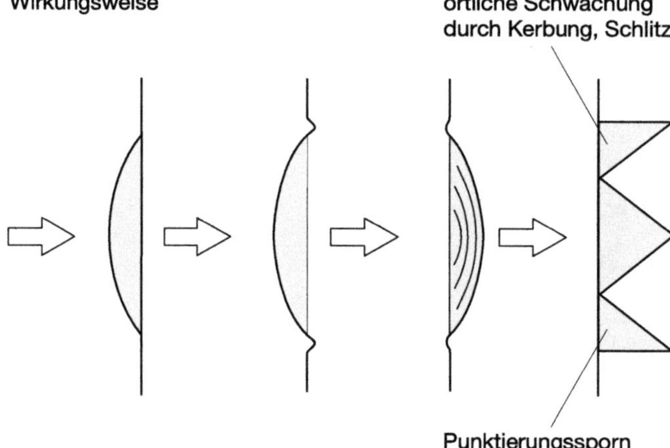

Bild 16.6
Druckbelastete Berstscheiben

5. keine Versperrung bei über Kreuz gekerbten Scheiben.

Nachteile:
1. über Kreuz gekerbte für Flüssigkeiten nicht geeignet,
2. Verminderung des freien Querschnitts durch Scharnier,
3. nicht alle Materialien zur Kerbung geeignet,
4. teilweise liegt Drehmomentempfindlichkeit vor, je nach Typ und Hersteller.

❑ *Umkehrberstscheiben mit Zahnring*
Bei Erreichen der Knickspannung schlägt die Scheibe um und öffnet an einem Zahnring, der mit der Berstscheibe verbunden ist.

❑ *Umkehrberstscheibe mit Auffangvorrichtung*
Die Berstscheibe ist mit der Halterung verschweißt, verlötet oder verklebt. Beim Umschlagen löst sich die Scheibe und wird von einer in der Abblaseleitung befindlichen Vorrichtung aufgefangen.

16.1.3 Flache Berstscheiben

Flache Berstscheiben (Bild 16.7) sind bei duktilen Werkstoffen zugbelastet. Flache Berstscheiben aus sprödem Werkstoff, hauptsächlich Grafit, zerbrechen durch Überschreitung der Biege- und Scherfestigkeit.

❑ *flache geschlitzte Berstscheiben*
Das ist ein verschweißter Verbund aus üblicherweise geschlitzten Folien mit Abdichtmembran aus Fluorpolymerfolie, funkenerosiv- oder lasergeschlitzt. Vakuumstützen sind im Halter integriert oder als überstehender Ring bei am Umfang geschlitzten Ausführungen.

Vorteile:
1. sehr niedrige Berstdrücke möglich,
2. nicht splitternd,
3. Korrosionsfestigkeit durch Auswahl von Materialien groß.

Nachteile:
1. Leckrate durchschnittlich wegen Abdichtmembran,
2. Produktseite nur mit Schutzfolien aus Flourpolymer glatt,
3. bei Vakuumfestigkeit mit Querschnittsreduzierung,
4. Arbeitsfaktor bei dynamischer Belastung gering.

❑ *Grafit-Berstscheiben* (Bild 16.8)
Ausgangsmaterial ist Elektrografit. Das poröse Material muss mit Kunstharzen imprägniert werden. Es stehen Furanharz für Temperaturen bis 170 °C oder Phenolharze für Temperaturen bis 150 °C zur Verfügung. Phenolharze erzielen eine höhere Dichtigkeit. Das imprägnierte Material wird auf die vom Berstdruck und Temperatur ab-

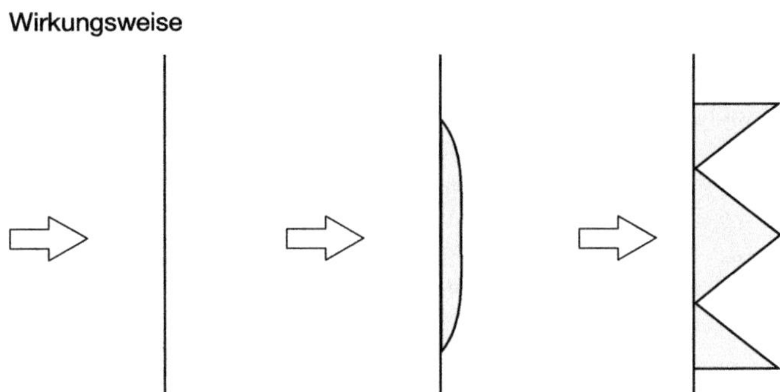

Bild 16.7
Flache Berstscheiben

Bild 16.8 Grafit-Berstscheiben (Fabr. STRIKO)

hängige Dicke abgedreht. Schutzfolien oder Teflonspray erhöhen die Beständigkeit gegen Abrasion.

Grafitscheiben werden als Monoblock oder in speziellen Haltern eingesetzt. Armierte Bauformen schützen das fragile Material vor schädlichen, übermäßigen oder ungleichmäßigen Einspannkräften.

Sonderbauformen mit unimprägniertem Grafit und separaten Abdichtfolien ermöglichen niedrigere Ansprechdrücke und höhere Einsatztemperaturen.

Vorteile:

1. sehr niedrige Berstdrücke möglich,
2. höchste Korrosionsfestigkeit,
3. preiswert.

Nachteile:

1. Leckrate durchschnittlich je nach Imprägnierung und Berstdruck,
2. Temperaturbereich eingeschränkt,
3. fragmentierend,
4. Arbeitsfaktor bei dynamischer Belastung gering.

16.2 Berechnung des Abblasequerschnittes bei Flüssigkeiten

Zur Auslegung sollten folgende Angaben vorliegen (Erläuterungen siehe Gl. 13.8):

q_m abzuführender Massenstrom
p_i Behälterdruck, Ansprechdruck der Berstscheibe
p_a Gegendruck (meist atmosphärisch)
ρ Dichte des Mediums beim Ansprechen der Berstscheibe

Vorgehensweise

Zur Berechnung der erforderlichen Abblasequerschnittsfläche gehört die Bestimmung der Ausflussziffer α nach Bild 16.2.

Mit der Zahlenwertformel wird die Fläche ermittelt:

$$A_0 = 0{,}6211 \cdot \frac{q_m}{\alpha_w \cdot \sqrt{\Delta p \cdot \rho}} \qquad \text{(Gl. 16.1)}$$

Die Kontrolle des Massenstroms erfolgt mit effektivem freiem Strömungsquerschnitt (reduzierte Flächen durch Vakuumstützen, Polygonöffnung, Fangvorrichtung, verbleiben der Berstfolie in der Strömung).

16.3 Berechnung des Abblasequerschnitts bei Gasen und Dämpfen

Zur Auslegung sollten folgende Angaben vorliegen (Erläuterungen siehe Gl. 13.38):

q_m abzuführender Massenstrom
p_i Behälterdruck, Ansprechdruck der Berstscheibe
p_a Gegendruck (meist atmosphärisch)
T_i Temperatur des Mediums beim Ansprechen der Berstscheibe
M Molare Masse des Mediums
k Isentropenexponent
Z Realgasfaktor

Vorgehensweise
Bei der Bestimmung der Ausflussfunktion ψ stellt sich die Frage:
Ist die Ausströmung über- oder unterkritisch?

$$\left(\frac{p_a}{p_i}\right)_{krit} = \left(\frac{2}{k+1}\right)^{\frac{k}{k-1}}$$

ψ wählt man aus Bild 13.8 oder der Formel für über- oder unterkritische Strömung. Bei der Berechnung der erforderlichen Abblasequerschnittsfläche geschieht die Bestimmung der Ausflussziffer α nach Bild 16.2.

Mit der Zahlenwertformel wird die Fläche ermittelt.

$$A_0 = 0{,}1791 \cdot \frac{q_m}{\psi \cdot \alpha_w \cdot p_0} \cdot \sqrt{\frac{T_0 \cdot Z}{M}} \qquad \text{(Gl. 16.2)}$$

Die Kontrolle des Massenstroms erfolgt mit effektivem freiem Strömungsquerschnitt (reduzierte Flächen durch Vakuumstützen, Polygonöffnung, Fangvorrichtung, verbleiben der Berstfolie in der Strömung).

16.4 Kombination von Berstscheibe und Sicherheitsventil

> ! Die Berstscheibe darf die Funktion des Sicherheitsventils nicht beeinträchtigen (Bild 16.9). Bei der Kombination von Sicherheitsventil und Berstscheibe (BS vor SV) muss bei der Auslegung der Einfluss der Berstscheibe auf den Druckverlust in der Zuleitung des Sicherheitsventils berücksichtigt werden. Bei zu großem Druckverlust (3% vom Ansprechdruck) besteht die Gefahr des Flatterns oder Pumpens des Sicherheitsventils (Bild 16.10).

Kombinationsmöglichkeiten von BS und SV siehe Bild 16.11.

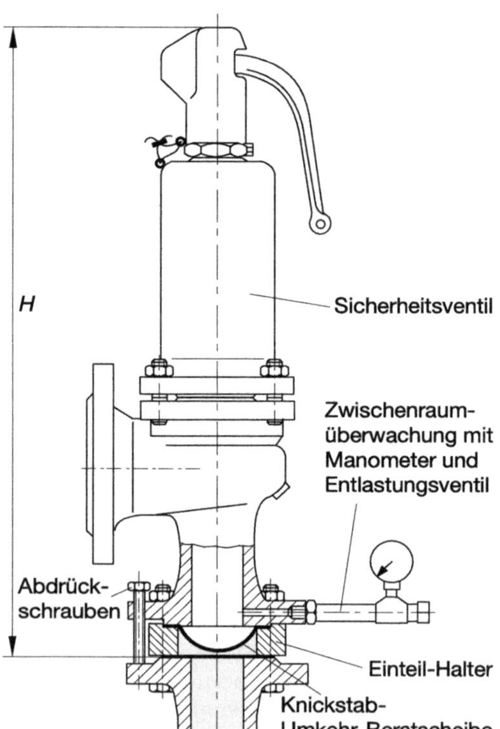

Bild 16.9 Sicherheitsventile Typen 441 und 433 mit vorgeschalteter Berstscheibe in bauteilgeprüfter Kombination (Fabr. LESER)

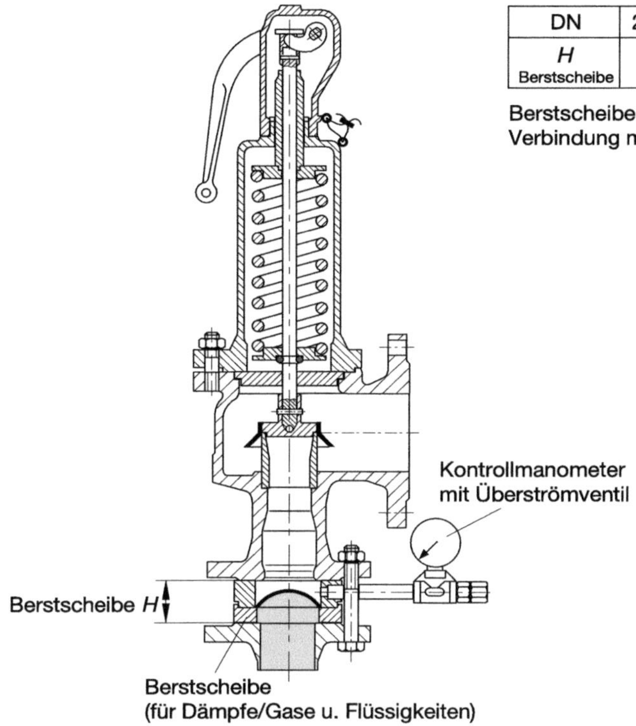

DN	20	25	32	40	50	65	80	100	150
H Berstscheibe	42							48	64

Berstscheibe kann getrennt oder in Verbindung mit Sicherheitsventilen eingesetzt werden

Sicherheitsventil:
Bauteilgeprüft AD-A2/TRD 421
Direkt wirkend federbelastet
Hohe Verschleißfestigkeit Sitz/Kegel
Präzise Zentrierung und Führung des Kegels
Type SAFE oder SAFE-P
Wahlweise Elastomer-Kegel
Wahlweise Elastomer-Faltenbalg
Wahlweise Edelstahl-Faltenbalg

Berstscheibe:
Bauteilgeprüft AD-A1
Schutz des SV's gegen Korrosion u. Verklebung
Leckfreie Abdichtung
Prüfung des SV's im eingebauten Zustand
Reduzierung der Wartungskosten
Splitterfrei
Voller Durchflussquerschnitt wird freigegeben
Preiswerte Ventilwerkstoffe können eingesetzt werden

Werkstoffe:

Sicherheitsventil:	GG-25, GGG-40.3, GS-C25N	DN20-DN150
	1.4408	DN20-DN100
Berstscheibe:	1.4401, Nickel, Inconel, Monel, Aluminium, Teflon	

Bild 16.10 Sicherheitsventil Kombination mit Berstscheibe (Fabr. STRIKO)

Das Regelwerk sieht mehrere Vorgehensweisen zur Berücksichtigung dieses Einflusses vor:

- *Abschätzung mittels Ungleichung*
  Die Geometrie von Sicherheitsventil und Berstscheibe erfüllt eine Mindestforderung, die nicht die tatsächlichen Strömungsverhältnisse berücksichtigt, sondern eine praktikable mit genügender Sicherheit behaftete Abschätzung darstellt.

$$\alpha \cdot A_{\text{geom}} > 1{,}5 \cdot \alpha_{\text{w}} \cdot A_{\text{s}}$$

α Ausflussziffer Berstscheibe nach Bild 16.2.

A_{geom} effektiver freier Strömungsquerschnitt der Berstscheibe

α_{w} zuerkannte Ausflussziffer Sicherheitsventil

A_{s} engster Strömungsquerschnitt Sicherheitsventil

- *Bemessung mittels empirisch ermittelter Kombinationsausflusszahl*
  Für eine Kombination von einem bestimmten Sicherheitsventiltyps eines bestimmten Herstellers mit einem bestimmten Berstscheibentyp wird durch Strömungsversuche eine Kombinationausflusszahl festgelegt. (Die ISO legt als Medium Sattdampf oder überhitzen Dampf für Gasanwendungen und Wasser für Flüssigkeitsanwendungen nahe.)
- *Kombinationsfaktor nach ISO-Vorschlag*

$$F_{\text{d}} = 1 - \frac{1}{2} \cdot \left[\left(\frac{1}{\alpha^2} \right) - 1 \right] \cdot \beta^2 \cdot K_{\text{sv}}^2 \cdot \left(\frac{A_{\text{sv}}}{A_{\text{B}}} \right)^2$$

$\beta = v_{\text{b}}/v_{\text{sv}}$ mit v_{b} und v_{sv} den spezifischen Volumina an Berstscheibe und Sicherheitsventil beim Ansprechdruck und -temperatur

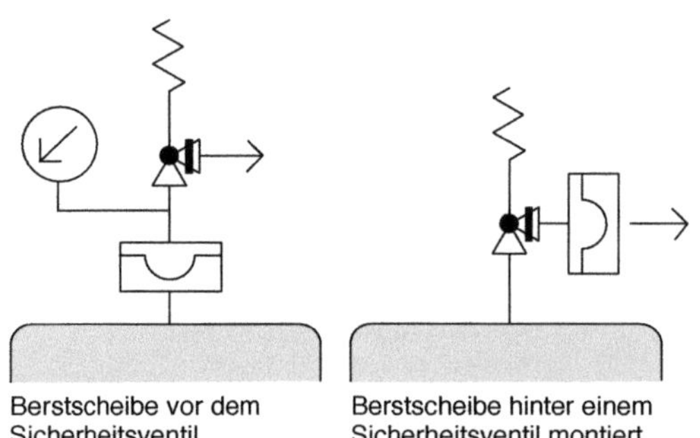

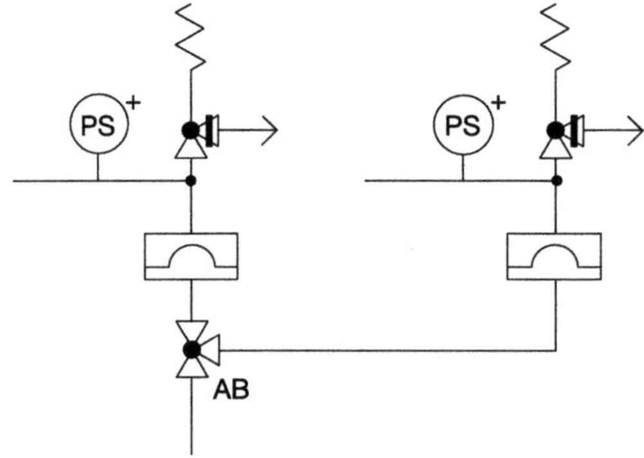

Bild 16.11 Kombinationsmöglichkeiten von Berstscheibe und Sicherheitsventil

α	Ausflussziffer der Berstscheibe
K_{sv}	verminderte Ausflussziffer des Sicherheitsventils
A_{sv}	kleinster Strömungsquerschnitt des Sicherheitsventils
A_B	effektiver Strömungsquerschnitt der Berstscheibe

16.4.1 Berechnungsbeispiele

Beispiel 16.1

Medium	
Wärmeträgeröl Diphyl	
molare Masse	160
Dichte beim Abblasen	965 kg/m³
Berstdruck	7 bar Ü
Massenstrom	625 kg/h

Art des Mediums		Diphyl
Aggregatzustand		flüssig
Dichte	ρ in [kg/m³]	965,00
Auslegungsfall		
Gegendruck	[bar]	1
Berstdruck	p in [bar] abs	8
Temperatur	ϑ in [°C]	35
Durchsatzmenge	q_m in [kg/h]	625
	q_m in [kg/s]	0,17
Ausflussziffer	α	0,5 nach AD-A1
Strömungsquerschnitt	A_0 in [mm²]	9
Mindestdurchmesser	d_0 in [mm]	3,5

Berechnung des Massenstromes

Berstscheibendurchmesser	DN [mm]	15
freier Querschnitt	%	ca. 91
freie Querschnittsfläche	$A_{0,\,eff}$ [mm²]	126 VD TÜV BS 94-004
Massenstrom	q_m [kg/h]	8912
	q_m [kg/s]	2,48

Beispiel 16.2

Stickstoff 6 bar ü bei 90 °C,
Abblasemenge 1500 m³/h bzw. 9743 kg/h
entlastet wird gegen Atmosphäre mit scharfkantigem Einlauf

Art des Mediums		Stickstoff
Aggregatzustand		gasförmig
Isentropenexponent	k	1,4
molare Masse	M in [kg/kmol]	28,01
Gaskonstante	R in [J/kg K]	296,83
spezifisches Volumen	v in [m³/kg]	0,15

Auslegungsfall

Gegendruck	p in [bar] absolut	1
Berstdruck	p in [bar] absolut	7
Temperatur	ϑ in [°C]	90

Durchsatzmenge	q_m in [kg/h]	9743
	q_m in [kg/s]	2,71
Ausflussfunktion	ψ	0,48
Ausflussziffer	α	0,73
Strömungsquerschnitt	A_0 in [mm^2]	2540
Mindestdurchmesser	d_0 in [mm]	56,9

Berechnung des Massenstromes

Berstscheibendurchmesser	DN [mm]	65
freier Querschnitt	%	75
freie Querschnittsfläche	$A_{0,\,eff}$ [mm^2]	2489
Massenstrom	q_m [kg/h]	9550
	q_m [kg/s]	2,65

Der Massenstrom ist mit derselben Ausflussziffer wie zur Festlegung des Strömungsquerschnitts berechnet.

17 Explosionssicherungen

17.1 Druckentlastung bei Staubexplosionen

Überall dort, wo mit großen Staubmengen gearbeitet wird, besteht die Gefahr einer Staubexplosion, denn unter bestimmten Bedingungen kann es zu einer spontanen Oxidation von Staubpartikeln brennbarer Stoffe kommen. Zum Schutz von Personal und Anlagen sind geeignete Schutzmaßnahmen zu ergreifen.

17.1.1 Vorbeugender Explosionsschutz

Zu diesen Maßnahmen gehört die Vermeidung von Zündquellen und entsprechende Vorsichtsmaßnahmen, dass Staub-Luft-Gemische nicht im kritischen Konzentrationsbereich liegen. Von großer Bedeutung ist hierbei die Inertisierung der Anlage, d.h., der Prozess läuft nicht unter Sauerstoff bzw. Luft, sondern unter nicht zündenden Gasen, z.B. Stickstoff, ab.

Eine weitere Schutzmaßnahme vor Staubexplosionen ist die druckfeste Bauweise einer Anlage. Diese konstruktiven Maßnahmen sind sehr sicher, aber auch aufwendig und daher teuer. Aufgrund der hohen Drücke kommen nur Bauteile mit begrenzten Abmessungen zum Einsatz.

17.1.2 Explosionsdruckentlastung

Hier wird der bei einer möglichen Explosion auftretende Überdruck durch die Freigabe definierter Entlastungsöffnungen in eine ungefährliche Richtung abgeleitet.

Neben den Explosionsklappen bilden Berstscheiben (Explosionspaneele) eine wirksame Methode, um eine schnelle Druckentlastung zu gewährleisten.

Bild 17.1 zeigt die typischen Druckverläufe für eine Staubexplosion ohne Druckentlastungseinrichtung und mit Explosionsdruckentlastung. Für eine funktionsgerechte Ausle-

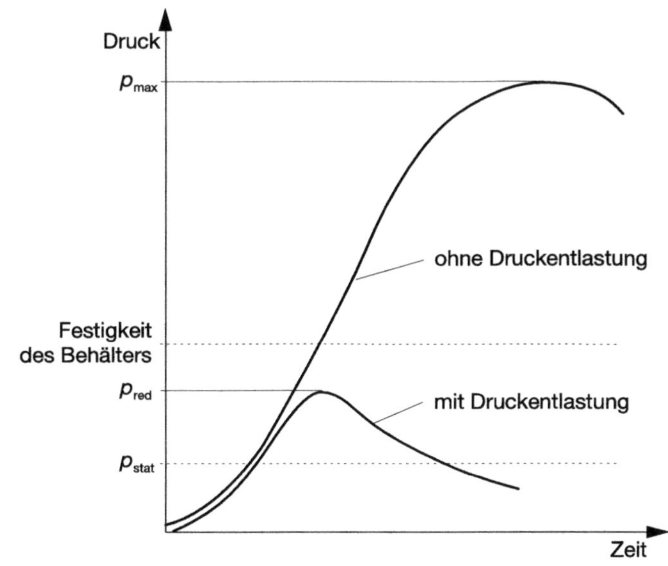

Bild 17.1
Druckverlauf einer Staubexplosion, wobei
p_{max}: maximaler Explosionsdruck
p_{red}: reduzierter Explosionsdruck
p_{stat}: statischer Ansprechdruck – der Druck, bei dem der Berstvorgang einsetzt

gung muss der statische Ansprechdruck p_{stat} ermittelt werden. Bei einem vorgegebenen Werkstoff kann p_{stat} nach folgender Gleichung für Berstscheiben in runder Ausführung ermittelt werden:

$$p_{stat} = \frac{s \cdot \sigma_B}{D} = \frac{K}{D} \qquad \text{(Gl. 17.1)}$$

Dabei ist s die Dicke der Berstscheibe, σ_B entspricht die Zugfestigkeit des Werkstoffes, D steht für den Durchmesser der Öffnung und K ist eine Werkstoffkonstante. Diese Gleichung konnte auch durch Versuchsergebnisse an Berstscheiben aus verschiedenen Materialien (Kunststoff, Aluminium) bestätigt werden. Bei der Anwendung der Gleichung ist allerdings zu beachten, dass bei gleicher Materialstärke unterschiedliche Festigkeiten auftreten können.

Bild 17.2 Berstscheibe in rechteckiger Form (Fabr.: STRIKO)

17.1.3 Berstscheibe als Druckentlastung

Die Entlastungsöffnung bei Berstscheiben ist gasdicht abgeschlossen. Nach jeder Druckentlastung (Bild 17.2) muss eine Auswechslung vorgenommen werden. Der kleinstmögliche Ansprechdruck beträgt 0,035 bar, wobei der maximale Betriebsdruck 50 % des Ansprechdruckes nicht überschreiten sollte. Tritt Vakuum auf, muss bei flachen Berstscheiben eine Vakuumstütze vorgesehen werden. Als Werkstoffe können Aluminium, Edelstahl oder PTFE eingesetzt werden. Je nach Temperatur und Ansprechdruck sind auch Materialkombinationen möglich. Die maximale Einsatztemperatur von PTFE ist 260 °C, von Aluminium 345 °C und von Edelstahl beträgt sie etwa 690 °C. Mit speziellen Temperaturfiltern sind auch höhere Betriebstemperaturen möglich.

17.1.4 Richtlinien für die Auslegung

Um Anlagen und Personal wirkungsvoll schützen zu können, ist bei der Dimensionierung von Berstscheiben große Sorgfalt aufzuwenden. Außer den Sicherheitsregeln der verschiedenen gewerblichen Berufsgenossenschaft gibt es die VDI-Richtlinie 2263 für Staubbrände und Staubexplosionen. Für die Bemessung der Druckentlastungsfläche ist die VDI-Richtlinie 3673 maßgebend. Mit Hilfe von Nomogrammen lässt sich die notwendige Entlastungsfläche ermitteln. Dafür sind folgende Angaben notwendig:

- Volumen, Abmessungen und Aufstellungsort des abzusichernden Behälters,
- Medium und Druckanstiegsgeschwindigkeit,
- Staubexplosionsklasse und K(ST)-Wert,
- Betriebsdruck und -temperatur (reduzierter Explosionsdruck),
- Berechnungsdruck des Behälters.

Aus der Einteilung in verschiedene Staubexplosionsklassen und die Zuordnung des K(ST)-Wertes ist die Gefährlichkeit von Stäuben ersichtlich (Tabelle 17.1).

Der K(ST)-Wert lässt sich mit Hilfe des Kubischen Gesetzes darstellen. Dabei ist dp/dt_{max} als Druckanstiegsgeschwindigkeit bei einem

Tabelle 17.1 K(ST)-Werte und Staubexplosionsklassen
St 0: ist unbrennbar, St 1: relativ harmlos und leicht zu schützen, ST 2: organische Stäube, ST 3: explosive Metallpulver

K(ST)-Wert (bar m/s)	Staubexplosionsklasse
0	ST 0
0…200	ST 1
200…300	ST 2
> 300	ST 3

festgelegten Behältervolumen V die wichtigste Kenngröße. Es gilt der folgende mathematische Zusammenhang:

$$K(ST) = \left(\frac{dp}{dt_{max}}\right) \times V^{1/3} \qquad \text{(Gl. 17.2)}$$

In Versuchen konnte nachgewiesen werden, dass diese Gleichung bis zu einem Behältervolumen von 1000 m^3 anwendbar ist. Bei der Ermittlung der Druckentlastungsfläche können eventuell vorhandene Einbauten vom Behältervolumen abgezogen werden. Dabei ist darauf zu achten, dass der Entlastungsvorgang von den Einbauten (z.B. Filterschläuchen) nicht behindert wird. Im Zweifelsfall muss das ungehinderte Ausströmen durch Versuche nachgewiesen werden.

17.1.5 Bemessung der Druckentlastungsöffnung bei Explosionen

Tritt durch Explosionen, Implosionen, chemische Reaktionen, Verpuffungen u.a. Ursachen ein schneller Druckanstieg auf, kann die Berstsicherung nur dann einigermaßen zuverlässig ausgelegt werden, wenn folgende Faktoren bekannt sind:

- zeitlicher Verlauf des Druckanstiegs,
- abzuführender Massenstrom, z.B. durch Messungen an Versuchsbehältern,
- maximaler Überdruck im Behälter,
- «Trägheit» der Berstsicherung,
- statischer Ansprechdruck der Berstsicherung.

$$A_0 = \frac{V_L^{1/3} \cdot V^{2/3} \cdot \left(\frac{dp_{ex}}{dt}\right) \cdot p_{red} \cdot V_L}{\alpha \cdot \sqrt{\frac{2 \cdot \tilde{R} \cdot T}{M}} \cdot \sqrt{p_{red} \cdot (p_{red} - p_e)}} \qquad \text{(Gl. 17.3)}$$

mit:

A_0 erforderlicher Mindestquerschnitt in m^2
V_L Volumen des abzusichernden Behälters in m^3
V Volumen des Versuchsbehälters in m^3
$\left(\frac{dp_{ex}}{dt}\right) \cdot p_{red} \cdot V_L$ zeitlicher Druckanstieg im Versuchsbehälter in bar/s
α Ausflusszahl
$\tilde{R}$ allgemeine Gaskonstante in J/(kmol · K)
T absolute Temperatur in K
M molare Masse in kg/kmol
p_{red} noch zulässiger Druck für das abzusichernde System in bar

Ausgehend von der in Gleichung 17.3 abgehandelten theoretischen Beziehung kann man den engsten Querschnitt eines beliebigen Behälters aus dem experimentell ermittelten engsten Querschnitt eines Versuchsbehälters mit Gleichung 17.4 ermitteln:

$$A_0 = A_K \cdot V_2 \cdot \sqrt[3]{\frac{V_1}{V_2}} \qquad \text{(Gl. 17.4)}$$

mit:

A_0 engster Querschnitt des abzusichernden Behälters in m^2
A_K kritischer Querschnitt des Versuchsbehälters mit 1 m^3 Inhalt in m^2/m^3
V_1 Inhalt des Versuchsbehälters = 1 m^3
V_2 Inhalt des abzusichernden Behälters in m^3

Da V_1 = 1 m^3, vereinfacht sich Gleichung 17.4 wie folgt:

$$A_0 = A_K \cdot V_2^{2/3} \qquad \text{(Gl. 17.5)}$$

17.2 Flammendurchschlagsicherungen

Bei brennbaren Flüssigkeiten und Gasen ist mit einer explosionsfähigen Mischung zu rechnen. Deshalb sind flammendurchschlagsichere Armaturen vorzusehen. Man unterscheidet dabei zwischen (Bild 17.3):

- Explosionssicherungen,
- Detonationssicherungen,
- Dauerbrandsicherungen.

Explosionssicherungen arbeiten in beiden Richtungen und sind Flammensicherungen. Ihre Aufgabe ist, die Flamme zu löschen. Die andere Ausführung ist eine Detonationssicherung, die zusätzlich die Aufgaben der Explosionssicherung übernimmt. Dauerbrandsicherungen dienen der atmosphärischen Be- und Entlüftung.

Die Auslegung der Armaturen dazu erfolgt aus der Erfahrung, dass in engen Spalten durch Energieaustausch Flammen erlöschen.

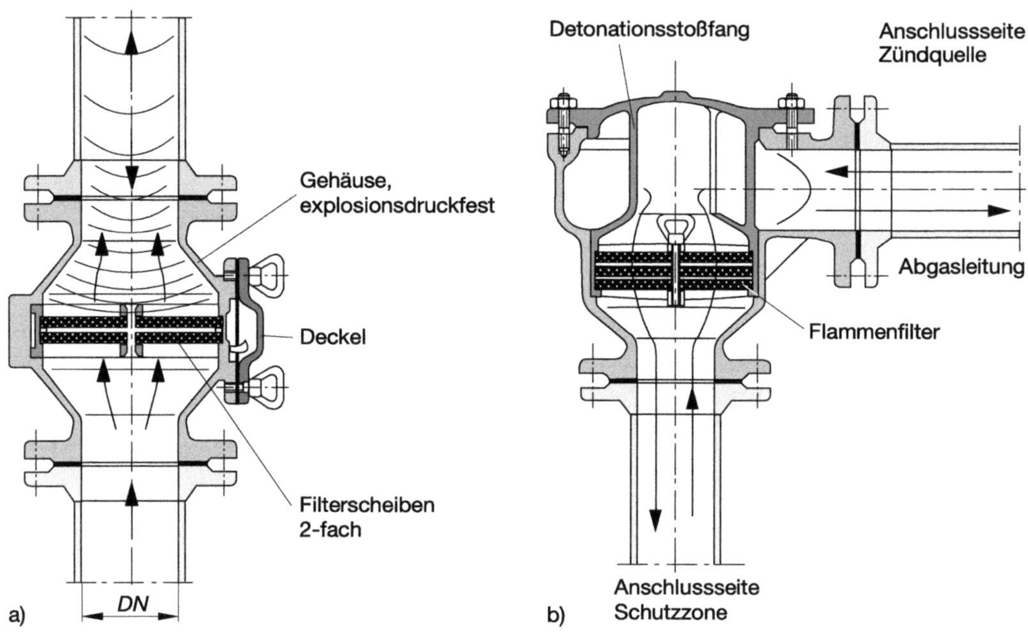

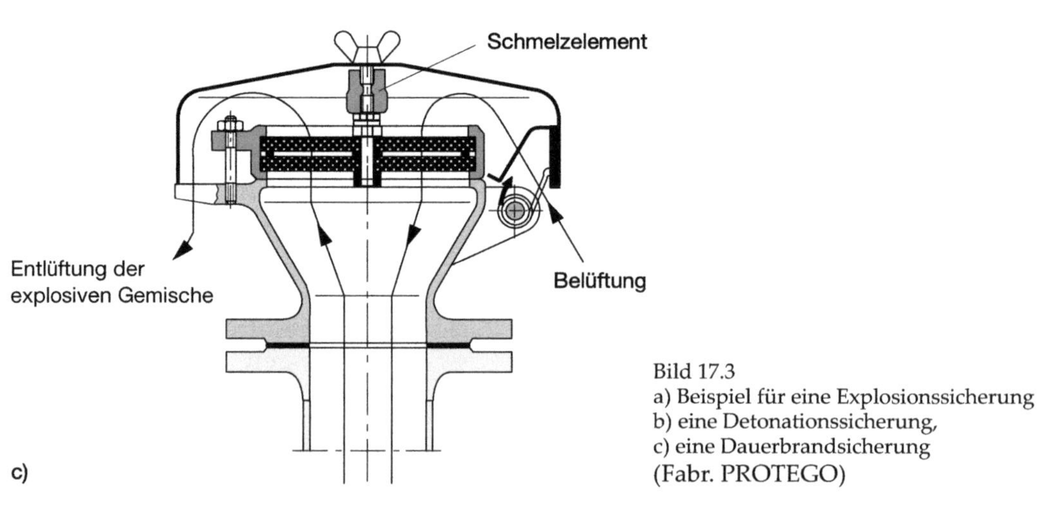

Bild 17.3
a) Beispiel für eine Explosionssicherung
b) eine Detonationssicherung,
c) eine Dauerbrandsicherung
(Fabr. PROTEGO)

Die Spaltweite richtet sich nach den einzelnen Stoffen, die in Explosionsgruppen eingeteilt sind. Das wichtigste Bauteil ist die Flammensperre, die aus einer Wicklung von Edelstahlband besteht, wobei im Wechsel glattes und gewelltes Band Verwendung findet. Diese Filterscheiben liegen in einem Gehäuse, das in der Rohrleitung montiert wird. Ähnliche Ausführungen, wie z.B. Überdruck-Membranventile, können einem ähnlichen Zweck dienen.

17.3 Bandsicherung

Wichtigster Bauteil flammendurchschlagsicherer Armaturen ist die sog. Bandsicherung (Bild 17.4). Sie entsteht durch paralleles Aufrollen je eines glatten und gewellten Bandes, so dass Scheiben mit einer Vielzahl von gleich großen Kanälen mit dreieckigem Querschnitt gebildet werden. Durch Veränderung der Riffeltiefe entstehen unterschiedliche Spaltweiten (w = 0,3…0,9 mm) bei gleicher Spaltlänge von im Allgemeinen l = 10…20 mm. Je nach Art der flammendurchschlagsicheren Apparatur werden 2 oder 3 Filterscheiben zu einem Sicherungselement zusammengefasst.

Je nach Verwendung und Einbauart unterscheidet man

- *explosionssichere Armaturen*
  Sie müssen den Flammendurchschlag im Fall einer Explosion unterbinden und

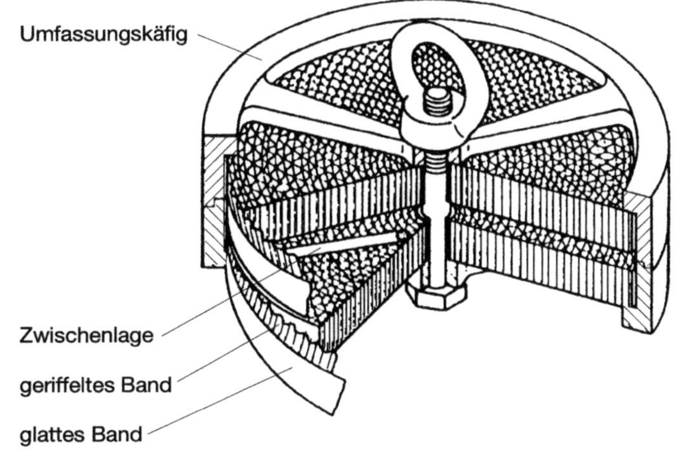

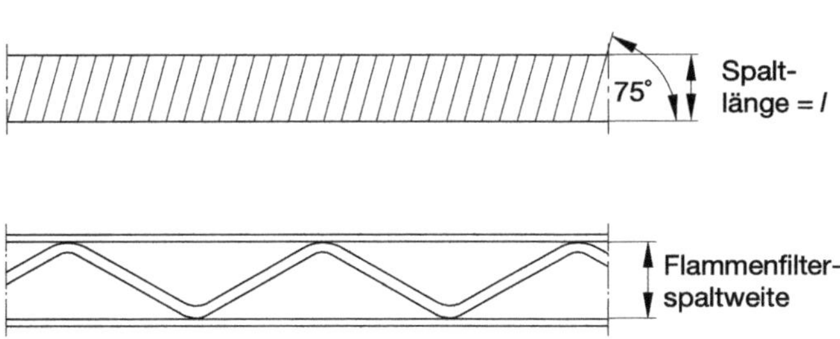

Bild 17.4
Schematische Darstellung einer 2-fach-Bandsicherung
(Fabr. PROTEGO)

dem auftretenden Explosionsdruck standhalten;

- *dauerbrandsichere Armaturen*
  Sie müssen bei einer Explosion nicht nur den Flammendurchschlag verhindern, sondern auch für eine bestimmte Zeit einem Abbrand standhalten. Es sei denn, es wird durch gezielte Maßnahmen (z.B. automatische Löschanlagen) dafür Sorge getragen, dass es zu keiner längeren Flammenstanddauer im Sperrenbereich kommt;
- *detonationssichere Armaturen*
  Sie müssen einen Flammendurchschlag auch im Fall einer Detonation verhindern und entsprechendem Druck standhalten. Die Druckfestigkeit solcher Armaturen muss also wesentlich höher sein als die der explosionssicheren Armaturen.

Immer werden die engen Durchtrittsquerschnitte der in den folgenden Ausführungen beschriebenen Sperrenanordnungen vom Zünddurchschlagvermögen des Brenngases oder brennbaren Dampfes bestimmt. Davy-Siebe, engmaschige Drahtnetze, Stahlwolle entsprechen wegen ihrer ungenügend definierten Durchtrittskanäle und nicht ausreichender mechanischer Festigkeit nicht mehr den heutigen Anforderungen und sollten nicht mehr angewendet werden.

18 Ableitsysteme

Bei Ansprechen einer Sicherheitseinrichtung kann Dampf, Gas, Flüssigkeit, Feststoff oder eine Mischung ausströmen [6]. Es gibt prinzipiell 3 Möglichkeiten, mit den emittierten Stoffen zu verfahren (Bild 18.1):

- die Behandlung durch Kondensation, Verbrennung usw. sowie
- die Rückhaltung in einem geschlossenen Auffangsystem oder
- die unmittelbare Ableitung in die Umgebung.

Welche der 3 Maßnahmen ergriffen werden, hängt im Wesentlichen von der Menge und den Eigenschaften des möglicherweise freigesetzten Stoffes ab.

18.1 Geschlossene Auffangsysteme

Geschlossene Auffangsysteme bestehen aus einem Blow-down-Behälter mit größerem Volumen, der über eine Blow-down-Leitung mit dem zu entlastenden Behälter verbunden ist. In einem Beispiel in Bild 18.2 wird ein Reaktor unter dem Druck p_1 und mit dem Volumen V_1 über ein Sicherheitsventil in einen Blow-

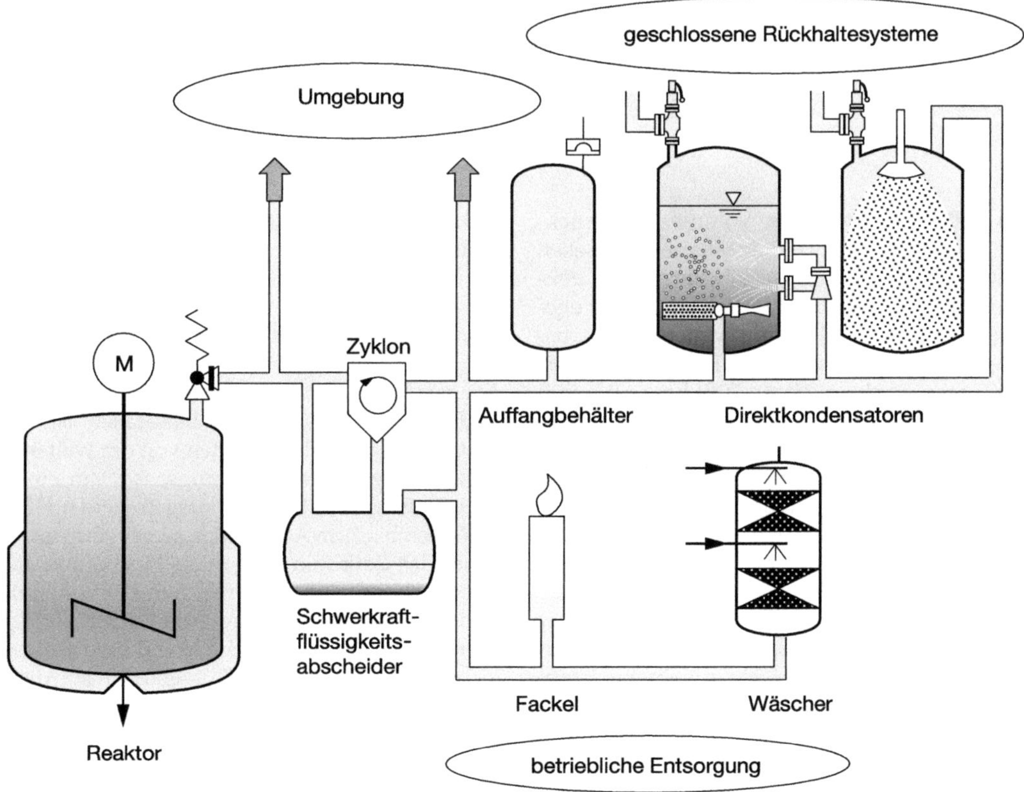

Bild 18.1 Alternativen bei der Rückhaltung von Gefahrstoffen

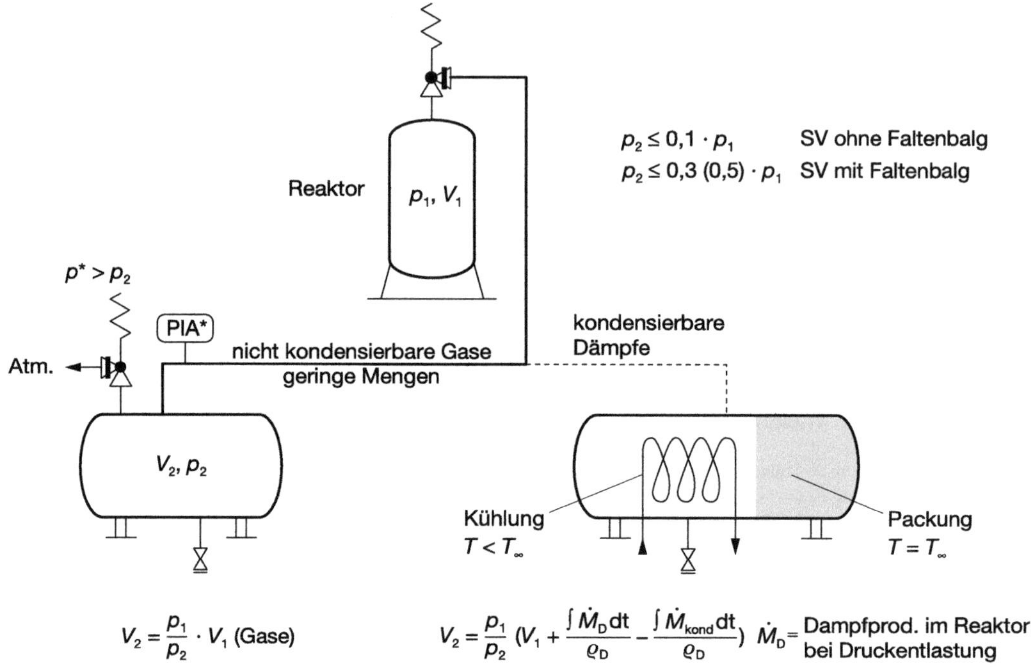

Bild 18.2 Geschlossene Auffangsysteme

down-Behälter mit dem Volumen V_2 druckentlastet. Bei nicht kondensierenden Gasen lässt sich V_2 in erster Näherung mit dem Druck-Liter-Produkt, wie in Bild 18.2 angegeben, berechnen. Abhängig von der Ausrüstung des Sicherheitsventils mit Faltenbalg darf der Gegendruck am Ventil 30% bzw. 10% von p_1 nicht überschreiten. Bei geringen Druckverlusten in der Blow-down-Leitung entspricht der Gegendruck etwa p_2. Zusätzlich wird empfohlen, den Blow-down-Behälter gegen unzulässigen Überdruck (z.B. thermische Ausdehnung des Inhalts) mit einem Sicherheitsventil abzusichern.

Die in der Regel großen Dimensionen des Blow-down-Behälters können deutlich reduziert werden, wenn die Gase mit einem akzeptablen technischen Aufwand teilweise oder vollständig kondensiert werden können (siehe Bild 18.2 rechts). Sofern die Kondensationstemperatur bei $p_2 \geq$ der Umgebungstemperatur T_∞ ist, genügt es, den Blow-down-Behälter z.B. mit einer Packung großer Oberfläche als Kältefalle auszurüsten.

18.2 Flüssigkeitsabscheidung

Die vordringliche Aufgabe eines Behandlungssystems bei 2-phasigen Abblasefällen ist die Abtrennung der Flüssigkeiten von der weiteren Behandlung der Entspannungsgase. Um einen gleichmäßigen Mitriss der ausgetragenen Flüssigkeiten bis zum Abscheider zu gewährleisten, muss das Entlastungsorgan als Hochpunkt angeordnet und die Blow-down-Leitung mit gleichem Gefälle bis zum Abscheider verlegt werden. Dadurch wird auch verhindert, dass sich im Laufe der Zeit Flüssigkeit nach dem Entlastungsorgan ansammelt, was beim Ansprechen der Armatur durch starke Beschleunigung zu übermäßigen Impulskräften führen kann.

Wie in Bild 18.3 eingezeichnet, wird sich in der Blow-down-Leitung bei üblichen Ge-

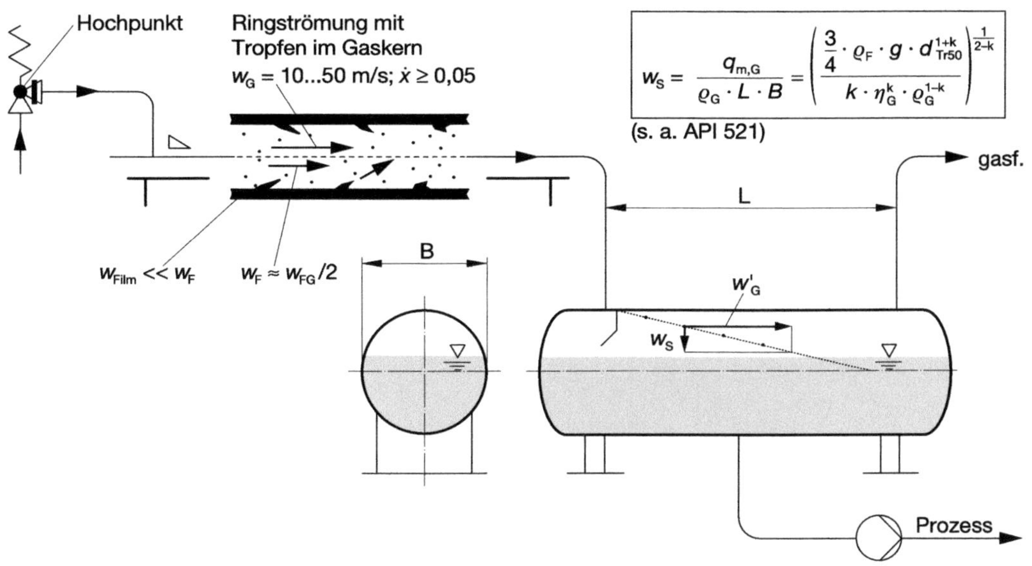

Bild 18.3 2-Phasen-Strömung in der Abblaseleitung und Schwerkraftabscheider zur Phasentrennung

schwindigkeiten von 10…50-m/s eine Ringströmung mit erheblichem Tropfenanteil im Gaskern einstellen. Aus Druckentlastungsversuchen flüssigkeitsgefüllter Behälter unter Siedebedingungen weiß man, dass der Strömungsmassengasgehalt $\dot{x} = q_{m,G}/q_{m,ges}$ in aller Regel im Bereich von $x \geq 0,05$ liegt, selbst wenn der Anfangsfüllgrad bei 95% liegt und über Kopf entlastet wird.

Der für eine ausreichende Trennleistung mit einer Grenztropfengröße $d_{Tr,50}$ erforderliche Strömungsquerschnitt ist durch die Behälterbreite B bei maximal zulässigem Füllstand charakterisiert. Bei vorgegebenem Abstand L zwischen Ein- und Austritt kann B mit der in Bild 18.3 angegebenen Beziehung nach Umformung berechnet werden.

Eine alternative, auf den gleichen physikalischen Grundlagen basierende Auslegungsmethode für solche Apparate wird in der Empfehlung Nr. 521 des «American Petroleum Institute» angegeben.

Bei höheren Gasmengenströmen ist die Methode der Scherkraftabtrennung wegen der großen freien Behälterquerschnitte für die Separation nicht mehr wirtschaftlich.

In diesen Fällen empfiehlt es sich, die Phasentrennung in einem aufgesetzten Zyklonabscheider nach Bild 18.4 vorzunehmen. Dabei ist zu beachten, dass das 2-Phasen-Gemisch nicht mit kritischer Strömung in den Apparat eintritt. Dieser Strömungszustand begrenzt wie die Schallgeschwindigkeit bei 1-phasigen Strömungen den Massenstrom. Er wird durch die so genannte «kritische Massenstromdichte» $q_{m,krit}$ gekennzeichnet.

Es wird empfohlen, mit der aktuellen Massenstromdichte am Zykloneneintritt unterhalb von 50% der kritischen Massenstromdichte zu bleiben.

Zur Dimensionierung eines geeigneten Apparates sind in Bild 18.4 einige Anhaltswerte angegeben.

Der Abschirmkegel im Zentrum des Zyklons ist erforderlich, um den Mitriss von Flüssigkeit aus dem liegenden Speicherbehälter durch starken Unterdruck im Wirbelkern zu unterbinden. Dabei wirken erhebliche Druckkräfte auf den Abschirmkegel, die in der Festigkeitsberechnung berücksichtigt werden müssen.

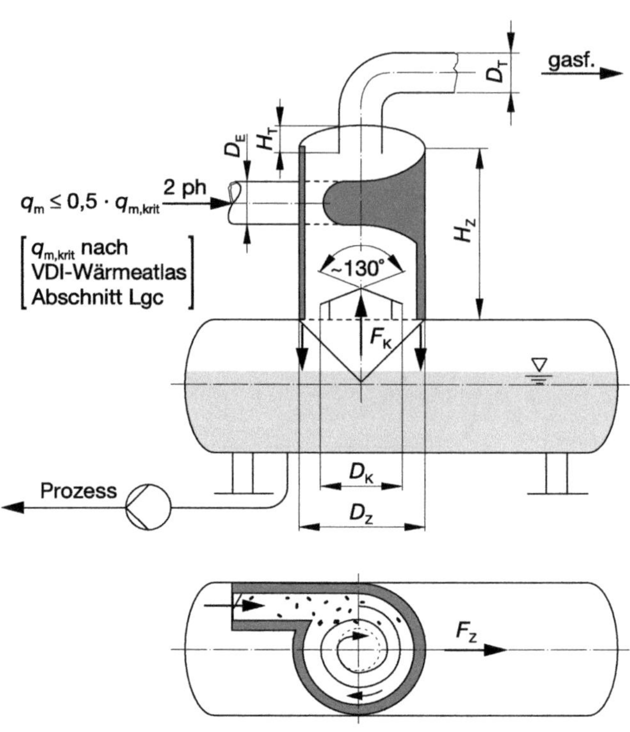

Bild 18.4
Blow-down-Behälter mit aufgesetztem Zyklonabscheider zur Phasentrennung

verfahrenstechnische Zyklonauslegung nach VDI-Wärmeatlas Abschnitt Ljb

$D_T \cong D_E$	$D_Z = 3...6\ D_E$
$H_T = 1...2\ D_T$	$H_Z = 1,5...2\ D_Z$
$D_K = D_Z - \frac{1}{2} D_E$	
$F_Z \cong 1,5 \cdot q_{m,F} \cdot w_{FE}$	

18.3 Wäscher

Zur Entfernung gefährlicher Substanzen aus dem Gasstrom können Wäscher eingesetzt werden. Sie sollten möglichst einfach aufgebaut sein und ohne Fremdenergie eine ausreichende Waschwirkung erzielen, weil ihre Aktion nur in dem sehr unwahrscheinlichen Fall eines Blow-downs erforderlich ist.

18.4 Verbrennung

Handelt es sich bei den Entlastungsmedien um brennbare Stoffe, empfiehlt sich eine Verbrennung in einem Fackelsystem. Dieses besteht in der Regel aus 3 Abschnitten, die in Bild 18.5 dargestellt sind.

Im ersten Systemabschnitt Fackelgasaufbereitung werden die Flüssigkeiten vom Gas getrennt und weitgehend in den Prozess zurückgeführt. Sofern es sich um kalte Fackelgase mit Minustemperaturen handelt, werden diese in einer Anwärmstrecke mittels 16-bar-Dampf

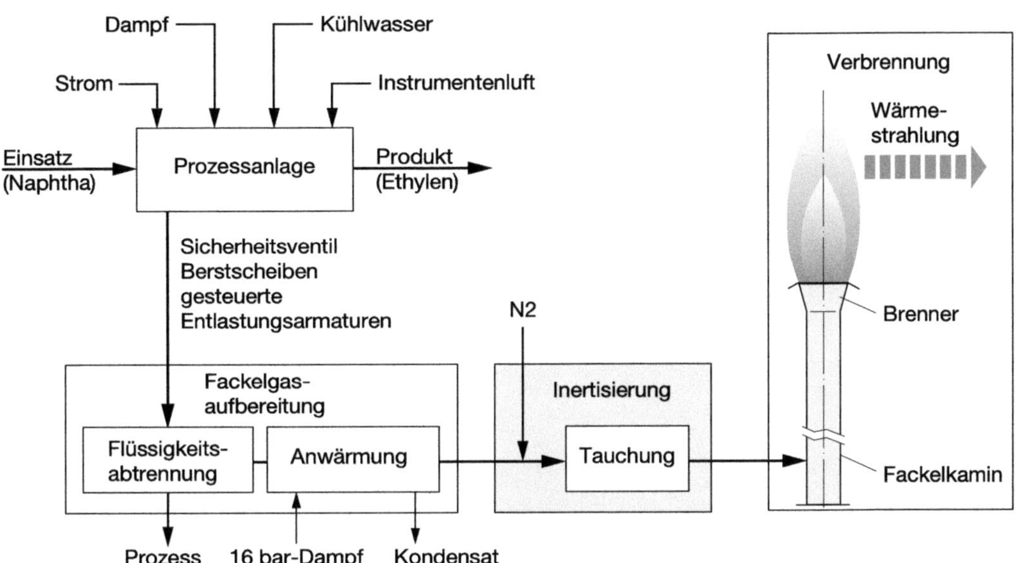

Bild 18.5 Übersicht Prozessanlage und Fackelsystem

auf Plustemperaturen erwärmt. Das ist erforderlich, damit die wassergefüllte Tauchung im nachgeschalteten zweiten Systemabschnitt nicht einfriert und verlegt.

In Kombination mit einer permanenten Stickstoffeinspeisung sorgt die Tauchung für eine Inertisierung des Fackelsystems, indem durch permanente Überdruckhaltung über die hydrostatische Druckdifferenz der Tauchung das Eindringen von Luftsauerstoff verhindert wird. Gleichzeitig dient sie als Flammensperre zur Vermeidung von Rückzündungen.

Die Verbrennung der angewärmten trockenen Fackelgase im dritten Systemabschnitt geschieht in einer Hochfackel, die aus einem höheren Fackelkamin und einem aufliegendem Spezialbrenner großer Dimension besteht. Sie vollzieht sich in der Umgebung bei sichtbarer Flamme mit erheblicher Dimension und Wärmeabgabe an die Umgebung durch Strahlung.

Anhang

Stoffdaten

Tabelle I Stoffwerte von Gasen

Gas		Normdichte ϱ_N $\frac{kg}{m^3}$	Individuelle Gaskonstante R_i $\frac{Nm}{kg \cdot K}$
Azetylen	C_2H_2	1,1717	318,92
Ammoniak	NH_3	0,7714	488,31
Argon	Ar	1,7836	208,217
Benzol	C_6H_6	3,485	106,477
n-Butan	C_4H_{10}	2,7320	143,088
i-Butan	C_4H_{10}	2,6467	143,088
Butylen	C_4H_8	2,503	148,229
Chlor	Cl_2	3,214	117,278
Chlorwasserstoff	HCl	1,6392	228,082
Cyanwasserstoff	HCN	1,2246	307,729
Dicyan	C_2N_2	2,3493	159,824
Erdgas	–	0,75 ... 0,95	–
Ethan	C_2H_6	1,357	276,583
Ethylen	C_2H_4	1,2604	296,45
Helium	He	0,17847	2077,659
Kohlenoxid	CO	1,2500	296,91
Kohlendioxid	CO_2	1,9769	188,97
Kohlenoxidsulfid	COS	2,721	138,43

Gas		Normdichte ϱ_N $\frac{kg}{m^3}$	Individuelle Gaskonstante R_i $\frac{Nm}{kg \cdot K}$
Luft	–	1,2928	287,18
Methan	CH_4	0,7168	518,40
Methylchlorid	CH_3Cl	2,3075	164,71
Neon	Ne	0,9000	412,078
Propan	C_3H_8	2,0096	188,607
Propylen	C_3H_6	1,915	197,632
Sauerstoff	O_2	1,4290	259,906
Schwefeldioxid	SO_2	2,9262	129,815
Schwefelkohlenstoff	CS_2	3,4752	109,224
Schwefelwasserstoff	H_2S	1,5362	244,023
Stickoxid	NO	1,3402	277,152
Stickoxidul	N_2O	1,9804	188,950
Stickstoff (rein)	N_2	1,2505	296,860
Luftstickstoff	–	1,2571	295,349
Toluol	C_7H_8	4,111	90,271
Wasserdampf	H_2O	0,8038	461,638
Wasserstoff	H_2	0,0899	4125,497
Xylol	C_8H_{10}	4,737	78,342

Tabelle II Isentropenexponent $\varkappa$

Gas oder Dampf	Symbol	$\varkappa = c_p/c_v$
Azetylen	C_2H_2	1,30
Luft	–	1,40
Ammoniak	NH_3	1,32
Argon	A	1,67
n-Butan	C_4H_{10}	1,11
Kohlendioxid	CO_2	1,30
Kohlenmonoxid	CO	1,40
Ethan	C_2H_6	1,22
Ethylen	C_2H_4	1,22
Frigen (F-12) (Dichlordifluormethan)	CCl_2F_2	1,13
Helium	He	1,66
Wasserstoff	H_2	1,41
Methan	CH_4	1,32
Erdgas	–	1,27[1]
Neon	Ne	1,64
Stickoxid	NO	1,40
Stickstoff	N_2	1,41
Oktan	C_8H_{18}	1,06
Sauerstoff	O_2	1,40
Pentan	C_5H_{12}	1,06
Propan	C_3H_8	1,15
Propylen	C_3H_6	1,14
Sattdampf	–	1,25 bis 1,32[2]
Schwefeldioxid	SO_2	1,26
überhitzter Dampf	–	1,315

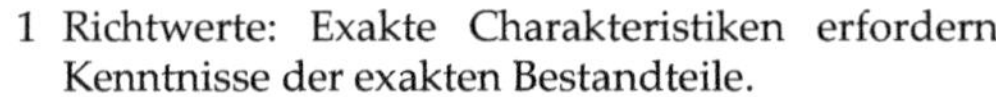

1 Richtwerte: Exakte Charakteristiken erfordern Kenntnisse der exakten Bestandteile.

2 Wasserdampf $\varkappa$ ist nicht konstant, sondern verändert sich mit den Werten für Anfangsdampfgehalt und -druck. Nassdampf: $\varkappa \approx 1{,}035 + 0{,}1 \cdot x$, x = Dampfgehalt

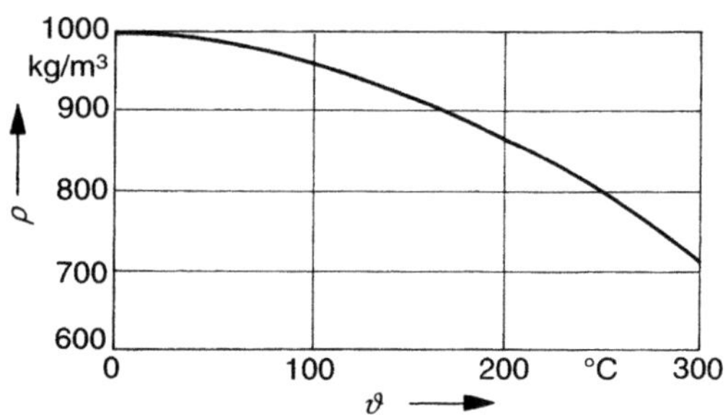

Bild I Dichte ρ von Wasser bei 1 bar bzw. Sättigungsdruck

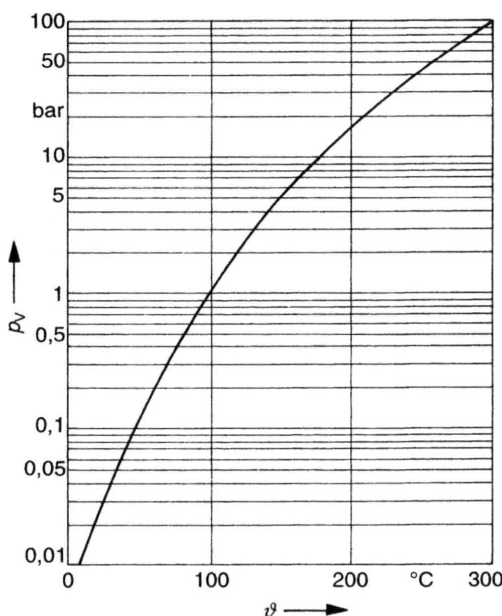

Bild II Siebdruck p_v von Wasser

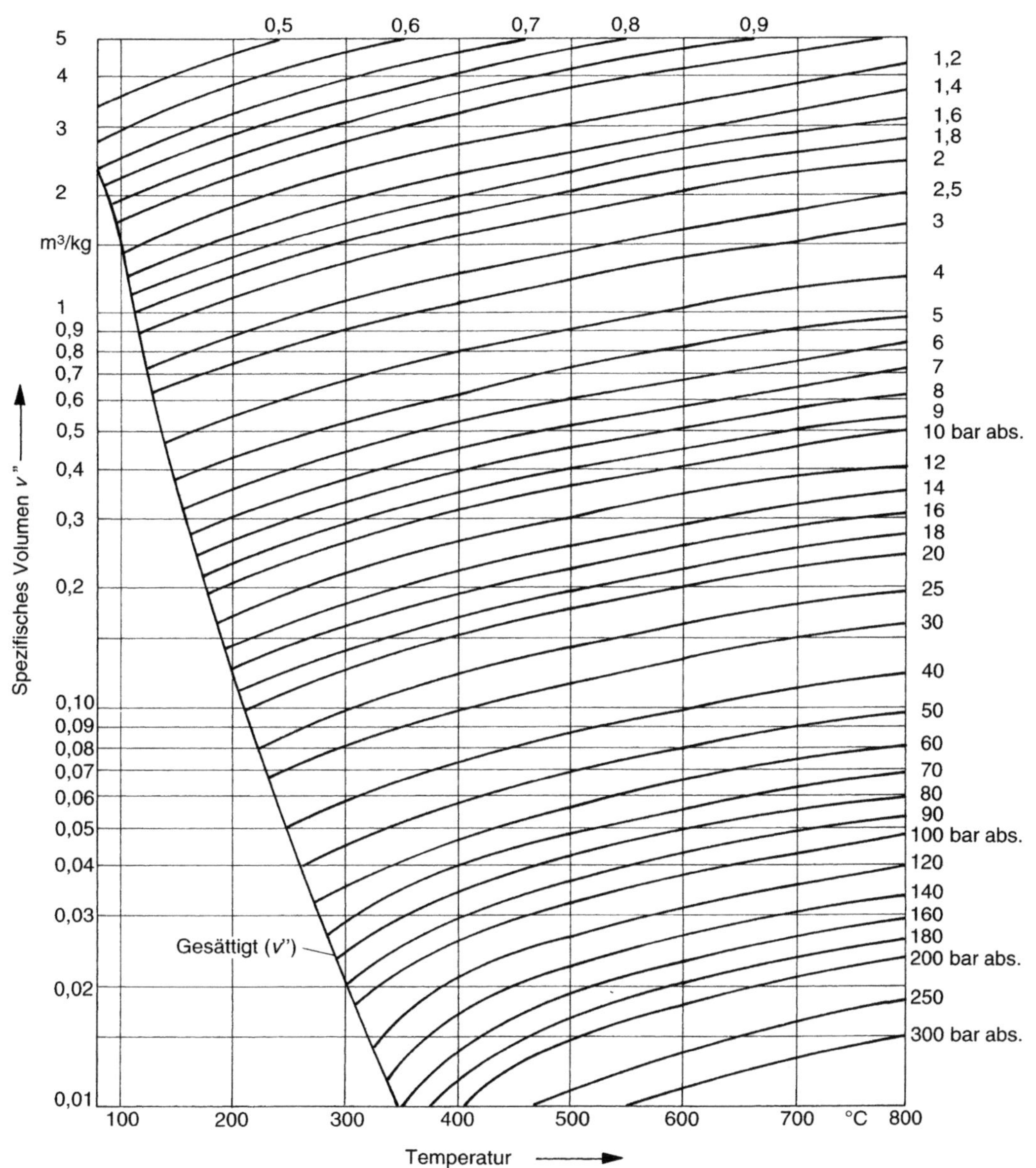

Bild III Spezifisches Volumen V'' von Wasserdampf

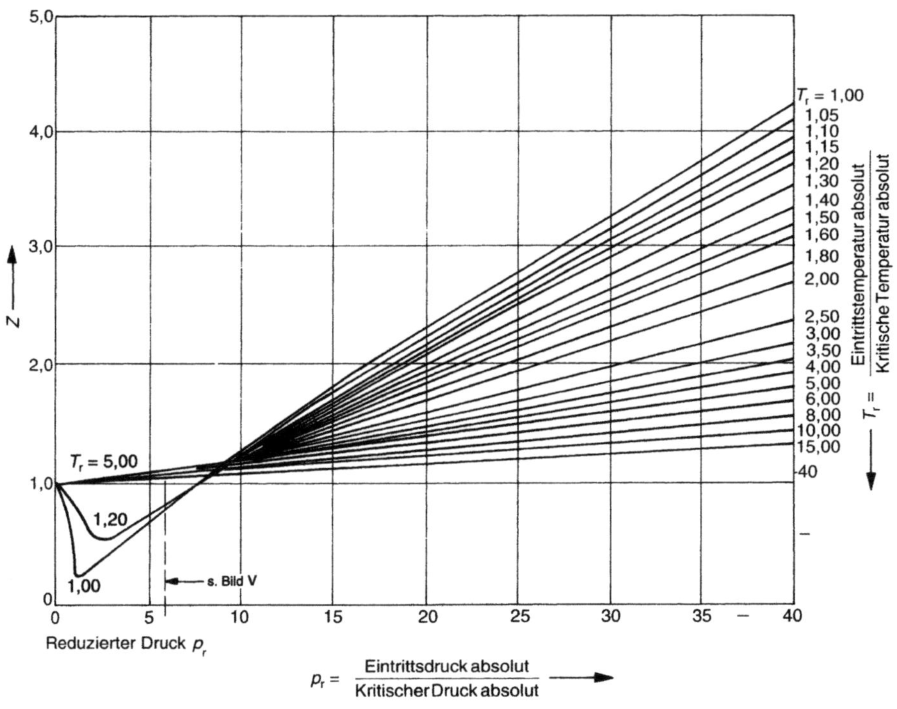

Bild IV Ermittlung der Realgasfaktoren Z in Abhängigkeit von reduziertem Druck und reduzierter Temperatur

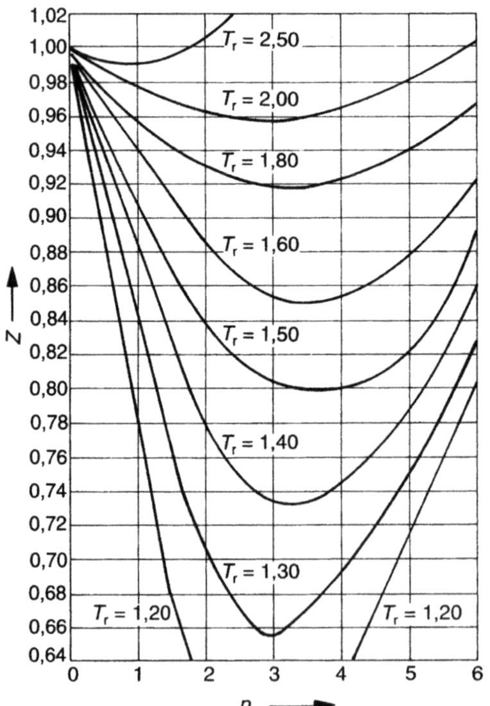

Bild V Realgasfaktor Z im Bereich bis $p_r \leqq 6$

Tabelle III Wasserdampftafel (Sattdampf)

p	ϑ	Spez. Volumen Wasser $v' = \frac{1}{\rho}$	Spez. Volumen Dampf $v'' = \frac{1}{\rho}$	Wärmeinhalt Wasser h'	Wärmeinhalt Dampf h''	Verdampfungsenthalpie Δh_v
bar	°C	m³/kg	m³/kg	kJ/kg	kJ/kg	kJ/kg
1,0	99,632	0,0010434	1,694	417,51	2675,4	2257,9
1,2	104,81	0,0010476	1,428	439,36	2683,4	2244,1
1,4	109,32	0,0010513	1,236	458,42	2690,3	2231,9
1,6	113,32	0,0010547	1,091	475,38	2696,2	2220,9
1,8	116,93	0,0010579	0,9772	490,70	2701,5	2210,8
2,0	120,33	0,0010608	0,8854	504,70	2706,3	2201,6
2,2	123,27	0,0010636	0,8096	517,62	2710,6	2193,0
2,4	126,09	0,0010663	0,7465	529,64	2714,5	2184,9
2,6	128,73	0,0010688	0,6925	540,87	2718,2	2177,3
2,8	131,20	0,0010712	0,6460	551,44	2721,5	2170,1
3,0	133,54	0,0010724	0,6056	561,43	2724,7	2163,2
3,2	135,75	0,0010757	0,5700	570,90	2727,6	2156,7
3,4	137,86	0,0010779	0,5385	579,92	2730,3	2150,4
3,6	139,86	0,0010799	0,5103	588,53	2732,9	2144,4
3,8	141,78	0,0010819	0,4851	596,77	2735,3	2138,6
4,0	143,62	0,0010839	0,4622	604,67	2737,6	2133,0
4,2	145,39	0,0010858	0,4415	612,27	2739,8	2127,5
4,4	147,09	0,0010876	0,4226	619,60	2741,9	2122,3
4,6	148,73	0,0010894	0,4053	626,67	2743,9	2117,2
4,8	150,31	0,0010911	0,3894	633,50	2745,7	2112,2
5,0	151,84	0,001928	0,3747	640,12	2747,5	2107,4
6,0	158,84	0,0011009	0,3155	670,42	2755,5	2085,0
7,0	164,96	0,0011082	0,2727	697,06	2762,0	2064,9
8,0	170,41	0,0011150	0,2403	720,94	2767,5	2046,5
9,0	175,36	0,0011213	0,2148	742,64	2772,1	2029,5
10,0	179,88	0,0011274	0,1943	762,61	2776,2	2013,6
11,0	184,07	0,0011331	0,1774	781,13	2779,7	1988,5
12,0	187,96	0,0011386	0,1632	798,43	2782,7	1984,3
13,0	191,61	0,0011438	0,1511	814,70	2785,4	1970,7
14,0	195,04	0,0011489	0,1407	830,08	2787,8	1957,5
15,0	198,29	0,0011539	0,1317	844,67	2789,9	1945,2
16,0	201,33	0,0011586	0,1237	868,56	2791,7	1933,2
18,0	207,11	0,0011678	0,1103	884,58	2794,8	1910,3
20,0	212,37	0,0011766	0,09954	908,59	2797,2	1888,6
22,0	217,24	0,0011850	0,09065	930,95	2799,1	1868,1
24,0	221,78	0,0011932	0,08320	951,93	2800,4	1848,5

Tabelle III (Fortsetzung)

p	ϑ	Spez. Volumen Wasser $v' = \frac{1}{\rho}$	Spez. Volumen Dampf $v'' = \frac{1}{\rho}$	Wärmeinhalt Wasser h'	Wärmeinhalt Dampf h''	Verdampfungsenthalpie Δh_v
bar	°C	m³/kg	m³/kg	kJ/kg	kJ/kg	kJ/kg
26,0	226,04	0,0012011	0,07686	971,72	2801,4	1829,6
28,0	230,05	0,0012088	0,07139	990,48	2802,0	1811,5
30,0	233,84	0,0012163	0,06663	1008,4	2802,3	1793,9
35,0	242,54	0,0012345	0,05703	1049,8	2802,0	1752,2
40,0	250,33	0,0012521	0,04975	1087,4	2800,3	1712,9
45,0	257,41	0,0012691	0,04404	1122,1	2797,7	1675,6
50,0	263,91	0,0012858	0,03943	1154,5	2794,2	1639,7
55,5	269,93	0,0013023	0,03563	1184,9	2789,9	1605,0
60,0	275,55	0,0013187	0,03244	1213,7	2785,0	1571,3
65,0	280,82	0,0013350	0,02972	1241,1	2779,5	1538,4
70,0	285,79	0,0013513	0,02737	1267,4	2773,5	1506,0
75,0	290,50	0,0013677	0,02533	1292,7	2766,9	1474,2
80,0	294,97	0,0013842	0,02353	1317,1	2759,9	1442,8
85,5	299,23	0,0014009	0,02193	1340,7	2752,5	1411,7
90,0	303,31	0,0014179	0,02050	1363,7	2744,6	1380,9
95,0	307,21	0,0014351	0,01921	1386,1	2736,4	1350,2
100,0	310,96	0,0014526	0,01804	1408,0	2727,7	1319,7
110,0	318,05	0,0014887	0,01601	1450,6	2709,3	1258,7
120,0	324,65	0,0015268	0,01428	1491,8	2689,2	1197,4
130,0	330,83	0,0015672	0,01280	1532,0	2667,0	1135,0
140,0	336,64	0,0016106	0,01150	1571,6	2642,4	1070,7
160,0	347,33	0,0017103	0,009308	1650,5	2584,9	934,3
180,0	356,96	0,0018399	0,007498	1734,8	2513,9	779,1
200,0	365,70	0,0020370	0,005877	1826,5	2418,4	591,9
220,0	373,69	0,0026714	0,003728	2011,1	2195,6	184,5

Tabelle IV Stoffwerte von Flüssigkeiten

Medium	Chem. Formel	Dichte[1]) in kg/m^3	Siedepunkt bei 760 Torr in °C
Ethan	C_2H_6	326	– 88,6
Ethylen	C_2H_4	346 [1])	– 103,7
Ethylchlorid	C_2H_5Cl	892	12,5
Ammoniak	NH_3	609	– 33,4
Azeton	CH_3COCH_3	917	56
Benzin	–	680	80–130
Benzol	C_6H_6	880	80
Butan	C_4H_{10}	580	– 0,5
Butylen	C_4H_8	600	– 6,3
Dieselöl	–	880	175
Diphyl	–	1060	256
Flugkraftstoff, JP 4	–	670	70–90
Freon 12	CF_2Cl_2	1330	– 29,8
Glykol	$C_2H_4OH_2$	1140	–
Glyzerin	CHO_4	1260	290
Heizöl, leicht	–	850	175
Heizöl, schwer	–	950	220–350
Kalilauge, 20%	KOH	1188	–
Maschinenöl	–	910	380
Methanol	CH_3OH	792	64,7
Natronlauge, 20%	NaOH	1220	–
Naphthalin	$C_{10}H_6$	1145	218
Petroleum	–	810	150–300
Propan	C_3H_8	500	– 42,1
Propylen	C_3H_6	550	– 47,8
Salpetersäure	HNO_2	1560	86
schweflige Säure	H_2SO_3	1400	338
Trichlorethylen	C_2GCl_3	1470	87
Wasser	H_2O	998	100
Wasser, schweres	D_2O	1100	101,4

[1]) Dichte bei 20 °C, bei Ethylen bei 0 °C.

Tabelle V Stoffwerte von Wasser bei $p = 1$ bar

t °C	ρ kg/m³	c_p kJ/kg K	β 10^{-3}/K	λ 10^{-3} W/mK	η 10^{-6} kg/ms	ν 10^{-6} m²/s	a 10^{-6}m²/s	Pr –
0	999,8	4,217	– 0,0852	569	1750	1,75	0,135	13,0
10	999,8	4,192	+0,0823	587	1300	1,30	0,140	9,28
20	998,4	4,182	0,2067	604	1000	1,00	0,144	6,94
30	995,8	4,178	0,3056	618	797	0,800	0,148	5,39
40	992,3	4,179	0,3890	632	544	0,656	0,153	4,30
50	988,1	4,181	0,4623	643	643	0,551	0,156	3,54
60	983,2	4,185	0,5288	654	463	0,471	0,159	2,96
70	977,7	4,190	0,5900	662	400	0,409	0,162	2,53
80	971,6	4,196	0,6473	670	351	0,361	0,164	2,20
90	965,2	4,205	0,7018	676	311	0,322	0,166	1,94

t Celsius-Temperatur
ρ Dichte
c_p spezifische Wärmekapazität bei konstantem Druck
β Wärmeausdehnungskoeffizient
λ Wärmeleitfähigkeit
η dynamische Viskosität
ν kinematische Viskosität
a Temperaturleitfähigkeit
Pr Prandtlzahl

Tabelle VI Dichte ρ [kg/m³] von Wasser bzw. Wasserdampf in Abhängigkeit von Druck und Temperatur

Druck bar	Temperatur in °C								
	0	20	50	100	150	200	250	300	350
1	999,9	998,4	988,1	0,5895	0,5163	0,4156	0,4156	0,3789	0,3483
5	1000,1	998,6	988,3	958,4	916,8	2,353	2,108	1,913	1,754
10	1000,2	998,8	988,5	958,6	917,1	4,856	4,297	3,876	3,540
20	1000,7	999,2	988,9	959,0	917,7	865,0	8,972	7,969	7,217
30	1001,2	999,8	989,4	959,6	918,3	856,8	14,17	12,32	11,04
40	1001,7	1000,1	989,8	960,0	918,8	866,6	799,2	16,99	15,05
50	1000,2	1000,5	990,2	960,5	919,4	867,3	800,4	22,06	19,25
60	1002,7	1001,0	990,7	961,0	920,0	868,1	801,6	27,65	23,68
70	1003,2	1001,4	991,1	961,4	920,5	868,9	802,7	33,94	28,38
80	1003,7	1001,9	991,5	961,9	921,1	869,6	803,8	41,24	33,38
90	1004,2	1002,3	991,9	962,4	921,7	870,4	804,9	713,1	38,77
100	1004,7	1002,8	992,4	962,8	922,2	871,1	806,0	715,4	44,60
150	1007,2	1005,0	994,5	965,1	925,0	874,7	811,4	725,8	87,07
200	1009,6	1007,2	996,6	967,5	927,7	878,2	816,5	735,0	600,3
250	1012,1	1009,3	998,7	969,7	930,4	881,6	821,3	743,4	624,9
300	1014,5	1011,5	1000,7	971,9	933,0	884,9	826,0	751,0	643,4
350	1016,9	1013,6	1002,7	974,1	935,6	888,1	830,4	758,1	658,5
400	1019,2	1015,8	1004,7	976,2	938,1	891,3	834,7	764,7	671,4
450	1021,5	1017,9	1006,7	978,3	940,5	894,3	838,8	771,0	682,7
500	1023,8	1019,9	1008,7	980,5	943,0	897,3	842,8	776,9	692,9
600	1028,4	1024,0	1012,6	984,5	947,7	903,1	850,3	787,7	710,7
700	1032,9	1028,1	1016,4	988,5	952,3	908,6	857,5	797,5	725,9
800	1037,2	1032,1	1020,1	992,4	956,7	914,0	864,2	806,7	739,3
900	1041,4	1036,0	1023,8	996,3	961,1	919,2	870,6	815,2	751,5
1000	1045,5	1039,9	1027,4	1000,0	965,3	924,2	876,7	823,2	762,5

Tabelle VI (Fortsetzung)

Druck bar	Temperatur in °C					
	400	450	500	600	700	800
1	0,3223	0,29999	0,2804	0,2483	0,2227	0,2019
5	1,620	1,505	1,406	1,244	1,115	1,010
10	3,262	3,027	2,824	2,493	2,233	2,023
20	6,615	6,117	5,694	5,011	4,480	4,053
30	10,06	9,274	8,611	7,554	6,741	6,092
40	13,62	12,50	11,57	10,12	9,016	8,138
50	17,30	15,80	14,59	12,71	11,30	10,19
60	21,10	19,19	17,66	15,33	13,60	12,25
70	25,05	22,65	20,79	17,98	15,92	14,32
80	29,14	26,21	23,97	20,65	18,25	16,40
90	33,41	29,87	27,21	23,35	20,60	18,48
100	37,87	33,62	30,52	26,08	22,96	20,57
150	63,87	54,20	48,09	40,17	34,97	31,15
200	100,5	78,71	67,69	55,05	47,36	41,92
250	166,4	109,0	89,86	70,78	60,12	52,87
300	356,4	148,6	115,2	87,44	73,27	64,00
350	474,6	201,8	144,4	105,0	86,79	75,30
400	523,4	270,6	178,1	123,7	100,6	86,76
450	554,3	343,0	216,0	143,3	114,9	98,37
500	577,3	402,0	257,0	163,8	129,5	110,1
600	611,6	479,4	338,7	207,0	159,4	133,9
700	637,4	528,1	406,1	251,7	190,2	158,0
800	658,6	563,2	457,0	295,8	221,2	182,0
900	676,6	590,6	496,4	337,1	251,9	206,3
1000	692,3	613,2	528,0	374,6	281,9	230,1

Kritische Zustandsgrößen: p_c = 221,20 bar;
t_c = 374,15 °C; T_c = 647,30 K; ρ_c = 315 kg/m^3; molare Masse M = 18,016 kg/kmol

Tabelle VII Stoffwerte für Gase und Dämpfe

Medium	Chem. Formel	molare Masse M	Dichte[1]) ρ in kg/Nm³	Gas-Konstante R in $\frac{J}{K \cdot kg}$	Isentropenexponent k	krit. Druckverhältnis	Ausflussfunktion ψ_{max}	Siedepunkt[2]) in °C	Verdampfungsenthalpie[3]) in $\frac{KJ}{kg}$	krit. Temp. in °C	krit. Druck in bar abs.
Acetylen	C_2H_2	26,1	1,172	319	1,23	0,558	0,463	– 83,6	883	35,5	64,1
Ammoniak	NH_3	17,0	0,771	488	1,31	0,542	0,474	– 33,4	1383	132,4	115
Argon	Ar	39,9	1,784	208	1,65	0,486	0,514	– 186	159	– 117,6	52,3
Ethan	C_2H_6	30,1	1,357	276	1,20	0,564	0,459	– 88,6	490	32,1	50,4
Ethylen	C_2H_4	28,1	1,260	296	1,25	0,555	0,465	– 103,7	523	13,0	51,7
Benzoldampf	C_6H_6	78,1	3,485	106	1,12	0,581	0,447	80,1	395	288,5	49,5
Butan	C_4H_{10}	58,1	2,732	143	1,11	0,583	0,446	– 0,5	386	153	38,7
Butylen	C_4H_8	56,1	2,503	148	1,20	0,564	0,459	– 6,3	403	146,4	41
Chlor	Cl_2	70,9	3,214	117	1,34	0,539	0,477	– 34	268	146	78,4
Chlorwasserstoff	HCl	36,5	1,639	228	1,39	0,530	0,483	– 85	444	51	84,1
Diphenyl	$C_{12}H_{10}$	154,1	6,880	54	–	–	–	256	311	495	32,9
Diphyl	–	165,7	3,800	50	1,05	0,595	0,444	256	289	–	–
Erdgas	–	16,6	0,740	500	1,30	0,548	0,472	–	–	–	–
Fluor	F_2	37,8	1,690	219	–	–	–	– 188	159	– 129	55
Freon 12	CF_2Cl_2	120,9	5,400	69	1,14	0,576	0,450	– 29,8	167	11,5	39,6
Generatorgas	–	23,5	1,130	354	1,39	0,530	0,483	–	–	–	–
Helium	He	4,0	0,179	2077	1,63	0,442	0,510	– 269	31	– 267,9	2,38
Hexan	C_6H_{14}	86,1	3,940	97	1,06	0,593	0,438	68,7	336	235	31,0
Kohlendioxid	CO_2	44,0	1,977	189	1,30	0,546	0,472	– 78,4	574	31,0	75,5
Kohlenoxid	CO	28,0	1,250	297	1,40	0,529	0,484	– 191,6	318	– 138,7	35,7
Koksofengas	–	11,8	0,540	701	1,34	0,539	0,477	–	–	–	–
Luft	–	29,0	1,293	287	1,40	0,528	0,484	– 193	197	– 140,7	38,4
Methan	CH_4	16,0	0,717	518	1,31	0,544	0,473	– 161,5	511	– 81,5	47,1
Methanol	CH_3OH	32,0	1,430	259	1,24	0,557	0,464	64,7	1161	232,8	81,3
Methylchlorid	CH_3Cl	50,5	2,308	165	–	–	–	– 23,7	427	141,5	68,1

Pentan	C_5H_{12}	72,1	3,450	115	1,08	0,589	0,441	36,1	359	197,2	34,1
Propan	C_3H_8	44,1	2,010	189	1,14	0,576	0,450	– 42,1	427	95,6	43,5
Propylen	C_3H_6	42,1	1,915	198	1,14	0,576	0,450	– 47,8	440	97,0	47,1
Sauerstoff	O_2	32,0	1,429	260	1,40	0,528	0,484	– 183	214	– 118,0	50,5
Schwefeldioxid	SO_2	64,1	2,926	130	1,278	0,550	4,69	– 10	402	157,3	80,4
Schwefelwasserstoff	H_2S	34,1	1,536	244	1,33	0,540	0,476	– 60,4	546	99,6	95,0
Schwerwasser	D_2O	20,0	0,890	–	–	–	–	101,4	2069	371,5	214,4
Stadtgas	–	11,8	0,540	701	1,34	0,539	0,377	–	–	–	–
Stickstoff	N_2	28,0	1,251	297	1,40	0,528	0,484	– 195,7	–	– 146,7	32,5
Vinylchlorid	C_2H_3Cl	62,5	2,780	127	1,29	–	0,471	– 14	–	–	–
Wasserstoff	H_2	2,0	0,0800	4124	1,41	0,527	0,485	– 252,8	461	– 239,9	13,2

[1]) Dichte bei 0 °C und 1 bar
[2]) Siedepunkt bei 1 bar
[3]) Verdampfungsenthalpie bei Siedepunkt

Dichte $\rho = \rho_n \frac{p \cdot 273\ \text{K}}{1{,}013\ \text{bar} \cdot T}$

Volumenstrom $q_v = q_n \frac{1{,}013\ \text{bar} \cdot T}{p \cdot 273\ \text{K}}$

Massenstrom $q_m = q_n \cdot \rho_n$

Wenn keine Angabe der Normdichte ρ_n, kann folgende Näherungsformel angewendet werden: $\rho_n = \frac{M}{22{,}4}$

Der jeweilige Aggregatzustand (flüssig/gasförmig) ist aus der mediumbezogenen Dampfdruckkurve (Techn. Literatur) zu entnehmen.

Tabelle VIII Stoffdaten von Kältemitteln

Kältemittel			kritische Temperatur	absoluter kritischer Druck	Isentropenexponent bei 1013,25 mbar und 25 °C	kritisches Druckverhältnis	Ausflussfunktion bei 1013,25 mbar und 25 °C	molare Masse	Berechnungsgröße
Gruppe	Kurzzeichen nach DIN 8962	chemische Formel			k	$\left(\frac{p_a}{p}\right)$	ψ	M	c
			°C	bar	–	–	–	kg/kmol	kg/m³
1	R 11	CCl_3F	198,01	44,03	1,095	0,586	0,444	137,38	0,3
	R 12	CCl_2F_2	112,00	41,58	1,117	0,581	0,447	120,92	0,5
	R 12 B 1	$CBrClF_2$	154,60	41,24	1,106	0,583	0,445	165,37	0,2
	R 13	$CClF_3$	28,78	38,65	1,136	0,577	0,450	104,47	0,5
	R 13 B 1	$CBrF_3$	67,00	39,61	1,128	0,579	0,448	148,93	0,6
	R 22	$CHClF_2$	96,18	49,90	1,168	0,571	0,454	86,48	0,3
	R 23	CHF_3	26,30	48,74	1,191	0,566	0,457	70,01	0,3
	R 113	CCl_2FCClF_2	214,1	34,10	1,064 [1])	0,582	0,439	187,39	0,4
	R 114	$CClF_2CClF_2$	145,7	32,63	1,043	0,597	0,436	170,93	0,7
	R 500	$CClF_2/CHF_2CH_3$	105,5	44,27	1,116	0,581	0,447	99,31	0,4
	R 502	$CHClF_2/CClF_2CF_3$	82,16	40,76	0,984	0,610	0,426	111,6	0,4
	R 503	$CHF_3/CClF_3$	19,50	43,43	1,158	0,573	0,453	87,5	0,4
	R 744	CO_2	31,06	73,83	1,30	0,546	0,472	44,01	0,1
2	R 717	NH_3	132,35	113,53	1,31	0,544	0,473	17,03	–
	R 30	CH_2Cl_2	237,00	60,77	1,15 [1])	0,574	0,452	84,9	–
	R 40	CH_3Cl	143,10	66,80	1,27	0,551	0,468	50,49	–
	R 764	SO_2	157,65	78,84	1,27	0,551	0,468	64,06	–
3	R 170	CH_3CH_3	32,27	48,84	1,20	0,564	0,459	30,07	–
	R 290	$CH_3CH_2CH_3$	96,67	42,50	1,19	0,566	0,457	44,1	–
	R 600	$CH_3CH_2CH_2CH_3$	152,03	37,96	1,09	0,587	0,443	58,12	–
	R 600 a	$CH(CH_3)_3$	134,98	37,20	1,09	0,587	0,443	58,12	–
	R 1150	CH_2CH_2	9,5	50,76	1,25	0,555	0,465	28,05	–
	R 1270	$CH_3CH{=}CH_2$	91,6	46,10	1,14	0,576	0,450	42,08	–

[1]) Diese Werte gelten für 50 °C.

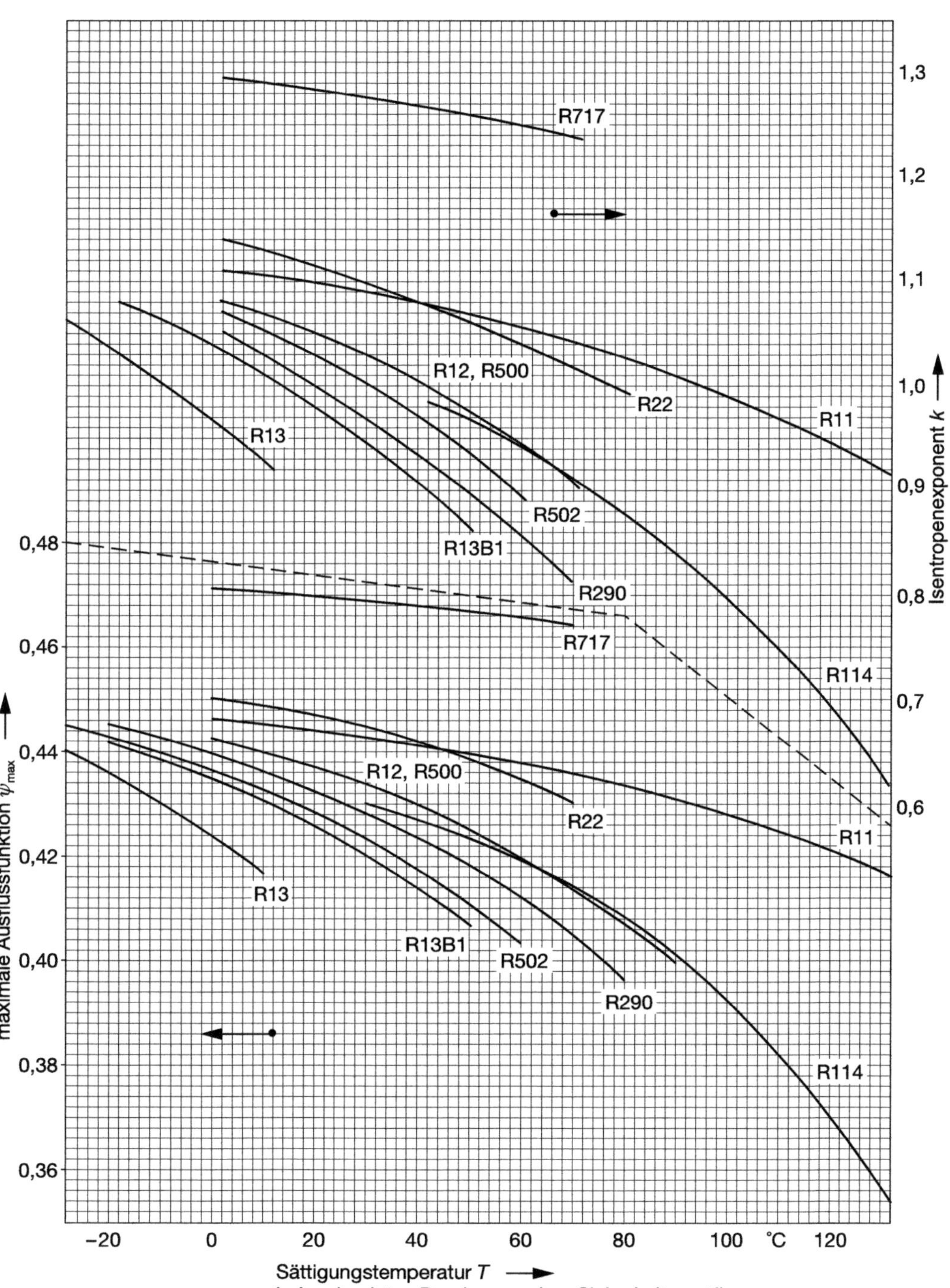

Bild VI Isentropenexponent k und Ausflussfunktion ψ_{max} von Kältemitteln

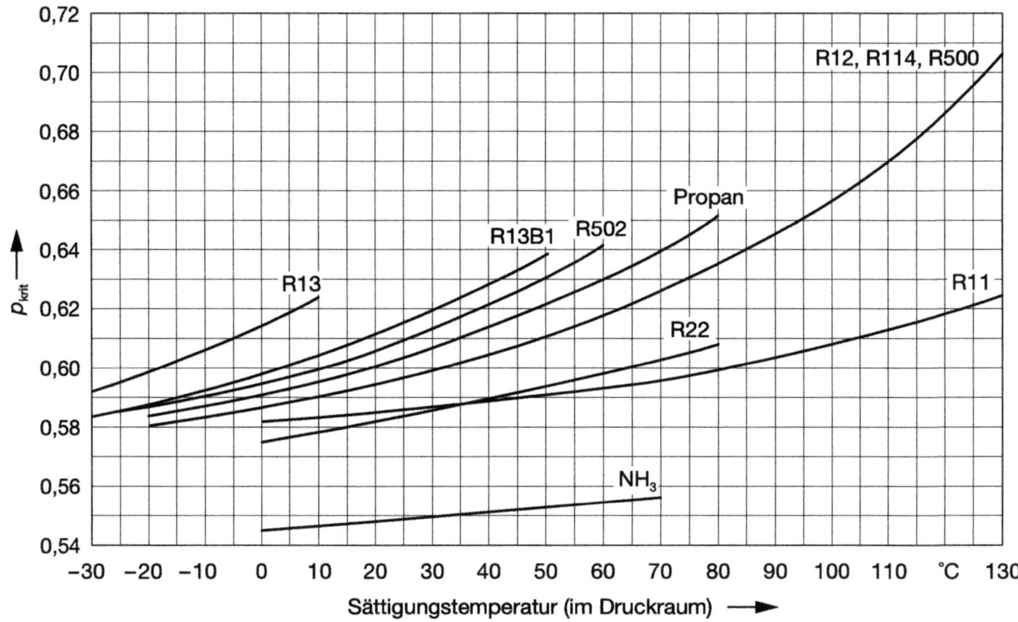

Bild VII Werte des Faktors $p_{\text{krit}} = \left(\frac{2}{k+1}\right)^{\frac{k}{k-1}}$ für kritische und überkritische Druckverhältnisse von Kältemitteln

Bedeutung der wichtigsten Formelzeichen

Die nachfolgenden Zeichen werden nach Möglichkeit grundsätzlich angewendet, wobei Abweichungen und Ergänzungen von diesen Formelzeichen jeweils bei den entsprechenden Gleichungen oder Bildern genannt sind. Nach Möglichkeit wurde versucht, die in den Technischen Regelwerken bereits eingeführten Zeichen zu verwenden.

Formelzeichen für Teil A «Regelarmaturen»

Zeichen	Bedeutung	Einheit
c_F	Schallgeschwindigkeit im Fluid	m/s
c_R	Schallgeschwindigkeit der Longitudinalwellen in der Rohrwand	m/s
D	Innendurchmesser der Rohrleitung	mm
d	Ventil-Nennweite (DN)	mm
d_1	Rohrinnendurchmesser (hinter dem Ventil)	m
d_o	Bezugszylinderdurchmesser = 1	m
F_1	Niveauexponent in der Funktionsgleichung von η_F	–
F_2	Neigungsexponent in der Funktionsgleichung von η_F	–
F_F	Faktor für das kritische Druckverhältnis bei Flüssigkeiten	1
F_L	Faktor für den Druckrückgewinn eine Stellventils ohne Fitting	1
F_{LP}	Kombinierter Faktor für den Druckrückgewinn und die Anschlussgeometrie eines Stellventils mit montierten Fittings für Flüssigkeiten	1
F_P	Rohrleitungsgeometrie-Faktor	1
F_R	Faktor für den Einfluss der Reynolds-Zahl	1
$F_\varkappa$	Faktor für das Verhältnis der Isentropenexponenten (= kappa/1,4)	1
f	Frequenz	Hz
f_m	Oktav-Mittelfrequenz	Hz
f_r	Ringdehnfrequenz	Hz
G_1	Niveauexponent in der Funktionsgleichung von η_G	–
G_2	Neigungsexponent in der Funktionsgleichung von η_G	–
h	spezifische Enthalpie	J/kg
K_v	Durchflusskoeffizient eines Ventiles	m^3/h
K_{vs}	Durchflusskoeffizient eines Ventiles bei Nennhub	m^3/h
L_{WAan}	Äußerer A-bewerteter Schallleistungspegel des n-ten Oktavbandes	dB(A)
L_{pA}	A-bewerteter Schalldruckpegel	dB(A)
L_{pAa}	Äußerer A-bewerteter Schalldruckpegel	dB(A)
L_W	Unbewerteter Schallleistungspegel	dB
L_{Wa}	Unbewerteter äußerer Schallleistungspegel	dB
L_{Wi}	Unbewerteter innerer Schallleistungspegel	dB
L_{WAa}	Äußerer A-bewerteter Schallleistungspegel	dB(A)
l	Betrachtete Rohrlänge	m
lg	Dekadischer Logarithmus	–

Zeichen	Bedeutung	Einheit
ln	Natürlicher Logarithmus	–
l_0	Bezug-Rohr = 1	m
M	Massendurchfluss	kg/h
$\tilde{M}$	Molekularmasse des strömenden Fluids	1
Ma	Mach-Zahl in der Vena Contracta	–
M_d	Drehmoment	Nm
P	Leistung	W
P_V	Ventilautorität	–
p_N	Druck unter Normbedingungen	bar
p_2	Druck hinter dem Ventil (absolut)	bar
p_c	Absoluter thermodynamischer kritischer Druck	bar
p_r	Reduzierter Druck (p_1/p_c)	–
p_v	Absoluter Dampfdruck der Flüssigkeit bei Eingangstemperatur	bar
p_1	Absoluter Eingangsdruck, gemessen an der Druckentnahmestelle vor dem Ventil	bar
p_2	Absoluter Eingangsdruck, gemessen an der Druckentnahmestelle nach dem Ventil	bar
Q	Volumenstrom	m^3/h (siehe Anmerkung 1)
Q_{max}	Maximaler Volumenstrom bei Durchflussbegrenzung	m^3/h (siehe Anmerkung 1)
$Q_{max\,(L)}$	Maximaler Volumenstrom bei inkompressible Medien bei Durchflussbegrenzung ohne Fittings	m^3/h
$Q_{max\,(LP)}$	Maximaler Volumenstrom für inkompressible Medien bei Durchflussbegrenzung mit Fittings	m^3/h
$Q_{max\,(T)}$	Maximaler Volumenstrom für kompressible Medien bei Durchflussbegrenzung ohne Fittings	m^3/h (siehe An. merkung 1)
$Q_{max\,(TP)}$	Maximaler Volumenstrom für kompressible Medien bei Durchflussbegrenzung mit Fittings	m^3/h (siehe Anmerkung 1
R_R	Rohr-Schalldämm-Maß dB	
R_{Rn}	Normiertes Schalldämm-Maß $\left(R_R - 10\lg\frac{\rho_R \cdot c_R \cdot s}{\rho_F \cdot c_F \cdot d_i}\right)$	
s	Rohr-Wanddicke	m
T_1	Absolute Eintrittstemperatur	K
T_c	Absolute thermodynamische kritische Temperatur	K
T_r	Reduzierte Temperatur (T_1/T_c)	–
T_s	Absolute Referenztemperatur für Volumenstrom Q, bezogen auf Normbedingungen	K (siehe Anmerkung 1)
t_s	Schließzeit einer Armatur	s
t_R	Reflexionszeit eines Druckstoßes	s
W_0	Bezugsschallleistung = 10^{-12}	W
w	Geschwindigkeit des Fluids	m/s
x_T	Differenzdruckverhältnis eines Stellventils ohne zwischenmontierte Fittings bei überkritischer Strömung, durch Prüfung ermittelt	–
x_{TP}	Differenzdruckverhältnis eines Stellventils mit zwischenmontierten Fittings bei überkritischer Strömung, durch Versuch ermittelt	–

Zeichen	Bedeutung	Einheit
x_{cr}	Kritisches Differenzdruckverhältnis (bei $y = 0{,}75$)	–
x_F	Differenzdruckverhältnis bei Flüssigkeiten $\Delta p/(p_1 - p_2)$	–
x	Verhältnis des Differenzdruckes zum absoluten Eingangsdruck ($\Delta p/p_1$)	–
Y	Expansionsfaktor	–
y	Auslastung eines Ventils = K_v/K_{vs}	–
Z	Realgasfaktor (Funktion von p_r, T_r)	–
Z_1	Realgasfaktor für den Zustand 1	–
Z_2	Realgasfaktor für den Zustand 2	–
Z_N	Realgasfaktor für den Zustand bei Normbedingungen	–
z	Differenzdruckverhältnis bei Kavitationsbeginn ($z = x_{Fz}$ gemäß DIN IEC 534-8-2)	–
z_y	Differenzdruckverhältnis bei Kavitationsbeginn (bei Auslastung y)	–
η_F	Akustischer Umwandlungsgrad für Flüssigkeiten (bei $y = 0{,}75$)	–
η_G	Akustischer Umwandlungsgrad für Gase (bei $y = 0{,}75$)	–
$\varkappa$	Isentropenexponent (Verhältnis der spezifischen Wärmen c_p/c_v)	–
ΔL_F	Ventilspezifischer Korrekturwert bei flüssigen Medien	dB(A)
v	Kinematische Viskosität	mm^2/s
Δp	Differenzdruck zwischen den Eingangs- und Ausgangsdruck-entnahmestellen ($p_1 - p_2$)	bar
Δp_{max}	Maximaler Differenzdruck	bar
$\Delta p_{max\,(L)}$	Maximal wirksamer Differenzdruck ohne Fittings	bar
$\Delta p_{max\,(LP)}$	Maximal wirksamer Differenzdruck mit Fittings	bar
ϕ	Schließwinkel bei Klappen	o
ρ_F	Dichte des Fluids	kg/m^3
ρ_N	Dichte des Fluids unter Normbedingungen	kg/m^3
ρ_R	Dichte des Rohrwerkstoffes	kg/m^3
ρ_1	Dichte des Fluids vor dem Ventil	kg/m^3
ρ/ρ_0	Relative Dichte ($\rho/\rho = 1{,}0$ für Wasser bei 15,5 °C)	1
	Temperatur	°C
ϑ	relativer Durchflusskoeffizient	–
-ζ	Widerstandsbeiwert	–

Anmerkung 1): Der Volumenstrom in m^2/h, ...0 °C).

Formelzeichen für Teil B «Sicherheitsarmaturen»

Zeichen	Bedeutung	Einheit
A	Fläche	m^2
a	Schallgeschwindigkeit	m/s
A_0	engster Strömungsquerschnitt	mm^2
A_a	Querschnitt der Abblaseleitung	mm^2
A_E	Querschnitt der Zuleitung	mm^2
A_n	Querschnitt des Abblaseendes	mm^2
c	spez. Wärmekapazität	kJ/(kg · K)
d	Durchmesser	m
d_0	engster Strömungsdurchmesser	mm
D_a	Durchmesser der Abblaseleitung	mm
D_E	Durchmesser der Zuleitung	mm
D_n	Durchmesser des Abblaseendes	mm
f_a	Flächenverhältnis der Abblaseleitung	–
F_n	Reaktionskraft im Austritt	N
H	Höhe zwischen D_n und d_0	mm
k	Isentropenexponent	–
L	Länge	m
L_a	Länge der Abblaseleitung	mm
L_E	Länge der Zuleitung	mm
M	Masse	kg
M	molare Masse	kg/kmol
p_0	absoluter Druck im Druckraum	bar abs
	Öffnungsdruck	bar abs
p_{a0}	absoluter Gegendruck	bar abs
p_{a0f}	Fremdgegendruck	bar abs
$p_{a0\ zul}$	zulässiger Gegendruck	bar
p_e	Einstellüberdruck	bar
Δp_E	Druckverlust der Zuleitung	bar
Δh_v	Verdampfungsenthalpie	kJ^3/kg
p_n	absoluter Druck im Abblaseende	bar abs
p_u	absoluter Umgebungsdruck = 1	bar abs
p_{zul}	zulässiger Behälterdruck	bar abs
q_m	abzuführender Massenstrom	kg/h
q_v	Volumenstrom	m^3/s
Q	Wärmeleistung	kW
R	Gaskonstante	J/(kg · K)
S	Sicherheitsfaktor	–
t	Zeit	s
T	absolute Temperatur des Mediums im Druckraum	K
T_n	absolute Temperatur in D_n	K
V	Volumen	m^3
v	spez. Volumen	m^3/kg
w	Geschwindigkeit	m/s
Z, Z_0	Realgasfaktor des Mediums im Druckraum	–

Zeichen	Bedeutung	Einheit
Z_a	mittlerer Realgasfaktor in L_a	–
Z_n	Realgasfaktor in D_n	–
α_w	zuerkannte Ausflussziffer	–
λ	Rohrreibungsbeiwert	–
ρ	Dichte	kg/m^3
ν	kinematische Viskosität	m^2/s
ζ_a	zul. Widerstandsbeiwert der Abblaseleitung	–
ζ_i	Widerstandsbeiwert für Leitungs- und Einbauteile	–
ζ_z	zul. Widerstandsbeiwert der Zuleitung	–
ψ	Ausflussfunktion	

Literaturverzeichnis

[1] Wagner, W.: *Wärmeübertragung*. Würzburg: Vogel Communications Group, 8. Aufl. 2022.

[2] N.N.: *Control Valve Handbook*. Marshalltown: Fisher Controls Company, 2. Edition.

[3] Wagner, W.: *Rohrleitungstechnik*. Würzburg: Vogel Communications Group, 12. Aufl. 2020.

[4] Gosslau, W.; Weyl, R.: *Strömungsverluste und Reaktionskräfte in Rohrleitungen bei Notenspannung durch Sicherheitsventile und Berstscheiben.* TU 5/6/7–8/9 Düsseldorf: VDI-Verlag, 1989

[5] Seifert, H.; Giesbrecht, H.; Leuckel, W.: Überdachentspannung von schweren Gasen sowie 1- und 2-phasigen Dämpfen. *VDI-Berichte Nr. 505*, 1983.

[6] Thier, B.: *Sicherheit in der Rohrleitungstechnik.* Vulkan Verlag, 1996.

Stichwortverzeichnis